개정판

석유공학개론

개정판

석유공학개론

강 주 명

서울대학교출판문화원

Introduction to Petroleum Engineering

(Revised Edition)

Joe M. Kang

Seoul National University

머리말

석유는 산업화시대 이후 타 에너지원에 비해 높은 연소성과 용이한 수송성으로 지구상 주 에너지원으로 활용되고 있다. 세계적인 기후 변화 문제 및 저탄소 녹색 성장의 추세에 따라 석유는 태워버리는 연료 자원보다는 재료 자원으로서 그 역할이 점차 증대될 것이다.

19세기 중반 미국 펜실베이니아주에서 석유 생산을 위한 근대적 시추가 처음으로 실시된 이후, 석유공학은 기존의 과학 및 공학 분야의 원리와 법칙을 흡수하면서 독립적인 학문으로 발전하였다. 우리나라도 산업 구조가 중화학공업 중심으로 발전하고 국가 에너지원이 석탄에서 석유로 전환되면서, 석유 개발 전문 교육과정이 대학에 신설되었다. 뒤늦게 출발한 석유개발공학 교육과정이 충실하게 발전하는 데 일조하고자 이 책을 출간하였다.

이 책에서는 석유 개발 단계에서부터 석유 및 저류층의 물리적 특성과 회수 기능에 관련된 여러 과학적·공학적 법칙 및 원리를 체계적으로 정리하였다. 그러므로 석유개발공학을 공부하고자 하는 학생들에게 좋은 입문서가 될 것으로 확신한다.

머리말

많은 학자들의 저서 및 연구 결과를 참고하고 여러 해에 걸친 강의와 연구 경험을 토대로 집필했지만, 기울인 노력에도 불구하고 부족한 부분이 많으리라 생각한다. 석유 개발에 관한 신기술과 새로운 공법을 추가하고, 독자의 기탄없는 질정과 충언을 담아 개정판을 출간하였다.

초판과 개정판 작업에 헌신적인 협력을 아끼지 않은 제자들에게 심심한 감사의 마음을 전한다.

2009년 1월

저자 강 주 명

제4장 저류층 유체의 물리적 특성 / 187

제1장 | # 석유공학의 기본 개념

석유개발공학은 탐사에 의해 시추 지점이 선정된 이후, 시추 작업을 시작하는 것에서부터 지하에서 생산된 석유와 천연가스가 지상의 저장탱크를 떠나기 직전까지 일어나는 모든 공정을 다루는 학문으로, 시추, 유전 평가, 유정 완결, 회수 등의 세부 분야로 구성되어 있다. 그러므로 첫 장에서는 석유 개발 단계, 석유의 주요 성분 및 분류법, 그리고 유기물을 저류층에 축적시키는 지질학적 환경 및 기능, 매장량 등과 같은 기본 개념을 간략하게 설명하고자 한다.

1.1. 석유 개발의 단계

〈그림 1-1〉은 석유 개발의 주요 단계를 나타낸 것으로 각 단계를 간단하게 설명하면 다음과 같다.

1.1.1. 광구권 확보

석유 개발의 첫 단계는 석유 탐사 및 개발을 위한 광구권의 확보이다. 이러한 권리를 확보하기 위한 방법으로는 다음과 같은 세 가지를 들 수 있다.

① 지상 또는 지하의 모든 권리를 확보하기 위한 토지의 매입.

② 석유 및 천연가스를 개발하기 위한 지상 및 지하의 사용권 확보.

③ 석유 부존의 가능성 확인을 위한 탐사를 목적으로 개발권을 유보한 채 지상의 토지 이용권만을 확보.

이 가운데 ③의 방법이 가장 경제적이고 일반화된 광구권 확보 방법이며, ①의 방법은 예산 문제 때문에 거의 이용되지 않고 있다.

1.1.2. 석유 탐사

탐사 단계에는 그 학문적 성격에 따라 지질학적 탐사, 지구화학적 탐사,

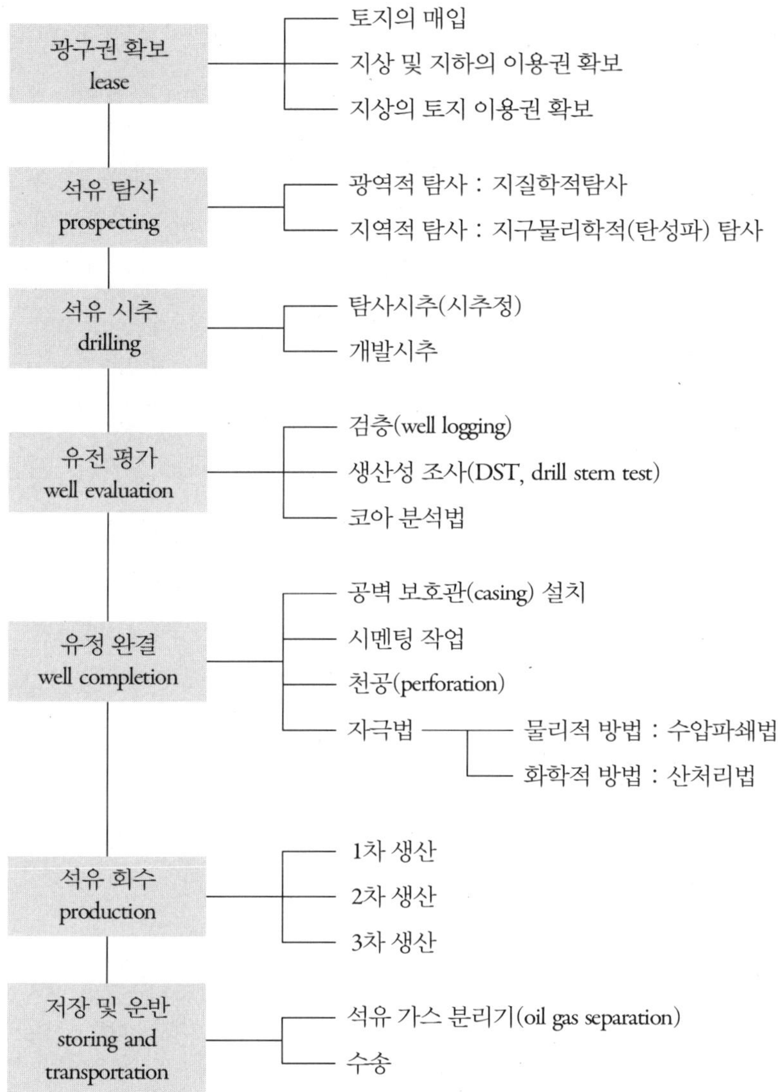

〈그림 1-1〉 석유 개발의 단계

지구물리학적 탐사 등을 들 수 있는데, 이것들을 석유 탐사와 관련해 요약해보면 다음과 같다.

① 지질학적 탐사 : 근원암 및 저류층의 퇴적 환경과 형성 시기에 대한 조사.

② 지구화학적 탐사 : 근원암에서 생성된 석유가 저류암으로 이동할 때

석유의 휘발성에 의해 탄화수소가 지층의 균열을 따라 지상으로 분출되는데, 이러한 탄화수소의 이동을 추적해 조사하는 방법.

③ 지구물리학적 탐사 : 석유를 집적할 지질학적 구조에 대한 중력과 자력 및 탄성파적 특성을 이용하는 방법으로, 다음과 같이 분류할 수 있다.

i. 중력 탐사 : 습곡 및 지각운동에 의해 형성된 배사구조 저류층의 중력적 특성과 인접 지층의 중력적 특성의 상이함 때문에 생긴 중력 이상치를 이용하는 탐사 방법.

ii. 자력 탐사 : 저류층과 근접 지층의 자력적인 상이성을 이용해 저류층 하부 구조를 판별하는 탐사 방법.

iii. 탄성파 탐사 : 지층은 밀도에 따라 고유의 탄성 속도가 있으므로, 대표적 저류층 암석인 사암이나 석회암도 탄성 속도에 의해 구별될 수 있다. 또한 저류층에 포함되어 있는 유체는 주변 암석과 더욱 명확한 탄성 속도 대비를 나타내므로, 이러한 탄성파 속도 차이를 이용해 저류층을 발견하는 탐사 방법.

이러한 각종 탐사 자료로 저류층의 존재가 인지되면 석유의 부존을 확인하기 위해 시추 작업이 시작된다. 이때 시추의 위치 및 목표 심도 등은 일반적으로 탐사 단계에서 정해진다.

1.1.3. 시추

석유 시추 단계는 목적에 따라 다음과 같이 탐사 시추 및 개발 시추로 나뉜다.

① 탐사 시추(explorational drilling, wild cat) : 탐사 단계에서 해석된 지질 층서 구조 및 저류층구조만을 근거로 하여 시추하는 것.

② 개발 시추(development drilling) : 탐사 시추 결과에 의해 석유 부존이 확인된 후 수행되는 시추로, 저류층의 생산성을 조사하기 위한 평가 시추와 본격적인 석유 생산을 목적으로 하는 생산 시추 등이 있다. 시추 목적에 관계없이 시추 작업에 수반되는 주요 작업은 다음과 같다.

i. 공벽 보호관(casing) 설치 작업 : 지층의 수평 압력에 대한 시추공 보존 및 시추 이수에 의한 주변 지층의 오염을 방지하기 위해 작업하는 것을 말한다.

ii. 시멘팅 작업 : 시추공의 심도가 깊어짐에 따라 공벽 보호관이 자중에 의해 하향운동을 하는데, 이를 방지하기 위해 공벽 보호관을 주변 지층에 고정시키는 작업으로, 일반적으로 공벽 보호관 설치 작업과 시멘트 작업은 시추 작업이 시작되기 전에 설계된다.

iii. 피싱 작업 : 여과성이 양호한 지층으로 이수가 흡입되는 현상에 의한 압력 차 때문에 시추동이 시추공에 고착되는 편향 점착(differential sticking)이 일어날 때나 시추공의 불규칙적인 진행 또는 굴곡에 의해 시추동이 과도한 굽힘력을 받고 있을 때 시추동을 무리하게 움직이게 되면 시추동의 일부가 끊어져 작업이 중단된다. 이때 시추공 안에 남겨진 시추동을 피시(fish)라고 하며, 여러 가지 기구와 기술을 사용해 이것을 시추공 밖으로 건져내는 작업을 피싱(fishing)이라고 한다.

iv. 방향성 시추 : 수직 시추로는 작업하기 어려운 산악 지역 또는 호수의 하부 지역 및 법적으로 시추가 불가능한 인구 밀집 지역, 상수원 지역 등의 하부에 존재하는 저류층을 시추할 때와 피싱 작업을 통해서도 시추동의 회수가 불가능해 더 이상 같은 방향으로 굴진할 수 없을 때 굴진 방향을 전환하여 목표 지점까지 굴착하는 시추 기술을 말한다.

v. 유정 폭발(blowout) : 시추 작업에서 가장 위험한 것은 석유 저류층 상단을 굴착할 때 압축된 가스성 탄화수소가 시추공 속으로 유입되어 급속한 팽창을 하며 지상으로 상승하는 현상이다. 이러한 현상이 발생할 때 신속하게 대처하지 못하면 시추공이 폭발하여 유전 전체를 폐쇄해야 할 뿐만 아니라 막대한 재산 및 인명의 손실을 초래하므로, 시추공 상부에 반드시 폭발 방지 장치(BOP, blowout preventor)를 설치해야 한다.

1.1.4. 유전 평가

유전의 경제성 검토에 필수적인 자료인 원시석유 부존량(OIIP, oil initial in place)은 다음 공식으로 산출할 수 있다.

$$OIIP = A \times h \times \phi \times S_0$$

A : 저류층 면적

h : 저류층 두께

ϕ : 공극률

S_0 : 함유율(석유포화도)

일반적인 배사구조의 저류층에 존재하는 탄화수소량, 즉 원시 부존량은 〈그림 1-2〉와 같은 방법으로 간단한 근사치를 구할 수도 있다.

공극률 분포와 유체 포화상태는 여러 검층 방법에 의해 직접·간접으로 측정되는데, 대표적인 검층 방법은 다음과 같다.

① 전기 검층(electrical log) : 저류암 및 저류층의 포화 유체와 시추 이수의 전기적 성질을 이용해 저류층의 물리적 특성을 측정하는 방법이다. 그 종류

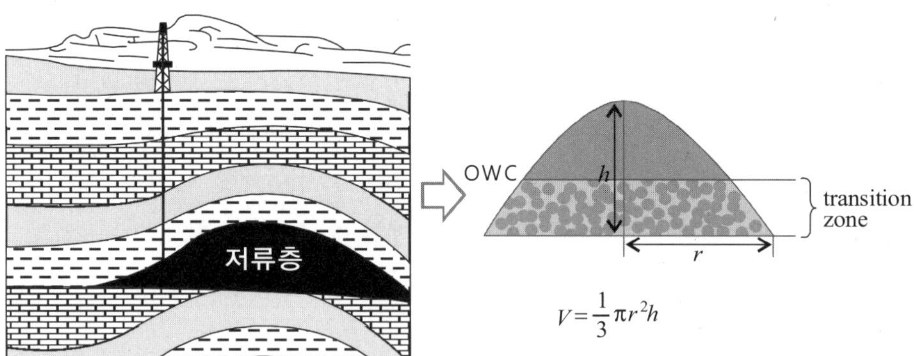

$$V = \frac{1}{3}\pi r^2 h$$

원시 부존량 $= V \times \phi \times S_0$

ϕ : 공극률

S_0 : 석유포화도

〈그림 1-2〉 체적 계산법을 이용한 원시 부존량의 단순 계산

에는 지층의 전기화학적 성질을 이용해 저류층과 이암층을 구별하는 자연 전이(SP, spontaneous) 검층과 시추 이수의 저류암 침투 정도에 따른 비저항성을 조사해 저류층의 공극률과 유체 포화상태를 측정하는 검층 등이 있다.

시추 이수의 침입 정도는 저류층에 따라 다양하므로 시추 이수가 침투한 지역의 저항 조사는 미세 전기 검층법(micro resistivity log)에 의해, 침투되지 않은 지역은 측변 전기 검층법(laterolog)에 의해 주로 측정된다.

② 감마선 검층(gamma ray log) : 대표적 방사선 물질인 칼륨과 우라늄은 셰일층에 많이 퇴적되어 있으므로 이들 원소의 함유 정도를 이용해 셰일층을 확인하고 저류층의 전도성 오염(degree of shaliness) 등을 측정한다.

③ 중성자 검층(neutron log) : 중성자 검층은 수소원소의 함유 정도를 측정하여 저류층의 공극 속에 있는 물과 탄화수소의 포화 정도를 산출하는 데 이용된다. 그러나 이 방법으로는 저류층 내의 유체가 물인지 탄화수소인지 구별되지 않으므로 단지 저류층의 유체에 의한 포화상태만을 확인한다.

④ 밀도 검층(density log) : 저류층은 주변 암석에 비해 공극률이 대단히 크기 때문에 일반적으로 밀도가 작다. 따라서 이러한 특성을 이용해 저류층의 공극률을 측정하는 방법이다.

⑤ 음파 검층(sonic 또는 acoustic log) : 진원에서 발생한 음파는 지층을 따라 전파되는데, 지층이 단단하고 균일한 물질일수록 빨리 전파되며, 지층 속의 유체를 통과할 경우 전파 속도가 급격히 줄어든다. 음파 검층은 이러한 특성을 이용해 저류층의 유체 포화상태를 측정하는 방법이다.

검층 방법에서 특기할 사항 한 가지는, 석유 생산에 필수적 물성인 저류층의 유체 투과율을 직접 계산한 것이 아니라 간접적으로 예측한 것으로 오차 범위가 넓다는 점이다. 다양한 검층 방법에 의해 수집된 정보로 원시 매장량을 계산한 뒤에는 경제성 검토에 들어가게 된다. 매장량의 정의와 결정 방법 그리고 경제성 평가에 관해서는 1.4절과 제6장에서 각각 자세히 다루도록 한다.

1.1.5. 유정 완결

일반적으로 유전 평가 단계에 의해 유정 완결 작업의 세부적인 방향이 결정된다.

① 석유가 없는 경우(dry hole) : 이 경우 시추된 갱정은 반드시 시멘트나 슬러리(slurry) 등으로 채워 폐쇄시켜야 한다. 외국의 경우 이러한 사항이 연방 법률이나 주 법률로 규정되어 있다.

② 석유 부존이 확인된 경우 : 석유를 저류층에서 지상으로 회수하기 위해서는 몇 가지 생산 준비 작업이 선행된다. 그 가운데 하나인 석유 생산성 조사(DST, drill stem test)에서 저류층의 초기 압력과 유체 투과율이 측정되고 저류층의 배수 범위가 결정되며, 또한 시추 이수에 의한 저류층 오염도(skin factor)가 계산된다. 저류층 오염은 수성 이수를 사용하는 시추 작업 시 발생한다. 즉, 지하에서 생성된 암편을 효과적으로 제거하기 위해 시추 이수의 점성도를 적절히 유지해야 하는데, 이러한 목적으로 첨가되는 벤토나이트는 굴착 시 시추공 주변 저류층의 공극 속으로 침투해 저류층의 유체 투과율을 급격히 저하시킨다. 이때 감소된 유체 투과율은 석유 생산 능력을 급격히 감소시키므로, 이를 제거하는 방법이 생산 단계 전에 이루어져야 한다.

제거 방법의 선택은 저류층의 화학적·물리적 성질에 의해 결정된다. 즉, 저류층이 석회암인 경우는 산이 석회암을 용해시키는 성질을 이용한 산처리법을 주로 사용하며, 사암인 경우는 강한 수압을 이용해 주변 지역을 부분 파쇄시켜 유체 투과율을 높이는 수압파쇄법 등을 사용한다. 산 처리나 파쇄 작업은 시추 이수에 의해 오염된 저류층의 유체 투과율을 원상 복구시키는 정도를 넘어 석유 생산 가능성을 몇 배나 증가시킬 수도 있다.

또 다른 유정 완결 작업으로는 시추 지역의 지질학적 환경 때문에 시추공의 밑바닥까지 공벽 보호관이 요구되는 유개공법(cased hole completion)과, 시추된 지층 가운데 저류층 상단까지만 공벽 보호관에 의해 밀폐되고 저류층은 시추공과 바로 연결되는 무개공법(open hole completion)이 있다.

① 유개공법 : 저류층이 공벽 보호관에 의해 시추공과 분리되어 있으므

로 유체가 저류층에서 시추공으로 배출될 수 있는 통로가 요구되는데, 이 통로 관통 작업을 일컬어 천공법(perforation)이라고 한다. 이 작업은 일련의 화약이 장진된 천공기를 저류층의 해당 지점에서 폭발시켜 저류층과 접한 공벽 보호관에 구멍을 뚫음으로써 저류층과 시추공을 연결해 생산을 가능하게 하는 것이다.

② 무개공법 : 생산 준비 단계에서는 저류층의 전면이 시추공에 노출되어 있으므로 이 작업에 소요되는 경비도 비교적 적다. 그러나 석유 생산에 가장 큰 영향을 주는 사항은 시추공 주위의 유체 투과율 보존이다. 산처리법이나 파쇄법으로 유체 투과율을 증가시킬 수는 있지만 저류층이 시추공에 노출되어 있는 까닭에 저류층의 견고성은 시간이 흐를수록 약해진다. 이것을 보강하기 위한 방법으로는 인위적 유체 투과율 보강(linear completion with gravel packing) 등이 있다.

완결 단계의 마지막 고려 사항은 시추공에 의해 확인된 저류층의 수와 생산관의 수에 따라 단일 생산관 설치법 또는 이중 생산관 설치법 등을 결정하는 일이다.

1.1.6. 석유 회수

생산 단계는 앞에서 열거한 석유 생산의 제반 준비 공정을 거쳐 이르게 된다. 이 단계에서는 자연적인 여건하에서 형성된 저류층 제반 조건(저류층의 크기, 초기 압력, 온도 등)에 인위적인 장치를 설치해 석유를 회수하게 되므로, 자연적인 조건과 인위적인 장치의 기능이 효율적으로 결합될 수 있도록 설계해야 한다. 그러므로 석유 저류층 내의 유체 거동을 다루는 저류층공학 및 석유회수공학 등에서는 복잡한 자연적 변수와 인위적 변수의 상관관계에 대한 정립이 요구되며, 이에 따른 가장 경제적인 최적의 생산 계획법 등을 선정해 작업하게 된다.

일반적으로 석유 생산은 저류층 내의 유체 팽창이나 주입 유체의 미는 힘에 의해 회수되므로, 그 방법에 따라 다음과 같이 분류할 수 있다.

① 1차 생산(primary production) : 저류층이 가진 자체 에너지(압력)를 이용해 석유를 생산하는 방법이다. 일반적으로 생산이라 함은 1차 생산을 말하며, 최대의 생산량 및 생산 기간의 연장을 위해서는 저류층 압력의 장기적인 유지가 가장 필수적이다. 그러나 생산정에서의 압력 강하로 발생된 압력 구배가 석유 유동의 원동력이므로 계속적인 생산은 저류층의 압력 손실을 수반하게 된다. 실제 이 방법만으로는 회수율이 30%를 넘지 못한다. 따라서 생산을 극대화하기 위해서는 추가적인 에너지(압력) 유지원이 필요한데, 이를 위한 것이 2차, 3차 생산법이다.

② 2차 생산(secondary production) : 계속적인 석유 생산으로 인한 에너지 감소 때문에 다량의 석유가 저류층에 남아 있음에도 저류층 자체 생산이 불가능한 경우 주입정을 통해 물이나 가스를 저류층에 주입시켜 석유를 뒤에서 밀어줌으로써 생산정을 통해 석유를 생산하는 방법이다.

③ 3차 생산(tertiary production) : 가격이 저렴한 물이나 가스가 아닌 다른 방법에 의해 석유의 회수율을 높이는 것으로, carbon flooding, alcohol flooding, thermal recovery, steam flooding 등이 있다. 이것을 흔히 증진회수법(EOR, enhanced oil recovery)이라고도 하는데, 현재 미국의 상당수 유전에서 이 방법으로 석유를 생산하고 있다.

1.1.7. 저장 및 수송

생산된 탄화수소는 압력과 온도 상태에 따라 액화 또는 기화되는데, 일반적으로 저류층 내에 존재하던 탄화수소는 지하 생산 장치 및 액체-기체 분리기(separator)를 통과하면서 상변화를 받는다. 액화탄화수소(원유)는 탱크에 저장되어 정유공장으로 수송되고, 분리된 기체탄화수소(가스)는 인근 발전소 및 공장에 배관으로 수송되어 1차 연료로 사용되며, 원유 정제 및 처리는 화학공학 분야에서 이루어진다.

1.2. 석유의 주요 성분 및 분류

일반적으로 석유란 온도와 압력 조건에 따라 액체 또는 기체 상태로 존재하는 자연 발생적 탄화수소 혼합물을 의미한다. 통상적으로 지하에서 회수되는 석유 자원은 원유와 천연가스이며, 물리적 특성은 탄화수소 혼합물의 상태에 따라 달라진다. 원유와 천연가스의 화학적 성분은 〈표 1-1〉에서와 같이 탄소와 수소가 지배적이며, 소량의 불순물로 유황, 질소, 산소, 그리고 헬륨 등이 포함되어 있다. 이러한 성분상 특징 때문에 원유와 천연가스를 탄화수소라고 통칭하고 있다.

화학구조상 원유와 천연가스의 차이는 그 구조식과 관련된 분자의 배열 상태에 있다. 〈그림 1-3〉에서 볼 수 있듯이, 천연가스는 1~4개의 탄소로 연결된 분자구조를 띠고 있는 데 반해, 원유는 5~60개의 탄소가 직렬연쇄구조(straight chain)나 지분(branch) 또는 환형연쇄구조를 이루고 있다. 탄화수소는 성분상 탄소와 수소가 가장 지배적으로 함유되어 있으며, 그 분자구조상 매우 다양한 형태를 띠고 있다. 이것에 따라 원유의 화학적·물리적 특성이 달라지게 된다.

① 원유(crude oil) : 원유에는 상이한 탄화수소분자 배열이 존재한다. 지금까지 약 18종류의 탄화수소 계열이 알려져 있으며, 〈표 1-2〉는 각 생산지별 원유에 대한 탄화수소 계열의 예를 보인 것이다. 이 계열 가운데 가장 일반적인 것은 파라핀, 폴리메틸렌, 아세틸렌, 터펜 및 벤젠계이다. 이를 크게 네 가지로 구분하면, 원유의 기본 탄화수소 계열은 파라핀, 나프틴, 방향족, 그리고 아스팔트계로 나눌 수 있다.

〈표 1-1〉 원유와 천연가스의 화학조성

원소	원유의 중량(%)	천연가스의 중량(%)
C	82~87	65~80
H	12~15	1~25
S	0.1~1.5	0~0.2
O	0.1~4.5	

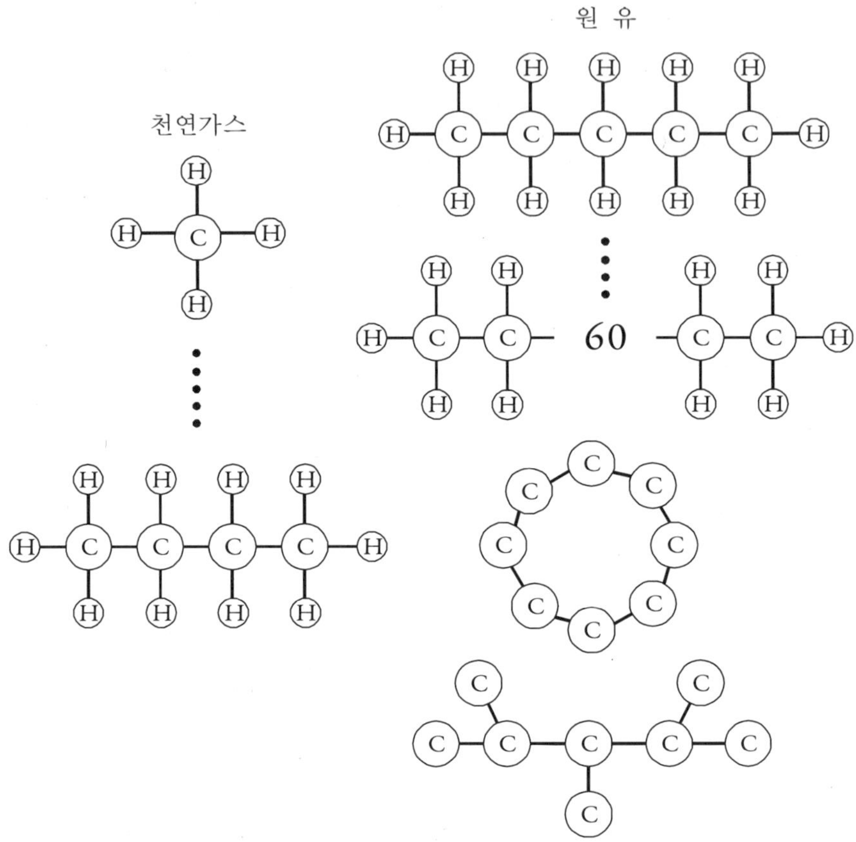

〈그림 1-3〉 원유와 천연가스의 분자조성 배열도
원유와 천연가스는 1~4개의 탄소로 연결된 분자구조를 이루고 있으며, 원유는 5~60개의 탄소가 직렬 연쇄구조를 갖거나 가지구조 또는 원형 연쇄구조를 이루고 있다.

분자의 파라핀 또는 알칸 형태는 〈그림 1-4〉과 같이 탄소원자 사이에 단일 결합된 탄소의 직렬연쇄구조로서 그 일반식은 C_nH_{2n+2}이다.

파라핀계에서는 5개 이상의 탄소가 횡으로 배열되는데, 18개 이상의 분자에서는 밀랍 원유를 생산하게 된다. 고온의 지하 저류층에서는 밀랍 원유가 액상으로 존재하지만, 지상으로 회수되면서 온도가 떨어지면 고결 현상을 일으켜 생산에 큰 제약을 주므로 경제적 가치는 낮다. 나프틴 또는 환형 파라핀계는 〈그림 1-5〉와 같이 탄소원자 간에 단일 결합된 환형구조로 일반식은 C_nH_{2n}이다. 방향족 또는 벤젠계 분자들은 탄소원자 간에 부분적으

〈표 1-2〉 원유 속에 발견되는 탄화수소 계열(Hager와 Dorsey, 1951)

탄소원자수	펜실베이니아	미 중부대륙	캘리포니아와 걸프만
5	C_nH_{2n+2}	C_nH_{2n+2}	C_nH_{2n}, C_nH_{2n+2}
10	C_nH_{2n+2}	C_nH_{2n+2}, C_nH_{2n}	C_nH_{2n}, C_nH_{2n-6}
15	C_nH_{2n+2}	C_nH_{2n-2}	C_nH_{2n-2}
20	C_nH_{2n}	C_nH_{2n-4}	C_nH_{2n-4}
25	C_nH_{2n}, C_nH_{2n-2}	C_nH_{2n-4}	C_nH_{2n-4}
30	C_nH_{2n}, C_nH_{2n-4}	C_nH_{2n-8}	C_nH_{2n-8}
35	C_nH_{2n-4}, C_nH_{2n-8}	C_nH_{2n-8}, C_nH_{2n-12}	C_nH_{2n-12}
40	C_nH_{2n-4}, C_nH_{2n-8}	C_nH_{2n-8}, C_nH_{2n-12}	C_nH_{2n-12}, C_nH_{2n-16}
50	C_nH_{2n-8}	C_nH_{2n-8}, C_nH_{2n-12}	C_nH_{2n-16}
80	C_nH_{2n-8}	C_nH_{2n-16}	C_nH_{2n-20}

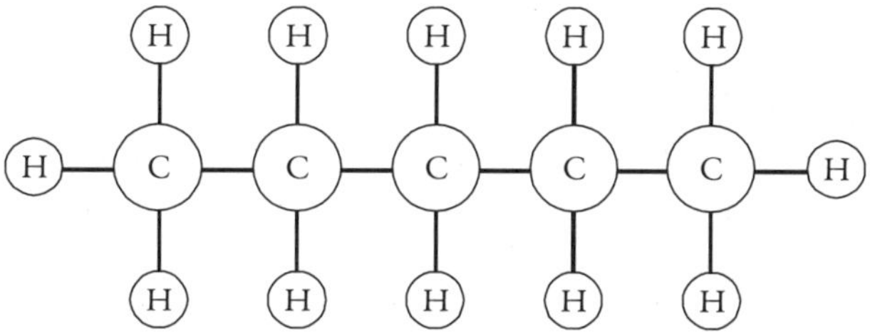

〈그림 1-4〉 단일 결합된 탄소의 직렬 구조를 가진 파라핀 또는 알칸분자 배열도

로 이중 결합된 고리구조이며 일반식은 C_nH_{2n-6}이다(〈그림 1-6〉).

아스팔트계 원유는 표준상태에서 고체이거나 반고체 상태이며, 40~60개의 탄소원자로 이루어져 분자량이 크고 높은 끓는점을 갖는 특성이 있다. 〈표 1-3〉은 원유 내 평균적인 탄화수소 계열 함유량을 표시한 것이다.

② 천연가스 : 초창기의 석유 개발에서는 원유와 함께 회수되었던 가스가, 에너지원으로서 사용의 편이성에도 불구하고 수송비와 취급 기술의 부족으로 거의 대부분 생산지에서 소거되었다. 그러다가 근래에 송유관 설치 기술이 발전하면서 이에 대한 개발 및 생산이 증가되는 추세이다.

천연가스의 성분은 파라핀계 탄화수소가 주종을 이루고 있으며, 이 가운데 특히 메탄과 에탄이 천연가스 전체 부피의 80~90%를 차지하고 있다. 그 밖에 분자량 44의 프로판에서 142(데칸) 이상의 탄화수소와 이산화탄소, 질

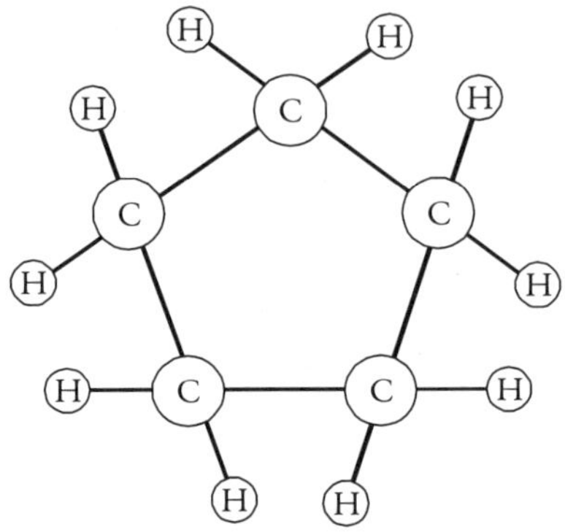

〈그림 1-5〉 단일 결합된 원형구조를 가진 나프틴 또는 사이클로 파라핀 분자 배열도

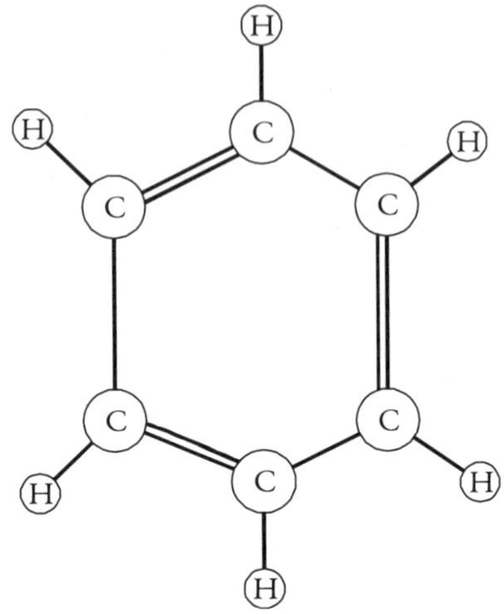

〈그림 1-6〉 불포화 원형구조를 가진 방향족 또는 벤젠 분자 배열도

〈표 1-3〉 원유의 평균 분자량

분자 형태	중량, %
파라핀	39
나프틴	49
방향족	15
아스팔트	6

〈표 1-4〉 천연가스 성분표

분자	중량, %
메탄(CH4)	88
에탄(C2H6)	5
프로판(C3H8)	2
부탄(C4H10)	1

소, 황화수소 및 미량의 헬륨과 불활성 가스를 힘유하고 있다.

〈표 1-4〉는 미국 중부 지역의 천연가스 성분을 표시한 것이다. 각 성분의 실제 비율(%)은 천연가스마다 큰 차이가 있으나, 공통적으로 메탄의 양이 가장 크게 나타나고 있다.

원유에 대한 정량적인 정밀 분석치는 원유의 다양한 화학구조와 그 성분 때문에 실질적으로 얻기 어렵다. 이 때문에 원유는 물성에 따라 분류되는데, 물성으로는 원유의 색, 냄새, 굴절률, 밀도, 끓는점, 어는점, 인화점, 점성도 등이 있다. 이 가운데 원유의 분류 기준으로 가장 중요시되는 것이 밀도(비중)와 점성도이다. 비중은 통상적으로 표준상태에서 물의 밀도에 대한 상대적 비를 말하며, 원유는 그 비중이 약 0.75~1.01 범위 내에 있다. 그러나 원유는 일반적으로 물보다 가볍기 때문에 석유 산업에서는 여러 품위의 원유들을 보다 정확히 분류하기 위해 미국석유협회에서 채택한 API(American Petroleum Institute)라는 단위를 사용하여 원유의 밀도를 표시하고 있다. 즉, API도(또는 API gravity)는 비중을 다음과 같이 계수를 통해 밀도와 관련시킨 것이다.

$$\gamma = \frac{141.5}{131.5 + {}^{\circ}\mathrm{API}}, \quad {}^{\circ}\mathrm{API} = \frac{141.5}{\gamma} - 131.5$$

여기서 γ는 원유의 비중이고, °API는 비중을 의미한다. 물의 비중을 API 비중으로 표시하면 10°API이며, °API가 10보다 크면 비중은 1보다 작음을 의미한다. 액체의 밀도는 온도와 압력의 함수이므로, 비중이나 °API를 정의할 때는 통일된 온도와 압력 조건을 정할 필요가 있다. 석유 산업에서는 이를 표준상태(60°F, 1기압[14.7psi])하의 값으로 규정하고 있다.

원유의 비중은 5~55°API 정도이며 평균적으로는 30~40°API 범위 내의 값을 띤다. 매우 가볍고 액상인 원유는 45~55°의 높은 API 비중을 가지며, 투명하고 가솔린 성분이 많아 경제적 가치가 가장 크다. 반면, 밀도가 높고 점성이 크며 어두운 색의 원유인 경우 API 비중은 5~20°로서 그 경제적 가치가 떨어진다. 〈표 1-5〉는 원유의 API 비중과 갤런당 질량 및 비중을 표시한 것이다.

한편, 점성도는 석유 생산 시 저류층 내 탄화수소의 유동성을 좌우하는 중요한 물성이다. 가스의 점성도는 상온에서 0.01cp(centipoise) 이하이며 원

〈표 1-5〉 원유의 °API와 갤런당 질량 및 비중의 관계(Hager와 Dorsey, 1951)

°API	비중	갤런당 질량 (lb/gal)	°API	비중	갤런당 질량 (lb/gal)	°API	비중	갤런당 질량 (lb/gal)
0	1.076	8.962	34	0.8550	7.119	68	0.7093	5.904
1	1.068	8.895	35	0.8498	7.076	69	0.7057	5.874
2	1.060	8.828	36	0.8448	7.034	70	0.7022	5.845
3	1.052	8.762	37	0.8398	6.993	71	0.6988	5.817
4	1.044	8.698	38	0.8348	6.951	72	0.6953	5.788
5	1.037	8.634	39	0.8299	6.910	73	0.6919	5.759
6	1.029	8.571	40	0.8251	6.870	74	0.6886	5.731
7	1.022	8.509	41	0.8203	6.830	75	0.6852	5.703
8	1.014	8.448	42	0.8155	6.760	76	0.6819	5.676
9	1.007	8.388	43	0.8109	6.752	77	0.6787	5.649
10	1.0000	8.328	44	0.8063	6.713	78	0.6754	5.622
11	0.9930	8.270	45	0.8017	6.675	79	0.6722	5.595
12	0.9861	8.212	46	0.7972	6.637	80	0.6690	5.568
13	0.9792	8.155	47	0.7927	6.600	81	0.6659	5.542
14	0.9725	8.099	48	0.7883	6.563	82	0.6628	5.516
15	0.9659	8.044	49	0.7839	6.526	83	0.6597	5.491
16	0.9593	7.989	50	0.7796	6.490	84	0.6566	5.465
17	0.9529	7.935	51	0.7753	6.455	85	0.6536	5.440
18	0.9465	7.882	52	0.7711	6.420	86	0.6506	5.415
19	0.9402	7.830	53	0.7669	6.385	87	0.6476	5.390
20	0.9340	7.778	54	0.7628	6.350	88	0.6446	5.365
21	0.9279	7.727	55	0.7587	6.316	89	0.6417	5.341
22	0.9218	7.676	56	0.7547	6.283	90	0.6388	5.316
23	0.9159	7.627	57	0.7507	6.249	91	0.6360	5.293
24	0.9100	7.578	58	0.7467	6.216	92	0.6331	5.269
25	0.9042	7.529	59	0.7428	6.184	93	0.6303	5.246
26	0.8984	7.481	60	0.7389	6.151	94	0.6275	5.222
27	0.8927	7.434	61	0.7351	6.119	95	0.6247	5.199
28	0.8871	7.387	62	0.7313	6.087	96	0.6220	5.176
29	0.8816	7.341	63	0.7275	6.056	97	0.6193	5.154
30	0.8761	7.296	64	0.7238	6.025	98	0.6166	5.131
31	0.8708	7.251	65	0.7201	5.994	99	0.6139	5.109
32	0.8654	7.206	66	0.7165	5.964	100	0.6112	5.086
33	0.8602	7.163	67	0.7128	5.934			

유는 일반적으로 0.1cp 이상이나. 그러나 원유의 경우는 원유 내 용해가스의 유무와 지하 심부의 온도 및 압력 상태에 따라 점성도가 크게 달라지는데, 부존하는 저류층 조건에서 약 0.3cp인 휘발성 원유로부터 1기압, 100°F에서 약 10,000cp까지 증가하는 비휘발성 원유(gas-free oil)까지 다양하다.

〈표 1-6〉 동점성도에 대응하는 Saybolt 점성도(Hager와 Dorsey, 1951)

동점성도 (cs)	Saybolt 점성도(sec)			동점성도 (cs)	Saybolt 점성도(sec)		
	100°F (기본치)	130°F	210°F		100°F (기본치)	130°F	210°F
2.0	32.6	32.7	32.8	31	145.3	145.6	146.3
2.5	34.4	34.5	34.6	32	149.7	150.0	150.7
3.0	36.0	36.1	36.3	33	154.2	154.5	155.3
3.5	37.6	37.7	37.9	34	158.7	159.0	159.8
4.0	39.1	39.2	39.4	35	163.2	163.5	164.3
4.5	40.7	40.8	41.0				
5.0	42.3	42.4	42.6				
6.0	45.5	45.6	45.8	36	167.7	168.0	168.9
7.0	48.7	48.8	49.0	37	172.2	172.5	173.4
8.0	52.0	52.1	52.4	38	176.7	177..0	177.9
9.0	55.4	55.5	55.8	39	181.2	181.5	182.5
10.0	58.8	58.9	59.2	40	185.7	186.1	187.0
11.0	62.3	62.4	62.7	41	190.2	190.6	191.5
12.0	65.9	66.0	66.4	42	194.7	195.1	196.1
13.0	69.6	69.7	70.1	43	199.2	199.6	200.6
14.0	73.4	73.5	73.9	44	203.8	204.2	205.2
15.0	77.2	77.3	77.7	45	208.4	208.8	209.9
16.0	81.1	81.3	81.7	46	213.0	213.4	214.5
17.0	85.1	85.3	85.7	47	217.6	218.0	219.1
18.0	89.2	89.4	89.8	48	222.2	222.6	223.8
19.0	93.3	93.5	94.0	49	226.8	227.2	228.4
20.0	97.5	97.7	98.2	50	231.4	231.8	233.0
21.0	101.7	101.9	102.4	55	254.4	254.9	256.2
22.0	106.0	106.2	106.7	60	277.4	277.9	279.3
23.0	110.3	110.5	111.1	65	300.4	301.0	302.5
24.0	114.6	114.8	115.4	70	323.4	324.0	325.7
25.0	118.9	119.1	119.7				
26.0	123.3	123.5	124.2	70 이상	Saybolt	Saybolt	Saybolt
27.0	127.7	127.9	128.6		sec=cs	sec=cs	sec=cs
28.0	132.1	132.4	113.0		X 4.620	X 4.629	X 4.652
29.0	136.5	136.8	137.5				
30.0	140.9	141.2	141.9				

원유의 점성도는 Saybolt Universal, Saybolt Furol, Engler 등의 측정기기를 통과하는 액체의 유출 시간(초)으로 표시된다. 측정된 유체 유출 시간은 centistokes 단위인 동점성도(kinematic viscosity)와 관련 있으며, centipoise로 표시되는 절대점성도(absolute viscosity)로 판단하기 위해서는 동점성도에 유체의 밀도(g/cc)를 곱하여 산출하면 된다. 〈표 1-6〉은 유체 유출 시간으로 표시된

Saybolt Universal 점성도와 동점성도(cs)의 관계를 나타낸 것이다.

유체의 점성도는 온도에 매우 민감한 물성이므로, Saybolt 점성계의 경우 표준 시험은 100°F에서 실시한 값을 기본치로 하고 있다. 그 밖의 원유 물성과 API 비중, 점성도 사이의 연관성을 시험하고 있으나, 일반적으로 이에 대한 관련성의 이용은 제한적이다.

한편, 원유를 분류하는 기준으로 빈번히 이용되는 것은 분자의 크기 또는 분자의 구조식과 관련 있는 기(base)에 의한 것으로, 다음과 같이 세 가지로 나눈다.

① 파라핀기 원유 : 파라핀계 탄화수소를 지배적으로 함유하고 있는 원유로서, 아스팔트가 거의 없고 녹색기를 띤다. 정유 과정에서 다량의 파라핀 왁스와 양질의 윤활유, 등유 등이 나온다.

② 아스팔트기 원유 : 폴리메틸렌 또는 올레핀계 탄화수소를 지배적으로 함유하고 있으며, 파라핀 왁스가 거의 없고 짙은 검은색을 띤다. 정유 시 고품위의 가솔린과 아스팔트를 얻는다.

③ 혼합기 원유 : 파라핀계와 폴리메틸렌계 탄화수소가 복합적으로 함유된 원유이다.

용해가스와 석유의 비를 나타내는 GOR(gas-oil ratio)은 지상 탱크에 저장되어 있는 석유 1STB(stock tank barrel)를 저류층 조건으로 환원시킬 때 그 속에 용해될 수 있는 가스의 양을 표준상태의 체적 단위 scf(ft^3)로 표시한 것으로, 이 값에 따라 탄화수소를 분류할 수 있다. GOR로 탄화수소를 분류하면 〈표 1-7〉과 같다.

〈표 1-7〉 GOR에 의한 탄화수소의 분류

GOR(gas scf/oil STB)	탄화수소
<500	저팽창 석유
500~8,000	고팽창 석유
8,000~70,000	retrograde 가스
70,000~100,000	wet 가스
>100,000	dry 가스

〈표 1-7〉에서 팽창의 뜻은 저류층 조건에서 원유 속에 용해되어 있던 가스가 지상 조건에서 팽창해 방출됨으로써 실제 원유의 부피가 감소됨을 말한다. 따라서 GOR이 클수록 용해가스의 양이 많고 그만큼 지상에서의 방출량이 많아져 결국 석유의 부피 감소가 커지는 것이다. 〈표 1-7〉에서 볼 수 있듯이, GOR이 8,000 이상이면, 탄화수소는 저류층 조건에서나 실제 회수되는 지상 조건에서 모두 가스 상태로 존재한다. 특히 retrograde 가스와 wet 가스는 지상의 낮은 압력과 온도하에서 오히려 가스의 일부가 액화되어 액체로 회수되는데, wet 가스의 경우 생산된 유체의 약 5%, retrograde 가스는 약 25%의 액화탄화수소(liquid yield)를 생성한다. 이때 wet 가스나 retrograde 가스로부터 발생하는 액화탄화수소를 액화가스(gas condensate)라고 하며, 가스는 condensate 가스라고 한다. 따라서 dry 가스는 액화가스가 없는 천연가스를 의미한다. 이와 같이 천연가스를 wet 또는 dry로 나누는 것은 액화될 수 있는 탄화수소를 얼마나 함유하고 있느냐에 따라 결정된다. 일반적으로 펜탄 이상의 무거운 성분을 가진 것을 액화성 탄화수소로 분류하는 이유는, 순수 펜탄은 표준상태에서 액상으로 존재하고 이보다 가벼운 메탄, 에탄, 프로판, 부탄은 같은 조건에서는 기체 상태로 존재하기 때문이다.

가스를 특징짓는 물성으로는 비중을 통상적으로 사용하고 있다. 가스의 비중은 표준상태에서 공기 밀도에 대한 가스 밀도의 비로 정의하며, 표준상태에서는 가스 밀도가 분자량에 정비례하므로 비중은 곧 공기분자량(29)에 대한 가스분자량의 비로 나타낼 수 있다. 따라서 분자량 16인 순수 메탄의 경우 비중은 0.55(=16/29)가 된다. 천연가스의 비중은 가스 내에 존재하는 중탄화수소의 상대적 포화량에 따라 달라지며, 평균적으로 약 0.11~0.6 범위 내의 값을 갖는다.

1.3. 석유지질

근원암에서 유기물질로부터 생성된 석유가 현재의 저류층 내에 축적되기

까지는 특정한 지층구조 및 암석학적 환경의 형성과 저류층까지 이동될 수 있는 여건이 충족되어야 한다.

여기서는 석유의 생성에서부터 이동과 축적, 그리고 저류층의 구조 및 암질 등에 관해 개괄적으로 살펴보기로 한다.

1.3.1. 석유 생성 및 축적

석유가 발견되는 암석은 주로 해양성 퇴적암으로서, 일반적으로 사암이나 석회암에 해당한다. 원유는 퇴적암반의 다양한 깊이에서, 예를 들면 얕게는 40ft에서 깊게는 36,000ft까지도 발견된다. 그러나 석유와 가스가 지하의 어느 곳에서나 발견되는 것은 아니며, 지엽적으로 어느 특정한 지질학적 환경하에 생성된 저류층에서만 발견된다는 것은 잘 알려진 사실이다.

석유가 축적되어 있는 분포를 볼 때 크게 두 가지 문제를 생각할 수 있다. 하나는 석유의 기원이고, 다른 하나는 국지적으로 가스나 석유를 축적시킬 수 있는 지질 환경이다. 석유의 기원에 대해서는 많은 이론들이 논의되었지만, 총체적으로 유기설과 무기설로 나눌 수 있다. 무기설은 석유의 형성을 물과 이산화탄소, 그 밖의 여러 무기물질 사이의 화학반응으로 설명하려고 한다. 반면, 유기설은 이전의 지질시대에 살았던 식물이나 동물의 유기질 분해에 의해 석유가 생성되었다는 주장이다. 지금까지 발견된 석유의 주 성분은 유기물(화학적 변이와 박테리아, 방사능에 의해 변형된 유기물을 포함)이었기 때문에, 석유의 기원을 유기물로 보는 이론, 곧 유기기원설이 타당하다고 하겠다. 물론 실험적으로는 무기물질로도 석유를 생성하는 것이 가능하지만, 유전을 이룰 만큼 많은 양의 무기물질이 지하에 실제로 존재하지는 않는다. 석유의 기원에 대한 유기적 이론은, 석유나 가스가 실제로 사암이나 석회암 같은 퇴적암과 많은 유기물질을 함유하고 있는 지층 부근에서 발견된다는 점에서도 그 타당성을 찾을 수 있다. 이러한 다량의 유기물질을 함유하고 있는 지층을 근원암이라고 일컫는다. 그런데 일반적으로 석유의 근원암은 셰일이라는 것이 통설이다. 셰일이 근원암으로 적합한 이유는, 비록 유체 투과율은 낮지만 입자가 조밀하여 암석 내에 유체를 함유할 수 있는 공간, 즉 공극률이 높기 때문이다. 석회암의 경우 공극률이 5~25%, 사암은 10~40%인 데 반해 셰일의 공극률은 20~50%이다. 셰일이 근원암으로 작용할 수 있는 또 하나의 이유는 지층의 상부압이 증가될 때 쉽게 압축됨으로써 보다 유체 투과율이 양호한 저류암 쪽으로 석유를 이동시키는 에너지가 제공될 수 있다는 점이다.

일반적으로 석유가 생성된 지층과 석유가 부존하는 지층(사암, 석회암)은 서로 다른 암종이라는 것이 많은 유전 지대에서 통계적으로 확인되었다. 이것은, 근원암에 광역적으로 분산되어 있는 석유가 상업적 가치가 있는 유전으로 형성되기 위해서는 일정한 집적 구조에 축적되어야 함을 의미한다. 석유는 상부에 퇴적된 지층의 덮개 압력에 의해 생성된 지점에서 다공질적이고 투수성이 잘 발달된 저류층으로 이동을 시작한다. 이때 이동 통로(carrier bed) 구실을 하는 것이 요구되는데, 이는 저류암의 일부이거나 또는 공극으로 연결되어 있는 저류암의 주변 암석이다.

석유의 이와 같은 생성 및 이동을 잘 설명한 King Hurbert의 이론을 요약하면 다음과 같다.

① 석유는 셰일층에서 생성된다.

② 지층의 상부압이 증가함에 따라 셰일층은 압축된다.

③ 근원암이 압축되면서 내부의 석유는 이미 물로 채워져 있던 주변의 보다 투수성이 잘 발달된 지층으로 이동한다.

④ 상대적으로 밀도가 낮은 탄화수소(석유)는 정역학적·동역학적 평형상태를 유지하는 방향으로 이동하는데, 구조적으로 상부의 공간을 모두 메울 때까지 물과 교체되면서 이동한다.

석유가 불투수성의 셰일층 밖으로 빠져나가는 또 하나의 방법은, 유기물질로부터 석유가 생성되면서 야기된 부피 팽창과 이로 인한 근원암의 파쇄작용에 따른 것이다. 이 균열을 통해 탄화수소가 상부 쪽으로 유출되어 위 과정(③, ④)에서와 같이 저류암으로 이동해간다. 〈그림 1-7〉은 석유가 저류암으로 이동하는 현상을 도시한 것이다. Montana의 Williston 반층(basin)

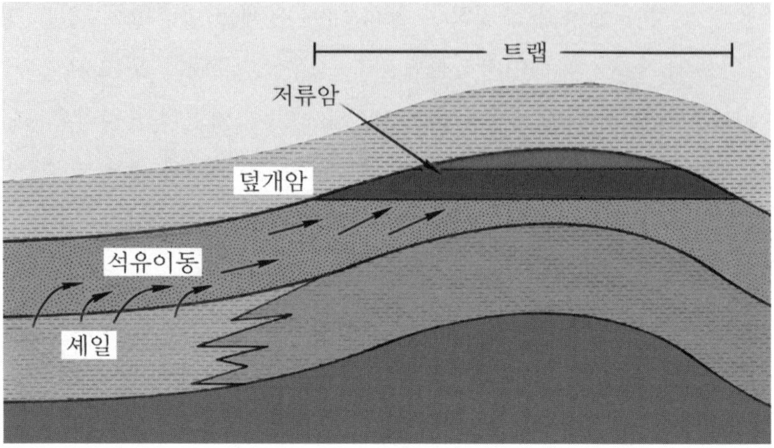

〈그림 1-7〉 근원암에서 퇴적암의 집적 구조로의 석유 이동

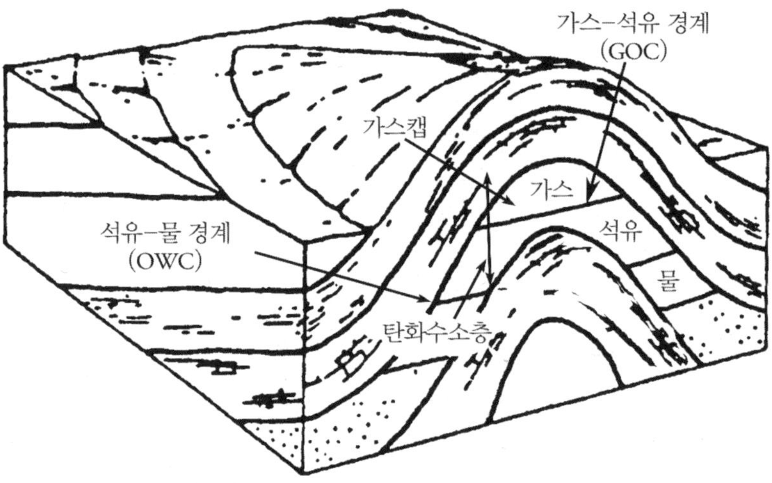

〈그림 1-8〉 가스, 석유, 물로 이루어진 전형적인 집적 구조

에서는 심부에서 생성된 석유가 저류암에 이르기까지 200마일 이상 이동한 사례가 있다.

한편 〈그림 1-7〉과 〈그림 1-8〉에서와 같이 석유가 저류암에 축적되기 위해서는 다음 세 가지의 지형적 특성이 전제되어야 한다.

① 다공질 투수층이 존재해야 한다.

② 상부에 불투수층인 덮개암이 존재하여 구조 내에 축적된 석유나 가스

의 유출을 막아주어야 한다.

③ 석유의 계속적인 수평 유동을 억제시키는 포유구조(entrapment structure)가 있어야 한다.

위 조건을 만족시키는 가장 보편적인 구조가 배사구조(anticline)와 돔(dome)으로, 이들은 지구물리학적 석유 탐사의 주요 대상이 되어왔다.

일반적으로 석유의 포유구조는 매우 다양하며 여러 지형 구조가 복합적으로 결합되어 있지만, 다음과 같이 크게 세 가지로 분류할 수 있다.

① 구조적 포유구조(structural traps) : 단층, 습곡, 부정합, 배사, 돔 등과 같이 지각운동에 의한 저류암의 변동으로 생긴 구조이다.

② 지층학적 포유구조(stratigraphic traps) : 강 하구(river channel), reef와 같은 저류암의 퇴적 그리고 각형 부정합(angular unconformity)과 같은 저류암 침식에 의한 것이다. 특히 투수층 암질에 발생할 변화로 인해 석유의 지엽적인 축적을 초래할 수 있는 구조이다.

③ 혼합구조 : 위의 두 가지 형태가 복합적으로 이루어진 것이며, 실제 저류층의 포유구조는 이와 같은 복합적 형태로 존재한다.

〈그림 1-9〉에서부터 〈그림 1-12〉까지는 각각의 포유구조를 나타낸 것이다.

1.3.2. 저류층 내 유체의 분포

〈그림 1-13〉은 석유 저류층 내에 석유가 저장되어 있는 상태를 단순하게 표현한 것이다. 앞에서 간략히 살펴본 원시 매장량은 실질적으로 생산 가능한 최대 탄화수소량을 의미하지 않는다. 생산 가능성이 있는 최대 탄화수소량을 산출하기 위해서는 회수율(RF, recovery factor)을 원시 매장량에 곱해주게 되는데, 이때 회수율은 공극률, 석유포화도, 유체 투과율 등에 의해 영향을 받는다. 특히, 공극이 존재하지만 공극 간의 연결성이 없어 공극 내에 포획되어 있는 석유의 생산이 어려운 구조가 존재하는데, 이런 공극의 연결성을 나타내는 지표로 유체 투과율이 있다. 공극 간의 연결성이 낮아 유체 투과

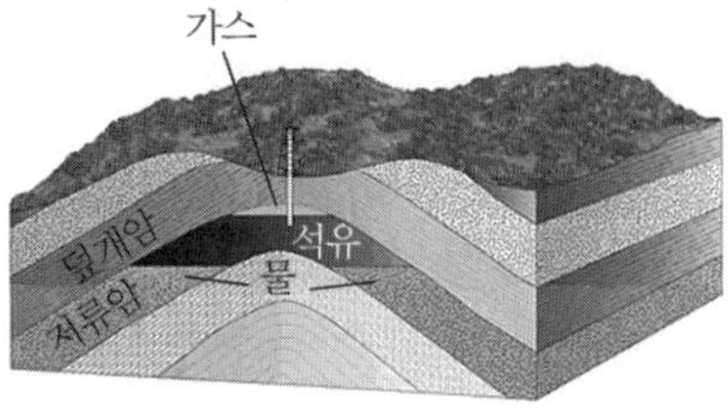

〈그림 1-9〉 배사구조에 축적된 석유와 가스

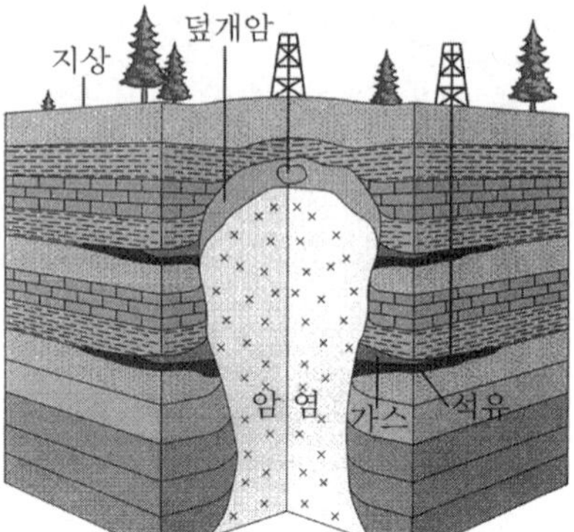

〈그림 1-10〉 암염(salt dome)과 관련된 탄화수소 축적

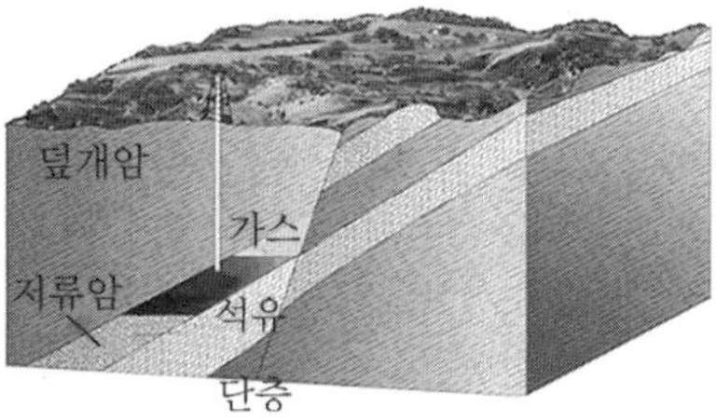

〈그림 1-11〉 단층으로 형성된 포유구조

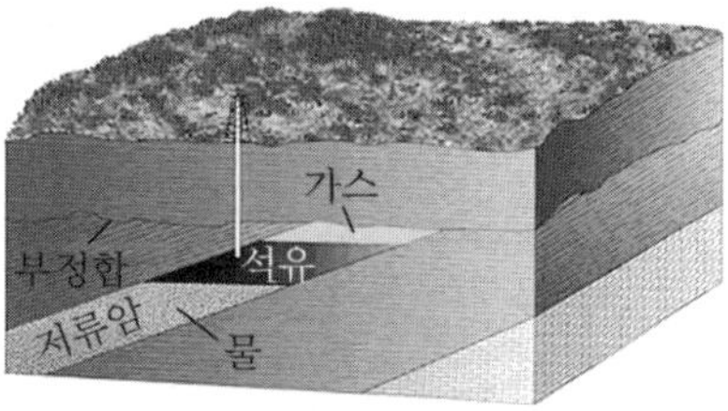

〈그림 1-12〉 부정합 구조에 포유된 석유와 가스

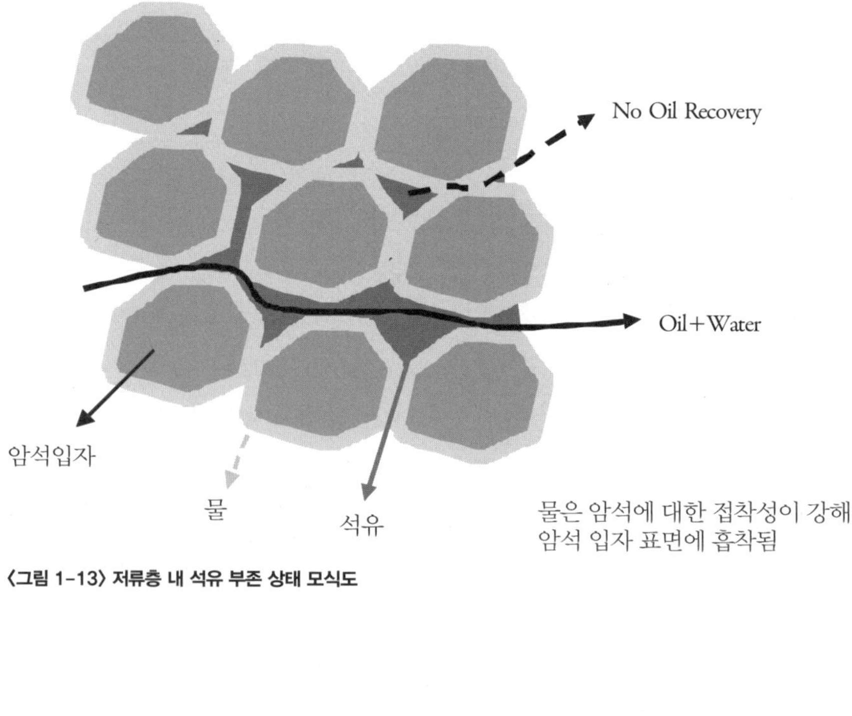

〈그림 1-13〉 저류층 내 석유 부존 상태 모식도

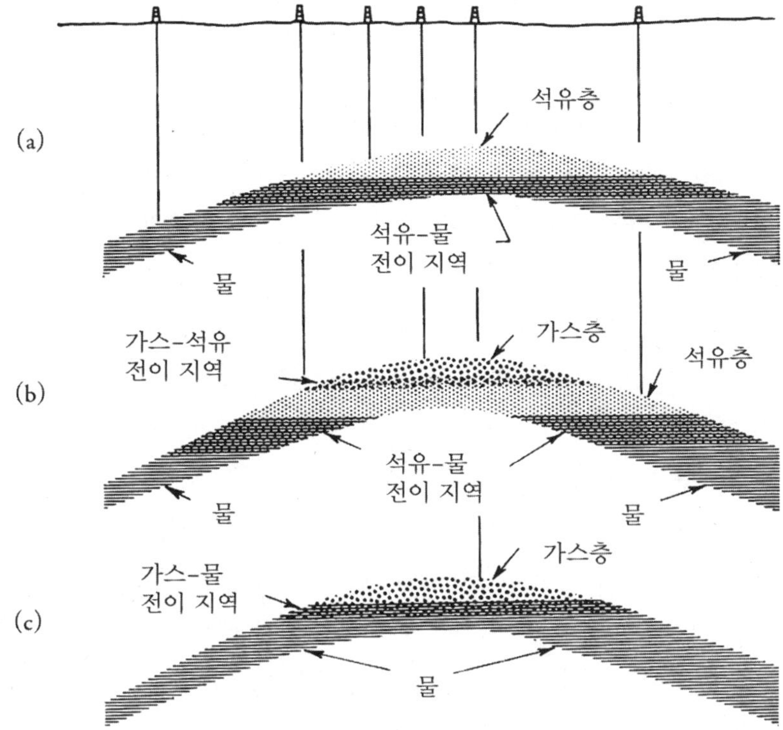

〈그림 1-14〉 탄화수소 저류층 내의 전형적인 유체 분포
(a) 석유 저류층, (b) 석유와 관련된 가스 저류층, (c) 석유와 무관한 가스 저류층

율이 작으면서 공극률 또한 작은 저류층은 회수율이 낮기 때문에 열악한 저류층으로 분류된다.

포유구조 내에 석유가 축적되는 과정에서 유체 분포를 조절하는 힘은 중력과 모세관압이다. 중력은 밀도가 큰 유체인 물을 하부로, 그리고 밀도가 작은 유체인 석유를 포유구조의 상부로 이동시키는 반면, 모세관압은 친유착성인 물을 공극의 상부로 이동시키므로 중력과는 상반되는 작용을 한다. 그러므로 이 두 힘의 균형이 유지되는 방향으로 저류층 내에서 석유가 이동하게 된다.

〈그림 1-14〉는 중력과 모세관압이 평형상태일 때 볼 수 있는 전형적인 탄화수소 유체의 분포도이다. 〈그림 1-14〉의 (a)는 석유와 자연수만의 2상 유체 저류층이다. 석유층과 자연수층 사이에는 모세관압에 의한 전이 지역

이 존재한다. 중력이 우세하게 작용하는 저류층에서는 이러한 전이 지역이 얇고 대체로 오래된 유층에서 볼 수 있으며, 특히 석유 회수율이 높다는 장점이 있다. 반면 모세관압이 우월한 저류층에서는 전이 지역이 비교적 두터우며, 이러한 유전은 지질학적 시기로 유년기 지층이 일반적이다. 석유와 자연수만의 2상 유체 저류층에서 발생되는 가스는 원유 속에 함유된 용해 가스뿐이다.

〈그림 1-14〉의 (b)는 석유, 가스, 자연수의 3상 유체 저류층으로, 최상부에 가스층이 존재하는 경우이다. 여기서 발생되는 천연가스는 석유 속에 용해된 가스와 가스층의 가스(associated free gas)이다. 3상 유체 저류층에서는 석유와 가스, 석유와 자연수 사이에 각각 전이 지역이 존재한다. 〈그림 1-14〉의 (c)는 석유층이 존재하지 않는, 가스와 천연수만으로 구성된 저류층이다. 이러한 가스층은 석유와 무관한 가스(nonassociated free gas)로 채워져 있다. 포유구조에 나타나는 탄화수소 유체는 탄화수소의 기원과 이동 및 축적 과정에서 발생할 수 있는 미지의 요소에도 좌우되므로, 오직 시추를 통해서만 탄화수소 유체의 분포를 알 수 있다.

1.3.3. 저류층의 암질

저류층은 다음과 같이 정의할 수 있다.

> 저류암은 자연 압력이나 외부에서 가해진 압력하에서 생산정으로 유체 유동이 발생할 수 있는 다공질 투수암체이다. 이러한 지층 내에서는 상호 연결된 공극이 존재하며, 저류암은 불투수성 셰일암체뿐만 아니라 여러 개의 암층을 포함할 수 있다. 이와 같은 저류층의 한계는 공극의 연속성과 주어진 압력하에서의 공극 내 유체 유동 능력에 달려 있다.

따라서 저류층을 좀더 정량적으로 이해하기 위해서는 석유를 함유하고 있는 암질에 대해 살펴볼 필요가 있다. 석유 또는 가스를 함유하고 있는 거의 대부분의 저류층은 그 기원상 퇴적암이므로, 퇴적암의 분류에 따라 구분

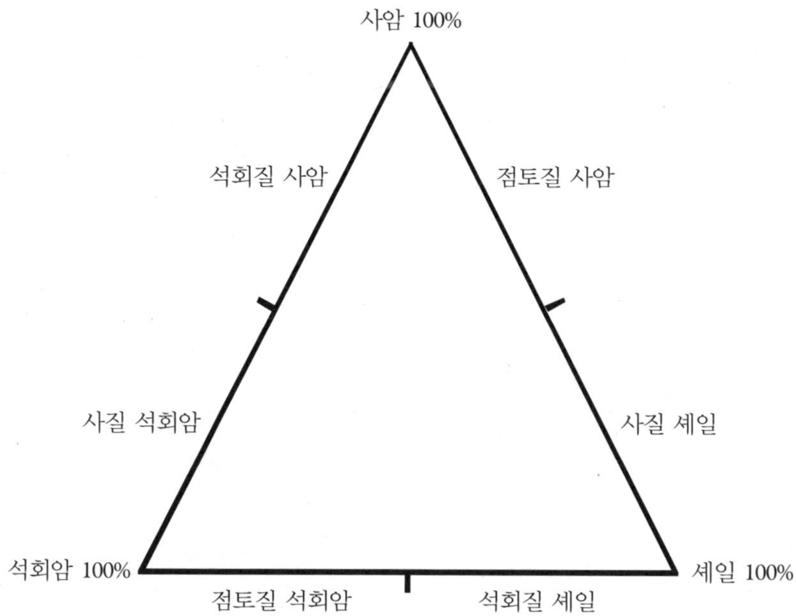

〈그림 1-15〉 퇴적암의 주요 구성 성분을 나타내는 삼각도(Vance, 1950)

해보면 쇄설질 퇴적과 침적 퇴적으로 나눌 수 있다. 쇄설질 퇴적암을 조직에 따라 편의상 역암(conglomerates), 사암, 셰일로 세분할 수 있는데, 사암이 가장 대표적인 저류암질이다. 석회암과 백운암은 침적 퇴적암으로 분류되지만, 부분적으로 쇄설 작용을 받을 수도 있다.

석유 저류층과 관련된 가장 일반적인 퇴적암은 사암과 셰일 그리고 석회암이므로 이들 상호 간의 암석학적 관계에 대한 초보적인 이해가 석유공학도에게 필요한 바, 〈그림 1-15〉는 이 암석들 간의 정량적인 암석학적 관계를 이해하는 데 도움이 될 것이다.

1.4. 매장량

〈그림 1-16〉은 석유 개발 단계에 따라 자원량과 매장량 개념을 과학적 영역과 공학적 영역으로 나누어 간략하게 표현한 도해이다. 앞에서 살펴본

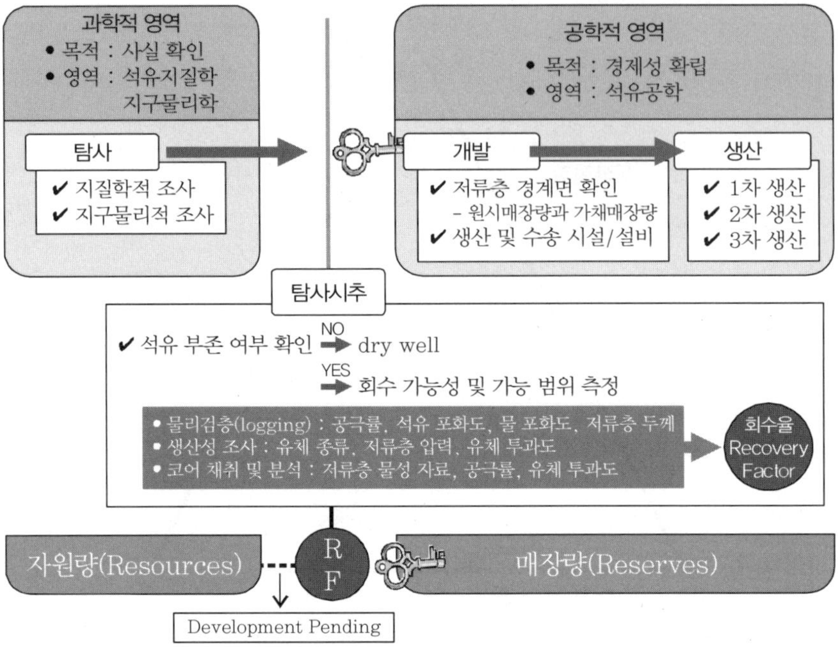

〈그림 1-16〉 석유 개발 단계 도식도

바와 같이 석유 개발 단계는 크게 탐사, 개발, 생산 등으로 이루어지는데, 탐사 시추의 유무를 기준으로 탐사 단계와 개발 단계로 나눌 수 있다. 이때 탐사 시추에서 얻어지는 부존자원의 생산성 및 경제성 판단 기준을 회수율(RF, recovery factor)이라고 한다. 경제성 개념이 결여된, 지하에 존재하는 전량을 표시하는 원시 부존량(OIIP)을 자원량(resources)으로 보면, 자원량에 회수율이라는 공학적 의미를 부여한 개념이 매장량(reserves)이다. 즉, 탐사 시추 이후에 자원의 회수 가능성 및 범위를 추정한 후 공학적으로 활용 가능하다고 판단되어야 비로소 매장량이라고 할 수 있다. 회수율은 일반적으로 유정 시험 등의 생산성 조사와 코어 분석 등으로 확인된 유체 종류, 저류층 압력, 공극률, 유체 투과율, 저류층 물성 등을 활용해 얻을 수 있다.

매장량은 개발할 유전의 상업성을 판단하는 기준이 된다. 평가된 매장량은 계약자뿐만 아니라 임대자와 정부 등 사업에 관련된 모든 사람들과 기업들의 의사 결정에 주요 정보로 제공되므로 정확한 매장량 평가는 사업의 성패를 좌우하는 매우 중요한 요소이다. 따라서 매장량은 주어진 정보 내에서 엄격하고 신뢰성 있게 평가되어야 한다. 실제로 미국 증권거래위원회(U. S. Securities and Exchange Commission)에서는 매장량에 관해 엄격한 기준을 요구하고 있으며 2년마다 매장량에 대한 보고를 의무화하고 있다.

여기서는 자원량의 정의 및 분류와 자원량의 하나인 매장량의 정의 및 분류에 대해 살펴보고, 매장량의 평가 방법에 대해 설명하겠다.

1.4.1. 자원량의 분류

석유 자원의 분류 체계는 〈그림 1-17〉과 같다. 자원량은 가장 넓은 범위의 석유 자원량으로서 매장량뿐만 아니라 이미 생산되었거나 향후 발견할 수 있을 것으로 기대되는 양을 모두 포함한다. 특히, 석유 자원의 기술적·경제적 발견에 대한 가능성 및 프로젝트의 개발 정도에 따라 (1) 기대 자원량, (2) 잠재 자원량, (3) 매장량을 〈그림 1-18〉, 〈그림 1-19〉와 같이 구분할

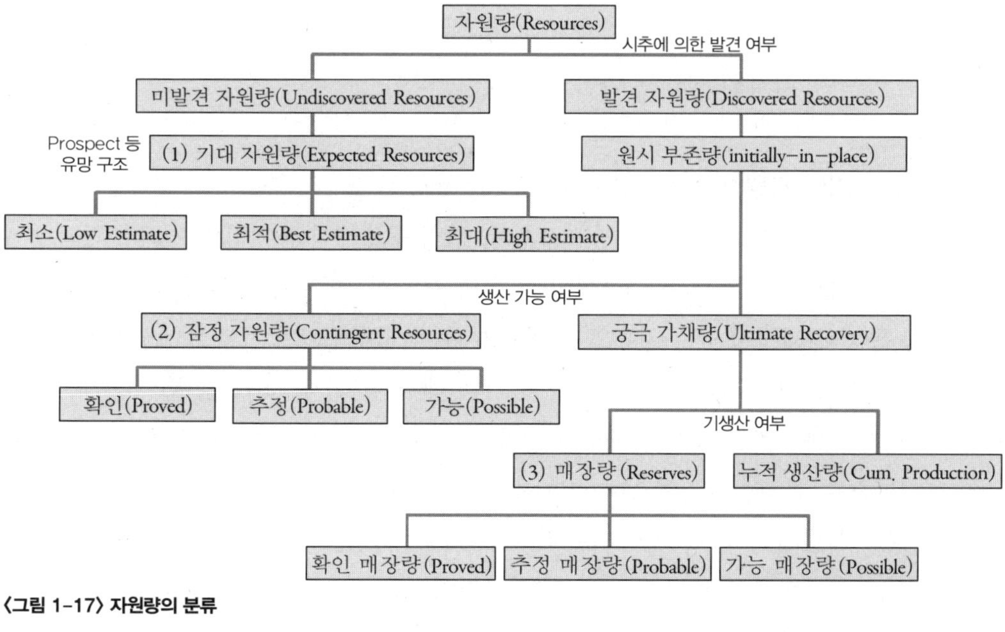

〈그림 1-17〉 자원량의 분류

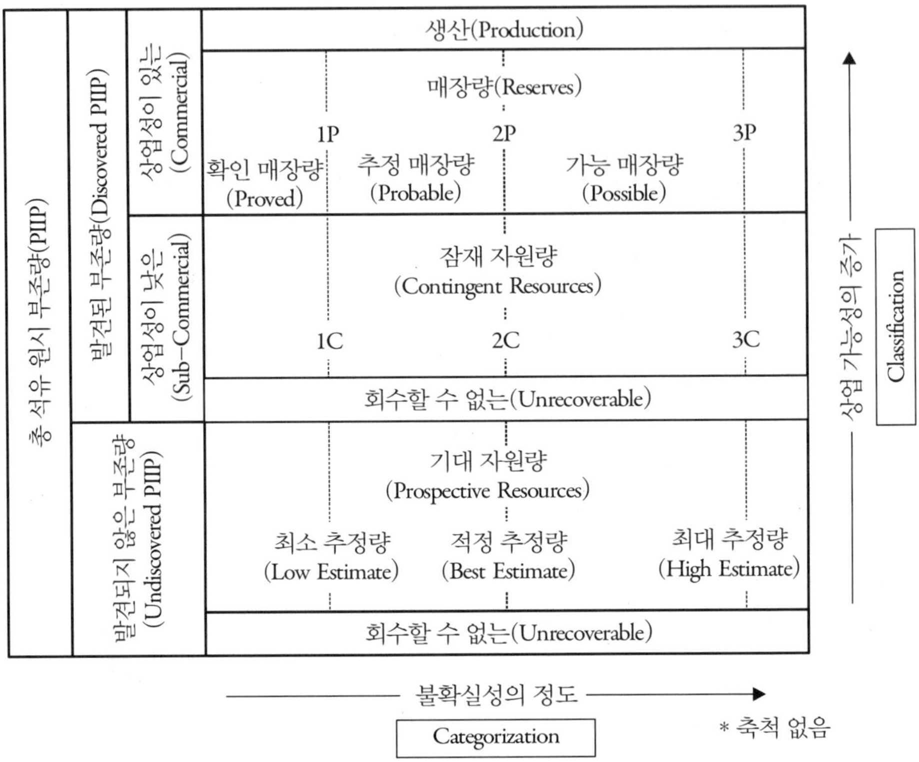

〈그림 1-18〉 상업 가능성과 불확실성 정도에 따른 매장량, 잠재 자원량, 기대 자원량의 관계

수 있으며, 각각의 정의는 다음과 같다.

(1) 기대 자원량 (Expected Resources)

기대 자원량이란 아직 규명되지 않은 집적 구조에서 잠재적으로 회수 가능한 양으로, 통상 탐사 단계에 있는 유망 구조의 자원량을 의미한다. 시추를 통해 경제성이 있는 원유의 부존 여부가 밝혀지게 되면 비로소 매장량이 될 수 있으며, 발견 가능성을 평가하기 위해 위험 인자(risk factor)를 적용한다. 기대 매장량은 다시 위험도와 평가자의 관점에 따라 최소, 적정, 최대 추정량으로 분류할 수 있으며, 프로젝트의 개발 진행 상황에 따라 플레이(play), 리드(lead), 유망 지역(prospect)으로 나눌 수 있다. 기대 자원량은 자원의 존재 여부가 아직 확인되지 않은 상태의 것이므로 개발의 불확실성이 매

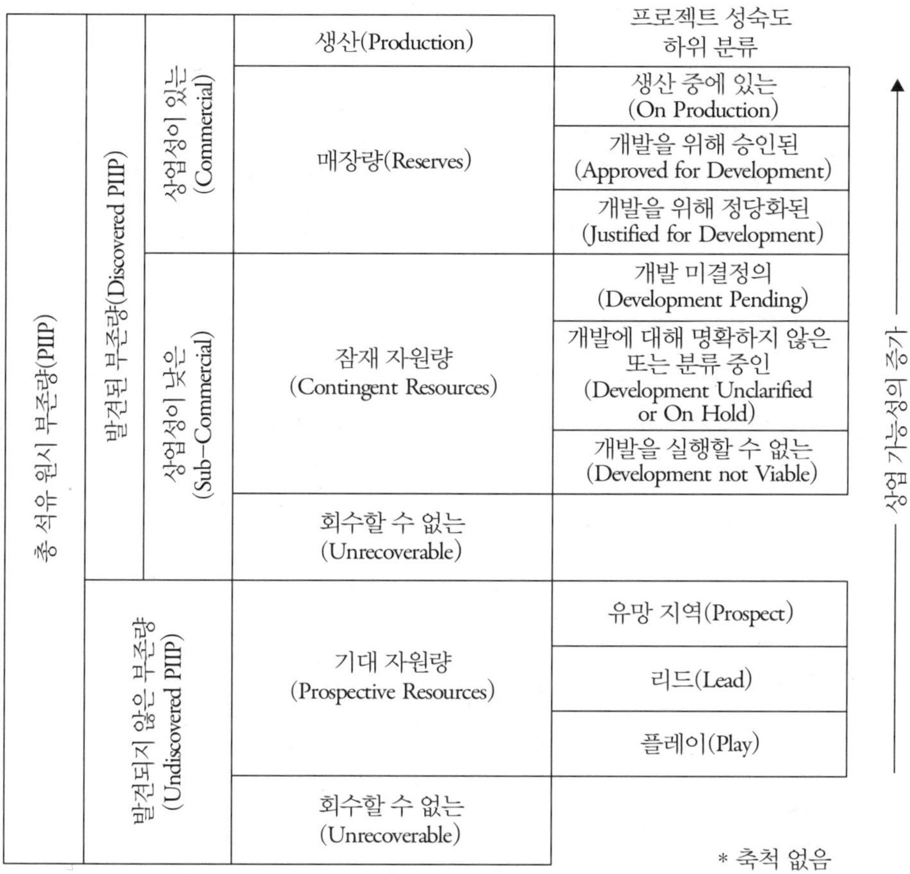

〈그림 1-19〉 매장량, 잠재 자원량, 기대 자원량의 프로젝트 성숙도에 따른 하위 분류

우 높다.

(2) 잠재 자원량 (Contingent Resources)

잠재 자원량이란 규명된 집적 구조로부터 잠재적으로 회수 가능하나 경제적·기술적·정치적 요인 가운데 한 가지 이상의 요소 때문에 현재 상업적이지 못한 자원량을 뜻한다. 통상 개발 단계가 여기에 해당되며, 다음과 같은 경우 잠재 자원량으로 분류된다.

- 판매 시장의 미확보.
- 기술적 한계나 경제성, 집적 구조의 크기, 위치, 저류층의 특성 등으로

인해 생산 단계에서 상업적인 생산이 어려움.

• 생산을 위해서 추가 시험이 필요.

잠재 자원량은 산정의 신뢰도에 따라 확인, 추정, 가능 잠재 자원량으로 구분할 수 있으며, 프로젝트의 개발 진행 상황에 따라 개발 미결정, 불확실한 개발 또는 보류, 개발 불가능 단계로 나눌 수 있다.

(3) 매장량 (Reserve)

매장량(reserves)은 규명된 집적 구조에서 현재 경제적으로 회수 가능할 것으로 기대되는 자원량(resources)으로 정의한다. 즉, 매장량은 ① 부존이 확인되었고, ② 회수 가능하며, ③ 상업적이고, ④ 현재 생산되지 않은 양이라는 네 가지 조건을 만족해야 한다. 매장량에 대한 정의는 국가나 기관 또는 구분하는 목적에 따라 조금씩 다르지만, 일반적으로는 앞에서 제시한 SPE(Society of Petroleum Engineers)-WPC(World Petroleum Council)에서 정의한 매장량 기준이 보편적으로 통용된다. 여기서 주의할 점은 매장량과 원시 부존량의 개념이 다르다는 점이다. 〈그림 1-16〉과 같이 원시 부존량에서 회수율을 곱한 후 누적 생산량을 빼면 잔존 가채량을 얻을 수 있고, 이 값에서 경제성이 없는 양을 제외하면 매장량을 계산할 수 있다.

매장량은 잠재 자원량과 마찬가지로 산정의 신뢰도에 따라 확인(proved), 추정(probable), 가능(possible) 매장량으로 나눌 수 있으며, 프로젝트의 개발 진행 상황에 따라 생산 중인, 개발 허가를 받은, 개발이 타당한 단계로 구분한다. 매장량 평가 방법에는 결정론적 방식과 확률론적 방식이 있다.

1 확인 매장량

확인 매장량은 다음과 같은 경우를 지칭한다.

• 지질학적·공학적 자료 평가를 바탕으로 현재의 경제적 조건과 운영 방법 그리고 정책 및 규제 아래에서 회수 확률이 높고 상업적으로 회수 가능한 양.

• 시추에 의하여 유체 접촉면이 확인된 경우의 매장량, 또는 유체 접촉면

이 발견되지는 않았으나 확인된 탄화수소의 최저 지점 상부에 존재하는 매장량.

확인 매장량은 생산 상태에 따라 다음과 같이 세 단계로 구분할 수 있다.

– PDP(Proved Developed Producing) : 평가 당시 생산 중이었거나 완결 작업 후 회수 가능하다고 기대되는 매장량.

– PDNP(Proved Developed Non–Producing) : 완결 작업 후에도 생산 중이지 않은 매장량. 시장 및 파이프라인 조건 등에 따라 작업 또는 조업을 휴지하고 있는 구간(shut–in)과 천공(perforation)이 이루어지지 않은 지역의 매장량 (behind–pipe).

– PUD(Proved Undeveloped) : 상업적 생산성이 있을 것으로 판단되나 아직 시추하지 않은 지역의 매장량, 또는 지질 자료 및 공학 자료에 의해 이미 시추된 확인 매장량 지역과 연속성이 있다고 판단되는 지역의 매장량.

2 추정 매장량

추정 매장량은 지질학적·공학적 자료 평가에 의해 회수될 가능성이 회수되지 못할 가능성보다 높은 매장량을 뜻한다. 추정 매장량의 범주는 다음과 같다.

- 추가 시추가 예정된 확인 매장량 지역 주변부 가운데 확인 매장량으로 분류하기 어려운 매장량.
- 검층 결과 생산성이 있을 것으로 기대되나 코어 확보 및 생산 시험을 하지 않은 지역의 매장량, 또는 확인 매장량 지역과의 유사성이 부족한 저류층의 매장량.
- 기존 유정 사이에 새로운 유정을 추가 시추하는 경우(infill drilling) 확인 매장량으로 분류될 수 있는 매장량.
- 해당 저류층에 성공 가능성이 높은 증진회수법을 적용하는 경우 증가될 매장량.
- 확인 매장량 지역과 단층에 의해 분리되어 있으며 구조적으로 상부에 위치한 지역의 매장량.

• 성공 가능성이 불확실한 보수(workover) 또는 다른 교체 방법이 예상되는 구간의 매장량.

• 부존이 확인된 저류층에서 다른 대안 해석(alternative interpretation)을 통해 증가된 매장량.

3 가능 매장량

가능 매장량은 지질학적·공학적 자료 평가에 의해 회수될 가능성이 회수되지 못할 가능성보다 낮은 매장량을 뜻하며, 다음을 포함한다.

• 지질학적 해석에 기초한 추정 매장량 지역 이외의 매장량.

• 코어와 검층에 의해 석유의 부존이 확인되었으나 생산 시험 결과 상업성이 부족한 지역의 매장량.

• 기술적으로 불확실한 추가 시추에 의한 매장량.

• 현장 시험이 수행되지 않았으며 해당 저류층에서 상업적 성공성이 불확실한 증진회수법을 수행할 경우 증가될 것으로 예상되는 매장량.

• 확인 매장량 지역과 단층에 의해 분리되어 있으며 구조적으로 하부에 위치한 지역의 매장량.

매장량 평가 방식은 〈그림 1-20〉처럼 크게 결정론적 방식(deterministic method)과 확률론적 방식(probabilistic method)으로 구분할 수 있다. 결정론적 방식은 유전의 개발 초기에 평가의 대상이 되는 저류층 변수들을 정확히 결정하기 힘든 상황에서 주로 사용된다. 결정론적 방식은 개발의 초기 단계에서 변수에 대해 하나의 값을 설정한다. 그러나 설정된 수치의 타당성이 떨어지는 경우가 많기 때문에 불확실성이 존재한다. 확률론적 방식에서는 저류층 특성 변수들이 삼각분포 함수나 로그-정규분포 함수 등의 확률분포로 주어지게 되며, 이를 입력변수로 하여 매장량을 평가하기 위해 주로 추계학적 시뮬레이션 방법들이 사용된다. 그러나 자료 수의 제한으로 인해 각 변수의 정확한 확률밀도함수를 얻어낼 수 없다는 한계가 있다. 또한 합리적인 가정으로 확률밀도함수를 추론한다고 하더라도 불확실성이 내재한다.

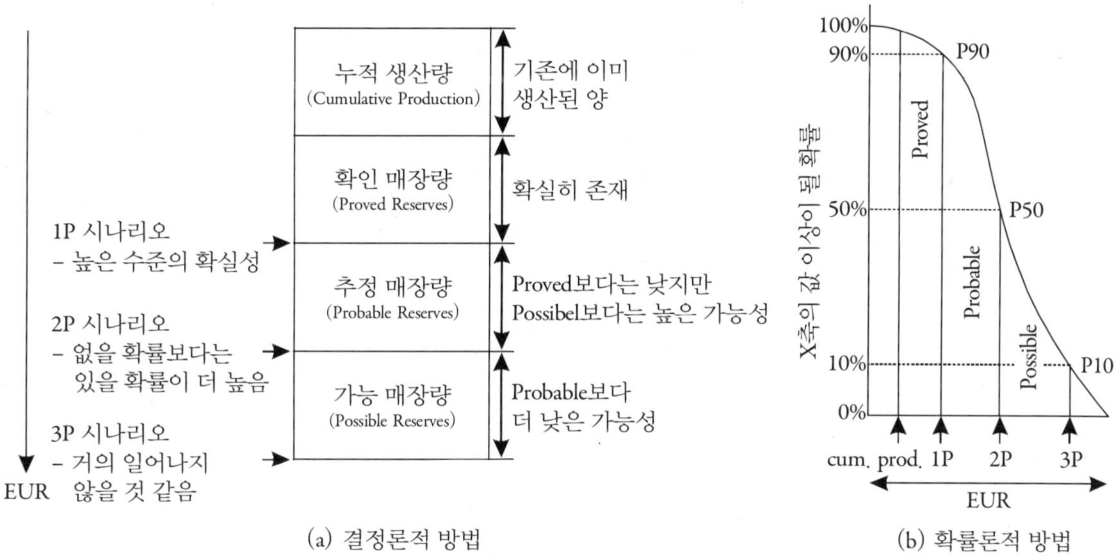

〈그림 1-20〉 결정론적 매장량 평가 방식과 확률론적 매장량 평가 방식 비교 - 불확실성에 따른 매장량 분류의 접근 방법

때문에 매장량 평가에서 결정론적 방식은 유전 개발 초기에 평가하고자 하는 저류층의 여러 변수들을 정확하게 결정하기 힘든 상황에서 주로 사용된다. 반면에 확률론적 방식은 저류층의 특성 변수들이 확률분포로 표현되며, 여기서 도출된 결과값 역시 확률분포의 형태로 나타난다. 이 결과를 누적확률분포로 나타낸 후 누적확률이 90%, 50%, 10%가 되는 지점을 각각 P90, P50, P10으로 표현한다. 이 값들은 각각 결정론적 방식의 확인 매장량, 확인+추정 매장량, 확인+추정+가능 매장량에 해당한다.

저류층의 개발 상태에 따라 초기 단계에서는 유추법(analogy)을 주로 사용하고 유전에 대한 기초 정보가 확보되면 용적법(volumetric method)으로 매장량을 평가할 수 있다. 개발이 진행됨에 따라 생산-압력 자료가 축적되면 물질수지법(Material Balance Equation Method), 감퇴곡선법(Decline Curve Analysis), 저류층 시뮬레이션 등 생산 추이 분석법(performance analysis method)으로 보다 정확한 매장량 평가를 수행할 수 있다. 일반적으로 유전의 개발이 진행될수록 확보된 자료의 양이 많아지므로 보다 정확한 평가가 이루어질 수 있다(〈그림 1-21〉).

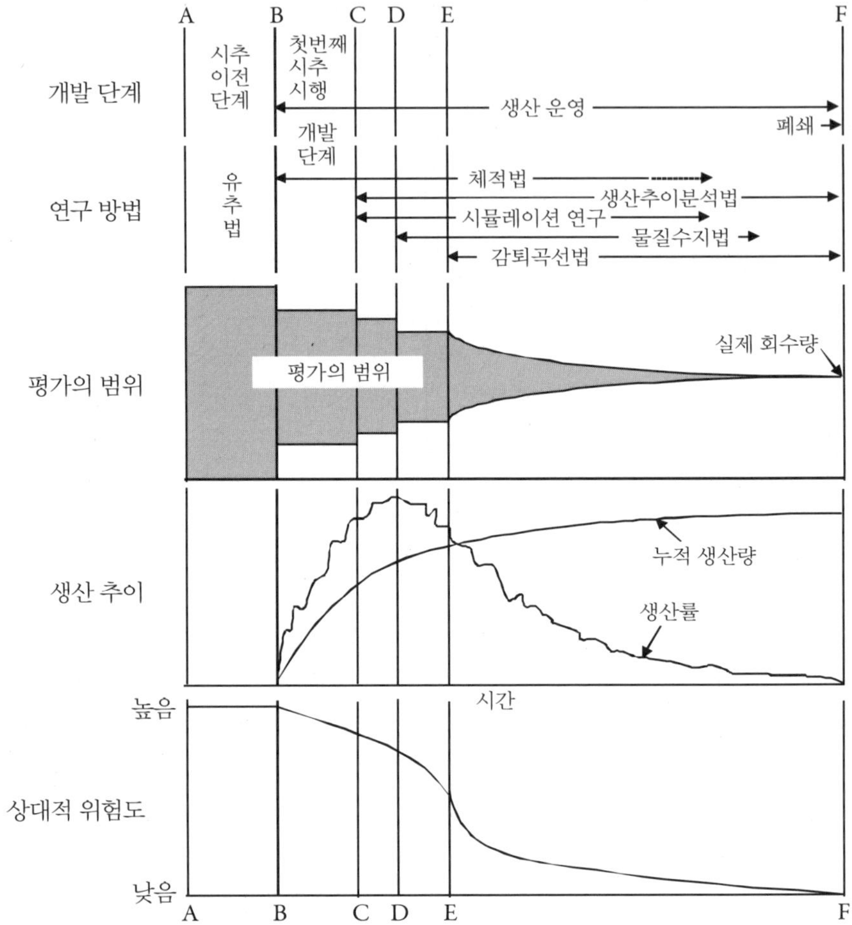

〈그림 1-21〉 매장량 평가 방식과 위험도

제2장 | 다공질 암석의 물리적 성질

지하 심부에 있는 저류암은 일반적으로 물, 석유, 가스 등과 같은 다상 유체들을 포함하고 있으며, 또한 이들 유체들을 이동시킬 수 있는 능력을 가지고 있다. 다상 유체를 포함하고 있는 다공성 암석의 중요한 물리적 성질을 열거해보면, 암석을 구성하고 있는 광물 입자 사이의 공간과 관련된 공극률, 암석 내에서 유체의 이동량을 결정하는 유체 투과율, 공극 중에 포함되어 있는 유체의 양과 관련된 유체 포화도와 그 밖에 유체를 함유한 암석의 전기전도도 등이 있다.

2.1. 공극률

공극이란 유체를 저장하거나 함유할 수 있는 암석 내의 공간을 말한다. 공극률은 암석의 전체 부피에 대한 암석 내 공극 부피의 비로 정의하며, 일반적으로 퍼센트(%)로 표시한다.

2.1.1. 공극률의 분류

공극률의 분류에는 크게 공극의 연결성에 따른 분류와 공극의 생성 시기에 따른 분류가 있다. 첫째, 공극의 연결성에 따른 분류 방법에 의해 공극률은 절대 공극률(absolute porosity)과 유효 공극률(effective porosity)로 구분된다. 암석 내의 공극은 서로 연결된 공극과 격리된 공극이 있는데, 유효 공극률은 암석의 전체 부피에 대한 연결된 공극만의 부피비이며, 절대 공극률은 전체 공극 부피의 비이다. 이를 식으로 표현하면 다음과 같다.

$$\text{절대 공극률}(\%) = \frac{\text{암석 전체 공극의 부피}}{\text{암석의 전체 부피}} \times 100$$

$$\text{유효 공극률}(\%) = \frac{\text{암석 내 상호 연결된 공극만의 부피}}{\text{암석의 전체 부피}} \times 100$$

암석 내 격리된 공극에 함유된 유체는 외부와 유통할 수 없으므로 석유 생산에 전혀 기여할 수 없다. 그러므로 저류층공학에서는 절대 공극률보다 유효 공극률이 실제 주된 관심사가 된다.

둘째, 공극의 생성 시기에 따라 공극률을 1차 공극률(primary porosity)과 2차 공극률(secondary porosity)로 구분할 수 있다. 1차 공극률이란 암석이 퇴적될 당시 암석 사이에 생성된 공간에 의해 산출된 공극률을 말하며, 2차 공극률이란 암석이 퇴적된 후 2차적인 지각 작용으로 생긴 공극에 의한 것으로서 암석의 재결정 작용이나 파쇄 작용 등에 의해 발생된 공간으로부터 산출된 공극을 말한다.

2.1.2. 공극률에 영향을 미치는 요소

공극률은 암석 입자의 형상 및 배열 형태, 입도 분포, 암석이 압축된 정도 등에 주로 영향을 받으며, 그 밖에 암석 입자 사이의 접착 물질의 양과 성질에 의해서도 영향을 받는다.

(1) 암석 입자의 배열 형태

〈그림 2-1〉처럼 암석 입자의 크기가 균일하고 구형이라고 가정할 때, 암석 입자의 배열 형태는 압축 정도순으로 정입방체, 입방체, 사방체로 크게 나누어 생각할 수 있다. 정입방체 구조는 가장 압축 정도가 낮은 것으로서 공극률은 가장 큰 47.6%이며, 석유의 근원암인 셰일이 주로 이 경우에 해당한다. 가장 압축 정도가 큰 입자 배열은 사방체로서 공극률이 25.96%이고, 육방체의 경우는 공극률이 39.5%이다. 암석 입자의 배열 형태를 단순화시킨 위 세 가지 경우의 산술적 공극률 계산은 다음과 같이 한다.

1 정입방체 구조

〈그림 2-1〉의 (a)와 같은 구조이므로, 정육면체 내에 반경 r인 1개의 구가 들어 있는 것과 같다. 정육면체의 한 변의 길이는 $2r$이므로 정육면체 전

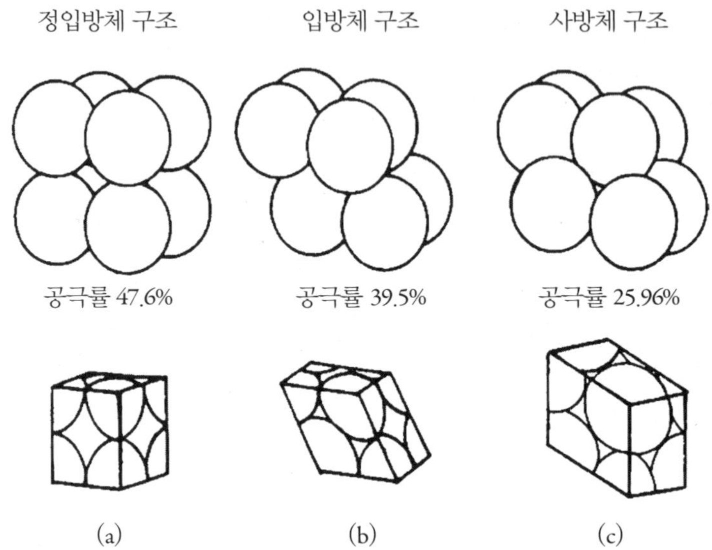

〈그림 2-1〉 저류층의 기본 공극 구조
(a) 정입방체 구조, (b) 입방체 구조, (c) 사방체 구조

체 부피는 $(2r)^3 = 8r^3$이며 정육면체 내의 구의 부피는 $(4/3)\pi r^3$이다. 그러므로 공극률은 다음과 같다.

$$\frac{\text{정육면체의 공극 부피}}{\text{정육면체의 전체 부피}} \times 100 = \frac{\text{정육면체의 전체 부피} - \text{구의 부피}}{\text{정육면체의 전체 부피}} \times 100$$

$$= \frac{8r^3 - (4/3)\pi r^3}{8r^3} \times 100 = 47.6\%$$

2 입방체 구조

〈그림 2-1〉의 (b)와 같은 구조로서, 입자의 경사각이 60°인 경우이다. 따라서 육방체 부피 내에 반경 r인 구가 들어 있는 것으로 보면 육방체의 부피는 $(2r \times 2r) \times 2r \times \sin(60°) = 4\sqrt{3}\,r^3$이므로 공극률은 다음과 같다.

$$\frac{\text{육방체의 공극 부피}}{\text{육방체의 전체 부피}} \times 100 = \frac{\text{육방체의 전체 부피} - \text{구의 부피}}{\text{육방체의 전체 부피}} \times 100$$

$$= \frac{4\sqrt{3}\,r^3 - (4/3)\pi r^3}{4\sqrt{3}\,r^3} \times 100 = 39.5\%$$

3 사방체 구조

〈그림 2-1〉의 (c)와 같은 배열 구조인데, 이때 입자의 경사각은 45°이다. 사방체 부피 내에 반경 r인 구가 들어 있는 것으로 생각해보면, 사방체 부피는 $(2r \times 2r) \times 2r \times \sin(45°) = 4\sqrt{2}\,r^3$이므로 공극률은 다음과 같다.

$$\frac{\text{사방체의 공극 부피}}{\text{사방체의 전체 부피}} \times 100 = \frac{\text{사방체의 전체 부피} - \text{구의 부피}}{\text{사방체의 전체 부피}} \times 100$$

$$= \frac{4\sqrt{2}\,r^3 - (4/3)\pi r^3}{4\sqrt{2}\,r^3} \times 100 = 25.96\%$$

(2) 암석 입자의 형상 및 입자 크기의 분포

〈그림 2-2〉에서 보는 바와 같이, 암석 입자들의 형상이 규칙적이고 편평한 면들이 균일하게 배열된 입자로 이루어진 암석은 불규칙적인 형상의 입자를 가진 암석보다 공극률이 작다. 일반적으로 입자가 작을수록 공극률이 커지고, 입자 크기의 범위가 넓을수록 공극률은 떨어진다. 특히 입자의 형태가 모난 경우는 둥근 경우보다 압축 효과가 적으므로 공극률은 커지게 된

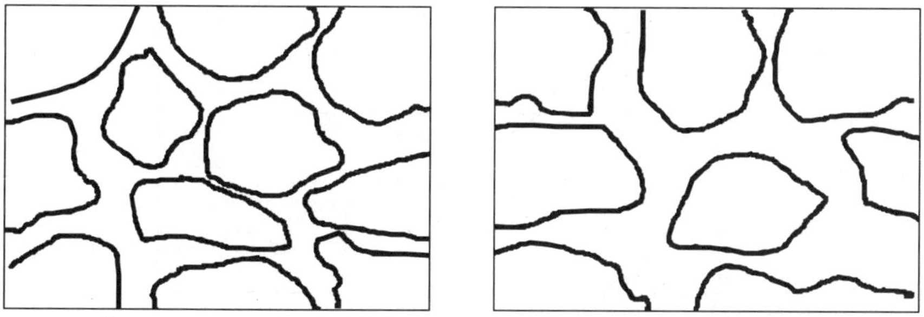

〈그림 2-2〉 입자 형상에 따른 배열

다. 이와 같은 이유로 입자들이 크기별로 잘 분류되어 있고 그 분포가 균일하다면 크기가 다른 입자들이 서로 섞여 있는 경우보다 공극률은 커진다.

(3) 접착 물질의 양과 성질

암석 입자들을 연결하는 접착 물질은 암석들 사이의 상당한 공극을 메우게 되어 절대 공극률을 작게 만들 뿐만 아니라 입자 사이의 상호 연결된 공극을 막아 유효 공극률도 작게 만든다. 그렇기 때문에 접착 물질의 양과 성질은 공극률에 영향을 미치게 된다.

(4) 상부 지층압에 의한 압축

퇴적암의 공극률은 암석의 압축 정도와 관계 있으며, 암석의 압축력은 지표로부터 깊어짐에 따라 증가한다. 공극률에 대한 압축 효과를 그래프로 살펴보면 〈그림 2-3〉과 같다.

지압 증가로 인한 공극률 감소는 주로 암석 내 입자들 간의 재배열 때문이므로, 각 입자가 비교적 잘 분산되어 있는 셰일에서는 이러한 효과가 더욱 분명하다. 그러므로 〈그림 2-3〉에서 볼 수 있듯이 지압 증가로 인한 공

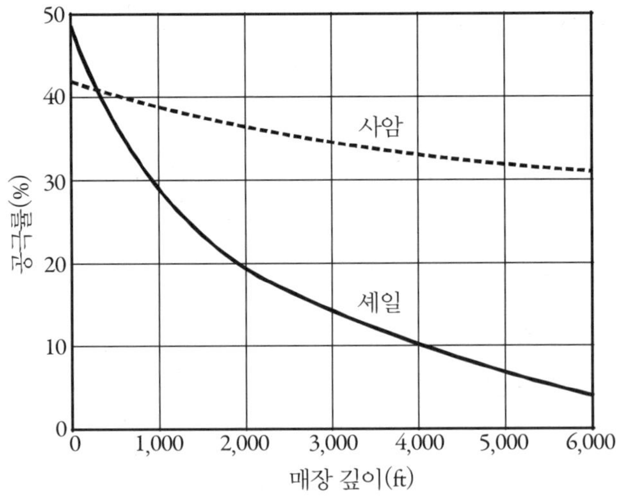

〈그림 2-3〉 공극률에 대한 천연 압축 효과(Krumbein과 Sloss, 1951)

극률의 감소는 사암보다 셰일이 크다는 것을 알 수 있다. 따라서 지하 심부에 묻혀 있던 암석이 지각운동에 의해 갑자기 상승한다 하더라도 지하 천부에 묻혔던 암석보다 공극률이 작다.

일반적으로 암석은 압축력에 의해 부피 감소가 발생하기 때문에 감소되는 주체에 따라 다음과 같이 세 가지 압축률로 나누어 구별한다.

① 암석 체적 압축률(rock bulk compressibility).

② 암석 입자 압축률(rock matrix compressibility).

③ 암석 공극 압축률(rock pore compressibility).

암석 입자 압축률은 단위 압력 변화에 대한 암석 입자 부피의 분수 변화비이고, 암석 체적 압축률은 단위 압력 변화에 대한 암석 전체 부피의 분수 변화비이며, 암석 공극 압축률은 단위 압력 변화에 대한 암석 공극 부피의 분수 변화비이다.

지하 심부에 존재하는 암석에는 상부 지층의 무게에 의한 외부 압력과 암석 공극 내에 존재하는 유체가 밖으로 가하는 내부 압력이 동시에 작용하고 있으며, 암석의 압축 효과는 한 압력의 절대치가 아닌 이 두 힘 사이의 차이에 의해 영향을 받는다. 여기서 외부 압력은 수직·수평 방향에서 암석에 각각 다른 크기로 가해지는 반면, 암석 공극 속의 내부압은 모든 방향에서 크기가 같은 정수압(hydrostatic pressure)으로 작용하고 있다.

이때 만약 저류층 공극 속에 있던 유체가 감소한다면 이는 내부 압력을 변화시켜 저류층 암석에 작용하는 모든 힘들을 변화시키게 된다. 이러한 압력의 변화는 암석의 전체 부피와 입자 부피 및 공극 부피를 변화시키는데, 저류층공학에서 주된 관심 사항은 저류층 공극 부피의 변화이다.

Geerstma를 비롯한 많은 학자들이 석유 생산 환경과 유사한 지역에서 암석의 역학적 변형 거동에 관심을 가지고 암석의 압축률에 관한 이론을 발전시켰다. 이들의 이론에 따르면 암석은 가해진 정수압에 대해 일정한 변형을 하는데, 이때 암석의 전체 변형은 다음 식과 같이 압축률에 의해 표현될 수 있다.

$$C = -\frac{1}{V_r}\frac{dV_r}{dP} \qquad (2-1)$$

여기서 V_r은 압축되는 암석의 부피이며, P는 정수압이다. 실험실에서는 〈그림 2-4〉와 같은 실험 기기를 이용해 암석 시료의 압축률을 구할 수 있다. 구리판으로 암석 시료를 감싸고 가압실에 넣은 후 수압 펌프를 이용하여 유체로 포화된 시료에 내부 압력과 외부 압력을 가한다. 내부 부피의 변화는 측정 계기의 수은 이동으로 알 수 있다.

$$\text{공극축소율}(\%) = \frac{\Delta V\rho}{V_L\phi} \times 100$$

Carpenter와 Spencer는 이와 비슷한 기구를 가지고 외부 압력만을 변화시키면서 Woodbine 시료를 실험했다. 〈그림 2-5〉는 이 실험으로부터 얻은 결

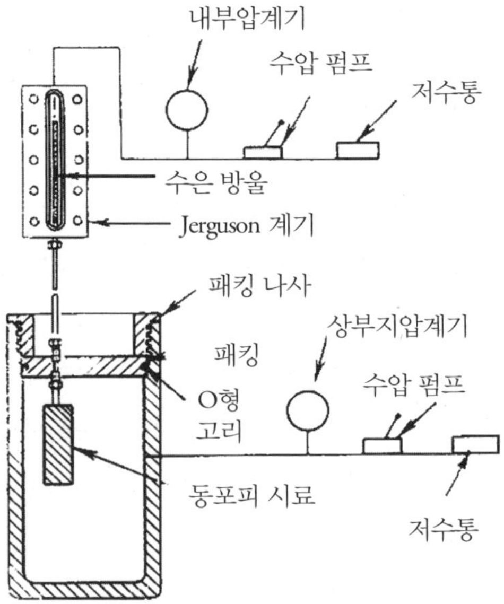

〈그림 2-4〉 암석 시료의 압축률과 공극 부피의 압축성을 측정하기 위한 실험 장치

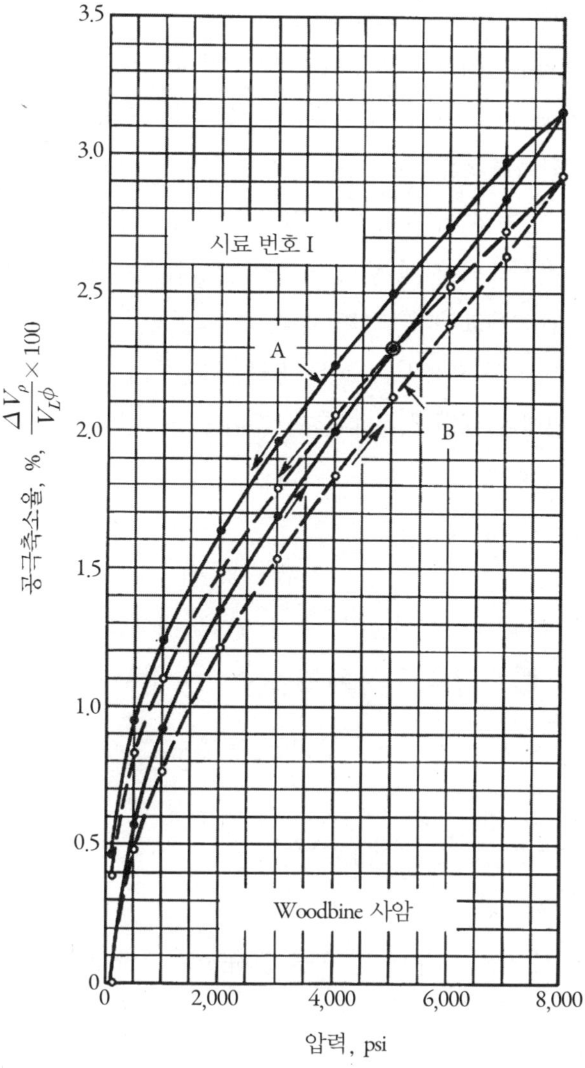

〈그림 2-5〉 암석 압축률
곡선 A : 91°F에서의 두 압축률 시험 평균, 곡선 B : 146°F에서의 No. 3 압축률 시험
코어 자료 : Magnolia 석유 회사, John Radford 유정 No.5, Margarer Tennison 탐사, Gregg Country, Tex. : 생산층 상단 : 3,780ft, 생산정 전체 깊이 : 3,715ft, 코어 채취 깊이 : 3,711±ft, 초기 생산량 : 12,000bbl/day(Carpenter와 Spencer, 1940)

과를 도시한 것이다.

일반적으로 상부 지층 압력이 변화함에 따라 공극은 감소된다. 공극 부피 V_p는 전체 부피 V_b와 공극률 ϕ의 곱이므로, 〈그림 2-5〉에서 곡선의 기울기

는 $(1/V_p)(dV_p/dP^*)_p$의 형태로 표시되는 압축률이다. 여기서 P^*는 내부 압력이 P일 때의 외부압이다. 〈그림 2-5〉에서 알 수 있듯이, 압력이 1,000psi 이상일 때, 곡선의 기울기(즉, 공극 압축률)는 상수로 볼 수 있다.

암석의 체적 압축률 C_b는 $(1/V_b)(dV_b/dP^*)_p$로 정의하며, 일반적으로 P와 P^*의 함수이다. 실제 C_b의 값은 내부 압력을 일정하게 유지하고 외부 압력을 변화시키면서 시료의 전체 부피 변화를 측정함으로써 구할 수 있다.

우선 암석의 압축률로부터 암석의 부피 변화와 공극 부피 간의 관계를 알아보기로 하자. 암석의 전체 부피 V_b는 공극 부피 V_p와 입자 부피 V_g의 합이므로, 그 미소 변화에 대한 식을 다음과 같이 쓸 수 있다.

$$dV_b = dV_p + dV_g$$

암석의 압축 효과는 상부 지층압(외부압) P^*와 내부압 P 사이의 차, 즉 순수 상부 지압의 함수이므로, 위 식의 각 항을 순수 상부 지압의 미소치로 나누어주면 다음과 같다.

$$\frac{dV_b}{d(P^*-P)} = \frac{dV_p}{d(P^*-P)} + \frac{dV_g}{d(P^*-P)}$$

그리고 이를 다시 V_b로 나누어 각 항을 압축률로 나타내면 다음과 같다.

$$\frac{1}{V_b}\frac{dV_b}{d(P^*-P)} = \frac{1}{V_b}\frac{dV_p}{d(P^*-P)} + \frac{1}{V_b}\frac{dV_g}{d(P^*-P)}$$

$$= \frac{\phi}{V_p}\frac{dV_p}{d(P^*-P)} + \frac{V_g}{V_b}\frac{1}{V_g}\frac{dV_g}{d(P^*-P)}$$

즉, $C_b = \phi \cdot C_p + (V_g/V_b) \cdot C_g$

그런데 입자 압축률 C_g는 체적 압축률 C_b와 공극 압축률 C_p에 비해 대단히 작은 크기를 가지기 때문에 $C_g \approx 0$으로 할 수 있다. 따라서 $C_b \approx \phi \cdot C_p$이고 이 관계로부터 $dV_b \approx dV_p$가 되므로, 암석의 전체 부피 변화는 공극 부피의 변화에서 비롯됨을 알 수 있다. 결국 암석의 전체 부피 변화는 곧 공극 부피 변화를 의미하는 것이다. 일반적으로 고결사암의 경우 공극 압축률은 $5 \sim 10 \times 10^{-6} psi^{-1}$ 정도의 값을 갖는다.

한편 순수 상부 지압($P^* - P$)에서 상부 지층압 P^*가 모든 방향에서 일정하다면 $dP^* = 0$이 되는데, 이때의 압축률을 유효 압축률이라고 한다.

Hall은 Carpenter와 Spencer가 수행했던 것과 비슷한 실험을 하여 〈그림 2-6〉과 같이 공극률과 저류층 압축의 관계를 나타내는 결과를 얻었다. 더구나 Hall은 상부 지층압이 일정할 때 공극률과 유효 압축률과의 관계를 알아보았다. 〈그림 2-6〉과 〈그림 2-7〉에서 보는 것처럼, 공극률이 증가할 때 압축률은 감소하고 있다.

Geerstma는 저류층 내에서 정수압의 수직 성분은 일정하고, 수평 압력 성분은 경계 부분에 의해 결정되기 때문에 전체 변형은 없다고 했다. 이러한 경계조건에 의해 사암의 공극 부피 압축률은 다음과 같이 근사된다.

즉, $C_b \approx \phi \cdot C_p$ 관계식으로부터 $\frac{dV_p}{dP} \approx \frac{\phi}{C_b} d(P^* - P)$이고, 실험 장치의 경계

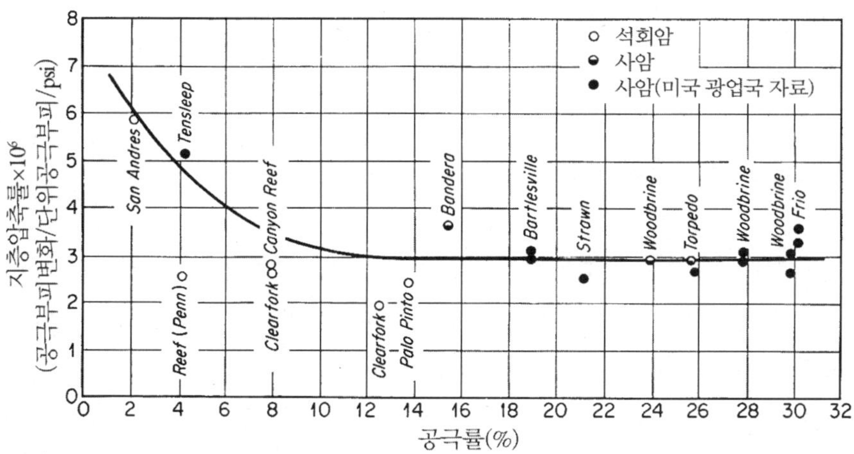

〈그림 2-6〉 총 암석 압축률의 지층 압축 성분(Hall, 1953)

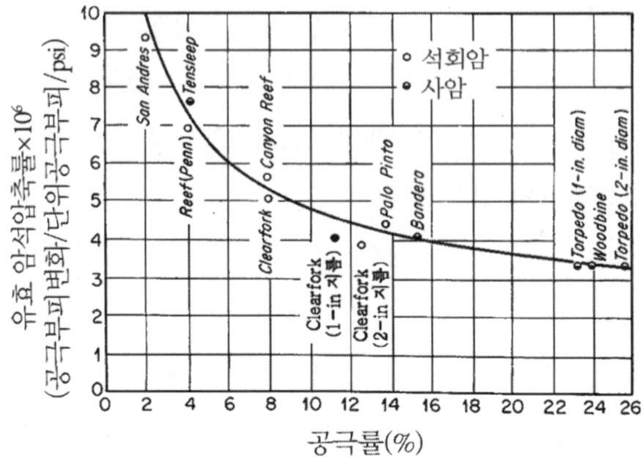

〈그림 2-7〉 저류층 암석의 유효 압축률(Hall, 1953)

조건으로부터 $dP^*=0$, $-dP=-(\frac{1}{2})dP$가 되므로,

$$-\frac{1}{V_p}\frac{dV_p}{dP}\approx\frac{1}{2}\frac{C_b}{\phi}=\frac{1}{2}C_p$$이다.

그러므로, 내부 압력 감소에 의해 저류층 암석의 유효 공극 압축률은 실험실에서 얻어진 공극 압축률의 절반에 해당한다.

Fatt은 여러 범위의 P^*에 대한 $(1/V_p)(dV_p/dP)_{p^*}$를 구하면서 순수 상부 지압을 $P^*-0.85P$의 값으로 보정했다. 일반적으로 순수 상부 지압은 P^*-cP이며, 보정계수 c의 값은 0.75에서 완전탄성체의 경우인 1까지 암석의 구조에 따라 달라진다.

2.1.3. 공극률의 측정

암석의 공극률을 결정하는 대부분의 방법은 실험실에서 표준 암석 시료를 이용하는 것이다. 지하에 있는 거대한 암반의 공극률을 직접적인 방법으로 판정하는 것은 매우 어려운 문제이기 때문에, 시추공에서 채취한 다수의 암편 시료로부터 얻은 공극률로 대표하는 것이 통례이다. 채취한 암편의 공극률을 실험실에서 결정하기 위해서는 세 가지 기본 요소, 즉 전체 부피, 공극 부피, 입자 부피들 가운데 두 가지만 측정하면 된다. 일반적으로 암석 전체 부피를 결정하는 모든 방법들은 절대 공극률뿐만 아니라 유효 공극률을 구하는 데도 적용 가능하다.

(1) 전체 부피

암석 시료의 전체 부피는 암석 시료를 유체에 담글 때 시료에 의해 밀려난 유체의 부피를 측정하면 알 수 있다. 이러한 방법은 특히 불규칙적인 모양을 가진 시료의 부피를 매우 짧은 시간에 계산할 수 있도록 해준다.

시료에 의해 밀려난 유체 부피는 용량분석법(volumetrical analysis)이나 중량분석법(gravimetrical analysis)에 의해 쉽게 측정된다. 이러한 방법에서 특히 주의할 사항은 유체가 시료의 공극으로 들어가는 것을 막는 일이다. 시료 공극 속으로 유체가 유입되는 것을 막기 위해서는,

① 파라핀 또는 이와 비슷한 물질로 암석 시료를 코팅하거나,

② 유체로 포화된 암석을 시료로 사용하거나,

③ 표면장력이나 유착 특성(wettability) 때문에 암석의 공극 속으로 유입이 어려운 성질을 갖는 수은을 사용함으로써 가능하다.

시료 전체 부피의 중량측정법은 공기 중의 시료 무게와 시료를 유체 속에 넣었을 때 생긴 무게의 차이를 측정하거나, 또는 공극률 측정기 속에 수은만 있을 때와 암석 시료와 수은이 모두 있을 때의 중량 변화를 관찰함으로써 암석 시료의 전체 부피를 구하는 방법이다.

시료의 전체 부피를 중량측정법에 의해 결정하는 방법은 다음의 예제를 통해 알아보기로 한다.

예제 2-1 코팅된 암석 시료를 물에 넣었을 때의 전체 부피 계산

A=건조한 암석 시료의 공기 중 무게=20g

B=파라핀으로 코팅된 암석 시료의 무게=20.9g(파라핀 밀도=0.9g/cc)

C=40°F 온도의 물에 담겨진 코팅된 암석 시료의 무게=10.0g

(물의 밀도=1.00g/cc)

파라핀의 무게 $= B - A = 20.9 - 20.0 = 0.9$g

파라핀의 부피 $= 0.9/0.9 = 1$cc

시료에 의해 밀려난 물의 무게 $= B - C = 20.9 = 10.0 = 10.9$g

시료에 의해 밀려난 물의 부피 $= 10.9/1.0 = 10.9$cc

시료에 의해 밀려난 물의 부피−파라핀의 부피 $= 10.9 - 1.0 = 9.9$cc

암석 시료의 전체 부피 $= 9.9$cc

예제 2-2 물로 포화시킨 시료를 물에 넣었을 때의 전체 부피 계산

A = 건조한 암석 시료의 공기 중 무게 = 20g

D = 물로 포화된 시료의 공기 중 무게 = 22.5g

E = 40°F 온도의 물에 담겨진 포화된 암석 시료의 무게 = 12.6g

시료에 의해 밀려난 물의 무게 $= D - E = 22.5 - 12.6 = 9.9$g

시료에 의해 밀려난 물의 부피 $= 9.9/1.0 = 9.9$cc

암석 시료의 전체 부피 $= 9.9$cc

예제 2-3 수은 공극률 측정기를 이용한 전체 부피 계산

A = 건조한 암석 시료의 공기 중 무게 = 20g

F = 20°C 온도에서 수은이 가득찬 측정기의 무게 = 350.0g

G = 20°C 온도에서 수은과 암석 시료가 담겨진 측정기의 무게 = 235.9g

(수은의 밀도 = 13.546g/cc)

(암석 시료의 무게)+(수은이 가득찬 공극률 측정기의 무게)

$= A + F = 20 + 350 = 370$g

시료에 의해 밀려난 수은의 무게 $= A + F - G = 370 - 235.9 = 134.1$g

시료에 의해 밀려난 수은의 부피 $= 134.1/13.546 = 9.9$cc

암석 시료의 전체 부피 $= 9.9$cc

(2) 입자 부피

건조시료의 중량과 암석 입자의 밀도에 의해 결정되는 암석 입자 부피를 이용하여 공극률을 측정하는 몇 가지 방법이 있다. 암석 입자 부피를 상당히 정밀하게 측정하고자 할 경우 Melcher−Nutting 방법이나 Russell 방법 등을 사용하는데, 이 방법들은 모두 시료의 전체 부피를 측정한다. Melcher-Nutting 방법은 부력 원리를 이용하는 반면, Russell 방법은 특별히 고안된 용량계를 사용한다. 두 가지 모두 용량 분석 방법으로서 시료의 전체 부피와 입자 부피를 측정할 수 있으며, 이때 측정된 공극률은 절대 공극률이다.

예제 2-4 Melcher-Nutting 방법에 의한 암석 입자 부피의 계산

A=건조한 암석 파쇄시료의 공기 중 무게=16.0g

B=40°F 온도에서 물과 암석 시료가 담겨진 공극률 측정기의 무게=65.0g

C=40°F 온도에서 물과 암석 시료가 담겨진 공극률 측정기의 무게=75.0g

(암석 파쇄시료의 무게)+(물이 가득찬 공극률 측정기의 무게)

$=A+B$=16.0+65.0=81.0g

시료에 의해 밀려난 물의 무게=$A+B-C$=81.0−75.0=6.0g

시료에 의해 밀려난 물의 부피=6.0/1.0=6.0cc

암석 시료의 입자 부피=6.0cc

[예제 2-4]에서 결정된 입자 부피와 [예제 2-1]에서 구한 암석의 전체 부피로부터 공극률이 계산되는데, 다음 예제를 통해 암석의 공극률을 구해보기로 한다.

예제 2-5 절대 공극률 계산

[예제 2-4]의 자료로부터

암석 시료의 입자밀도=16.0/6.0=2.67g/cc

[예제 2-1]의 자료로부터

건조한 시료의 공기 중 무게=20g

암석 시료의 전체 부피=9.0cc

$$\text{암석시료의입자부피} = \frac{\text{건조한암석시료의공기중무게}}{\text{암석시료의입자밀도}} = \frac{20}{2.67} = 7.5cc$$

$$\text{암석시료의절대공극률} = \phi_t = \frac{\text{암석시료의전체부피} - \text{입자부피}}{\text{암석시료의전체부피}} \times 100$$

$$= \frac{9.9 - 7.5}{9.9} \times 100 = 24.2\%$$

암석 시료의 입자 부피를 측정하고자 할 때 사용되는 방법 가운데 가스법칙을 이용하는 방법이 있다. 이 방법은 〈그림 2-8〉에서 보는 바와 같이 시료의 입자 부피를 측정하기 위해 완전히 건조한 시료를 밀폐된 시료실에 넣고 시료실과 시료실 사이의 밸브를 닫아 서로 연결되지 않은 상태에서 압력계로 각 시료실의 압력을 측정하는 것이다.

시료실 1과 시료실 2의 기체를 비압축성 기체로 가정하고, 밸브를 닫은 상태에서 이상기체 상태방정식을 적용시키면 다음과 같은 식으로 나타낼 수 있다.

시료실 1 : $P_1(V_1 - V_g) = n_1RT_1$ (2-2)

시료실 2 : $P_2V_2 = n_2RT_2$ (2-3)

여기서, V_g : 시료 입자 부피

T_1 : 시료실 1의 온도

T_2 : 시료실 2의 온도

R : 기체상수

n_1 : 시료실 1의 기체 몰 농도

n_2 : 시료실 2의 기체 몰 농도

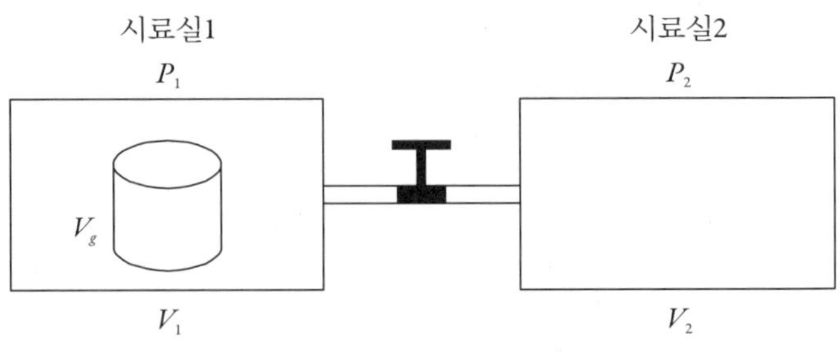

〈그림 2-8〉 가스법칙을 이용한 유효 공극률 측정장치 모식도

시료실 1과 시료실 2의 압력을 측정한 후 밸브를 열고 압력계로 다시 압력을 측정한다. 밸브를 연 상태에서 이상기체 상태방정식은 다음과 같다.

$$P_f(V_1 + V_2 - V_g) = n_f R T_f \tag{2-4}$$

여기서, P_f : 밸브를 연 후의 압력

n_f : 밸브를 연 후의 기체 몰 농도

T_f : 밸브를 연 후의 시료실 온도

$$n_f = n_1 + n_2 \tag{2-5}$$

식 (2–2), (2–3), (2–4)를 식 (2–5)에 대입하면

$$\frac{P_f(V_1 + V_2 - V_g)}{RT_f} = \frac{P_1(V_1 - V_g)}{RT_1} + \frac{P_2 V_2}{RT_2} \tag{2-6}$$

위의 실험이 등온조건에서 수행되면, $T_1 = T_2 = T_f$이므로 식 (2–6)은 다음과 같다.

$$P_f(V_1 + V_2 - V_g) = P_1(V_1 - V_g) + P_2 V_2 \tag{2-7}$$

$$V_g = \frac{(P_1 - P_f)V_1 + (P_2 - P_f)V_2}{P_1 - P_f} \tag{2-8}$$

이때 시료실 안의 기체들은 암석 시료 입자의 상호 연결된 공극에만 침투해 들어가므로 유효 공극률이 산출된다. 기체 팽창에 의한 입자 부피를 구하는 방법의 예는 다음과 같다.

예제 2-6 기체 팽창에 의한 암석 시료의 입자 부피 및 유효 공극률 계산

Stevens공극측정기 :

A=암석 시료실(코어 시료실)의 부피=15cc

공기의 부피(첫번째 읽었을 때)=6.970

공기의 부피(두번째 읽었을 때)=0.03

공기의 부피(세번째 읽었을 때)=0

B=읽은 총합=7.00cc

암석 시료의 유효 입자 부피=$A-B$=8cc

암석 시료의 전체 부피(공극계기로부터)=10cc

유효 공극률=ϕ=[(10−8)/10]×100=20%

(3) 공극 부피

공극 부피의 측정을 통해 산출된 공극률은 모두 유효 공극률이다. 왜냐하면, 공극 부피를 측정할 때는 암석 공극 속에 들어 있는 유체를 추출해내거나 암석의 공극으로 유체를 주입하는 방법을 사용하므로, 상호 격리된 공극으로는 유체가 접근할 수 없기 때문이다. Washburn Bunting 공극률 측정기는 부착된 수은탱크를 조작하여 공극률 계기 내에 부분적인 진공을 만들어 암석 공극으로부터 뽑아낸 공기의 부피를 측정하는 기구이다. 암석의 공극 부피를 측정하는 포화식 방법은 완전히 건조된 암석 시료를 밀도가 알려진 유체로 포화시킨 후 시료의 중량을 측정함으로써 시료의 공극 부피를 결정하는 방법이다.

건조시킨 암석 시료의 중량을 W_d, 암석 시료를 포화시키는 유체의 밀도를 ρ_f, 밀도 ρ_f의 유체에 의해 포화된 암석 시료의 중량을 W_s라 했을 때, 암석 시료의 공극 부피 V_p는 식 (2−10)과 같이 구해진다.

$$W_d + V_p\rho_f = W_s \tag{2-9}$$

$$V_p = \frac{W_s - W_d}{\rho_f} \tag{2-10}$$

예제 2-7 포화법에 의한 유효 공극률 계산

[예제 2−2]의 자료로부터

A=건조한 암석 시료의 공기 중 무게=20g

D=물로 포화된 시료의 공기 중 무게=22.5g(물의 밀도=1.00g/cc)
공극 내 물의 무게=$D-A$=22.5−20=2.5g
공극 내 물의 부피=2.5/1.0=2.5cc
유효 공극 부피=2.5cc
암석 시료의 전체 부피([예제 2−2]로부터)=9.9cc
유효 공극률=ϕ=(2.5/9.9)×100=25.3%

2.2. 유체 투과율

2.2.1. 유체 투과율의 정의

앞 절에서 살펴본 바와 같이 공극률은 유체를 함유할 수 있는 암석의 성질이며 유체 투과율은 암석의 공극을 통해 유체가 이동할 수 있는 용이도를 말한다. 즉, 저류층 암석의 유체 투과율이 크면 석유가 쉽게 이동할 수 있어서 많은 양의 석유를 생산할 수 있기 때문에 저류층의 가치는 커지는 반면, 아무리 공극률이 크고 매장량이 많은 저류층이라 하더라도 유체 투과율이 작다면 경제성은 낮아진다.

〈그림 2−9〉에서처럼 공극률이 같은 2개의 시료에 유체가 흐른다면 시료 (a)는 관의 직경이 작은 시료 (b)보다 훨씬 많은 유체를 쉽게 통과시킬 것이다. 따라서 시료 (a)가 시료 (b)보다 유체 투과율이 크다고 할 수 있다. 이와 같이 유체 투과율은 공극의 형태 및 배열 상태, 공극 내에 있는 유체의 종류와 함량에 따라 유동성을 달리하므로, 다음과 같이 구분해 정의한다.

① 절대 유체 투과율(k) : 단상 유체가 다공질 매체의 유효 공극을 100% 포화시켰을 때 유체가 흐를 수 있는 능력 정도를 말한다.

② 유효 유체 투과율(k_e) : 다상 유체 거동 시 각각의 유체가 저류층 내에서 동시에 흐를 수 있는 능력을 말한다. 이때 각 유체의 투과율은 유체의 포화도와 밀접한 관계가 있으며, 포화도가 클수록 유체 투과율이 커지는 양상

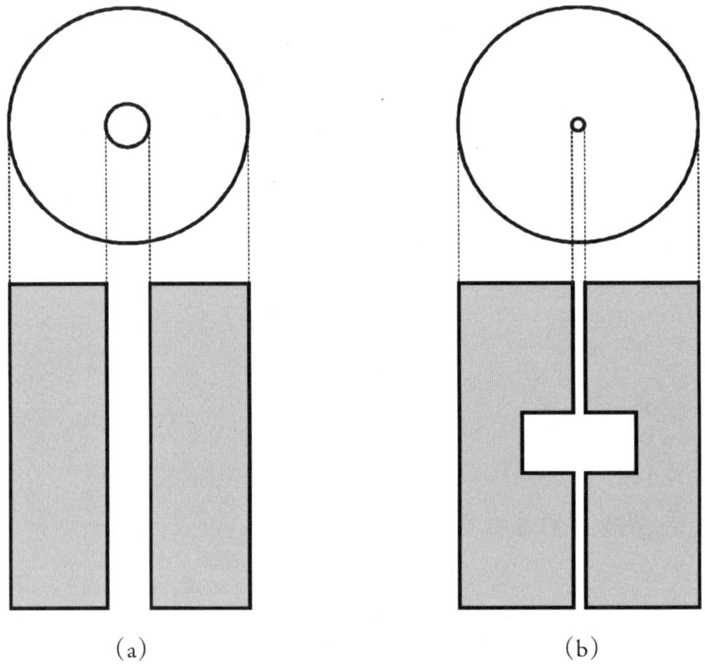

〈그림 2-9〉 공극률은 같으나 유체 투과율이 서로 다른 경우

은 저류층의 고유한 물성 가운데 하나이다. 일반적으로 각 유체에 대한 유효 유체 투과율은 다음과 같이 표기한다.

k_o=석유의 유효 유체 투과율

k_w=물의 유효 유체 투과율

k_g=기체의 유효 유체 투과율

③ 상대 유체 투과율(k_r) : 상대 유체 투과율은 유효 유체 투과율과 절대 유체 투과율 간의 비로 정의된다. 이것은 다상 유체 유동 시 다공질 매체에 대한 각 유체의 상대적인 유동 용이도를 나타내는 것으로, 유체 포화도 및 암석의 유착 특성과 깊은 관련이 있다. 각 유체에 대한 상대 유체 투과율은 다음과 같이 나타낸다.

$k_{ro} = k_o/k$: 석유의 유효 유체 투과율

$k_{rw} = k_w/k$: 물의 유효 유체 투과율

$k_{rg} = k_g/k$: 기체의 유효 유체 투과율

2.2.2. Darcy의 실험방정식

(1) Darcy 실험

저류층 내에서 석유의 유동 기능은 다공질 매체를 통한 유체 유동과 유사하므로, 운동량 보존법칙을 기본 개념으로 한 Darcy 법칙에 의해 설명할 수 있다.

Darcy 법칙은 일종의 현상학적 법칙으로, 포텐셜 차이에 의한 유체 유동률을 표시하여 다공질 매체의 유체 흐름을 산출하는 데 이용된다. 즉, Darcy 법칙은 다공질 매체 내에서 선형 유동하는 유체의 체적유동률 Q를 에너지 손실과는 정비례하고 매체의 길이와는 반비례하게, 그리고 비례상수인 유체 전도도 K와 관련시켜 표시한 것이다. 여기서 유체 전도도 K는 속도의 차원을 갖는다.

〈그림 2-10〉은 모래관을 이용한 Darcy 의 실험을 도시한 것이다. 그림에서 유체는 모래관의 상부에서 체적유동률 Q로 들어가 Δl (1과 2의 거리)만큼 이동한 후 다시 같은 유동률 Q로 나온다. 이때 압력측정기를 이용하여 기준점($z=0$)으로부터 1점과 2점 수두 차이를 계산할 수 있다. 1점과 2점의 유체 높이 차이가 수두(h_1-h_2), 즉 압력 강하를 의미하며, 이것은 Δl의 거리에서 발생된다. 이러한 관계를 수식으로 나타낸 Darcy 법칙은 다음과 같이 정의된다.

$$Q=\frac{KA(h_1-h_2)}{\Delta l}=KA\frac{\Delta h}{\Delta l} \tag{2-11}$$

식 (2-11)로 정의되는 Darcy 법칙은 이론적으로 유도된 식이 아니라 실험적 관찰을 통해 얻어진 것이다. 한편 Darcy 법칙에서 정의된 유체 전도도 K는 유동 매체의 공극 구조뿐만 아니라 유체의 성질과도 깊은 관련이 있다. 따라서 K는 유체의 물성과 다공질 매체의 고유 유체 투과율과의 관계식 (2-12)와 같이 정의된다.

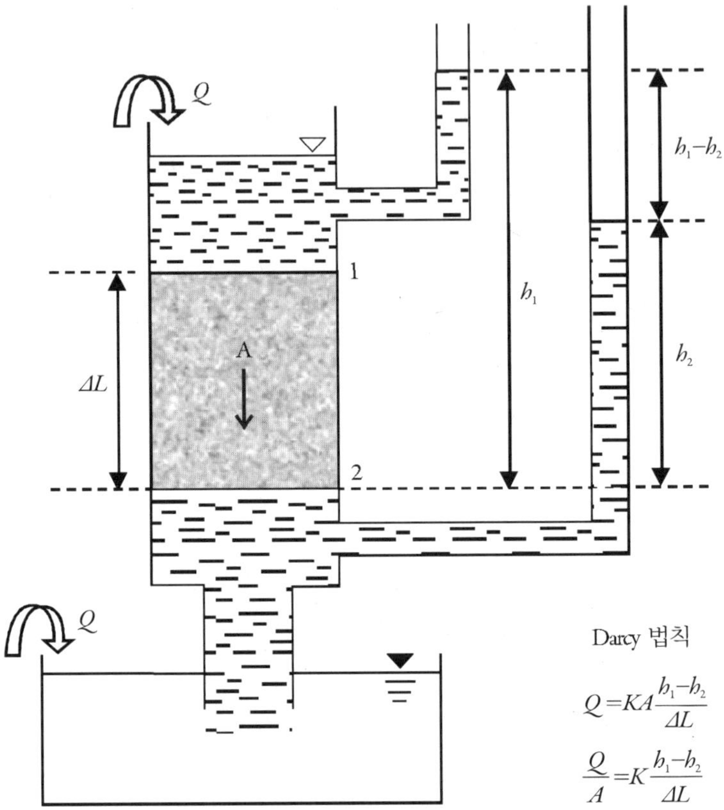

〈그림 2-10〉 모래관을 통과하는 물의 흐름에 대한 Henry Darcy 의 실험 모형

$$K=\frac{k\rho g}{\mu} \tag{2-12}$$

유체의 점성도 μ와 밀도가 온도의 함수이므로 유체 전도도는 온도에 영향을 받으나, 고유 유체 투과율은 본질적으로 다공질 매체의 공극 구조만의 함수이므로 온도와는 무관하다. 이것을 이용하여 단면적이 A, 길이가 l인 다공질 매체에 유체가 흐를 때 Darcy 방정식은 다음과 같다.

$$\frac{Q}{A}=u=-\frac{k}{\mu}\frac{dP}{dl} \tag{2-13}$$

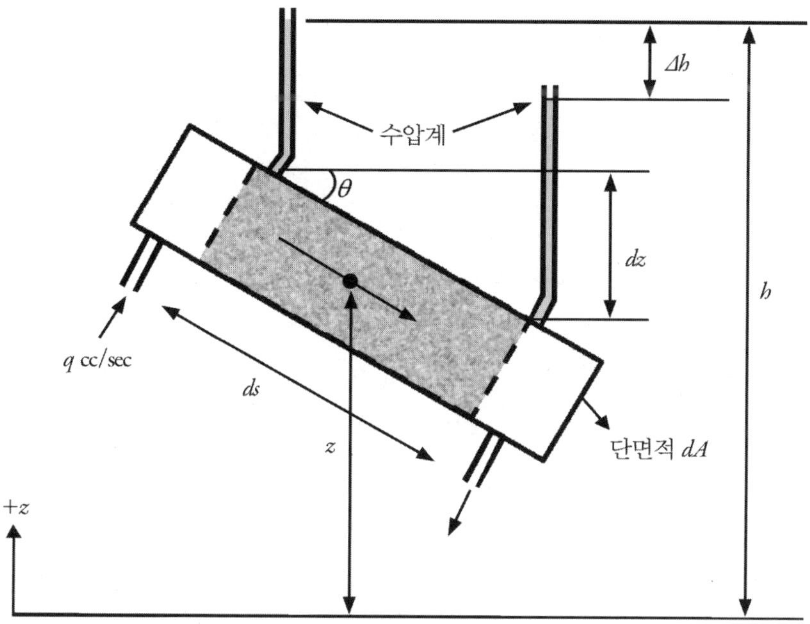

〈그림 2-11〉 지구 중력장에 대한 Darcy 실험기구의 위치 결정

여기서 μ와 k는 유체의 점성과 다공질 매체의 유체 투과율이며, dP는 길이가 dl인 다공질 매체 양 끝단의 압력 차이이다. u는 단위 면적당 유체의 유속으로 다공질체 체적에 대한 평균속도를 의미한다.

초기 Darcy의 실험에서는 유체 전도도 K의 개념에 대한 정확한 인식 없이 단지 다공질 매체, 즉 모래관만을 교환하여 유체 전도도 K값의 변화 상태만을 측정한 것이기 때문에 실제 유체의 밀도나 점성도 그리고 유체 투과율의 개념은 아니었다. 그후 Darcy 의 실험은 다른 사람들에 의해 〈그림 2-11〉과 같이 모래관을 최초 수직 방향에서 경사가 지도록 장치된 상태에서 실시되었는데, 여기서 액주계의 수주 높이 차 Δh는 모래관의 경사와 관계없이 주어진 유체 유동량에 대해 항상 일정했고, Darcy의 실험적 법칙은 중력장하에서 유동 방향과 무관함이 입증되었다. 여기서 Darcy의 실험적 법칙 중 Δh항에 주목할 필요가 있는데, 이에 대한 이해를 증진시키기 위해 먼저 유체 유동의 기본 방정식인 Bernoulli 방정식에 대해 살펴보기로 한다.

(2) Bernoulli 방정식

Darcy 법칙은 현상학적 실험식으로 출발했으므로 Bernoulli 방정식이 직접적으로 이론적 배경을 제공하지는 않았으나, Bernoulli 방정식의 유동에너지 수두항과 Darcy식의 수두 h항과는 밀접한 관계가 있으므로 h항의 물리적 개념을 이해하는 데 도움이 될 것이다.

〈그림 2-11〉에서 모래관을 단면적이 dA, 길이가 ds, 경사각이 θ인 원통형 단위유체요소로 가정할 때 유체는 유동 방향으로 단위유동거리 ds를 따라 이동한다. 단위유체요소 입구에서의 유체 속도가 v이고 압력이 P일 때, 출구에서의 유체 속도는 $v+dv$이고 압력은 $P+dP$이며 입구와 출구의 높이 차는 dz이다. 단위유체요소에 작용하는 힘은 유동 방향과 수직인 단면적 dA에 작용하는 압력힘 그리고 유동 방향으로의 중력(체적력)이며, 이 두 힘은 Newton의 제2운동법칙(운동량 보존)에 의한 힘과 평형을 이루고 있다.

먼저 유체요소의 단면적에 작용하는 압력힘은 다음과 같다.

$$PdA-(P+dP)dA=-dPdA$$

유동 방향으로의 중력 W_s는 z 방향의 중력 W_z의 $\sin\theta$이고 W_z는 유체의 밀도가 ρ, 중력가속도가 g일 때, $\rho g(dAds)$이므로 W_s는 다음과 같다.

$$W_s = W_z \cdot \sin\theta = \rho g(dAds)(-dz/ds) = -\rho gdAdz$$

유체의 단위질량 dm은 $\rho dAds$이므로 Newton의 제2법칙에 의해 다음과 같이 된다.

$$dF = dm\cdot a = (\rho dAds)(dv/dt) = (\rho dAds)(dv/ds)(ds/dt) = \rho vdAdv$$

위의 세 힘은 평형을 이루고 있으므로 다음과 같은 식이 얻어진다.

$$dF=(-dPdA)+(-\rho gdAdz),\ \therefore \rho vdAdv+dPdA+\rho gdAdz=0$$

양 변을 dA와 밀도 ρ로 나누면,

$$vdv+\frac{dP}{\rho}+gdz=0$$

이고, 이 식을 적분하면 다음과 같은 결과식을 얻을 수 있다.

$$\frac{v^2}{2}+\frac{P}{\rho}+gz=\text{상수} \tag{2-14}$$

이 식이 유선(streamline)을 따르는 정상(steady), 비압축성, 비점성(무마찰) 유동에 대한 Bernoulli 방정식이며, 적분상수는 유선을 따라 일정한 Bernoulli 상수이다. 특히 정상, 비압축성, 비점성 유체의 비회전 운동인 경우 Bernoulli 상수는 유동장 전체에서 일정한 값을 갖는다. 식 (2−14)로 표현된 Bernoulli 방정식의 단위계는 [에너지/질량]이며, 일정 수면을 갖는 유체 문제에서는 [에너지/중량]의 단위계가 매우 편리하므로 양 변을 g로 나누어 주면 다음과 같다.

$$\frac{v^2}{2g}+\frac{P}{\rho g}+z=h \tag{2-15}$$

식 (2−15)에 있는 각 항을 에너지 개념으로 해석한 것이 〈그림 2−12〉에서의 에너지 구배선(EGL, energy grade line)과 수력 구배선(HGL, hydraulic grade line)이다. 특히 에너지 구배선(EGL)은 유체의 전체 에너지 상태를 나타내는 것으로, 총 Bernoulli 상수에 해당하는 높이 h이다. 식 (2−15)의 각 항은 다음과 같이 정의된다.

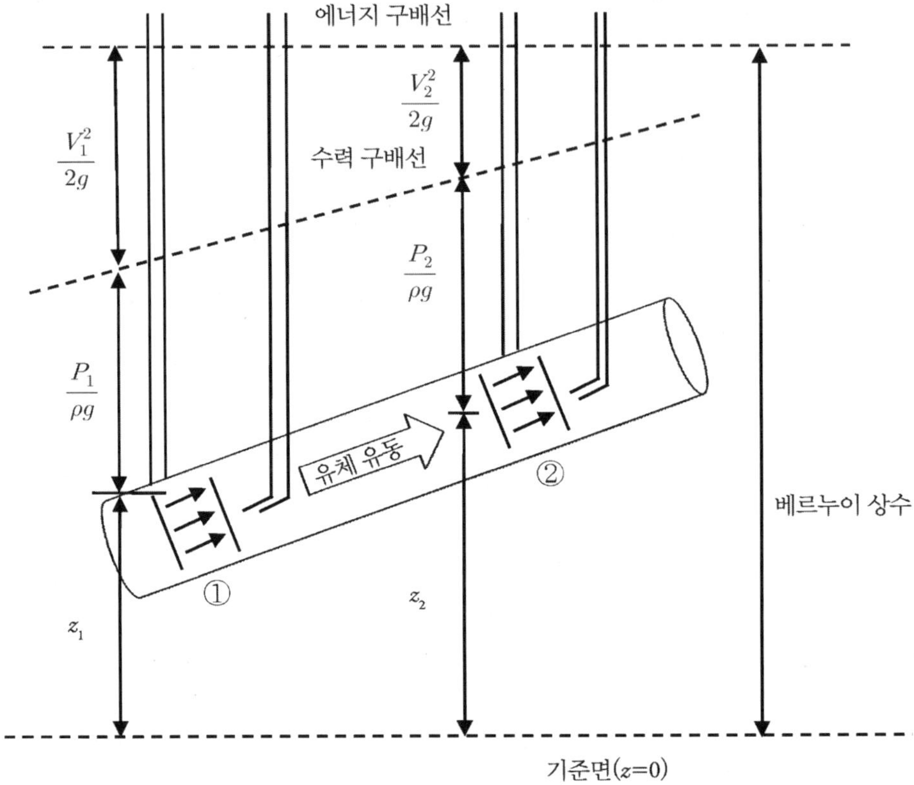

〈그림 2-12〉 관 내 무마찰 유동의 수력 구배와 에너지 구배선

$\frac{v^2}{2g}$: 동압수두(dynamic pressure head)

$\frac{P}{\rho g}$: 정압수두(static pressure head)

z : 위치에너지(potential energy head)

만약 일과 열전달이 없는 비점성(무마찰) 유동이라면 에너지 구배선 h는 항상 일정하다. 수력 구배선(HGL)은 다음과 같이 h에서 동적 에너지만을 뺀 값이다.

$$\text{HGL} = h - \frac{v^2}{2g} = z + \frac{P}{\rho g} \tag{2-16}$$

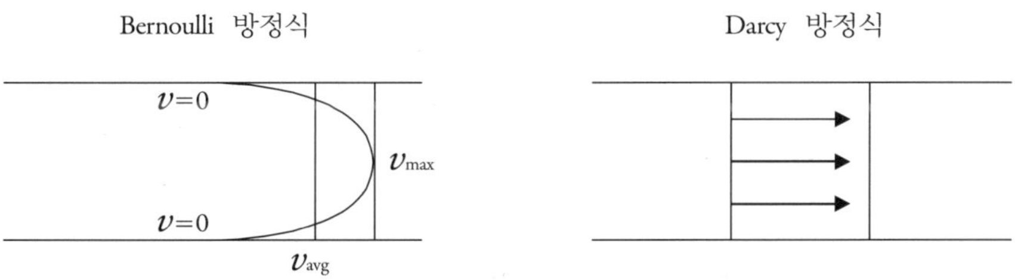

(비점착 조건, $v_{wall}=0$)　　　　(점착 조건, v_{wall}=일정$\neq 0$)

〈그림 2-13〉 관 내 속도 분포 양상

이 값은 압력계의 수주 높이이며, 관 유동의 경우 HGL은 물의 자유표면과 일치한다. 식 (2-13)에서 볼 수 있듯이 Darcy 법칙에서 정의된 속도 u는 다공질 매체 내의 평균 유속(apparent velocity, macroscopic velocity)을 의미한다. 즉, Darcy 법칙은 다공질 매체 내 개개의 공극 통로에서의 유동 속도를 기술하는 미시적인 법칙이 아니라, 각 공극 통로에서의 유동 속도를 다공질 매체의 전체 단면적에 대해 평균화한 일종의 통계적 법칙이라 할 수 있다. 따라서 〈그림 2-13〉에서 볼 수 있듯이 Darcy 법칙에서의 속도는 Bernoulli 방정식에서의 유체 속도와는 다른 양상의 분포를 보인다.

Bernoulli 방정식의 일반적 형태에서 속도벡터에 대한 시간 미분항이 0 ($dv/dt=0$)이 됨으로써 Darcy 법칙에서는 운동에너지항이 소멸된다. 따라서 Bernoulli 방정식 (2-15)에서 에너지 구배선 h는 다음과 같이 표현된다.

$$h=\frac{P}{\rho g}+z$$

이 관계를 Darcy 법칙에 적용해보면, 〈그림 2-11〉의 모래관 내 한 점에서의 압력 P는 대기압하의 기준면($z=0$)으로부터 다음과 같이 쓸 수 있다.

$$P=\rho g(h-z) \tag{2-17}$$

여기서 h는 기준면에서의 수두 높이이다. 이를 다시 쓰면 다음과 같다.

$$hg = \left[\frac{P}{\rho} + gz\right] \tag{2-18}$$

한편 Darcy 의 식은, 식 (2-11)로부터

$$u = K\frac{dh}{dl} \tag{2-19}$$

이므로 식 (2-18)을 미분하여 식 (2-19)에 대입하면 다음과 같이 된다.

$$u = \frac{K}{g}\frac{d}{dl}\left[\frac{P}{\rho} + gz\right] = \frac{K}{g}\frac{d(hg)}{dl} \tag{2-20}$$

여기서 $\left[\frac{P}{\rho} + gz\right]$항은 그 단위가 (거리)×(단위질량당 힘)으로, 단위질량당 포텐셜 에너지를 의미한다.

유체 포텐셜 Φ는 단위질량의 유체를 1기압, 0준위에서 일정 높이까지 마찰 없이 유동시키는 데 필요한 에너지로, 다음과 같이 구할 수 있다.

$$\Phi = \int_{1\_atm}^{p}\frac{dP}{\rho} + gz \tag{2-21}$$

그러나 실제 유체 포텐셜을 측정할 때는 1기압, 0준위를 기준으로 하지 않고 편의상 임의의 기준 압력(P_b)과 기준 준의(z_b)를 이용할 수 있다. 이때 포텐셜 Φ는 다음과 같이 표시할 수 있다.

$$\Phi = \int_{P_b}^{p}\frac{dP}{\rho} + g(z - z_b)$$

이와 같이 포텐셜을 표시할 수 있는 것은 상, 하류점 1, 2 사이의 유체 유동이 절대 포텐셜이 아닌 두 점 사이의 포텐셜 차이에 의해 발생되기 때문이다. 즉, 다음 식과 같이 나타낼 수 있다.

$$\begin{aligned}\Phi_1 - \Phi_2 &= \int_{P_b}^{P_1} \frac{dP}{\rho} + g(z_1 - z_b) - \int_{P_b}^{P_2} \frac{dP}{\rho} + g(z_2 - z_b) \\ &= \int_{P_2}^{P_1} \frac{dP}{\rho} + g(z_1 - z_2) \qquad (2\text{–}22)\end{aligned}$$

따라서, 저류층공학에서는 통상적으로 기준 준위를 저류층 내에 임의로 선정하여 이를 기준으로 모든 포텐셜을 표시하고 있다. 한편, 유체가 비압축성이면 포텐셜 Φ는 다음과 같다.

$$\Phi = \frac{P}{\rho} + gz \qquad (2\text{–}23)$$

그러므로 식 (2–20)에 대입하면 Darcy 법칙을 유체의 포텐셜로 표시할 수 있다.

$$u = \frac{K}{g}\frac{d\Phi}{dl} \qquad (2\text{–}24)$$

즉, 유체의 평균속도는 단위길이당 유체 포텐셜의 크기에 비례하여 수두 h는 모래관 양 끝의 유체 포텐셜에 정비례함을 알 수 있다. 또한 Darcy 실험에서 사용된 유체는 물이었으므로 K/g만이 유체 투과율을 대표할 수 있었으나, 일반 유체를 사용할 때는 이 값이 유체의 밀도와 점성에 따라 변하고 또 다공질 매체의 고유 특성인 유체 투과율 k를 나타내야 하므로 식 (2–12)에서 정의된 유체 전도도 K의 정의를 이용하여 다음과 같은 일반화된 Darcy 법칙을 사용해야 한다.

$$u = \frac{k\rho}{\mu}\frac{d\Phi}{dl} = \frac{k}{\mu}\left[\frac{dP}{dl} + \rho g\frac{dz}{dl}\right] \qquad (2\text{–}25)$$

(3) Darcy 방정식의 가정

다공질 매체 내 유체 유동을 설명하는 기본 유동식인 Darcy 방정식은 다음과 같은 가정이 전제되어 있다.

① 비압축성 유동 : 압력 변화에 따라 부피의 변화가 없으므로 밀도는 일정하다($dV/dP=0$).

② 층류 유동 : 유체 입자들이 하나의 유선을 따라 층을 이루며, 전체 흐름을 입자들의 거동이 아닌 층서적인 개념으로 파악한다. 유체는 그 층을 따라 흐르며 유체의 층과 층 사이에서는 미끄러짐이 발생한다. 일반적으로 층류는 관성력과 점성력의 비인 Reynolds 수가 작을 때 일어나며, 다공질체에서의 Reynolds 수 관계는 2.2.6절에서 살펴보겠다.

③ 뉴턴 유체 유동 : 유동의 용이도는 점성계수 또는 점성도에 반비례하여 결정된다. 고체역학의 탄성계수와 대비되는 유체역학의 점성도에 대해서는 이 책의 〈부록 1〉 단위계에서 살펴보겠다.

전단응력과 전단변형률이 선형 관계를 만족하는 유체를 뉴턴 유체라고 하며, 〈그림 2-14〉에서와 같이 점성도가 일정하지 않거나 응력과 변형률 사이에 선형 관계가 성립하지 않는 비뉴턴 유체와 구분된다.

층류와 뉴턴 유체에 관련된 점성유동 조건은 유체 유동률이 압력 구배와

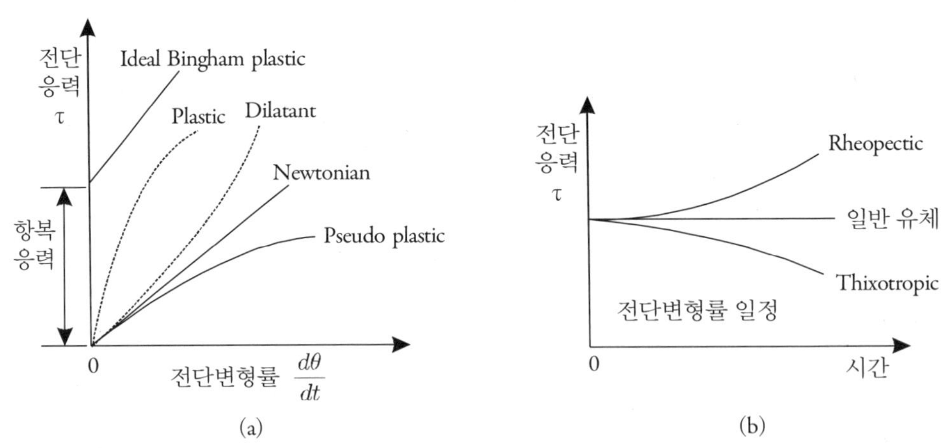

〈그림 2-14〉 각종 점성물질의 유동학적 거동
(a) 변형률 대 응력 , (b) 작용된 응력에 미치는 시간의 효과

정비례할 정도로 충분히 작아야 하는데, 실제로 저류층의 생산정 부근에서 발생되는 가스의 유동에서는 가스의 낮은 점성도로 인해 매우 빠른 유속을 갖게 되므로 Darcy 방정식이 그 유동을 충분히 대표할 수 없다.

④ 유체 투과율 k가 다공질 매체의 특징을 대표하는 유일한 물성이므로, k가 정의되기 위해서는 다공질 매체에 균질한 단상 유체가 100% 포화되었다고 가정한다.

⑤ 다공질 매체의 고체 입자와 유체 간에 상호 화학반응이 일어나지 않아야 한다. 만약 화학적 반응성이 강한 유체가 다공질층 내에 흐르게 되면 공극 구조를 변화시키게 되어 결과적으로 유체 유동이 진행됨에 따라 유체 투과율이 변화되기 때문이다.

(4) 유체 투과율의 차원 및 단위 전환

선형 유동의 Darcy 방정식을 절대 단위계로 나타내면 다음과 같다.

$$u = -\frac{k\rho}{\mu}\frac{d\Phi}{dl} \tag{2-26}$$

선형 유동에서는 유동 방향이 거리(l)의 양 방향이고 유동은 포텐셜이 높은 곳에서 낮은 곳으로 일어나므로, $d\Phi/dl$은 음이 된다. 따라서 Darcy 방정식은 식 (2–25)에 (–) 부호를 붙여야 한다.

식 (2–26)에서 각 변수의 차원을 보면, 길이를 L, 질량을 M, 시간을 T로 나타낼 때, $\mu = [M/LT]$, $l = [L]$, 그리고 Φ(포텐셜 에너지/단위질량)의 차원은 $[L^2/T^2]$이므로, 식 (2–26)을 차원식으로 표시하면 다음과 같다.

$$\left[\frac{L}{T}\right] = [k]\frac{[M/L^3]}{[M/LT]}\cdot\frac{[L^2/T^2]}{[L]} \tag{2-27}$$

따라서 식 (2–27)로부터 유체 투과율 k의 차원은 다음과 같이 된다.

$$[k]=[L^2]$$

즉, 유체 투과율은 면적의 차원을 가지며 이는 곧 유체 투과율이 유동이 일어나는 다공질 매체의 유효 유동단면적임을 의미하는 것이다. k의 단위는 CGS 계에서 cm^2, SI 단위계에서는 m^2이나, 다공질 매체에 대해 사용하기에는 너무 큰 단위이므로 저류층공학에서는 보다 미시적인 Darcy 단위를 사용하고 있다. 이 책에서도 유체 투과율의 단위를 Darcy로 나타낼 것이다.

〈표 2-1〉은 각 단위 체계를 표시한 것으로, Darcy 단위와 실제 현장에서 사용되는 현장단위가 대표적인 석유공학의 단위 체계이다. 표에서 볼 수 있듯이, Darcy 단위계에서는 압력(atm), 점성도(cp), 그리고 유체 투과율(Darcy)만을 제외하고는 CGS 단위계와 같다. 일반적으로 Darcy 단위 체계를 사용하는 것은 저류층의 유체 투과율 수치를 표시하는 데 적당할 뿐만 아니라 절대 단위계에서의 Darcy 식과 같은 형태이기 때문이다.

먼저 Darcy 단위계를 살펴보면, 비압축성 선형 수평 유동의 경우 Darcy 식은 다음과 같다.

〈표 2-1〉 석유공학에서 사용되는 절대 단위계와 혼성 단위계

변수	기호	차원	절대 단위계		혼성 단위계	
			cgs	SI	Darcy	현장단위
길이	l	L	cm	m	cm	ft
질량	m	M	g	kg	g	lb
시간	t	T	sec	sec	sec	hr
속도	u	L/T	cm/sec	m/sec	cm/sec	ft/sec
체적유동률	q	L^3/T	cc/sec	m^3/sec	cc/sec	std/d(liquid) Mscf/d(gas)
압력	p	$(ML/T^2)/L^2$	dyne/cm^2	N/m^2 (Pascal)	atm	psia
밀도	ρ	M/L^3	g/cc	kg/m^3	g/cc	lb/ft^3
점성	μ	M/LT	g/cm·sec (poise)	kg/m·sec	cp	cp
유체 투과율	k	L^2	cm^2	m^2	Darcy	md

$$Q = Au = -\frac{kA}{\mu}\frac{dP}{dl} \tag{2-28}$$

이를 k에 대한 식으로 변형하여 각 변수에 Darcy 단위를 적용시키면 다음과 같다.

$$k(\text{Darcy}) = \frac{Q(\text{cm}^3/\text{sec})\mu(\text{cp})dl(\text{cm})}{A(\text{cm}^2)dP(\text{atm})} = \frac{u(\text{cm}/\text{sec})\mu(\text{cp})dl(\text{cm})}{dP(\text{atm})} \tag{2-29}$$

저류층공학의 일반적인 이론식에서는 Darcy 단위계를 사용하고 있으나, 실제 석유 산업에서는 현장에서 편의적으로 사용되는 각 변수로 표시된 현장단위계를 채택하고 있다. 〈표 2-1〉에 표시된 각 물성의 단위들은 가장 광범위하게 통용되고 있는 것으로, 이 두 단위계의 구성물리량에 대해 숙지해야 하는 것은 물론, 두 단위계 사이의 전환법은 Darcy 방정식과 함께 반드시 이해해야 할 것 가운데 하나이다.

먼저 Darcy 단위계로 표시된 식 (2-28)을 현장단위계인 식 (2-31)로 전환해보자.

$$Q(\text{cc}/\text{sec}) = -\frac{k(D)A(\text{cm}^2)}{\mu(\text{cp})}\frac{dP}{dl}\left(\frac{\text{atm}}{\text{cm}}\right) \tag{2-30}$$

$$Q(\text{bbl}/\text{day}) = -(\text{상수})\frac{k(D)A(\text{ft}^2)}{\mu(\text{cp})}\frac{dP}{dl}\left(\frac{\text{psi}}{\text{ft}}\right) \tag{2-31}$$

단위 전환의 문제는 식 (2-31)에서의 상수값을 결정하는 것이며, 이 값은 두 식의 균형을 맞추는 변환계수를 이용하여 구한다. 즉,

$$Q(\text{bbl}/\text{day}) \times [\text{변환계수}] = q(\text{cc}/\text{sec})$$

이고, 이것은

$$Q(\text{bbl/day}) \times \left[\frac{\text{cc/sec}}{\text{bbl/day}} \right] = q(\text{cc/sec})$$

로 나타낼 수 있다. 따라서 변환계수는

$$[\text{변환계수}] = \frac{\text{bbl} \times \dfrac{5.615\,\text{ft}^3}{\text{bbl}} \times \dfrac{(30.48)^3\text{cc}}{\text{ft}^3}}{\text{day} \times \dfrac{24\text{hr}}{\text{day}} \times \dfrac{3600\text{sec}}{\text{hr}}} = 1.84 = \left[\frac{\text{cc/sec}}{\text{bbl/day}} \right]$$

이다. 이와 같은 방법으로 모든 변수에 적용시키면 다음과 같다.

$$Q(\text{bbl/day})[1.84] = -\frac{k(D) \times A(\text{ft}^2)[\text{cm}^2/\text{ft}^2]}{\mu(\text{cp})} \times \frac{dP}{dl}\left(\frac{\text{psi}[\text{atm/psi}]}{\text{ft}[\text{cm/ft}]} \right) \qquad (2\text{–}32)$$

여기서 [cm/ft]=30.48, [atm/psi]=1/14.7이므로, 결국 현장단위계로 전환시킨 Darcy 방정식은 다음과 같이 된다.

$$Q(\text{bbl/day}) = -1.127 \frac{k(D)A(\text{ft}^2)}{\mu(\text{cp})} \times \frac{dP}{dl}\left(\frac{\text{psi}}{\text{ft}} \right) \qquad (2\text{–}33)$$

식 (2–30)과 (2–31), (2–33)을 비교해볼 때 현장단위계에서 사용되는 유체 투과율의 단위도 Darcy이므로, 앞에서 구한 변환계수는 Darcy 단위계로 정의되었던 k를 현장단위계로 바꾸어주었을 때의 변환상수를 의미하는 것이다. 즉, 현장단위계로 정의되는 유체 투과율의 단위 '1perm'은

$$k(\text{perm}) = \frac{Q(\text{bbl/day})\mu(\text{cp})}{A(\text{ft}^2)} \frac{dl}{dP}(\text{ft/psi})$$

으로서 1.127Darcy와 동등한 단위이다. 따라서 현장단위계에서 유체 투과율을 Darcy로 표시할 때는 변환계수 1.127을 곱해주어야 한다.

한편, 비압축성 유동(ρ=일정)에 대한 일반 Darcy 방정식을 단위유동거리 ds에 대해 다시 쓰면

$$u=-\frac{k\rho}{\mu}\frac{d\Phi}{ds}=-\frac{k}{\mu}\left[\frac{dP}{ds}+\rho g\frac{dz}{ds}\right] \tag{2-34}$$

이며, Darcy 단위계로 표시하면 중력항에 적당한 변환계수가 들어가는데, 이를 포함시켜 일반 Darcy 식을 쓰면 다음과 같다.

$$u=-\frac{k}{\mu}\left[\frac{dP}{ds}+\frac{\rho g}{1.0133\times10^6}\frac{dz}{ds}\right] \tag{2-35}$$

또는

$$Q=-\frac{kA}{\mu}\left[\frac{dP}{ds}+\frac{\rho g}{1.0133\times10^6}\frac{dz}{ds}\right] \tag{2-36}$$

여기서 상수 1.0133×10^6은 1기압에 해당하는 dyne/cm^2 수이다. 즉, ρ와 g는 CGS 단위를 사용하므로

$$\rho g=\left[\frac{\mathrm{g}}{\mathrm{cm}^3}\frac{\mathrm{cm}}{\mathrm{sec}^2}\right]=\left[\frac{\mathrm{dyne}}{\mathrm{cm}^3}\right]$$

와 같고, 이 값을 1.0133×10^6의 변환계수로 나누어주면 식 (2-35), (2-36)의 [ ] 안의 각 항 단위가 atm/cm로서 전체 Darcy 단위계에 맞게 된다. 한편, Darcy 일반식의 포텐셜항 가운데 중력장의 부호는 기준 준위에서 z의 양의 방향 및 다공질체(저류층)가 경사되어 있을 경우 유체 유동 방향이

상향사 또는 하향사이냐에 따라 달라진다. z의 수직상방을 양으로 잡고 유동이 수평면과 θ의 각도만큼 상향사로 일어날 때 중력항은

$$\rho g \frac{dz}{ds} = -\rho g \sin\theta$$

가 되므로, 일반 Darcy 식을 다시 쓰면 다음과 같이 된다.

$$Q = -\frac{kA}{\mu}\left[\frac{dP}{ds} - \frac{\rho g}{1.0133 \times 10^6}\sin\theta\right] \tag{2-37}$$

예제 2-8 단위 전환

① 유체 투과율 1Darcy를 CGS 단위로 표시할 때 변환계수는 얼마인가?

② 다음과 같은 비압축성 선형 유동의 일반 Darcy 식을 현장단위계로 전환하라.

$$Q = -\frac{kA}{\mu}\left[\frac{dP}{ds} - \frac{\rho g}{1.0133 \times 10^6}\sin\theta\right]$$

풀이

① 비압축성 선형 수평 유동에 대해

$$Q(\text{cc/sec}) = -\frac{k(D)A(\text{cm}^2)}{\mu(\text{cp})}\frac{dP}{dl}(\text{atm/cm}) \ [\text{Darcy 단위}]$$

그리고,

$$Q(\text{cc/sec}) = -\frac{k(\text{cm}^2)A(\text{cm}^2)}{\mu(\text{poise})}\frac{dP}{ds}\left(\frac{(\text{dyne/cm}^2)}{(\text{cm})}\right) \ [\text{절대 CGS 단위}]$$

이다. Darcy 단위계를 현장단위계로 전환시켰던 방법과 같은 식으로 단위를 바꾸어줄 수 있다. 즉, Darcy 단위계를 절대(CGS)단위로 바꾸어주면,

$$Q(\text{cc/sec}) = -\frac{k(\text{cm}^2)\left[\frac{D}{\text{cm}^2}\right]A(\text{cm}^2)}{\mu(\text{poise})\left[\frac{\text{cp}}{\text{poise}}\right]} \times \frac{dP}{ds}\frac{(\text{dyne/cm}^2)\left[\frac{\text{atm}}{\text{dyne/cm}^2}\right]}{(\text{cm})}$$

이고, 여기서 $\left[\frac{\text{atm}}{\text{dyne/cm}^2}\right] = \frac{1}{1.0133\times10^6}$, $\left[\frac{\text{cp}}{\text{poise}}\right] = 100$이며 궁극적으로 구하고자 하는 변환계수는 $[D/\text{cm}^2]$이다. 위 식을 다시 쓰면 다음과 같다.

$$Q(\text{cc/sec}) = -\frac{k(\text{cm}^2)[D/\text{cm}^2]A(\text{cm}^2)}{\mu(\text{poise})[100]} \times \frac{dP}{ds}\frac{(\text{dyne/cm}^2)}{(\text{cm})}\left[\frac{1}{1.0133\times10^6}\right]$$

즉, CGS 단위계에서

$$Q(\text{cc/sec}) = -\frac{k(\text{cm}^2)[D/\text{cm}^2]A}{\mu[100]}\frac{dP}{ds}\left[\frac{1}{1.0133\times10^6}\right]$$

이다. 그런데 유체 유동량 Q의 단위가 Darcy 단위계와 절대 CGS 단위계에서 똑같이 cc/sec이므로 Darcy 식의 상수는 1이어야 한다. 따라서 변환계수 $[D/cm^2]$는 다음과 같다.

$$\left[\frac{D}{\text{cm}^2}\right] = 1.0133\times10^8$$

$$1\text{Darcy} = \frac{1}{1.0133\times10^8}\text{cm}^2 = 9.869\times10^{-9}\text{cm}^2$$

한편, 1Darcy의 유체 투과율 k의 정의로부터 직접 단위 변환을 취할 수 있다. Darcy의 정의 식 (2-29)로부터 다음과 같은 계산이 나온다.

$$1\text{Darcy} = \frac{(\text{cc/sec})(10^{-2}\text{poise})(\text{cm})}{(\text{atm})(\text{cm}^2)}$$

점성도 $1\text{poise} = \frac{\text{g}}{\text{cm}\cdot\text{sec}} = \frac{\text{dyne}\cdot\text{sec}}{\text{cm}^2}$

$1\text{atm} = 1.0133 \times 10^6 \text{dyne/cm}^2$이므로

$$1\text{Darcy} = \frac{\text{cc/sec}\cdot(10^{-2})\frac{\text{dyne}\cdot\text{sec}}{\text{cm}^2}\cdot cm}{(1.0133 \times 10^6 \text{dyne/cm}^2)\cdot\text{cm}^2} = 9.869 \times 10^{-9}\text{cm}^2$$

② 수평 유동에 대한 Darcy 식의 현장단위 변환은 식 (2-33)에서와 같이,

$$Q = -1.127\frac{kA}{\mu}\frac{dP}{ds}$$

이다. 여기에 중력항이 포함된 일반식의 단위로 전환하기 위해서는 중력항 $(\rho g/1.0133 \times 10^6) \times \sin\theta$를 현장단위 psi/ft로 바꾸어주면 된다. 그런데 이 항의 유일한 변수는 유체의 밀도 ρ이므로 이를 비중 γ로 나타내고 물의 압력 구배로서 비중량(ρg)을 표시하면 중력항의 현장단위 전환이 가능하다. 즉, 순수한 물의 비중량은 0.4335psi/ft의 압력 구배에 해당하므로 중력항을 다음과 같이 쓸 수 있다.

$$0.4335\gamma\sin\theta \qquad (\text{psi/ft})$$

따라서 현장단위계로 표시된 Darcy 일반식은 다음과 같다.

$$Q = -1.127\frac{kA}{\mu}\left[\frac{dP}{ds} - 0.4335\gamma\sin\theta\right] \qquad (2\text{-}38)$$

여기서, Q : [bbl/day]

k : [Darcy]

A : [ft^2]

μ : [cp]

γ : 비중

$(dP/ds - 0.4335\gamma\sin\theta)$: [psi/ft]

2.2.3. 다공질 매체의 유동방정식

다공질 매체 내의 유체 유동은 유동 방향에 따라 수직 유동과 수평 유동으로 분류된다. 여기서는 각각에 대한 유동식을 일반화된 Darcy 방정식 (2-25)를 이용해 유도하고자 한다.

(1) 수직 유동

〈그림 2-15〉, 〈그림 2-16〉, 〈그림 2-18〉은 실제 현장에서 빈번히 접할 수 있는 수직 유동계를 도시화한 것으로, 각각의 단면적은 A로 균일하고 시료의 길이는 l이며 유체는 비압축성으로 가정한다.

1 수직자유 유동

〈그림 2-15〉에서 보는 바와 같이, 입구와 출구의 압력이 서로 같은 자유

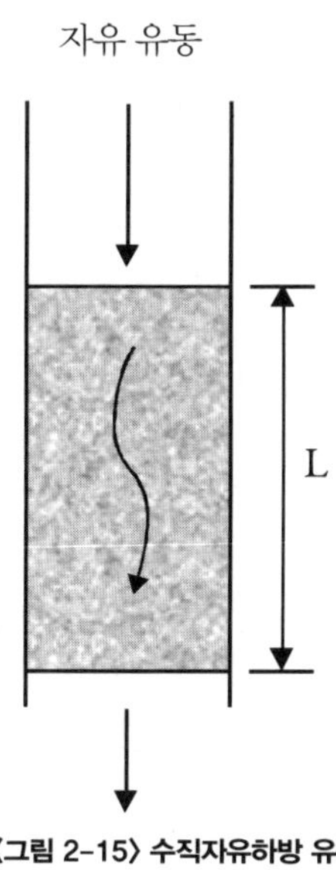

〈그림 2-15〉 수직자유하방 유동

유동의 경우 유체 유동은 중력에 의해서만 발생된다. 일반 Darcy 공식을 다시 쓰면 다음과 같다.

$$u=\frac{ds}{dt}=-\frac{k}{\mu}\left[\frac{dP}{ds}+\rho g\frac{dz}{ds}\right] \tag{2-39}$$

여기서, z는 수직 상방을 양으로 잡았으므로, 단위유동거리 ds와 dz은 역방향이 된다. 즉,

$$\frac{dz}{ds}=-1$$

이고, 단위유동거리당 압력의 변화 dP/ds는 자유 유동 조건으로 0이 된다.

$$\frac{dP}{ds}=\frac{dP}{dz}\frac{dz}{ds}=-\frac{dP}{dz}=0$$

이것은 압력 구배가 0이라도 중력에 의해 유동이 발생되는 것을 의미한다. 좌변의 속도항을 다시 쓰면 다음과 같다.

$$u=\frac{ds}{dt}=\frac{ds}{dz}\frac{dz}{dt}=-\frac{dz}{dt}$$

여기서 u는 단위시간당 이동한 유동거리로 정의했으므로, 유동 방향은 유동의 수직 상·하방에 무관하게 항상 양이 되며 체적량 Q도 따라서 양이다. 결국 수직자유 유동의 유동식은,

$$u=-\frac{dz}{dt}=-\frac{k}{\mu}(-\rho g)=\frac{k}{\mu}\rho g$$

또는

$$Q = Au = \frac{kA}{\mu}\rho g \tag{2-40}$$

이다. 이를 Darcy 단위로 표시하면 다음 식과 같다.

$$Q = Au = \frac{kA}{\mu}\frac{\rho g}{1.0133\times 10^6} \tag{2-41}$$

2 수두를 갖는 수직하방 유동

〈그림 2-16〉과 같이 입구와 출구의 수두 차, 즉 구동 수두가 h일 때의 수직하방 유동에 대해 살펴보자. 수직자유 유동에서와 같이 단위유동거리당 압력 변화 dP/ds는 다음과 같이 표현된다.

$$\frac{dz}{ds} = -1,\ \frac{dP}{ds} = \frac{dP}{dz}\frac{dz}{ds} = -\frac{dP}{dz}$$

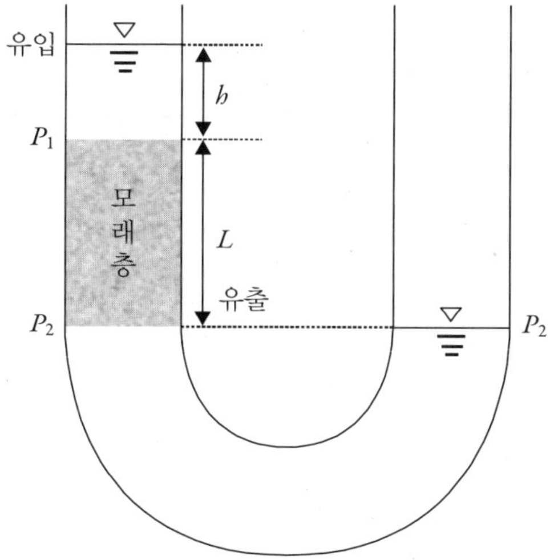

〈그림 2-16〉 수두를 가진 수직하방 유동

여기서는 입구와 출구 간에 수두에 해당하는 압력 차가 존재하고 있다. 구동 수두 h를 갖는 시료의 상부압을 P_1, 시료의 하부, 즉 출구 압력을 P_2라고 할 때,

$$P_2 = P_1 - \rho gh$$

즉,

$$P_2 - P_1 = dP = -\rho gh$$

이다. 따라서 수직거리당 압력 변화 dP/dz는, z의 수직상방이 양일 때

$$\frac{dP}{dz} = \frac{\rho gh}{l}$$

이므로, 유동식은

$$u = -\frac{dz}{dt} = -\frac{k}{\mu}\left[-\frac{dP}{dz} - \rho g\right] = -\frac{k}{\mu}\left[-\frac{\rho gh}{l} - \rho g\right] = +\frac{k}{\mu}\rho g\left[\frac{h}{l} + 1\right]$$

이고, 체적량 Q로 표시하면 식 (2–42) 또는 식 (2–43)과 같이 된다.

$$Q = \frac{kA}{\mu}\rho g\left[\frac{h}{l} + 1\right] \qquad (2\text{–}42)$$

$$Q = \frac{kA}{\mu}\frac{\rho g}{1.0133 \times 10^6}\left[\frac{h}{l} + 1\right] \text{[Darcy 단위]} \qquad (2\text{–}43)$$

예제 2–9 선형 수직 유동

식수 여과 공정에서 부유 물질과 고체 입자들을 제거하기 위해 다음과 같은 조건의 모래 여과층을 통해 시간당 5,000gal의 물을 여과시키고자 한다.

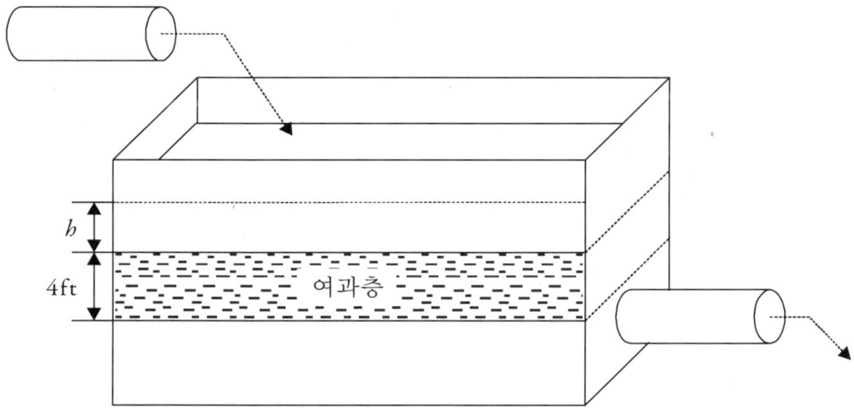

〈그림 2-17〉 일정한 수두가 있는 여과층을 통과하는 수직 유동

여과시키고자 하는 물의 양=5,000gal/hr

모래 여과층의 두께=4ft

모래 여과층의 유체 투과율=1,200md

모래 여과층의 단면적=1,800ft^2

20°C에서 물의 점성도=1.0centipoise

수은압력계(Barometer)의 압력=14.7psi, 760mmHg, 29.92inHg

시간당 5,000gal의 물을 여과하기 위해서는 모래 여과층으로부터 얼마만큼의 높이로 수위를 유지해야 하는가? 단, 물에서 여과된 고체 입자들이 여과층의 유체 투과율을 변화시키지 않는다고 가정한다.

풀이

구동수위 h가 존재하는 수직하방 유동에서 h를 구하는 문제이므로 유동식 (2-43)을 이용하여 h를 계산할 수 있다.

$$Q=\frac{kA}{\mu}\frac{\rho g}{1.0133\times 10^6}\left[\frac{h}{l}+1\right]$$

여기서 모든 변수는 Darcy 단위이므로 gal/hr와 면적 (A)의 단위를 바꾸어주면 다음과 같다.

$$1\text{gal} = \frac{1}{7.48}\text{ft}^3 = \frac{1}{7.48}(30.48)^3\text{cc} = 3785\text{cc}$$

$$1\text{hr} = 3600\text{sec},\ 1\text{ft}^2 = (30.48)^2\text{cm}^2$$

따라서 식 (2-43)에 각 변수값을 대입하면 다음과 같은 결과가 나온다.

$$\frac{5000(3785)}{3600} = \frac{1.2(1800)(30.48)^2(1)(980)}{1(1.0133\times 10^6)}\left[\frac{h}{l}+1\right]$$

$$\frac{h}{l}+1 = 2.72$$

$$h = 1.72(4) = 6.88\text{ft}$$

3 수두를 갖는 수직상방 유동

〈그림 2-18〉과 같이 구동 수두가 h인 수직상방 유동이다. 여기서 유동 방향은 z의 양 방향과 같으므로

$$\frac{dz}{ds} = 1,\ \frac{dP}{ds} = \frac{dP}{dz}\frac{dz}{ds} = \frac{dP}{dz}$$

가 되며, dP/dz는 다음과 같이 쓸 수 있다.

$$\frac{dP}{dz} = \frac{P_1 - P_2}{-x-[-(l+x)]} = \frac{-\rho gh - \rho gl}{l} = -\frac{\rho g(l+h)}{l} \qquad (2\text{-}44)$$

한편, 유동식의 속도항 ds/dt는 다음과 같다.

$$\frac{ds}{dt} = \frac{ds}{dz}\frac{dz}{dt} = \frac{dz}{dt}$$

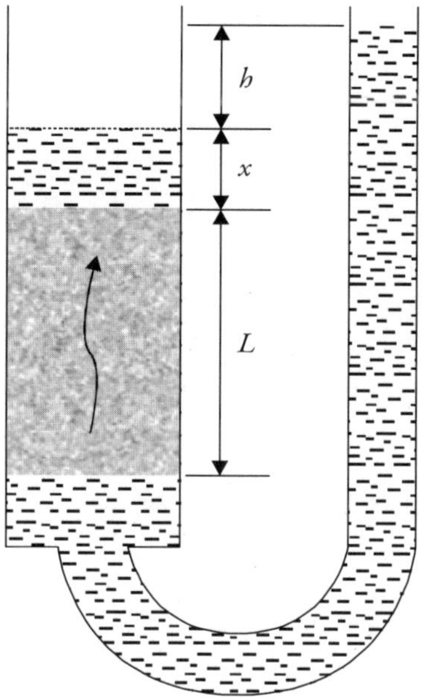

〈그림 2-18〉 수두를 가진 수직상방 유동

따라서 유동식은 식 (2-45) 또는 식 (2-46)과 같이 된다.

$$u=\frac{dz}{dt}=-\frac{k}{\mu}\left[\frac{dP}{dz}+\rho g\right]=-\frac{k}{\mu}\left[-\frac{\rho g(l+h)}{l}+\rho g\right]=\frac{k}{\mu}\frac{\rho gh}{l}$$

$$Q=\frac{kA}{\mu}\frac{\rho gh}{l} \tag{2-45}$$

$$Q=\frac{kA}{\mu}\frac{\rho g}{1.0133\times10^{6}}\frac{h}{l}\text{[Darcy 단위]} \tag{2-46}$$

(2) 수평 유동

수평 유동을 대표하는 저류층의 유동 형태는 일반적으로 선형 유동과 구심 유동으로 분류할 수 있다. 특히 구심 유동은 실제 저류층 내의 유체 유동에 가장 근접한 형태이다.

[1] 선형 유동

〈그림 2-19〉과 같은 다공질 매체에 대해 생각해보면 선형 유동에서는 유

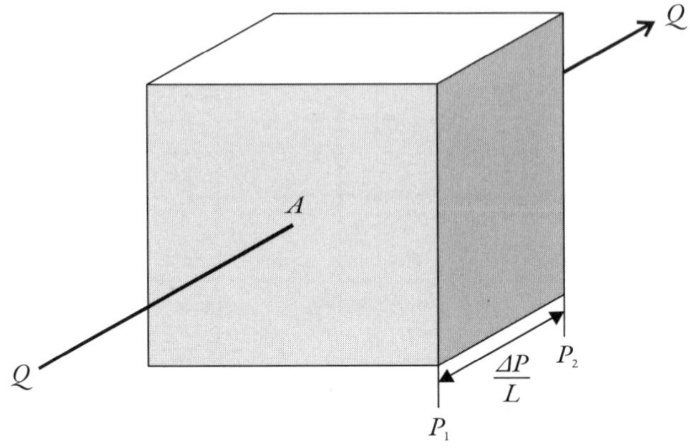

〈그림 2-19〉 유체의 선형 유동에 대한 모래 모델

동 방향이 좌표의 수평 성분으로만 표시되므로,

$$ds = dx,\ \frac{dz}{ds} = 0,\ \frac{dP}{ds} = \frac{dP}{dx}\frac{dx}{ds} = \frac{dP}{dx}$$

와 같이 놓을 수 있다. 따라서 Darcy 식은 다음과 같다.

$$u = -\frac{k}{\mu}\left(\frac{dP}{dx}\right) \tag{2-47}$$

여기서 유체 유동량 Q는 유입 단면적 A에 균일하게 분포되어 있다. 다공질 매체에 하나의 비압축성 유체가 100% 포화되어 있고 수평일 때 다음과 같은 관계가 성립한다.

$$u = -\frac{k}{\mu}\frac{dP}{dx} \tag{2-48}$$

$$= \frac{Q}{A} = -\frac{k}{\mu}\frac{dP}{dx} \tag{2-49}$$

여기서 식 (2-49)를 변수 분리하면 다음과 같다.

$$\frac{Q}{A}dx = -\frac{k}{\mu}dP \tag{2-50}$$

식 (2−50)을, x 방향으로는 0에서 L까지 놓고, 압력은 유입면의 압력 P_1에서 유출면의 압력 P_2까지 놓아 적분하면,

$$\frac{Q}{A}\int_0^L dx = -\frac{k}{\mu}\int_{p_1}^{p_2} dP$$

$$\frac{Q}{A}L = -\frac{k}{\mu}(P_2 - P_1)$$

$$Q = -\frac{kA(P_2 - P_1)}{\mu L}\ \text{[Darcy 단위]} \tag{2-51}$$

또는

$$Q = -\frac{1.127kA(P_2 - P_1)}{\mu L}\ \text{[현장단위]} \tag{2-52}$$

가 된다.

2 구심 유동

구심 유동은 〈그림 2−20〉와 같이 원통형 배유층으로 가정된 저류층에서 생산정 쪽으로 움직이는 탄화수소 유체 유동을 기술하는 것으로, 저류층 유동방정식의 기본이 된다. 여기서 한 가지 주의할 점은 선형 유동에서는 단면적이 상수인 반면 구심 유동에서는 단면적이 거리 변수인 r의 함수라는 것이다. 생산정의 중심에서 반경 방향으로 r만큼 떨어진 곳에서 일어나는 수평원통구심 유동에 대해 고찰해보자. 일반 Darcy 방정식 (2−39)를 이용하여 유체 유동이 일어나는 저류층 범위 내에서 비압축성 유체의 정상구심 유동식을 유도할 수 있다. 수평구심 유동의 정의로부터

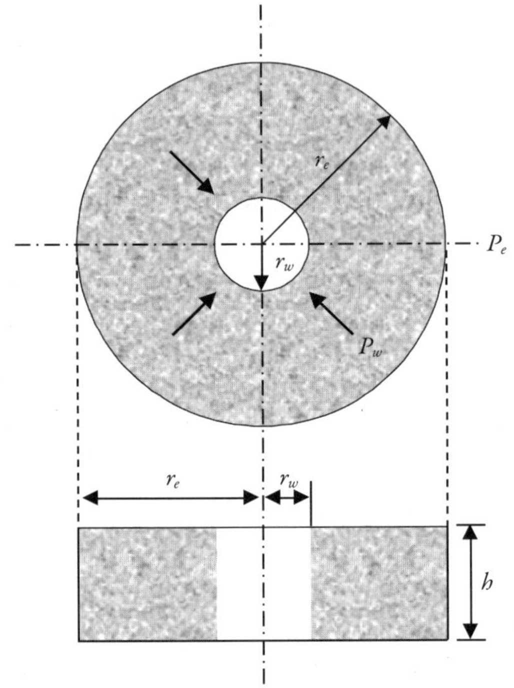

〈그림 2-20〉 중앙 공벽(생산정 중심)에서 유체의 구심 유동에 관한 모래 모형

$ds = -dr$(유동 방향은 반경 r의 역방향)

$dz/ds = 0$

이므로, 식 (2-39)를 다시 쓰면 다음과 같다.

$$u = +\frac{k}{\mu}\frac{dP}{dr} \tag{2-53}$$

$$u = \frac{Q}{A} = \frac{Q}{2\pi rh}$$

따라서

$$\frac{Q}{2\pi rh} = \frac{k}{\mu}\frac{dP}{dr} \tag{2-54}$$

가 되는데, 식 (2-54)를 변수 분리하여 적분하면 다음과 같다.

$$\frac{Q}{2\pi h}\int_{r_w}^{r}\frac{dr}{r}=\frac{k}{\mu}\int_{p_w}^{p}dP$$

$$Q=\frac{2\pi kh(P-P_w)}{\mu\ln(r/r_w)} \tag{2-55}$$

여기서 $r=r_e$일 때, $P=P_e$이므로 식 (2-56) 또는 식 (2-57)과 같이 된다.

$$Q=\frac{2\pi kh(P_e-P_w)}{\mu\ln(r_e/r_w)}\text{[Darcy 단위 또는 CGS 단위]} \tag{2-56}$$

$$Q=\frac{7.08kh(P_e-P_w)}{\mu\ln(r_e/r_w)}\text{[현장단위]} \tag{2-57}$$

여기서, P_e : 저류층 외벽 경계 압력

P_w : 저류층 내벽 경계 압력(=생산정 압력)

r_e : 저류층 반경

r_w : 생산정 반경

ln : 자연로그

현장단위 변환계수 : $7.08=2\pi\times1.127$

예제 2-10

저류층 조건이 다음과 같을 때 저류층 면적(A)이 ① 60acres, ② 120acres 일 경우에 대해 각각의 생산량 Q를 구하라.

저류층 두께(h)=10ft

저류층의 유체 투과율(k)=150md

생산정 반경(r_w)=5½in=0.4583ft

생산정 압력(P_w)=1,000psia

저류층 압력(P_e)=2,500psia

석유 점성도(μ)=2cp

풀이

① A=60acres

저류층 반경 r_e는

$$r_e = \sqrt{(A/\pi)} = \sqrt{(60 \times 43560/\pi)} = 912.1\,\text{ft}$$

따라서, 생산량 Q는

$$Q = \frac{7.08(0.15)(10)(2500-1000)}{(2)\ln\left(\frac{912.1}{0.4583}\right)} = 1048.6\text{bbl/day}$$

② A=120acres

$$r_e = \sqrt{(120 \times 43560/\pi)} = 1290\,\text{ft}$$

$$Q = \frac{7.08(0.15)(10)(1500)}{(2)\ln\left(\frac{1290}{0.4583}\right)} = 1002.8\text{bbl/day}$$

위의 예에서 볼 수 있듯이 생산 조건(생산정 압력)과 저류층 조건이 같을 때 배유면적이 커지면 오히려 생산량이 감소함을 알 수 있다. 이것은 생산정과 저류층 간의 동일한 압력 차가 상대적으로 더 큰 면적에서 발생되므로 배유면적이 큰 경우에 압력 구배(dP/dr)는 더 작아져 이 값에 비례하는 유체 유동량, 즉 생산량은 감소하는 것이다.

(3) 기준면 압력

Darcy 공식을 통해 유체 유동식을 유도할 때 유체 포텐셜 개념을 이용하여 유체의 평균속도가 유체의 포텐셜에 비례한다는 것은 이미 살펴본 바 있다. 여기서는 현장에서 종종 적용되는 저류층 내에 임의의 기준면을 선정하여 이 기준면을 바탕으로 한 저류층 유동분석법에 대해 알아보기로 한다.

어떤 유체의 포텐셜을 표시하는 또 다른 방법은

$$\Phi = \rho\Phi = P + \rho g z \tag{2-58}$$

이다. 여기서 Φ는 psi-potential로서 단위 부피당 포텐셜을 의미한다. 이 함수를 이용하여 수평 유동에 대한 Darcy 식을 쓰면,

$$Q = -\frac{kA\rho}{\mu}\frac{d\Phi}{ds} = -\frac{kA}{\mu}\frac{d\Phi}{ds} \tag{2-59}$$

와 같다. 이 Φ-포텐셜을 통상 기준면 압력이라고 하는데, 이것은 〈그림 2-21〉에서 보듯이 기준면으로부터 측정된 저류층의 압력을 의미한다.

임의의 기준면을 $z = z_0$로 잡은 저류층의 A, B 두 지점에서 압력을 측정한다고 가정해보자. 〈그림 2-21〉에서처럼 압력이 기준면 압력 0으로부터 측정될 때 Φ_A, Φ_B 계산치는 단순히 기준면에 대한 생산정에서의 관측 압력이다. 즉, 다음과 같이 표현된다.

$$\Phi_A = (\text{절대압력})_A + (\text{중력수두})_A$$

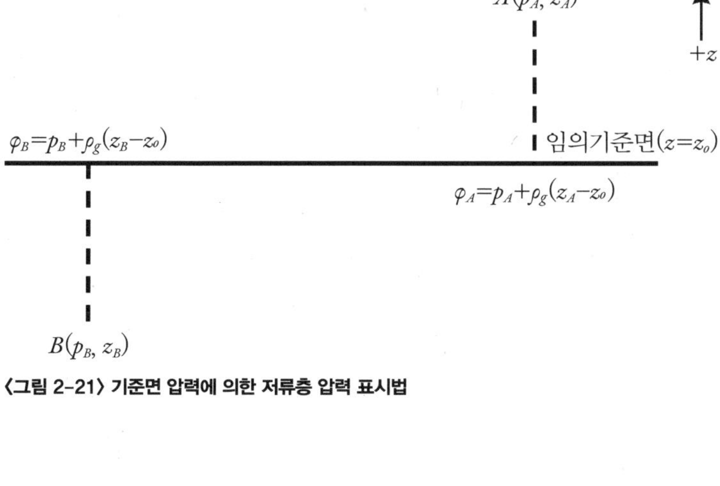

〈그림 2-21〉 기준면 압력에 의한 저류층 압력 표시법

실질적인 관점에서 기준 준위로부터 압력을 측정하는 것은 대단히 유용하며, 특히 전체 저류층에 걸쳐 압력의 분포도를 표현하는 데 매우 효과적이다. 이 방법으로 저류층 내 포텐셜의 분포와 이에 따른 유체 유동의 방향을 쉽게 알 수 있는데, 기준면 압력의 분포가 바로 포텐셜 분포를 의미하기 때문이다. 다음 [예제 2-11]을 통해 각 생산정의 압력에 대한 기준면 압력의 계산 그리고 두 생산정 주변의 저류층 유체 유동 계산에서 유체 압력과 이를 통한 정수압 구배의 산출에 대해 알아보기로 하겠다.

예제 2-11

〈그림 2-22〉는 경사진 저류층의 상하부에 설치된 생산정을 도시한 단면도이다. 다음의 주어진 조건을 이용하여 각 생산정에서 측정된 정압으로부터 기준면 압력과 압력 구배를 계산하고 유체 유동 방향을 추정하라.

두 생산정 간의 거리=1,320ft
지층의 두께=20ft
지층의 경사각=8°37′
저류층의 기준면=7600ft subsea

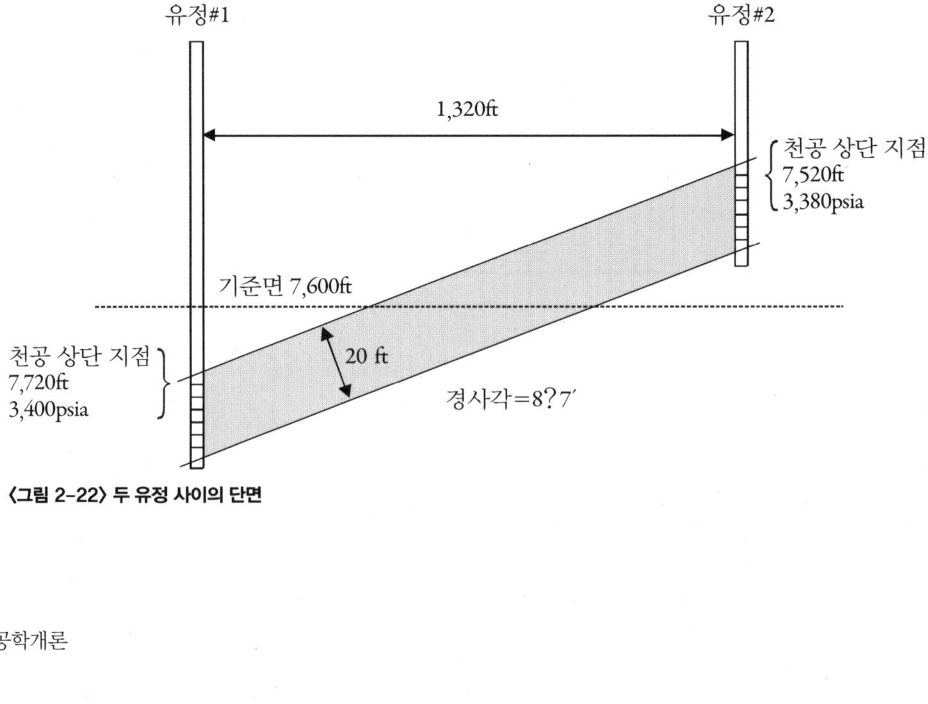

〈그림 2-22〉 두 유정 사이의 단면

저류층 유체의 비중(γ)=0.693(물=1.0)

저류층의 유체 투과율=145md

저류층 유체의 점성도=0.32cp

생산정 #1의 정압=3,400psia(7,720ft subsea)

생산정 #2의 정압=3,380psia(7,520ft subsea)

풀이

순수한 물의 비중량은 0.4335psi/ft의 압력 구배에 해당하므로, 저류층 유체의 압력 구배는 다음과 같다.

압력 구배(0.4335γ)=0.693×0.4335=0.300psi/ft

기준면 7,600ft에서 생산정 #1 압력 P_1=3400−(120×0.30)=3364psia

기준면 7,600ft에서 생산정 #2 압력 P_2=3380+(80×0.30)=3404psia

기준면 압력 차이에서 볼 때 생산정 #2의 압력이 40psia만큼 크므로, 유체 유동은 생산정 #2에서 생산정 #1로 하방 유동함을 알 수 있다. 한편, 두 생산정 간의 지층 거리는 1335ft[=1320/cos(8°37′)]이므로, 평균 유효 압력 구배는 40/1335=0.030psi/ft이다. 유동 속도 u는 다음과 같다.

$$u = 1.127\frac{k}{\mu}\left[\frac{d\phi}{ds}\right]_{avg} = 1.127 \times \frac{0.145}{0.32} \times 0.030 = 0.0153\text{bbl/day/ft}^2$$

$$= 0.0153 \times 5.615\left[\frac{\text{ft}^3}{\text{bbl}}\right] = 0.086\,\text{ft/day}$$

또는 일반 Darcy 방정식을 이용하여 다음과 같이 계산할 수 있다.

$$u = -1.127 \times \frac{k}{\mu}\left(\frac{dP}{ds} - 0.4335r\sin\theta\right)$$

$$= -1.127 \times \frac{0.145}{0.32}\left[\frac{(3400-3380)}{1335} - 0.4335 \times 0.693 \times \sin(8°37')\right]$$

$$=-0.51[0.015-0.045]=0.0153\text{bbl/day/ft}^2$$

따라서 유정 간격이 1,320ft인 두 유정 간의 유동량 Q는 다음과 같다.

$$Q=uA=0.0153\times1320\times20=404\text{res bbl/day}$$

2.2.4. 다층구조에서의 유체 투과율

지금까지 언급한 Darcy 유동 방정식은 유입면과 유출면 간에 하나의 연속된 유체 투과율을 가정하여 유도된 것이다. 그러나 실제 암석들이 이처럼 균일한 투과율을 갖는 예는 매우 드물다. 대부분의 다공질 암석들은 일련의 상이한 유체 투과율을 갖는 이방질체이다. 서로 다른 유체 투과율을 갖는 지층, 구획 또는 환체로 전체 암석계가 구성되어 있을 때 유체 유동계의 유체 투과율을 평균화할 필요가 있는데, 이것은 지층의 배열 구조에 따라 특징지어진다.

(1) 유체 투과율의 수직변화

길이가 L인 2개 이상의 지층이 〈그림 2-23〉에서처럼 상이한 단면적과 유체 투과율을 갖고 있는 병렬 구조의 선형 지층에서는 압력 차(P_1-P_2)에서 선형 유동을 하므로 전체 유동량은 각 층의 유동량의 합과 같다.

$$Q_t=Q_1+Q_2+Q_3$$

그러므로

$$\frac{k_{avg}A_t(P_1-P_2)}{\mu L}=\frac{k_1A_1(P_1-P_2)}{\mu L}+\frac{k_2A_2(P_1-P_2)}{\mu L}+\frac{k_3A_3(P_1-P_2)}{\mu L}$$

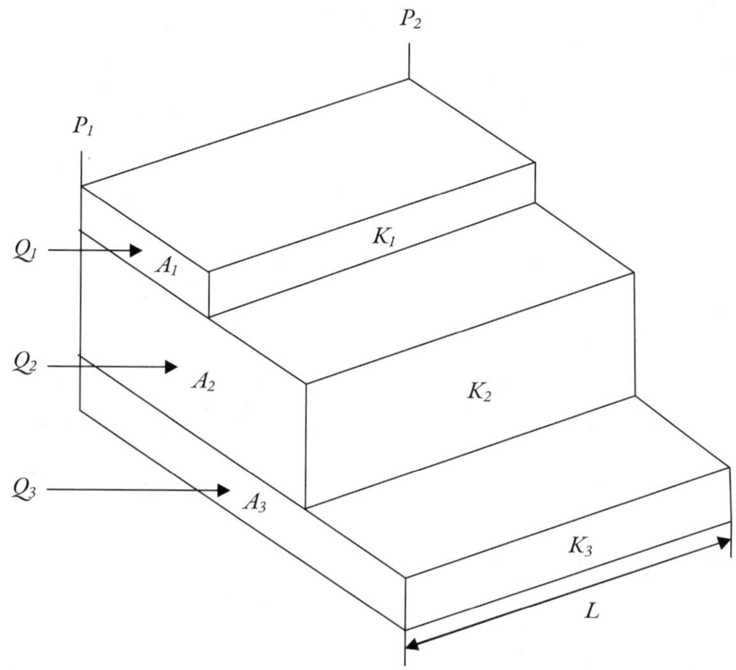

〈그림 2-23〉 선형층 내의 병렬 유동

와 같이 되는데, 이 식을 정리하면 다음과 같다.

$$k_{avg}A_t = k_1A_1 + k_2A_2 + k_3A_3$$

$$k_{avg} = \frac{\sum_i k_iA_i}{A_t} = \frac{\sum_i k_iA_i}{\sum_i A_i} \tag{2-60}$$

만약 각 층의 너비가 같다면, 각 단면적 A가 그 층의 두께 h에 비례하므로

$$k_{avg} = \frac{\sum_i k_ih_i}{\sum_i h_i} \tag{2-61}$$

와 같이 쓸 수 있다.

위 식은 병렬 지층구조에서 유체 투과율과 유체 특성이 균일하여 압력 구배가 각 지층에서 동일한, 즉 유체 압력 차이로 인한 지층 상하 간의 유동은 발생하지 않는 상황에서 적용 가능한 식이다. 그러나 예를 들어 물이 석유를 대체해나가는 구조에서는 대체전선 전방의 석유 유동률(k_o/μ_o)이 대체전선 후방의 물 유동률(k_w/μ_w)과 다르므로 압력 구배가 달라진다. 이 경우 동일 거리에 있는 상하 두 지점에서 압력 차이가 발생해, 지층 간에 불투수층이 존재하지 않는다면 지층 간의 상하 유동이 일어날 수 있다. 이러한 상황에서는 앞의 평균 유체 투과율 식 (2-60)과 식 (2-61)은 적용될 수 없다. 즉, 물은 저류층 내에서 모세관 작용을 받으며 투과율이 높은 쪽에서 낮은 쪽으로 흐를 것이고, 이러한 작용은 병렬 지층 내의 유체 유동 해석을 매우 복잡하게 만들기 때문이다.

예제 2-12 병렬층의 평균 유체 투과율

다음 조건을 갖는 4개의 병렬 지층이 있다. 모두 동일한 너비와 길이를 가질 때, 이 지층에 대한 선형유체 투과율을 구하라.

지층	지층 두께, ft	수평 유체 투과율, md
1	20	100
2	15	200
3	10	300
4	5	400

풀이

각각의 층들은 모두 같은 너비를 가지므로, 식 (2-61)을 이용해 계산하면 다음과 같은 결과가 나온다.

$$k_{avg} = \frac{\Sigma_i k_i h_i}{\Sigma_i h_i} = \frac{100 \times 20 + 200 \times 15 + 300 \times 10 + 400 \times 5}{20 + 15 + 10 + 5} = 200\text{md}$$

(2) 유체 투과율의 수평 변화

① 직렬 구조의 선형 유동층

〈그림 2-24〉에서와 같이 동일한 단면적을 갖는 2개 이상의 직렬 구조 지층에 대해 살펴보자. 각 직렬층은 서로 다른 길이와 유체 투과율을 갖고 있으며, 동일한 유체 유동량 Q가 존재한다(즉, 비압축성 유체로 가정). 여기서 압력 강하는 각 층의 압력 차의 합과 같으므로

$$(P_1 - P_4) = (P_1 - P_2) + (P_2 - P_3) + (P_3 - P_4)$$

와 같은데, 이것은 Darcy 식에 의해 다음처럼 표현된다.

$$\frac{Q_t L_t \mu}{1.127 k_{avg} A} = \frac{Q_1 L_1 \mu}{1.127 k_1 A_1} + \frac{Q_2 L_2 \mu}{1.127 k_2 A_2} + \frac{Q_3 L_3 \mu}{1.127 k_3 A_3}$$

그런데 모든 직렬층에서 유체 유동량(Q)과 단면적(A), 점성도(μ)가 같으므로, 다음과 같이 식 (2-62)가 도출된다.

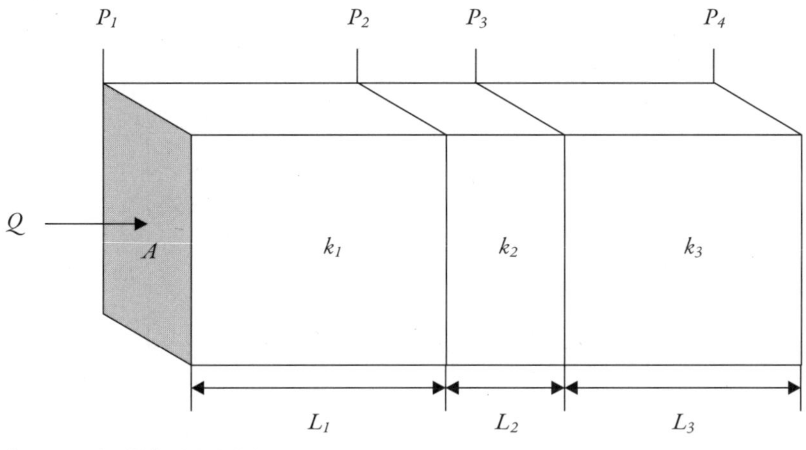

〈그림 2-24〉 선형층 내의 직렬 유동

$$\frac{L_t}{k_{avg}} = \frac{L_1}{k_1} + \frac{L_2}{k_2} + \frac{L_3}{k_3}$$

$$k_{avg} = \frac{L_t}{L_1/k_1 + L_2/k_2 + L_3/k_3} = \frac{\sum_i L_i}{\sum_i L_i/k_i} \tag{2-62}$$

2 직렬 구조의 구심 유동층

〈그림 2-25〉과 같이 직렬 구조로 배열된 지층에서 구심 유동계를 적용시킬 수 있다. 직렬 구조의 선형 지층에서와 같이 전체 압력 강하는 각 직렬층의 압력 강하 합과 같고 유체 유동량, 단면적, 점성도가 모두 동일하므로, 구심 유동의 Darcy 방정식에 적용시켜보면 결국 다음과 같은 결과식을 얻을 수 있다.

$$k_{avg} = \frac{\ln(r_e/r_w)}{\sum_{i=1}^{n} \frac{\ln(r_i/r_{i-1})}{k_i}} \tag{2-63}$$

여기서, r_w : 생산정 반경

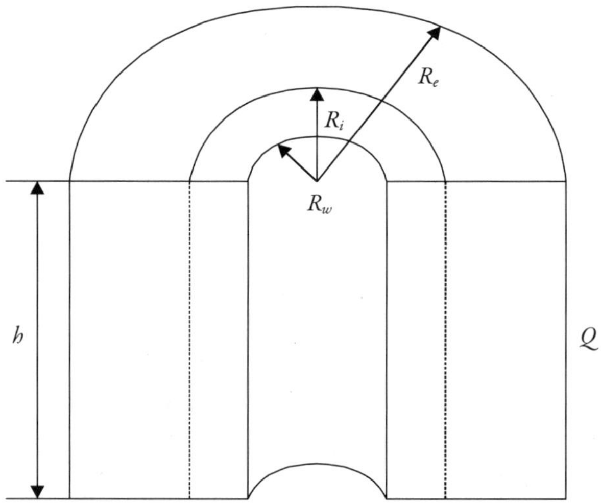

〈그림 2-25〉 구심 유동층의 병렬 조합

r_e : 저류층 외벽반경

n : 직렬층의 수

예제 2-13 직렬 구조 지층의 평균 유체 투과율

동일한 두께를 갖는 4개의 직렬층이 있다. 다음 조건하에서 평균 유체 투과율을 구하라.

① 선형 유동계

② 구심 유동계 : 생산정 반경이 6in, 유효 배유반경(r_e)은 2,000ft

지 층	지층의 길이, ft	수평 유체 투과율, md
1	250	25
2	250	50
3	500	100
4	1,000	200

(단, 지층 1은 생산정과 접해 있다.)

풀이

① 선형 유동계

$$k_{avg} = \frac{\sum_i L_i}{\sum_i \frac{L_i}{k_i}} = \frac{250+250+500+1000}{\frac{250}{25}+\frac{250}{50}+\frac{500}{100}+\frac{1000}{200}} = \frac{2000}{25} = 80\text{md}$$

② 구심 유동계

$$k_{avg} = \frac{\ln(r_e/r_w)}{\sum_{i=1}^{n} \frac{\ln(r_i/r_{i-1})}{k_i}}$$

$$= \frac{\ln(2000/0.5)}{\frac{\ln(250/0.5)}{25}+\frac{\ln(500/250)}{50}+\frac{\ln(1000/500)}{100}+\frac{\ln(2000/1000)}{200)}}$$

$$= 30.4\text{md}$$

위 예에서 볼 수 있듯이, 같은 지층구조에서 선형 유동의 경우가 구심 유동에서보다 유체 투과율이 좋으므로 시간당 생산량이 증대된다. 따라서 저류층에 실시하는 수압파쇄는 직접적으로 생산정 주변층의 유체 투과율을 높여주는 것뿐만 아니라 구심 유동을 선형 유동화하여 생산량을 증대시키는 간접적인 효과도 있는 것이다.

2.2.5. 압축성 유체의 Darcy 방정식

(1) 약압축성 유체의 Darcy 방정식

일반적으로 석유는 압축력에 약간의 영향을 받는 약압축성 유체이기 때문에 석유의 정확한 유동을 파악하기 위하여 약압축성 유체 유동 방정식에 대해 고찰해보겠다. 약압축성 유체 유동을 다루는 데는 2.1.2절에서 설명한 압축률의 개념을 이용한다. 즉,

$$C=-\frac{1}{V}\frac{dV}{dP} \tag{2-64}$$

부피는 밀도와 질량의 함수이므로 $V=M/\rho$를 식 (2-64)에 대입하면

$$C=-\frac{1}{(M/\rho)}\frac{d(M/\rho)}{dP}=-\frac{\rho}{M}\frac{d}{dP}\left(\frac{M}{\rho}\right) \tag{2-65}$$

이고, 질량 M은 항상 일정하므로 식 (2-65)는 다음과 같이 표현된다.

$$C=-\rho\frac{d}{dP}\left(\frac{1}{\rho}\right)=\frac{1}{\rho}\frac{d\rho}{dP} \tag{2-66}$$

식 (2-66)을 변수 분리하여 생산정 조건에서 저류층 조건까지 적분하면

$$C\int_{P_w}^{P} dP = \int_{\rho_w}^{\rho} \frac{d\rho}{\rho}$$

$$C(P-P_w) = \ln(\rho/\rho_w)$$

$$\rho = \rho_w \exp[C(P-P_w)] \quad (2-67)$$

압축성 유체의 유동에서는 총 질량 유량(mass flow rate, $\dot{M}$)이 일정하므로 다음 관계식이 성립한다. 여기서 사용된 하첨자 w는 생산정에서의 값, 하첨자 r은 저류층에서의 값을 뜻한다.

$$\dot{M} = \rho_w Q_w = \rho Q_r \quad (2-68)$$

$$Q_w = \frac{\rho}{\rho_w} Q_r \quad (2-69)$$

식 (2–67)과 구심 유동의 Darcy 방정식 (2–54)를 Q_r에 대해 풀어서 각각 식 (2–69)에 대입하면 다음과 같다.

$$Q_w = \frac{\rho_w e^{C(P-P_w)}}{\rho_w} \frac{2\pi khr}{\mu} \frac{dP}{dr} \quad (2-70)$$

Darcy 방정식의 적용 구간은 저류층이므로 식 (2–70)을 변수 분리하고, r은 생산정 반경 r_w에서 저류층 배유반경 r_e까지, 압력은 생산정 압력 P_w에서 저류층 압력 P_e까지 적분하면,

$$Q_w \int_{r_w}^{r_e} \frac{dr}{r} = \frac{2\pi kh}{\mu} \int_{P_w}^{P_e} e^{C(P-P_w)} dP$$

$$Q_w \ln(r_e/r_w) = \frac{2\pi kh}{\mu} \frac{1}{C} \left[e^{C(P_e - P_w)} - 1 \right]$$

이고, 위 식을 정리하면 다음과 같은 약압축성 석유의 유동방정식을 얻을

수 있다.

$$Q_w = \frac{2\pi kh}{\mu \ln(r_e/r_w)} \frac{\exp[C(P_e - P_w) - 1]}{C} \tag{2-71}$$

식 (2-71)에서 Q_w는 생산정으로의 유입 유동량이며, 이 식을 현장단위로 바꾸어주면 결과식 (2-72)와 같다.

$$Q_w = 1.127 \times \frac{2\pi kh}{\mu \ln(r_e/r_w)} \frac{e^{C(P_e - P_w)} - 1}{C}$$

$$Q_w = \frac{7.08kh}{\mu \ln(r_e/r_w)} \frac{1}{C} \left[e^{C(P_e - P_w)} - 1 \right] \tag{2-72}$$

(2) 가스의 Darcy 방정식

2.2.2절에서 Darcy 방정식을 유도하기 위해 이용한 유체 포텐셜함수는 식 (2-21)로부터 기준 압력 P_b를 이용할 때 다음과 같이 쓸 수 있다.

$$\Phi = \int_{P_b}^{P} \frac{dP}{\rho} + gz \tag{2-73}$$

특히 비압축성 유체인 경우에는 밀도 ρ가 일정하므로 다음 식과 같이 된다.

$$\Phi = \frac{P}{\rho} + gz \tag{2-74}$$

일반적으로 액체는 압축성이 매우 작은 반면에 기체는 매우 크므로, 강압축성인 기체를 다룰 때는 식 (2-74)를 쓸 수 없고 식 (2-73)의 포텐셜함수를 적용한다.

일반기체 상태방정식 $PV = Z_n RT$로부터 기체의 밀도에 관해 정리하면

$$\rho = \frac{nM}{V} = \frac{nM}{ZnRT/P} = \frac{MP}{ZRT} \tag{2-75}$$

와 같은데, 이 식을 식 (2-73)에 대입하면 실제기체 포텐셜은

$$\Phi = \frac{RT}{M}\int_{P_b}^{P}\frac{ZdP}{P} + gz \tag{2-76}$$

이고, 이 식을 단위 변화량으로 표현하면 다음과 같다.

$$d\Phi = \frac{RT}{M}\frac{Z}{P}dP + gdz = \frac{dP}{\rho} + gdz \tag{2-77}$$

이때 유동 방향으로의 기체 포텐셜 구배는 다음과 같이 된다.

$$\frac{d\Phi}{dl} = \frac{1}{\rho}\frac{dP}{dl} + g\frac{dz}{dl} \tag{2-78}$$

위의 관계식에 나타난 기체 포텐셜 구배는 액체 포텐셜 구배와 같은 형태이므로, 실제기체의 유동방정식도 일반유체의 유동방정식 (2-25)와 똑같은 식으로 유도할 수 있다는 사실을 알 수 있다. 그러므로 실제기체 방정식과 Darcy 방정식을 이용하여 Darcy의 기체 유동식을 다음과 같이 유도할 수 있다. 저류층 상태(P_r, T_r, V_r)에서 기체의 상태방정식은

$$P_r V_r = Z_r nRT_r \tag{2-79}$$

이고, 지표면의 표준상태(P_s=14.7psi, T_s=60°F)에서 기체의 상태방정식은 식 (2-80)과 같다.

$$P_s V_s = Z_s nRT_s \tag{2-80}$$

여기서, P_r : 저류층 압력 P_s : 지표면 압력

T_r : 저류층 온도 T_s : 지표면 온도

V_r : 저류 내 유체 부피 V_s : 지표면에서의 유체 부피

Z_r : 저류층 조건에서 압축지수 (Z factor)

Z_s : 지표면에서의 압축지수

n : 유체의 몰수 R : 기체상수

식 (2-79)와 식 (2-80)으로부터

$$nR = \frac{P_r V_r}{Z_r T_r} = \frac{P_s V_s}{Z_s T_s} \tag{2-81}$$

$$V_r = \frac{Z_r T_r P_s}{Z_s P_r T_s} V_s \tag{2-82}$$

식 (2-82)의 양 변을 시간 t로 나누면

$$Q_r = \frac{Z_r T_r P_s}{Z_s P_r T_s} Q_s \tag{2-83}$$

가 된다. 이때 Q_r은 저류층 조건에서 구심 유동하는 기체 유동량이므로, 구심 유동식 (2-54)를 Q_r에 대해 풀어 식 (2-83)에 대입하여 정리하면 다음과 같다.

$$Q_s \frac{dr}{r} = \frac{2\pi kh}{\mu} \frac{T_s Z_s P}{P_s T_r Z_r} dP \tag{2-84}$$

Darcy 방정식의 적용 구간은 저류층이므로, 저류층 범위에서 r과 P를 적분하면 다음과 같다.

$$Q_s\int_{r_w}^{r_e}\frac{dr}{r}=\frac{2\pi kh}{\mu}\frac{T_sZ_s}{P_sT_rZ_r}\int_{P_w}^{P_e}PdP$$

$$Q_s\ln(r_e/r_w)=\frac{\pi kh}{\mu}\frac{T_sZ_s}{P_sT_rZ_r}(P_e^2-P_w^2)$$

$$Q_s=\frac{\pi kh}{\mu\ln(r_e/r_w)}\frac{T_sZ_s}{P_sT_rZ_r}(P_e^2-P_w^2) \tag{2-85}$$

그런데 표준상태에서 P_s=14.7psia, T_s=60°F=520°R, Z_s=1이므로, 위의 식 (2–85)를 현장단위로 다시 쓰면 다음과 같다.

$$Q_s=\frac{1.127\pi kh}{\mu\ln(r_e/r_w)}\frac{520(P_e^2-P_w^2)}{14.7Z_rT_r}=125.2\frac{kh(P_e^2-P_w^2)}{\mu\ln(r_e/r_w)Z_rT_r}(\text{bbl/day}) \tag{2-86}$$

식 (2–86)에서 Q의 단위는 [bbl/day]이므로 기체의 일반적 단위인 [scf/day]로 전환하면 가스의 Darcy 방정식은 결국 다음과 같이 표현된다.

$$Q_s=703.2\frac{kh(P_e^2-P_w^2)}{\mu\ln(r_e/r_w)T_rZ_r}(\text{scf/day}) \tag{2-87}$$

위 식은 실제기체에 대한 유동방정식이므로 이상기체인 경우 압축지수 z를 1로 하면 된다.

예제 2–14 다음 저류층 조건에서 가스 생산량을 구하라

지열 구배(geothermal gradient) : 1°F/100ft

깊이 : 10,000ft

면적(A) : 120acres

h : 20ft k : 40md

μ : 0.07cp Z_r : 0.82

P_w : 3,000psig r_w : 7in

지압 구배(geostatic gradient) : 0.456psi/ft

풀이

$$r_w = 7in \times (1ft/12in) = 0.583\,\text{ft}$$

$$r_e = (120 \times 43560/\pi)^{1/2} = 1289.9\,\text{ft}$$

$$P_e = 0.465 \times 10000 + 14.7 = 4664.7\text{psia}$$

$$P_w = 3000 + 14.7 = 3014.7\text{psia}$$

$$T_r = 1°\text{F}/100 \times 10000 + 60°\text{F} = 160°\text{F} = 620°\text{R}$$

$$Q_s = 703.2\frac{0.04 \times 20 \times (4664.7^2 - 3014.7^2)}{0.07 \times \ln(1289.9/0.583) \times 620 \times 0.82} = 22.61\text{MMscf/day}$$

2.2.6. Darcy 방정식의 적용 한계

Darcy 법칙의 적용 한계는 다공질 매체에서 정의되는 Reynolds 수가 1 이하인 포복유동(creeping flow)일 때로 여겨지고 있다. 관 유동에서의 Reynolds 수는 점성력과 관성력의 비로 정의되나, 다공질 매체에서의 Reynolds 수를 정의하기 위해서는 유효 유동반경 개념이 이용된다.

구형 입자로 구성된 매체의 경우 유효 유동반경 R은 다공질 매체의 공극 부피를 그 매체의 표면적으로 나눈 식 (2-88)로 정의된다.

$$R = \frac{\text{공극부피}}{\text{표면적}} \tag{2-88}$$

또한 입자의 부피가 V_p, 입자의 표면적이 S_p일 때, 구 입자의 비표면(specific surface) S는

$$S = \frac{6}{D}\left[= \frac{S_p}{V_p} = \frac{4\pi r^2}{(4/3)\pi r^3}\right] \tag{2-89}$$

이며, 공극률 ϕ를 이용하여 공극 부피를 나타내면

$$공극부피 = \frac{\phi}{1-\phi} \times (입자부피) \tag{2-90}$$

이다. 따라서 유효 유동반경 R을 공극률(ϕ)과 입자의 수(N), 입자의 부피(V_p), 그리고 입자의 표면적(S_p) 등으로 다음과 같이 나타낼 수 있다.

$$R = \frac{\phi V_p N/(1-\phi)}{S_p N} = \frac{V_p \phi}{S_p(1-\phi)} \tag{2-91}$$

그런데 구형 입자가 아닌 경우, 유효 입자 지름 D_p는 다음 식 (2-92)와 같이 정의된다.

$$D_p = \frac{6}{S} \tag{2-92}$$

한편, 다공질 내 유체 유동의 근사속도 v_∞와 공극유속 v와의 관계를 물질 평형으로 나타내면 식(2-93)과 같다.

$$v_\infty A\rho = vA_{void}\rho \tag{2-93}$$

여기서 v_∞와 v는 다공질 매체의 공극률 및 실제 유체 유동 길이와 관련 있으며, 만약 길이가 L인 다공질체 속을 실제 거리 L_a만큼 이동했을 때 공극유속, 즉 실제 유동 속도 v는

$$v = v_\infty \times \frac{L_a}{L} \times \frac{1}{\phi} \tag{2-94}$$

의 관계가 있으며, 만약 체적공극률이 면적비를 이용한 공극률과 같을 경우 ($L = L_a$) 다음과 같이 놓을 수 있다.

$$v = v_\infty \times \frac{1}{\phi} \tag{2-95}$$

다공질체 내 유체 유동에 대한 Reynolds 수는 근사속도 v_∞와 유효 유동반경 R 그리고 공극률 등을 이용하여 정의하게 된다. 즉, 점성력과 관성력 간의 비인 Reynolds 수는 관 유동의 경우 다음과 같이 표시된다.

$$Re = \frac{vD\rho}{\mu} \tag{2-96}$$

이를 다공질체 유동에 적용시키면 v는 ($v = v_\infty \times \frac{1}{\phi}$)로, 반경 D는 $4R$로 치환하고 식 (2-91)을 이용하면 다음과 같은 관계식을 얻을 수 있다.

$$Re = \frac{4Rv_\infty\rho}{\phi\mu} = \frac{2}{3(1-\phi)}\frac{D_p v_\infty \rho}{\mu} \tag{2-97}$$

여기서 상수값을 뺀 나머지를 다공질체의 Reynolds 수로 정의한다. 즉, 다음 식과 같이 정의되는 것이다.

$$(Re)_{pore} = \frac{D_p v_\infty \rho}{\mu(1-\phi)} \tag{2-98}$$

통상적으로 Darcy 법칙은 식 (2-98)로 정의된 Reynolds 수가 1 이하인 포복유동의 경우에 유효하다.

2.2.7. 유체 투과율 감소 인자(S)의 생산성 지수(PI)

우리는 앞에서 저류층 내 유체 유동의 기본 방정식인 Darcy 방정식의 유형 및 변형에 대해 알아보았다. 여기서는 저류층의 생산성과 밀접한 관계가 있는 유체 투과율 감소 인자(skin factor)와 생산성 지수를 구심 유동식으로부터 정의하고, 생산성 향상 방법에 대해 간략하게 소개하고자 한다.

구심 유동식 (2-55)를 다시 쓰면 다음과 같이 압력 강하식으로 표시할 수 있다.

$$P - P_w = \frac{Q\mu}{2\pi kh}\ln\left(\frac{r}{r_w}\right)$$

이 식에서 압력은 반경에 따라 대수적으로 증가함을 알 수 있다. 따라서 압력 강하는 생산정의 근사 지역일수록 현저하게 나타난다. 특히 $r = r_e$일 때 식은 다음과 같다.

$$P_e - P_w = \frac{Q\mu}{2\pi kh}\ln\left(\frac{r_e}{r_w}\right) \tag{2-99}$$

한편, 생산정을 시추하는 과정에서 항상 시추공 내의 압력을 지층압보다 크게 유지함으로써 저류층 유체가 생산정 내로 유입되는 것을 막아준다. 그러나 이러한 이유 때문에 시추액의 일부가 저류층 내로 유입됨으로써 시추액 내 부유 고체 입자들이 지층 공극을 막게 되어, 궁극적으로 생산정 주변 투수층의 유체 투과율이 감소된 훼손 지역(damaged zone)이 발생한다. 〈그림 2-26〉은 이 현상을 도시한 것으로, 여기서 r_a는 훼손 지역의 반경이다. 만약 생산정이 훼손되지 않을 경우 r_a 이하 지역의 압력 강하는 점선과 같이 나타나며 훼손된 지역에서는 유체 투과율의 감소로 인해 압력 강하가 더 크게 발생하는데, 이는 식 (2-99)에서 P_w가 작아짐을 의미하는 것이다. 이와 같은 생산정 주변의 추가적인 압력 강하는 다음과 같이 정의된다.

$$\Delta P_{skin} = \frac{Q\mu}{2\pi kh}S \tag{2-100}$$

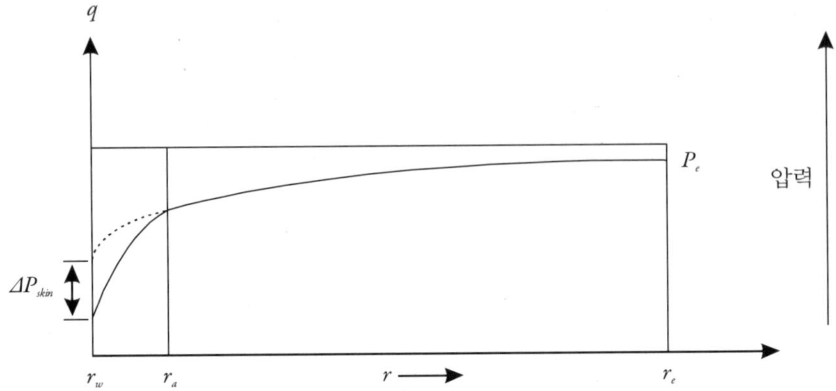

〈그림 2-26〉 손상된 유정의 구심 압력 분포도

여기서 무차원 변수 S가 유체 투과율 감소 인자이다. 이 정의를 식 (2−99)에 첨가하면 다음과 같은 유입 유동방정식(inflow equation)을 얻을 수 있다.

$$P_e - P_w = \frac{Q\mu}{2\pi kh}\left[\ln\frac{r_e}{r_w} + S\right] \tag{2-101}$$

이 식에서 볼 수 있듯이, S가 양의 값이면 압력 강하, $P_e - P_w$에 유체 투과율 감소 효과로 인한 추가적인 압력 감소가 포함된다.

식 (2−101)은 석유생산공학 분야에서 많이 이용되는 식으로, 실제 Darcy 단위보다는 현장단위로 표시된 식이 보다 유용하다. 현장단위로의 전환은 구심 유동식에서와 같이 기하학적 상수(2π)에 변환계수(1.127)를 곱한 값을 취하여 다음과 같이 쓸 수 있다.

$$P_e - P_w = \frac{1}{7.08}\frac{Q\mu}{kh}\left[\ln\frac{r_e}{r_w} + S\right] \tag{2-102}$$

이 식으로부터 다음과 같은 생산성 지수(PI, Productivity Index)를 정의할 수 있는데, 즉 PI는

$$PI = \frac{Q}{P_e - P_w} = \frac{\text{유체의 단위시간당 유동량(생산량)[stb/d]}}{\text{압력 강하[psi]}}$$

$$= \frac{7.08kh}{\mu\left[\ln\frac{r_e}{r_w} + S\right]} \qquad (2-103)$$

이다. [stb/day/psi]로 표시되는 생산성 지수는 바로 단위압력 강하로 인한 유체의 생산량을 의미하는 것으로, 생산정의 생산성을 측정하는 직접적인 지표로 이용된다. 석유 생산에서 가장 큰 목표는 각 생산정의 PI를 가능한 한 최대로 만드는 것이며, 이를 위해 일련의 생산정 자극법이 시도된다. 이 방법들은 생산성 지수에 관련된 각 변수들을 변화시켜 생산을 증진시키는 것으로서 다음과 같은 방법이 있다.

(1) 유체 투과율 감소 요인의 제거

시추 작업 중 발생된 공벽 주위의 유체 투과율 감소 여부는 시추 완결 후 시행되는 저류층압 측정법을 통해 판정하며, 이러한 시험은 통상적으로 실시되는 저류층 평가 시험 가운데 하나이다. 이 시험을 통해 S가 양의 값으로 판정되어 유체 투과율의 감소가 확인되고 또 저류층이 석회암이면 산처리를 실시한다. 이때 사용되는 산의 종류는 저류암과 공극을 채우고 있는 충전 물질에 따라 결정되는데, 석회암은 용해성이 높기 때문에 염산으로 쉽게 오염물이 제거된다. 사암층의 암석들은 비용해성이기 때문에 특수한 산처리법을 실시하지만, 그 효과는 석회암층보다 못하다. 이와 같이 산처리가 성공적으로 수행되면 S가 0까지 감소되거나 오히려 음의 값을 가지게 되어 유체 투과율을 증가시킬 수 있다.

(2) 유효 유체 투과율(k)의 증대

앞에서 이미 언급했듯이, 저류압은 생산정에 접근함에 따라 대수적으로 감소하므로 압력의 최대 강하는 주로 생산정 부근에서 일어난다. 따라서 높은 압력 강하가 일어나는 이 지역의 압력 강하율을 감소시킬 수 있으면 생산 기간은 상당히 연장될 수 있다. 이러한 목적으로 수행하는 것이 수압파쇄로, 이는 고압 상태에서 생산정을 통해 저류층 속으로 유체를 넣어 지층에 인위적인 균열을 야기시킴으로써 유체 투과율을 증진시키는 것이다. 한 번 균열이 발생하면 유체 유동에 따른 생산정 내의 압력 강하는 완만해지며, 이 상태는 적절한 균열 유지 물질을 주입함으로써 지속될 수 있다. 탄산염 저류층의 경우에는 파쇄-산처리로써 보다 좋은 효과를 얻을 수 있다.

(3) 점성도(μ)의 감소

석유의 점성도가 매우 클 경우 저류층 내 유체 유동에 저류압이 많이 소모되어 결과적으로 회수율이 매우 낮아진다. 그러므로 열과 증기를 사용해서 석유의 온도를 높여주어 점성도를 감소시키는 방법 가운데 하나인 증기주입법이 도입된다. 도해로 간단히 나타낸 〈그림 2-27〉 (b)에서와 같이 증기를 저류층 내로 주입시키는데, 이때 증기 유효 반경 r_h는 증기의 주입량에 따라 달라지며, 이러한 작업에서는 보통 며칠 동안 수 톤의 증기가 소요된다. 증기가 주입되는 동안 열은 생산정과 덮개암, 기저암 등에서도 잃게 되지만, 이러한 열 손실은 증기의 특성 때문에 잠열(latent heat)의 감소로 반영되어 결국 온도의 심각한 변화 없이 일어난다. 증기를 주입하여 생산정 주

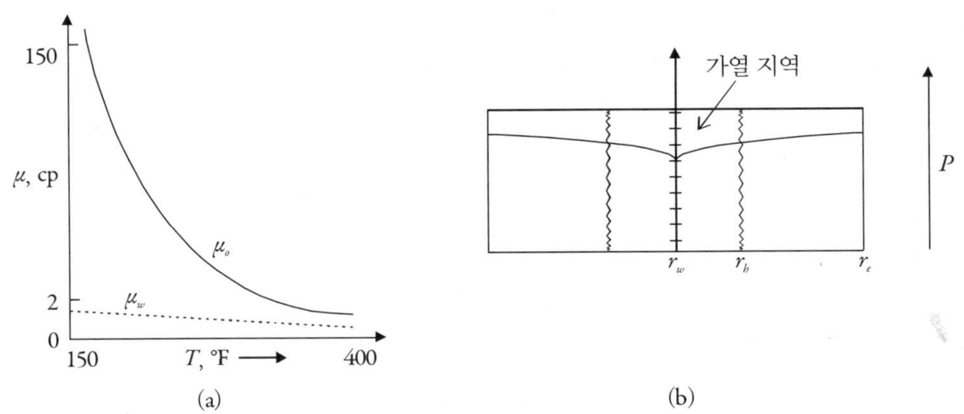

〈그림 2-27〉
(a) 온도에 대한 전형적인 석유와 물의 점성 변화
(b) 증기가 주입된 유정의 배수 반경 내에서의 압력 분포(Dake, 1978)

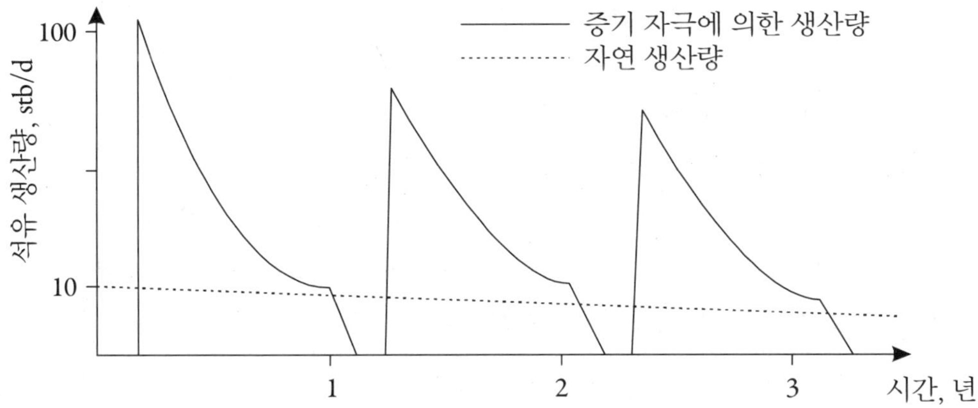

〈그림 2-28〉 다순환 증기 주입(multi-cycle steam soak)을 하는 동안 시간에 따른 석유 생산량의 변화(Dake, 1978)

변의 온도가 상승된 후 생산을 시작하면 상대적으로 온도가 낮으며 점성이 높은 석유가 이 지역을 지나면서 점성도가 급격히 떨어져 PI는 증가하게 된다. 〈그림 2-28〉은 전형적인 증기 처리 작업 후의 석유 생산량과 증기 처리를 하지 않은 채 생산되는 석유의 양을 비교·도시한 것이다. 증기 가열 효과가 최대일 때 생산이 극대를 이루다가, 시간이 지남에 따라 주위 암석으로 인해 계속적인 열 손실이 발생하여 저류층의 가열 효과가 떨어지고 생산량도 감소해간다. 그러므로 생산량이 증기 처리 전의 유량만큼 떨어질 때 다시 증기 자극을 가한다. 일반적으로 증기자극법은 주기적으로 반복된다. 그러나 〈그림 2-28〉에서처럼 증기 가열 직후 가온 효과가 최대일 때의 생산 극대점은 증기 가열이 반복 수행될수록 점차 감소하고 있음을 알 수 있다.

위에서 열거한 생산 자극 방법들은 저류층의 전체 석유 생산량을 증가시키기보다는 총생산량에 도달하는 생산 기간을 단축하는 것이므로 일종의 생산 가속 계획에 해당한다. 따라서 투자금을 단기간에 회수할 수 있다는 경제적인 측면에서 유리하다. 한편 생산정 자극법은 증진회수법과 구별되는데, 자극법은 통상 저류층의 순에너지의 변화와는 무관하다. 증기주입법은 열에너지가 저류층에 가해졌다가 생산 기간 동안 다시 손실되는 반면, 증진회수법의 하나인 증기회수법에서는 주된 목적이 저류층에 증기를 유지시킴으로써 궁극적으로 저류층의 총에너지를 증가시키는 데 있는 것이다.

2.2.8. 유체 투과율의 측정

(1) 측정 방법

다공질 암석의 유체 투과율을 측정하는 방법은 지층으로부터 채취한 시료를 실험실까지 운반하여 측정하는 방법과 현지에서 직접 측정하는 방법 등이 있다. 여기서는 현장으로부터 채취해 온 시료를 이용하여 유체 투과율을 측정하는 방법에 대해 알아보겠다. 시료의 유체 투과율을 측정하는 데는 두 가지 방법이 사용된다.

첫번째 방법은 비교적 균질한 지층에 이용되는 소형시료법(perm plug)인데, 사용되는 시료는 직경이 3/4in, 길이 1in 크기의 작은 원통형이다. 두번째 방법은 시료의 직경이 시추공 직경에 가깝고 길이가 1ft에서 1/2ft인 대형시료법(whole core)이다. 이때 두 가지 방법에 모두 사용할 수 있는 유체는 기체나 비반응성 액체이다.

1 소형시료법

흔히 코어 시료에는 잔류 석유와 물이 포함되어 있기 때문에 유체 투과율을 측정하기 전에 시료 내부에 포함된 물질을 제거해야 한다. 소형 시료는 커다란 코어로부터 지층면에 나란하게 절단하여 얻으며, 시료 내의 유체들을 완전히 제거하기 위해서 건조기나 Soxhlet 추출기를 사용한다. 시료 내의 잔류 유체가 제거되었을 때 시료는 공기로 100% 포화되었다고 가정하고 시료를 유체 투과율 측정 기구에 집어넣는다. 시료의 양 끝단에 걸리는 압력차를 이용하여 시료 내의 공기 유량을 관찰할 수 있으며, 이들 자료들을 〈그림 2-29〉와 같이 도시해보면 Darcy 방정식인 식 (2-51)을 만족시킴을 알 수 있다.

점성유동 조건에서는 자료들이 원점을 통과하는 직선으로 나타나야 하지만, 난류 유동의 경우에는 자료들이 곡선으로 나타난다. 〈그림 2-29〉의 그래프에서 직선 부분의 기울기는 k/μ이며, 이로부터 유체 투과율을 계산할 수 있다.

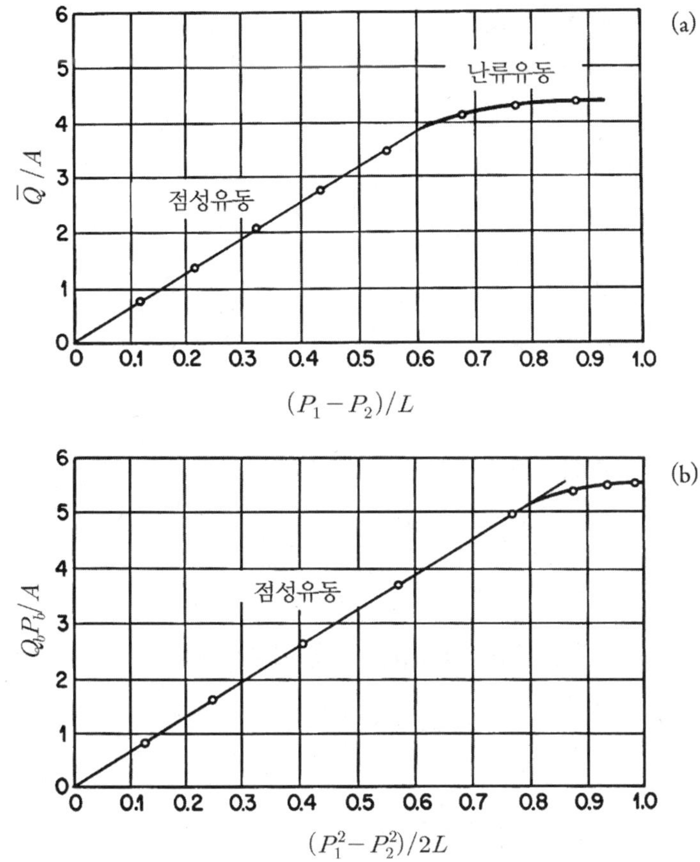

〈그림 2-29〉
(a) 투과율 계산을 위하여 $k/\mu = \overline{Q}L/A(P_1-P_2)$로부터 얻은 실험 결과 도표
(b) 투과율 계산을 위하여 $k/\mu = 2Q_bP_bL/A(P_1^2-P_2^2)$로부터 얻은 실험 결과 도표(Stevens, 1954)

예제 2-15 유체 투과율 측정

① 아래의 자료들은 통상적인 유체 투과율 시험에 의해 얻어진 값이다. 이 시료의 유체 투과율을 계산하라.

유량=절대기압 1atm, 70°F의 조건에서 500초 동안 1,000cc의 공기가 흐른다.
시료의 하부 압력=1atm,
유동온도=70°F
실험 조건에서의 공기 점성도=0.02cp

시료의 단면적=2.0cm²

시료의 길이=2cm

시료의 상부 압력=1.45atm

$$P_1V_1 = P_2V_2 = \overline{PV}$$

$$\overline{P} = \frac{P_1+P_2}{2} = \frac{1.45+1}{2} = 1.225$$

$$1 \times 1000 = 1.225 \times \overline{V}$$

$$\overline{V} = 815\text{cc}$$

$$\overline{Q} = \frac{\overline{V}}{t} = \frac{815}{500} = 1.63\text{cc/sec}$$

$$k = \frac{\overline{Q}}{A}\frac{L}{\Delta P}\mu = \frac{1.63}{2}\frac{2\times 0.02}{0.45}\times 1000 = 72.5\text{md}$$

② 위의 조건에서 점성이 1.0cp인 물을 이용하여 시료의 유체 투과율을 계산하면 다음과 같다.

$$\overline{Q} = \frac{\overline{V}}{t} = \frac{1000}{500} = 2.0cc/\text{sec}$$

$$k = \frac{\overline{Q}\,\mu}{A}\frac{L}{\Delta P} = \frac{2\times 1\times 2}{2\times 0.45}\times 1000 = 4450md$$

2 대형시료법

이 방법 역시 시료는 소형시료법과 같은 방법으로 준비되고, 시료는 〈그림 2-30〉에서 보는 것과 같은 특별한 기구에 의해 채취된다. 측정법은 소형시료법과 같으나 계산 방법이 약간 다르다.

Clamp형 투과율 측정기의 경우 유동 경로의 기하학적 모양이 복잡하며, 시료의 유체 투과율을 계산하기 위해 형체지수(shape factor)가 주어져야 한다. 형체지수는 시료 길이와 관측관의 크기에 관계된 함수이다.

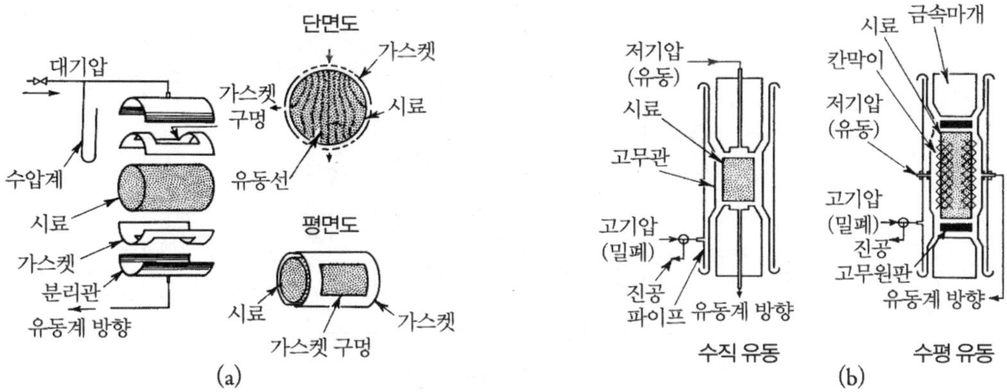

〈그림 2-30〉 코어 시료에 대한 유체 투과율 측정기(Kelton, 1950)
(a) Clamp 형, (b) Hassler 형

(2) 유체 투과율 측정에 영향을 미치는 요소

유체 투과율을 측정할 때 정확한 결과를 얻기 위해서는 반드시 고려해야 할 사항이 있는데, 측정 유체로 기체를 사용할 경우 가스의 유동 특성 등에 대한 보정이 필요하고, 액체를 시험 유체로 사용할 경우에는 액체가 암석 시료와 화학반응을 일으키지 않도록 해야 한다. 또한 실험 조건에서는 저류층 상태에서보다 시료가 받는 압력이 감소되므로 이에 따른 유체 투과율의 변화도 보정해야 한다.

1 Klinkenberg 효과

실험실에서 다공성 매질인 암석 시편의 유체 투과율을 측정하기 위해 기체를 이용할 경우 유체 투과율은 평균 압력과 기체 분자의 크기에 따라 변하게 된다. Klinkenberg는 이러한 유체 투과율의 변화를 기체 입자가 모세관 내로 흐를 때 발생하는 기체 입자의 구륜 현상(gas slippage) 때문인 것으로 설명했다. 즉, 다공성 매질에서 가스 입자의 구륜은 기체 입자의 평균 자유경로와 관계 있으며, 온도와 압력, 기체의 성질 등에 의해 조절된다는 것이다.

〈그림 2-31〉은 수소, 질소, 이산화탄소 등을 사용하여 평균 압력을 변화시켰을 때 다공성 매질의 유체 투과율의 변화를 나타낸 것이다. 이 그림에서 볼 수 있듯이, 관찰된 유체 투과율은 평균 압력의 역수와 비례하여 직선

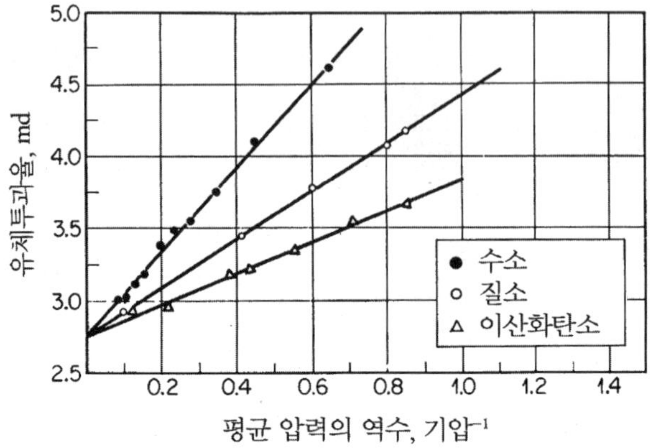

〈그림 2-31〉 서로 다른 압력에서 수소, 질소, 이산화탄소에 대한 시료의 유체 투과율, 동중옥탄에 대한 유체 투과율은 2.55md(Klinkenberg, 1941)

을 나타내고 있다. 분자량이 가장 작은 기체의 직선은 기울기가 가장 크므로 구륜 현상이 좀더 크다는 것을 알 수 있다. 평균 압력을 무한히 크게 하여 나온 자료를 외삽했을 때 모든 직선은 유체 투과율축 위의 같은 점에서 만난다. 이 점을 k_L로 표시하며, 액상 유체 투과율이라고 부른다.

관찰된 유체 투과율과 평균 압력과의 선형 관계는 다음과 같은 식으로 나타낼 수 있다.

$$k_L = \frac{k_g}{1+(b/\bar{p})} = k_g - m\frac{1}{\bar{p}} \qquad (2-104)$$

$$b = \frac{m}{k_L}$$

여기서, k_L : 단일 액상으로 다공성 매질의 공극을 완전히 채웠을 때의 유체 투과율

k_g : 기체로 다공성 매질의 공극을 완전히 채웠을 때의 유체 투과율

$\bar{p}$: 기체의 평균 압력

b : 기체의 평균 자유경로와 다공성 매질의 공극 크기에 관계된 상수

m : 직선의 기울기

2.3. 유체 포화도

앞 절에서 논의한 다공성 암석의 공극률 및 유체 투과율과 더불어 저류층 평가에 중요한 요소 가운데 하나가 유체 포화도이다. 유전층이 발달되기 전에 대부분의 저류층 암석들은 이미 물로 가득 차 있으며, 그후 지각운동에 의해 석유가 그 속으로 침투함에 따라 상대적으로 밀도가 작은 석유는 정적·동적 평형을 이루기 위해 기존의 물을 대체해나간다. 이때 석유는 암석의 공극 속에 존재하는 물을 모두 치환시킬 수는 없으므로 대부분의 저류층 암석에는 물과 석유가 동시에 존재하고 있다. 따라서 저류층에 축적되어 있는 석유의 양을 결정하기 위해서는 다공질 암석 내에 포함되어 있는 석유, 물, 가스 등의 각 유체 포화도를 측정하는 것이 필요하다.

2.3.1. 유체 포화도의 측정법

저류층 암석 내의 유체 포화도를 측정하는 방법에는 크게 직접적인 방법과 간접적인 방법이 있다. 직접적인 방법은 저류층 암석에서 채취해 온 암석 시료의 유체 포화도를 직접 측정하는 방법이며, 간접적인 방법은 암석의 여러 가지 물리적 성질을 측정함으로써 유체 포화도를 결정하는 방법이다.

저류층 암석에서 채취해 온 시료로부터 정확한 유체 포화도를 결정하기 위해서는, 첫째 유체 포화도의 측정 방법을 이해해야 하고, 둘째 측정된 값의 구속 조건을 알아야 하며, 셋째 그것들이 유효한가를 판별하는 것이 필요하다. 암석 속의 유체 포화도를 측정하기 위해서는 기본적으로 암석 시료로부터 유체를 증발시키거나, 솔벤트와 같은 세척제 등을 이용하여 암석 시료 내에 포함된 유체를 추출하는 방법들이 선행된다.

암석 내의 초기 유체 포화도를 측정하는 데 가장 널리 이용되는 방법 가운데 하나는 증류법(retort method)이다. 이 방법은 암석 시료를 가열시켜 그 속에 포함된 물과 석유 등을 기화시킨 후, 다시 냉각시켜 그 양을 측정하는 것이다.

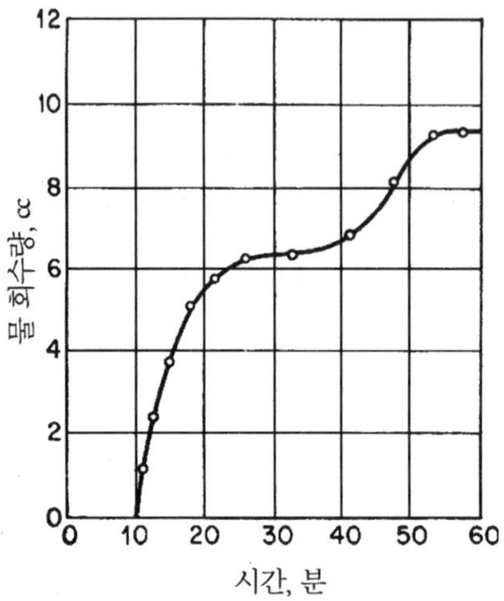

〈그림 2-32〉 Wilcox Sand 의 물에 대한 전형적인 증류 보정 곡선
Altair 현장 시료, 깊이 8,270ft, 107md, 공극률 22%, 6.2cc plateau reading (Emdahl, 1952)

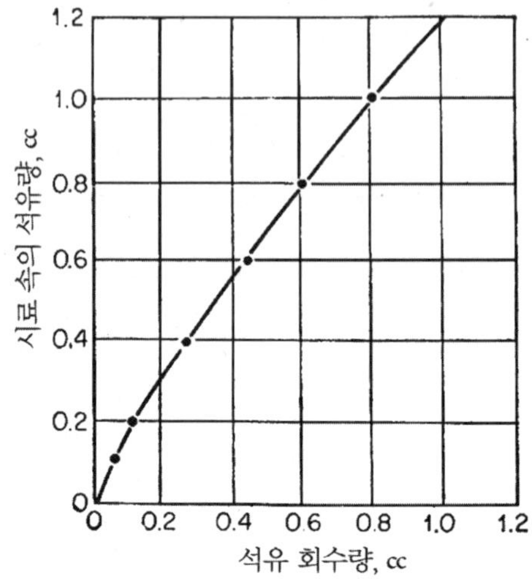

〈그림 2-33〉 Wilcox Sand 의 석유에 대한 전형적인 증류 보정 곡선
Clay Creek 현장, 4.3°API 석유, 관찰된 최소값 0.1cc(Emdahl, 1952)

그러나 증류법은 다음과 같은 몇 가지 결점을 가지고 있다. 첫째, 암석 시료로부터 모든 석유를 뽑아내기 위해서는 1,000~1,100°F의 온도를 가해주어야 한다는 점이다. 이러한 온도에서는 암석 내의 결정수까지 빠져나와 실제 공극수보다 더 많은 물을 회수하게 된다. 이러한 현상이 〈그림 2-32〉에 도시되어 있다. 여기에서 초기 30분까지 뽑아낸 물은 거의 공극수이지만, 계속해서 열을 가하면 회수한 총 8cc의 물에 2cc가량의 결정수가 첨가된다.

증류법에서 발생할 수 있는 두번째 오류는, 이러한 높은 온도에서는 석유 자체가 분해되거나 코크스(cokes)화되는 경향이 있다는 점이다. 탄화수소의 이러한 변화는 석유의 부피를 감소시킬 뿐만 아니라 암석 시료 자체의 내벽을 코팅시킨다. 증류법에서 발생하는 열분해 현상이나 코크스 변화에 대한 석유 부피 보정 곡선이 〈그림 2-33〉에 나타나 있다. 암석 시료에 포함된 0.4cc의 석유 중에 0.25cc 정도만 수집 용기에 회수되었다. 그러므로 증류법에 의해 얻어진 모든 유체 포화도 자료들은 실험 중에 발생한 효과에 대한 보정이 필요하다. 보정 요소에는 유체의 종류뿐만 아니라 비중도 포함되어야 한다. 이것은 보통 암석 시료 내의 초기 석유 API 비중이 회수된 API 비중보다 크기 때문이다.

일반적인 증류법은 신속하고 보정이 용이하여 만족할 만한 결과를 얻을 수 있고 물과 석유의 부피를 모두 알 수 있으므로 함수율과 함유율을 다음과 같은 공식들로 쉽게 산출할 수 있다.

$$S_w = \frac{\text{공극내 공극수가 차지하는 부피(cc)}}{\text{공극 부피(cc)}} \tag{2-105}$$

$$S_o = \frac{\text{공극내 석유가 차지하는 부피(cc)}}{\text{공극 부피(cc)}} \tag{2-106}$$

$$S_g = 1 - S_w - S_o \tag{2-107}$$

유체 포화도를 결정하는 또 다른 방법 가운데 하나는 솔벤트에 의한 추출 방법이다. 추출은 수정 ASTM 방법이나 원심분리 방법에 의해 수행될 수 있다. 표준 증류 시험에서는 톨루엔, 가솔린, 나프타 기체들이 시료를 통해 상승하여 응축된 후 다시 역류할 수 있도록 시료를 설치한다. 이러한 장치로부터 시료에 함유된 석유와 물을 회수한다. 이때 물과 추출 기체들은 농축되어 집적관에 모인 후 밀도가 큰 물은 밑에 괴고 추출 기체는 주 가열 용기로 되돌아 흘러간다. 이러한 과정은 집적관에 더 이상 물이 모이지 않을 때까지 계속된다. 함수율은 다음 식과 같이 직접적으로 결정될 수 있으며, 함유율은 시료로부터 유체들을 추출하기 전과 추출한 후의 시료 무게를 각각 측정하여 이들로부터 포화도를 구하는 간접 방법으로 알 수 있다.

$$S_w = \frac{\text{물(cc)}}{\text{공극 부피(cc)}}$$

$$S_o = \frac{\text{추출 전의 시료 무게(g)} - \text{추출 후의 시료 무게(g)} - \text{물의 무게(g)}}{(\text{시료의 공극 부피, cc}) \times (\text{석유의 밀도, g/cc})} \tag{2-108}$$

시료는 ASTM 추출기 내에서 완전히 세척되거나 또는 시료 내에 포함된 물을 모두 추출한 후에 Soxhlet 추출기에서 세척될 수 있다. Soxhlet 추출기

<그림 2-34> Soxhlet 추출기

<그림 2-35> 원심분리식 시료 세척기

의 작동은 물을 받기 위한 직접관이 없다는 것을 제외하고는 ASTM 추출기와 기본적으로 같다.

세척된 용액은 계속적으로 증발되어 시료에 응축되며, 이러한 과정에서 시료 속의 석유와 물은 모두 추출된다.

ASTM 추출법은 시료를 거의 손상시키지 않고 포화도를 결정하기 때문에, 추출 실험에 사용된 시료를 공극률과 유체 투과율을 결정하는 데도 이용할 수 있다. 그러나 공극률과 유체 투과율 측정을 위해서는 사전에 Soxhlet 추출기나 원심력 추출기기와 유사한 기기를 사용해 시료를 세척해야 한다.

함수율을 결정하는 또 다른 방법은 <그림 2-35>과 같은 이 원심분리기를 이용하는 것이다. 즉, 솔벤트를 원심분리기의 중심에 주입하면 원심력으로 인해 코어 시료를 통과하여 외경 쪽으로 흩뿌려지게 된다. 솔벤트는 시료로부터 물과 석유를 제거하는데, 이때 시료로부터 빠져나온 물의 양을 측정한

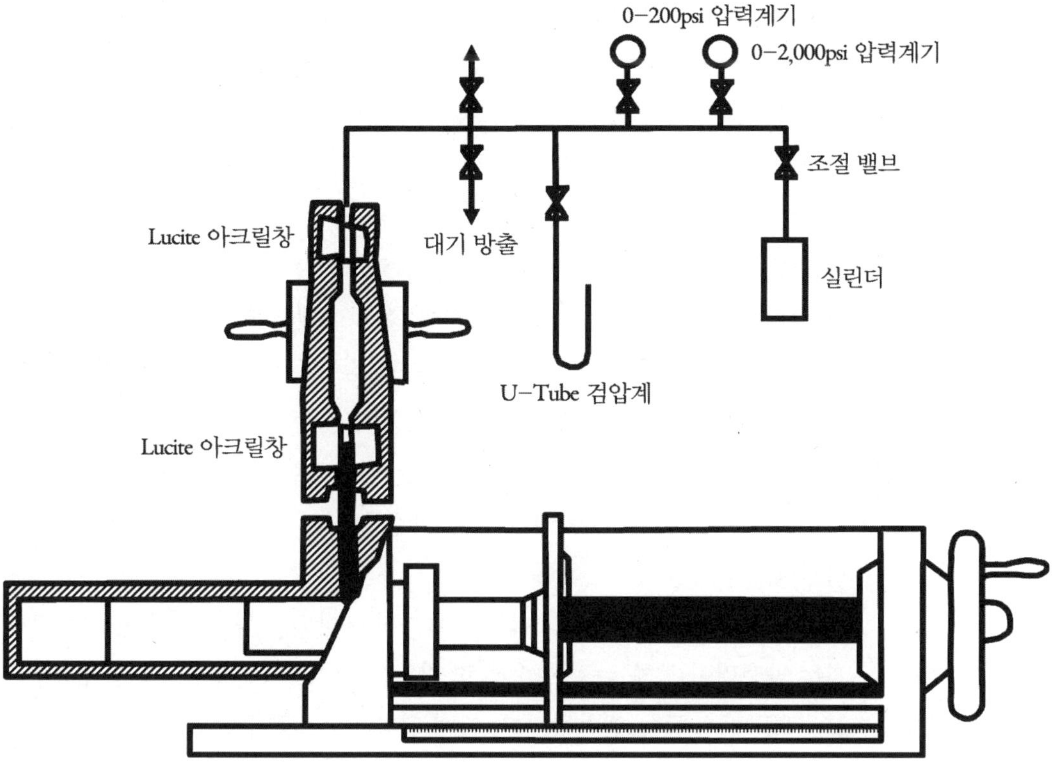

〈그림 2-36〉 수은 공극률 측정기와 모세관압 기구

다. 원심분리 방법은 원심력을 이용해 물과 석유를 추출하기 때문에 매우 신속하며, 추출된 물의 양을 측정함과 동시에 다른 측정을 위한 세척도 이루어진다는 점에서 유용하다. 함수율과 함유율은 ASTM 추출법에서와 같이 식 (2–105)와 식 (2–108)을 이용하여 계산할 수 있다.

추출법을 이용하여 포화도를 결정하기 위한 또 다른 방법은 수은 공극 측정기(〈그림 2–36〉)를 이용하는 것이다. 수은 공극 측정기에서 얻은 총부피와 기체 부피 그리고 추출법에 의해 결정된 물의 부피를 이용하여 유체 포화도를 계산할 수 있다. 시료의 유체 함량을 결정하는 모든 방법과 관련해 공극 부피는 반드시 결정되어야 하는데, 이는 유체 포화도가 공극 부피의 퍼센트로 표시되기 때문이다. 이를 위한 공극률 측정은 2.1절에서 언급한 어떤 방법을 사용해도 무방하다.

2.3.2. 시료 내의 유체 포화도에 영향을 미치는 요인

유체 포화도를 측정하는 데 사용되는 코어 시료는 회전식, 측벽 또는 유선식 코어 채취기 등에 의해 시추공으로부터 얻어진 것이다. 어떠한 방법으로 채취하더라도 시료의 유체 함유량은 두 가지 과정에 의해 변하게 된다.

첫째, 회전식 시추법의 경우 지층의 압력보다 시추공의 이수에 의한 압력이 훨씬 크기 때문에 시추공과 주변 지층 사이에서 편압이 발생하며, 이러한 편압은 시추공 주위의 지층으로 이수를 침투시키게 한다. 대부분의 시추 작업에서는 수성시추액을 사용하기 때문에 시추액에 포함된 물이 코어에 스며들어 코어 속에 들어 있는 석유뿐만 아니라 때로는 코어 속의 공극수까지 치환시키게 되는데, 이러한 치환 과정은 암석 내의 유체 함유량을 변화시킨다.

둘째, 암석 시료가 시추공에서 지표까지 운반되는 동안 암석 시료에 가해지는 압축력이 점차 감소되며, 압력 감소는 암석 시료 내에 포함된 유체, 즉 물, 석유, 가스 등을 팽창시킨다. 이때 팽창계수가 큰 가스는 물과 석유를 코어로부터 밀어내기 때문에 지상으로 운반된 시료의 유체 함유량은 본래의 함유량과 달라지게 된다.

유체 침투 및 유체 팽창 작용 등과 같은 시료 내의 이러한 물리적 변화와 관련해 총체적 현상을 좀더 정확히 이해하기 위해서 Kennedy와 Van Meter 그리고 Jones 등은 회전식 코어링에 대한 연구를 수행했다. 이 연구에서는 〈그림 2-37〉에서와 같이 중심에 구멍이 뚫린 원통형 시료가 사용되었다. 중심 구멍에 압력을 가하면서 이수를 주입하면 주입된 이수는 공 주위로 침투되고 시료로부터 석유와 물이 빠져나오기 시작하는데, 이때 그 양을 바깥 경계면에서 측정한다.

시료 내에 가한 압력을 대기압까지 감소시킨 후 시료 속에 남아 있는 물과 석유의 양을 측정하면 유체의 침투 작용과 압력 감소로 인한 팽창 작용의 복합적 효과를 알 수 있다. 수성시추액과 유성시추액의 이러한 두 가지 과정의 결과로 인한 암석 내 유체 포화도의 변화를 도식적으로 나타내면

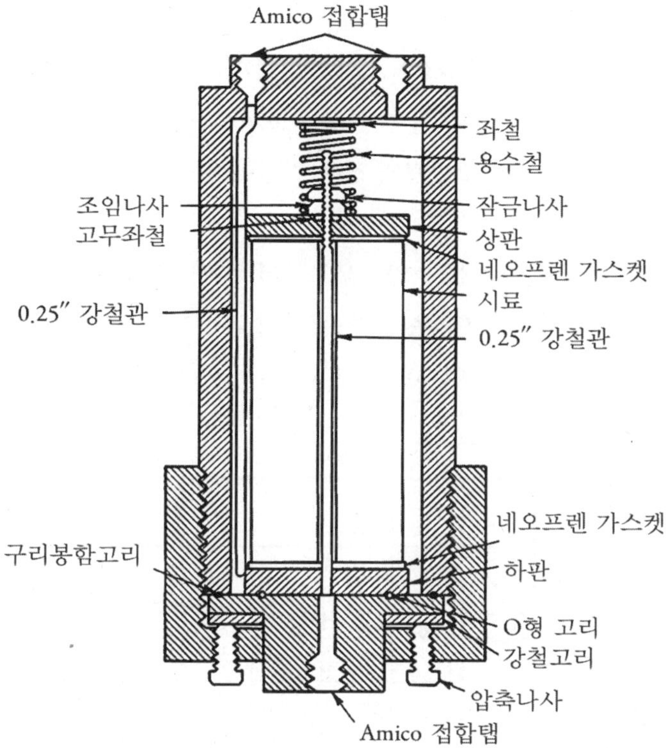

〈그림 2-37〉 유체 포화도 실험 기기의 단면(Kennedy 외, 1954)

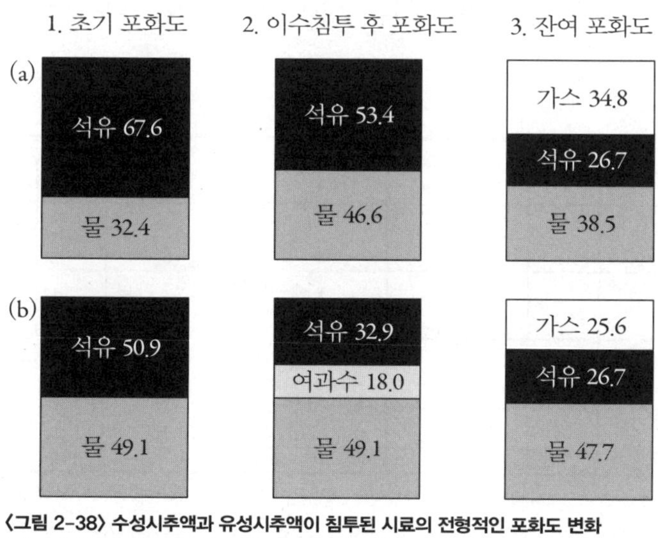

〈그림 2-38〉 수성시추액과 유성시추액이 침투된 시료의 전형적인 포화도 변화
(a) 수성시추액, (b) 유성시추액(이수침투시 저류층 내 압력 감소는 없다고 가정 ; Kennedy 외, 1954)

〈그림 2-38〉과 같다. 유체의 침투 작용에 의해 암석 시료의 함유율은 대략 14% 감소되며, 지층 압력에서 지표의 대기압까지 압력을 내렸을 때 유체의 팽창 작용에 의해 코어링 후의 함수율은 코어링하기 전보다 높다.

유성시추액을 사용한 코어링의 경우 기름이 암석 속에 침투하므로 초기 함수율은 변하지 않으나, 초기 함유된 석유는 20% 정도까지 치환시킨다. 압력 감소 과정에서 소량의 물이 암석으로부터 빠져나와 함수율은 49.1%에서 47.7%로 감소되지만, 함유율은 위의 두 가지 과정에 의해 50.9%에서 26.7%로 감소된다. 따라서 암석이 50%가량의 비교적 높은 함수율을 나타낸다 하

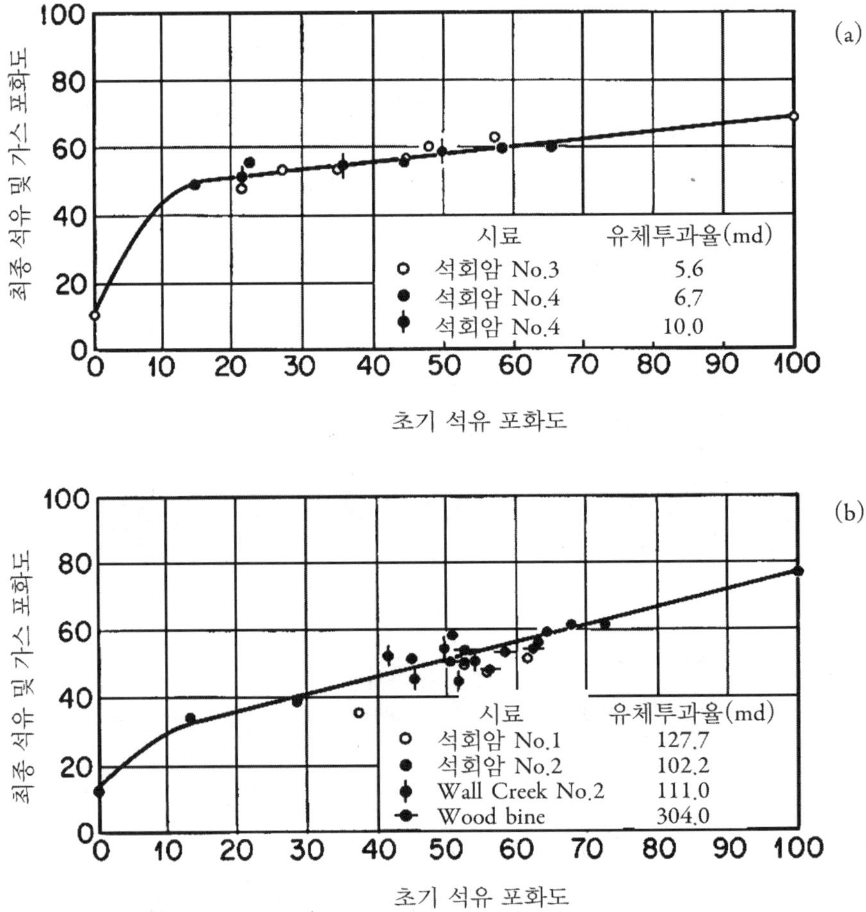

〈그림 2-39〉 시추액의 침투와 압력 감소로 영향받은 현장 시료의 유체 포화도 실험 결과 (Kennedy 외, 1954)

더라도 유성시추액을 사용할 경우에는 저류층 상태의 초기 함수율과 같다고 가정해도 무방하다. 결국 코어 시료 채취 시 사용되는 이수액의 선택에 따라 초기 함수율의 값이 상이하다는 것을 알 수 있다.

〈그림 2-39〉는 시추액의 침투와 압력 감소로 영향받은 현장 시료의 유체 포화도에 대한 실험적 결과를 도시한 것이다.

2.4. 저류층 암석의 전기전도도

저류층의 전기전도도는 유전 평가의 주요 물성인 공극률 및 유체 포화도의 유추에 매우 중요하므로, 이를 암석의 공극에 적용시켜 일반적인 저류층의 전기적 특성 변수와 그 연관성에 대해 알아보겠다.

2.4.1. 비저항 관계식

다공질 암석은 여러 가지 광물질과 암석 조각 및 공극 등으로 구성되어 있는데, 점토 광물을 제외한 고체 물질은 부도체의 성질을 가진다. 암석의 전기적 성질은 암석 내 공극의 기하학적 형상과 공극 내에 존재하는 유체에 의해 결정된다. 저류층에 함유된 유체는 석유, 가스, 물 등인데, 이 가운데 석유와 가스는 부도체이지만, 물은 염을 포함하고 있기 때문에 일반적으로 도체의 성질을 가진다.

비저항은 전기전도도의 역수로서, 어떤 물질이 전류를 전도할 수 있는 능력을 정의하는 데 통상 이용되며 다음과 같은 식으로 표현된다.

$$\rho = r\frac{A}{L} \tag{2-109}$$

ρ : 비저항

r : 저항

A : 전도체의 단면적

L : 전도체의 길이

전해질의 경우에 ρ는 ohm−cm, r은 ohm, A는 cm^2, L은 cm의 단위로 표현된다. 토양과 암석의 비저항을 연구하는 분야에서는 비저항의 단위를 흔히 ohm−meter로 표시하는 경우도 있다. ohm−cm를 ohm−meter로 바꾸려면 ohm−cm을 100으로 나누면 된다. 실제 석유 생산 현장에서는 ohm−meter의 단위를 가진 비저항을 R로 표시한다.

(1) 지층계수(formation factor)

암석의 전기적 성질을 연구하기 위한 가장 기본적인 개념은 지층계수이다. Archie에 의해 정의된 지층계수는 다음과 같다.

$$F = \frac{R_o}{R_w} \tag{2-110}$$

여기서 R_w는 물의 비저항이며, R_o는 비저항이 R_w인 물로 100% 포화시킨 암석의 비저항이다. 암석의 전기적 성질과 물리적 성질들 사이의 관계는 매

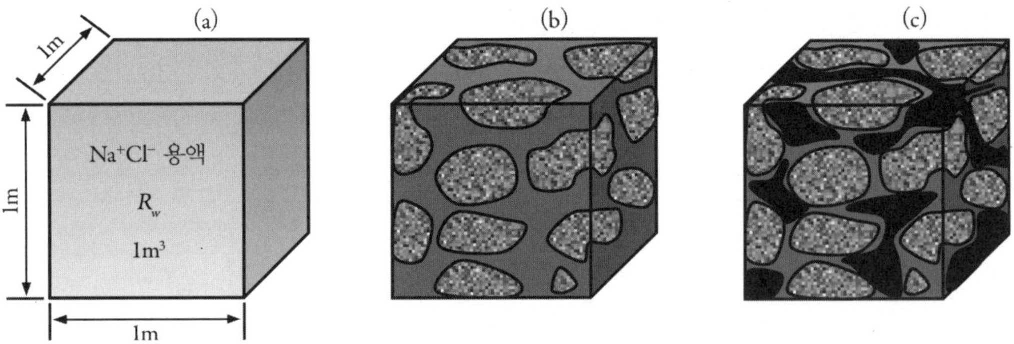

〈그림 2-40〉 전기저항을 결정하기 위해 이상화한 포화도 분포(Winn, 1955)

(a) 정육면체 1 : 정육면체 NaCl 용액의 비저항

(b) 정육면체 2 : F=Ro/Rw(기본정의 : 물로 100% 포화시킨 정육면체 암석의 비저항)

(c) 정육면체 3 : 물과 탄화수소로 채워진 정육면체 암석의 비저항

우 복잡하지만, 〈그림 2-40〉과 같이 간추려 설명할 수 있다. 〈그림 2-40〉의 (a)에서와 같이 단면적 A, 길이 L, 비저항 R_w인 염수의 정육면체를 생각해보자. 단면적 A, 길이 L인 정육면체를 통해 전류가 흐를 경우 정육면체의 저항을 결정할 수 있는데, 이때 저항을 r_1이라고 하면 그 값은 다음과 같이 구해진다.

$$r_1 = \frac{R_w L}{A}$$

〈그림 2-40〉의 (b)는 정육면체 1과 크기가 같고 비저항 R_w인 물로 100% 포화시킨 다공질 암석이다. 고체 입자가 부도체라고 생각하면 전류는 물로 채워진 공극을 통해 흐를 것이다. 이때 전류가 흐를 수 있는 실제 전도 단면적은 공극의 유효 단면적 A_a가 되며, 전류가 흐르는 통로의 길이는 이온이 다공질 암석의 공극 채널을 통과하는 평균 길이 L_a로 증가한다.

정육면체 2의 저항 r_2는 다음과 같이 결정될 수 있다.

$$r_2 = \frac{R_w L_a}{A_a}$$

비저항의 정의에 의해

$R_o = \dfrac{r_2 A}{L}$ 이므로

$R_o = \dfrac{R_w L_a A}{L A_a}$ 이다.

따라서 지층계수 F는 다음과 같은데, 여기서 τ는 비틀림 상수(tortuosity)이다.

$$F = \frac{R_o}{R_w} = \frac{L_a/L}{A_a/A} = \frac{\sqrt{\tau}}{A_a/A} \qquad (2\text{-}111)$$

(2) 비저항지수(resistivity index)

〈그림 2-40〉의 (c)와 같이 정육면체의 다공질 암석이 물과 탄화수소를 함유하고 있는 경우 전류가 흐를 수 있는 도체는 물뿐이다. 이때 공극 속의

탄화수소로 인해 전류가 흐를 수 있는 유효 단면적은 A_a'로 더 줄어들며, 전류의 통로 길이는 L_a'로 변한다. 앞에서와 마찬가지로 정육면체 3의 저항 r_3는 다음과 같이 결정될 수 있다.

$$r_3 = \frac{R_w L_a'}{A_a'}$$

암석 내에 물이 부분적으로 포화되었을 때 비저항은 다음과 같다.

$$R_t = \frac{r_3 A}{L}$$

$$R_t = \frac{R_w L_a' A}{L A_a'} \qquad (2\text{–}112)$$

다공질 암석의 전기적 성질 가운데 두번째 기본 개념은 비저항지수로서 다음과 같이 정의한다.

$$I = \frac{R_t}{R_o} \qquad (2\text{–}113)$$

그러므로,

$$I = \frac{A_a / A_a'}{L_a / L_a'} \qquad (2\text{–}114)$$

위에서 살펴본 바와 같이, 지층계수와 비저항지수 모두 유효 통로 길이와 유효 단면적의 함수로 표현된다. 따라서 이러한 양들을 암석의 다른 물리적 성질과 관계시키는 것이 매우 유익하지만, 암석 내부 공극의 기하학적 형상은 매우 복잡하고 불규칙적이어서 이를 분석적으로 표현할 수 없기 때문에 다공질 암석의 이상화된 모델을 이용하고 있다.

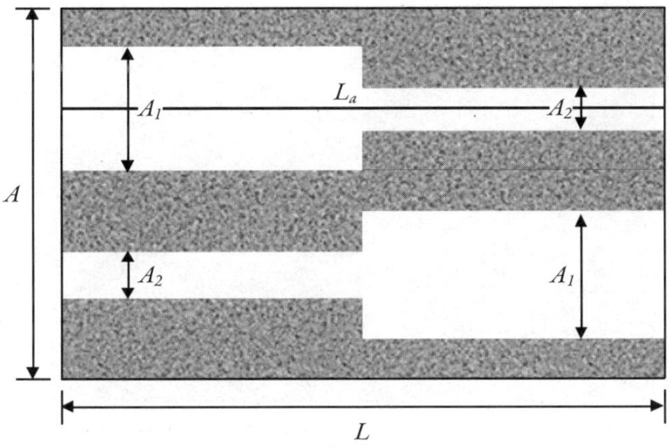

〈그림 2-41〉 다공성 매질의 수평 모세관 모형(Wyllie 외, 1952)

이 절에서는 이미 앞에서 설명한 지층계수 F, 비저항지수 I와 공극률 ϕ 및 비틀림 상수 τ 등과의 관계를 나타내기 위해 세 가지 이상화된 모델을 소개하도록 하겠다.

세 가지 모델 중 첫번째 모델은 Wyllie에 의해 제안되었다. 〈그림2-41〉에서 보는 바와 같이, 이 모델에서는 암석 내의 공극들이 연속적으로 이어져 있으며 공극의 단면적들은 길이에 따라 변하지만 이 단면적들의 합은 일정하다고 가정했다.

이 모델에서 L_a는 공극을 통하는 통로의 평균 길이를 나타내며, 유효 단면적 A_a는 다음과 같다.

$$A_a = A_1 + A_2 = \phi A$$

그러므로 식 (2-111)에서 A_a 대신 ϕA로 치환하면 다음과 같다.

$$F = \frac{L_a/L}{\phi A/A} = \frac{L_a}{L}\frac{1}{\phi} \qquad (2-115)$$

암석의 공극 내에 탄화수소가 있는 경우 함수율 S_w는 공극 부피에 대한

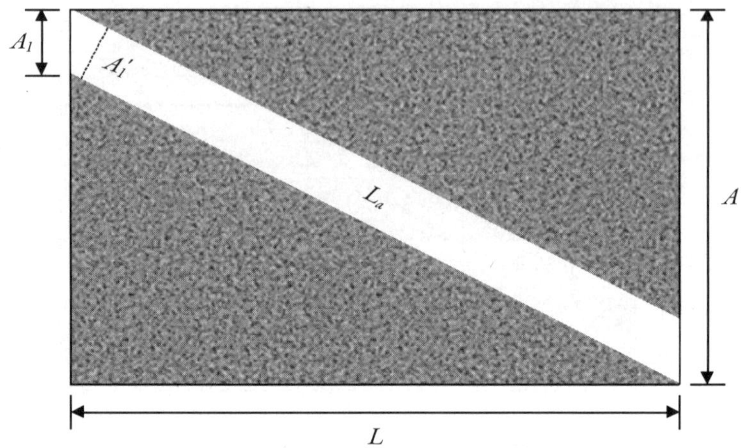

〈그림 2-42〉 다공성 매질의 경사 모세관 모형(Cornell과 Katz, 1953)

공극 내 물의 부피의 비로써 표시된다. 탄화수소는 전기가 통하지 않는 부도체이기 때문에 탄화수소의 존재로 인해 전류가 통할 수 있는 유효 단면적은 A_a'로 줄어들고 평균 통로 길이는 L_a'로 변한다. 따라서 정육면체에서 유효 단면적은 다음과 같으며,

$$A_a' = \phi S_w A$$

$\phi S_w A$를 식 (2-114)에 대입하면 다음과 같이 된다.

$$I = \frac{\phi A / \phi S_w A}{L_a / L_a'} = \frac{L_a'}{L_a} \frac{1}{S_w} \tag{2-116}$$

Cornell과 Katz는 〈그림 2-42〉에서 보는 것처럼 첫번째 모델과는 약간 다른 모델을 제시했다. 이 모델에서는 공극의 유효 단면적이 일정하지만 방향성이 있어서 유효 통로 길이 L_a가 L보다 훨씬 큰 값을 갖는다고 가정했다.

유효 단면적 A_a는 공극 내의 유동과는 직각 방향이므로 $A_a = A_1'$이다. 그러나

$$A_1' = A_1 \frac{L}{L_a}$$

$$A_1 = \phi A$$

이므로, A_a는 다음과 같다.

$$A_a = \phi A \frac{L}{L_a}$$

위 식을 식 (2-111)에 대입하면 다음과 같다.

$$F = \frac{L_a/L}{\phi A(L/L_a)/A} = \left[\frac{L_a}{L}\right]^2 \frac{1}{\phi} = \frac{\tau}{\phi} \qquad (2-117)$$

탄화수소의 포화도를 고려했을 때 위와 같은 이유로,

$$A_a' = A_1''$$

$$A_1'' = A_1 \frac{L}{L_a'}$$

$$A_1 = \phi S_w A$$

이다. 그러므로 A_a'는 다음과 같다.

$$A_a' = \phi S_w A \frac{L}{L_a'}$$

위 식을 식 (2-114)에 대입하면 다음과 같다.

$$I = \frac{\phi A(L/L_a)/\phi S_w A(L/L_a')}{L_a/L_a'} = \left[\frac{L_a'}{L_a}\right]^2 \frac{1}{S_w} \qquad (2-118)$$

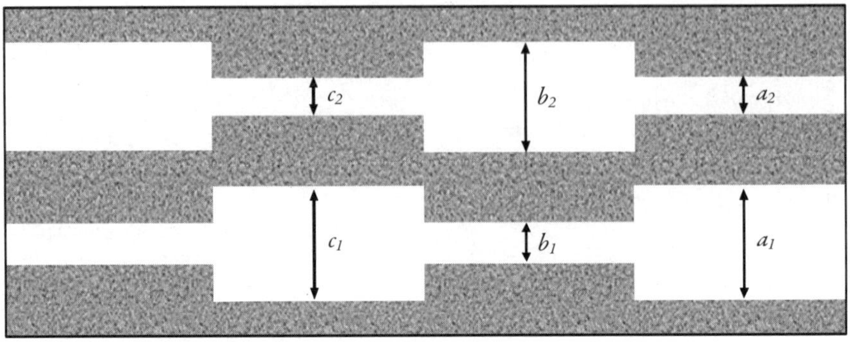

〈그림 2-43〉 다공성 매질의 모세관 모형(Wyllie 외, 1958)

Wyllie와 Gardner는 〈그림 2-43〉과 같은 세번째 모델을 제안했다.

공극의 단면적이 일정하다고 가정한 이 모델에서는 유체가 유동할 수 있는 유효 단면적이 각각의 평면에서 공극의 면적이므로, 한 평면에서 어느 선택된 점이 공극일 확률은 ϕ이며 이 점이 연속적인 공극 면적 내에 존재할 확률은 $(\phi)^2$이다.

그러므로 $A_a = (\phi)^2 A$이고 이 식을 식 (2-111)에 대입하면 다음과 같다.

$$F = \frac{L_a/L}{\phi^2 A/A} = \frac{L_a}{L}\frac{1}{\phi^2}$$

이 모델에서는 매질 내의 유체 유동이 공극만을 따라 흐르므로 $L_a = L$이다. 따라서 F는 식 (2-119)와 같이 된다.

$$F = \frac{1}{\phi^2} \tag{2-119}$$

탄화수소가 공극 내에 존재하는 경우는 앞의 가정을 기초로 하여

$$A_a' = (\phi S_w)^2 A$$

$$L_a' = L_a = L$$

이며, 이것을 식 (2-114) 에 대입하면 다음과 같다.

$$I = \frac{(\phi)^2 A / \phi^2 {S_w}^2 A}{L_a / L_a'} = \frac{1}{{S_w}^2} \qquad (2-120)$$

앞에서 제시된 모델들의 전기적 성질들을 분석해볼 때 암석의 전기적 성질들과 물리적 성질 사이의 일반적인 관계식을 구할 수 있다. 지층계수는 식 (2-115), (2-117), (2-119)에서와 같이 다공질 암석의 공극률과 암석 내부의 기하학적 형상에 관계되는 함수이기 때문에 다음과 같은 식으로 표현될 수 있다.

$$F = C\phi^{-m} \qquad (2-121)$$

여기서 C는 비틀림 상수의 함수이며, m은 암석 내 공극 크기 변화의 함수이다. C는 L_a/L의 비와 관련 있으므로 C의 값은 1보다 크거나 같고, m은 이론적으로 볼 때 1과 2 사이의 값을 가진다.

지층계수 F와 비저항지수 I는 통로 길이의 비 또는 비틀림에 관계된 함수이므로, 위의 식으로부터 지층계수와 비저항지수를 계산하기 위해서는 전기 비틀림 상수를 구하는 것이 필요하다.

Winsauer는 이온이 포텐셜 차이가 있는 다공질 암석을 통해 흐를 때 통과 시간으로 비틀림 상수를 결정하는 방법을 고안했다. 이때 얻은 자료를 식 (2-117)에 제시된 것처럼 $F\phi$를 곱한 후 보정하여 정리하면 다음과 같다.

$$\left[\frac{L_a}{L}\right]^{1.67} = F\phi \qquad (2-122)$$

그러나 이론에 기초한 모델보다 실제 암석의 공극이 훨씬 복잡하기 때문에 실제 측정된 값과 이론식의 결과에는 차이가 있다.

Sundberg는 1932년에 공극과 지층계수와의 관계를 연구했는데, 암석 입자가 균일하게 배열된 구의 경우에 Sundberg의 계산을 요약하면 〈표 2-2〉와 같다. 1942년에 Archie는 측정된 지층계수를 공극률 및 유체 투과율과 관련시켜 공극률과의 관계를 다음과 같은 식으로 표현할 수 있다고 제시했다.

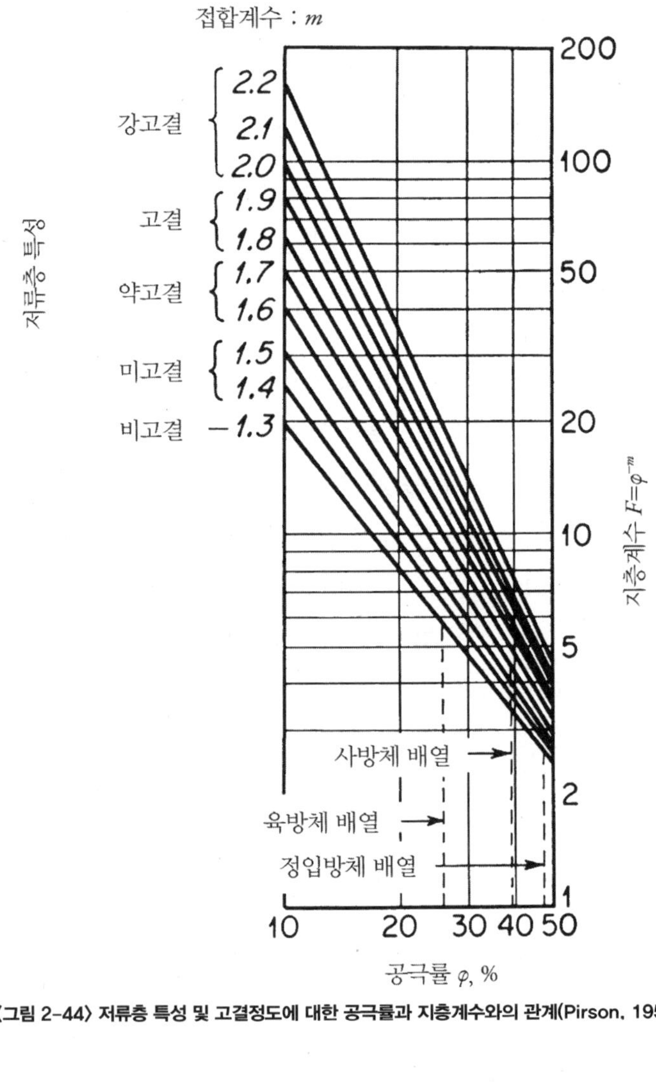

〈그림 2-44〉 저류층 특성 및 고결정도에 대한 공극률과 지층계수와의 관계(Pirson, 1958)

〈표 2-2〉 일정한 크기의 구형 입자로 이루어진 배열 구조의 물리적·전기적 특성

입자 배열 구조	공극률, %	비저항 ρw인 물로 완전 포화시켰을 때의 비저항	
정입방체	47.6		$2.64\rho w$
사방체	39.5	지면과 수직 방향	$4.40\rho w$
		지면과 수평 방향	$3.38\rho w$
육방체	25.9		$5.81\rho w$

$$F = \phi^{-m} \tag{2-123}$$

여기서 ϕ는 공극률이고, m은 접합계수(cementation factor)이다. 고결사암의 경우 접합계수는 1.8에서 2.0 사이의 값을 가지며, 비고결사암은 대략 1.3의 값을 가진다고 Archie는 제시했다. 식 (2-123)에 의해 정의된 곡선군은 〈그림 2-44〉와 같으며, 여기서 접합계수는 1.3에서 2.2 범위의 값을 갖는다. 이 그림에서 점선의 값은 균일한 구 모양의 암석 입자가 규칙적으로 배열되었을 때 계산한 것이다.

제3장 | 저류층 내 유체 분포의 제어 기능

앞 장에서는 단일 유체의 단상 유동계에서 저류층 유체의 물리적 성질들을 정의했다. 그러나 석유 저류층 내에는 단상 유동과 같은 단순한 유동은 거의 존재하지 않고, 대부분 2개 이상의 유체가 존재하는 2상 또는 3상 유동 구조이다. 그러므로 이 장에서는 지금까지 다루었던 기본적인 개념들을 수정·확장하고 새로운 개념을 도입하여 저류층 상태에서 유체의 분포 기능을 설명하고자 한다.

3.1. 계면장력과 모세관 압력

3.1.1. 계면장력

동일 압력과 온도에서 유체들이 상을 달리하면서 동시에 존재할 때를 다상계라고 하는데, 이 상태에서는 유체의 경계면에 작용하는 힘의 크기도 각기 다르게 된다. 즉, 경계면상에 존재하는 유체의 분자들은 유체의 종류에 따라 서로 다른 인력을 받는다. 인력의 크기는 뉴턴의 만유인력법칙에서 제시된 바와 같이 마주보는 두 분자의 질량을 곱한 값에 비례하고 분자 사이 거리의 제곱에는 반비례한다.

물과 기름이 섞여 있는 구조에서 계면상의 분자는 계면 바로 위에 존재하는 기름분자와 계면 바로 밑에 있는 물분자들로부터 서로 다른 힘을 받게 되는데, 이 힘들의 차에 의해서 계면장력이 생기게 된다. 이렇게 생성된 장력은 얇은 막 같은 표면을 형성하기 때문에 액체 분자가 이 막을 통과하려면 일정한 양의 에너지가 필요하게 된다. 이러한 에너지를 자유표면에너지라고 정의하며, 이 값은 ergs/cm의 단위를 가진다.

계면장력과 표면장력은 [힘/길이]의 단위를 가지며, 이들은 표면에너지와 같은 물리적인 양이므로 표면장력은 장력계기 등을 이용해 측정할 수 있다. 점착력(adhesion tension)은 서로 다른 물질들 사이에 작용하는 계면력의 함수로, 유체가 고체 표면에 접촉하려는 성질, 즉 유착성을 결정한다. 이 유착성은 유체가 고체에 접촉되는 각에 의하여 정량적으로 표시할 수 있다.

〈그림 3-1〉은 기름과 물의 두 유체가 고체와 접촉된 모양을 도시한 것인데, 일반적으로 접촉각 θ는 접촉면에서 비중이 큰 액체를 통과하며 측정된 각으로 정의한다. 이것은 0°에서 180°까지 변할 수 있으며, 점착력과 접촉각의 관계는 다음과 같은 식으로 표현될 수 있다.

$$A_t = \sigma_{so} - \sigma_{sw} = \sigma_{wo}\cos\theta_{wo} \tag{3-1}$$

이때, A_t : 점착력

σ_{so} : 고체와 비중이 작은 유체(기름) 사이에 작용하는 계면장력

σ_{sw} : 고체와 비중이 큰 유체(물) 사이에 작용하는 계면장력

σ_{wo} : 유체들 사이에 작용하는 계면장력

이 식에 따라, 점착력이 양수이면 비중이 큰 유체가 고체 표면에 먼저 유착되고 음수이면 반대 현상이 일어난다. 또한 점착력이 0인 경우에는 고체 표면에 대하여 두 유체가 똑같은 유착성을 가진다. 〈그림 3-2〉는 규토와 방해석 표면에서의 접촉각 예를 보인 것이다.

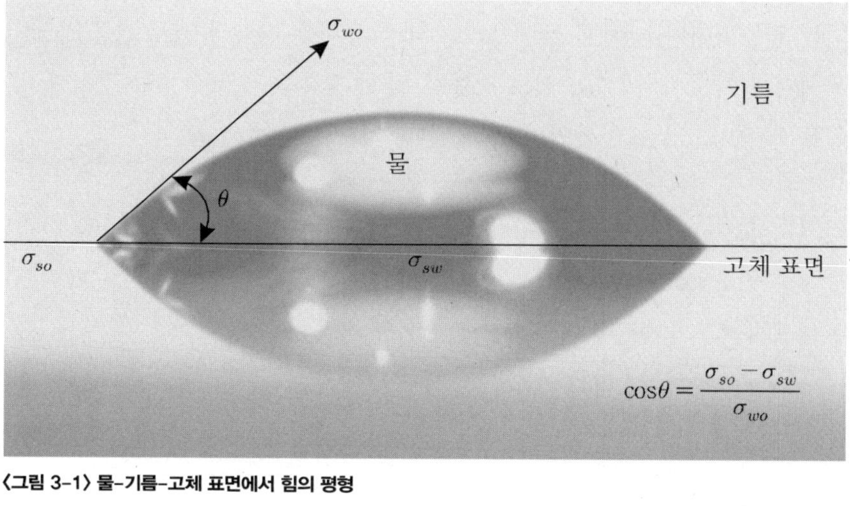

〈그림 3-1〉 물-기름-고체 표면에서 힘의 평형

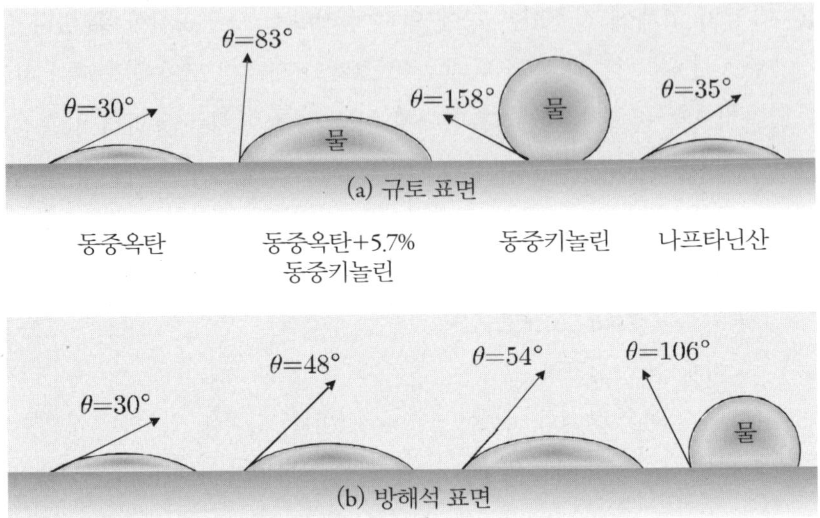

〈그림 3-2〉 탄화수소의 접촉각(Benner와 Bartell, 1941)

3.1.2. 모세관 압력

(1) 유체 상승 높이

관의 직경이 아주 작은 모세관이 액체가 담긴 큰 용기 안에 놓이면 모세관을 통해 액체가 상승하게 된다. 이러한 현상은 모세관 벽과 액체 사이에 작용하는 인력에 의한 것으로, 이 힘은 모세관의 벽을 따라 액체를 상승시키는 원동력이다. 액체를 끌어올리는 데 작용하는 인력과 액체 기둥 자체의 무게가 같아져서 두 힘이 서로 평형이 될 때까지 액체는 상승할 것이다. 두 힘을 정량적으로 표현하면 다음과 같다.

인력에 의해 상승하는 힘

$$A_t \times 2\pi r \tag{3-2a}$$

액체 기둥의 중량에 의한 하강력

$$\pi r^2 hg\rho \tag{3-2b}$$

이때, A_t : 점착력(dyne/cm)

r : 관의 반경(cm)

h : 액체 기둥의 높이(cm)

ρ : 관 안의 액체의 밀도(g/cc)

g : 중력가속도(cm/sec^2)

특정한 상승 높이 h에서 이러한 두 힘은 평형상태를 유지하게 되는데, 이 경계면에서 생긴 압력 차를 모세관압으로 정의하고, U자 관을 이용하여 그 값을 측정한다. 〈그림 3-3〉은 물이 담긴 비커에 모세관을 세웠을 때 일어나는 현상을 도시한 것이다. 이 그림에서는 공기 밀도에 의한 압력 차가 거의 없기 때문에 계면 바로 위의 대기압은 큰 용기 안에 있는 수면 바로 위의 대기압과 같다. 그렇지만 물의 밀도는 공기의 밀도에 비해 상대적으로 크기 때문에 수주 정점에서의 압력과 수주 바닥에 작용하는 압력은 서로 다르게 된다.

비커의 직경은 모세관에 비해 매우 크므로 공기와 물이 접촉하는 면에서는 압력 차가 없다. 즉, 이러한 계면에서는 모세관압이 0인 수평 상태가 유지된다. 그러나 모세관의 수주 정점인 수면 하부에서의 압력 P_w는 수주 하부의 압력에서 수주 하중에 의해 생긴 압력을 뺀 것과 같으며, 또 수주 하부의 압력은 위에서 설명한 바와 같이 대기압 P_a와 같으므로, 모세관압은 다음과 같다.

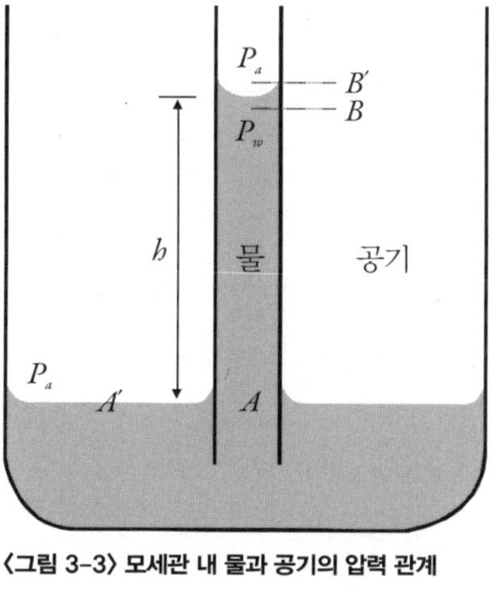

〈그림 3-3〉 모세관 내 물과 공기의 압력 관계

$$P_a - P_w = \rho_w g h = P_c \tag{3-3}$$

이때, ρ_w : 물의 밀도

g : 중력가속도

h : 큰 용기의 수면에서 상승된 수주의 높이

즉, 모세관압은 계면의 상하에서 측정된 압력 차이다. 그러므로 모세관 내의 수주 상승 높이는 위쪽으로 작용하는 힘과 아래쪽으로 작용하는 힘의 균형에 의해 결정된다. 이를 수식으로 표현하면 식(3–2a)와 (3–2b)로부터

$$2\pi r A_t = \pi r^2 h g \rho_w$$

$$h = \frac{2\pi r A_t}{\pi r^2 g \rho_w} = \frac{2A_t}{r g \rho_w}$$

이며, 식 (3–1)을 위 식에 치환하면 공기–물 사이의 모세관 내 수주 상승 높이는

$$h = \frac{2\sigma_{wg}\cos\theta_{wg}}{r g \rho_w} \tag{3-4}$$

이다. 또 식 (3–3)을 식 (3–4)에 치환하면,

$$P_c = \frac{2\sigma_{wg}\cos\theta_{wg}}{r} \tag{3-5}$$

이다. 그러면 이제 〈그림 3–4〉에 도시한 바와 같이 비커의 물에 접촉하고 있는 유체가 공기가 아니라 기름인 경우를 생각해보자. 이때

P_{oa} : A' 점에서 기름의 압력

P_{ob} : B' 점에서 기름의 압력

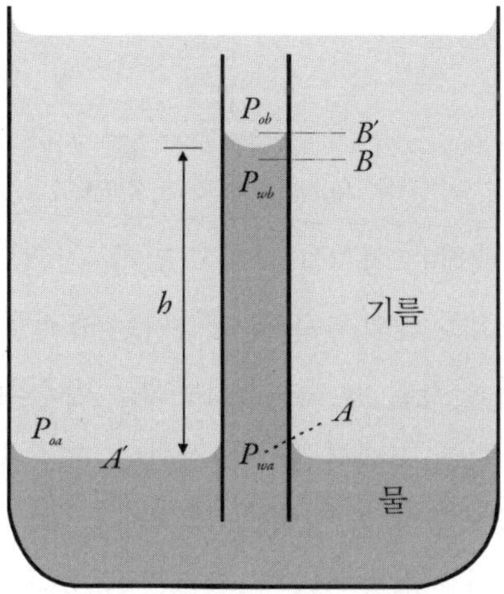

〈그림 3-4〉 모세관 내 물과 기름의 압력 관계

P_{wa} : A 점에서 물의 압력

P_{wb} : B 점에서 물의 압력

이라고 정의하면, 비커가 모세관에 비하여 상당히 크기 때문에 A' 점에서의 계면은 수평을 이루고 모세관압은 0이 된다. 그러므로 비커의 수면에서는 $P_{oa} = P_{wa}$가 된다. 한편 B 점에서의 압력 관계식을 유도하려면 물과 기름의 밀도를 고려해야 한다.

$$P_{ob} = P_{oa} - \rho_o gh$$
$$P_{wb} = P_{wa} - \rho_w gh$$

그리고 계면 양쪽의 압력 차이인 모세관압은

$$P_{ob} - P_{wb} = (\rho_w - \rho_o)gh = P_c \quad (3\text{-}6)$$

이다. 물과 공기의 경우에서처럼 힘의 평형방정식을 이용하면 모세관압은 다음과 같이 표현된다.

$$P_c = \frac{2\sigma_{wo}\cos\theta_{wo}}{r} \tag{3-7}$$

식 (3–7)에서 보듯이, 모세관압은 점착력($\sigma_{wo}\cos\theta_{wo}$)의 함수이고, 모세관의 반경에 반비례하는 성질을 가지고 있다. 〈그림 3–5〉는 유체의 유착 특성과 모세관의 반경을 변화시킬 때 나타나는 효과들이다. 유착 특성이 일정하고 관의 반경이 증가할 때, 수주의 무게는 반경의 제곱에 비례해서 증가하고 점착력은 반경에 비례하면서 증가한다. 유착 특성을 변화시키는 경우에는 점착력이 클수록 힘의 평형을 이루는 높이도 증가하는데, 만약 고체의 유착 특성만이 변수라고 한다면, 접촉각이 작아질수록 점착력은 커지고 액체 기둥의 높이도 높아진다. 접촉각이 작은 경우 기둥이 높아진다는 것이 〈그림 3–5〉의 (b)에 예시되어 있다.

결론적으로, ① 유체의 유착성이 커질수록 주어진 크기의 모세관에서 모세관압은 커지며, ② 유착 특성이 같은 상태에서 모세관의 반경이 작아지면 모세관압은 커지게 된다.

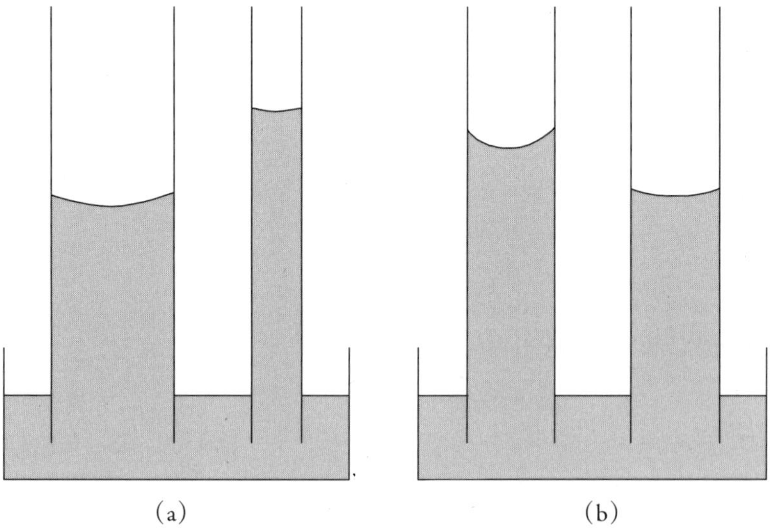

〈그림 3–5〉 접촉각과 공극 크기에 대한 접촉곡률의 의존 관계
(a) 접촉각은 같고 공극 크기가 다를 때,
(b) 공극 크기는 같고 접촉각이 다를 때

(2) Plateau 방정식

모세관압을 계면장력과 계면의 곡률로 나타낸 것이 다음과 같은 Plateau 방정식이다.

$$P_c = \sigma\left(\frac{1}{R_1}+\frac{1}{R_2}\right) \tag{3-8}$$

R_1과 R_2는 계면상 곡면의 주 반경이고 σ는 두 유체 사이의 계면장력이다. 이상적인 저류층의 공극 구조에서 반경 R_1, R_2에 대한 도식적인 설명이 〈그림 3-6〉에 있다. 그러나 실제로 R_1과 R_2를 측정하는 것은 불가능하기 때문에 실험적으로 얻은 평균 반경을 사용하고 있다.

평균 반경 R_m은 다음과 같다.

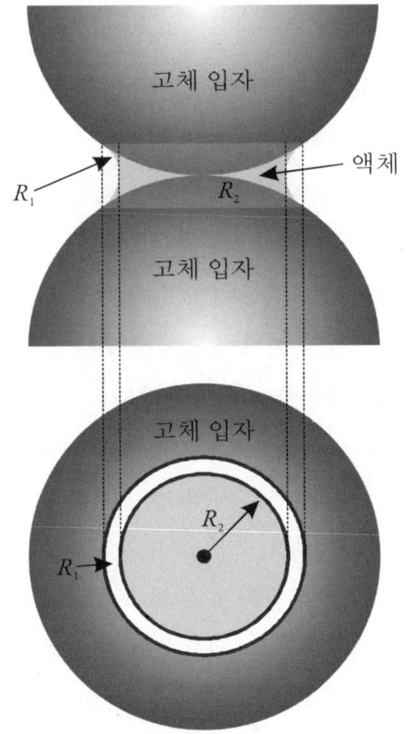

〈그림 3-6〉 유착성 유체와 구형 입자에 대한 이상적인 접촉(Leverett, 1941)

$$\frac{1}{R_m}=\left(\frac{1}{R_1}+\frac{1}{R_2}\right)$$

여기서 $R_1=R_2=R$ 그리고 $R_t=R\cos\theta$이면 $1/R_m$은 다음과 같이 된다.

$$\frac{1}{R_m}=\frac{2\cos\theta}{R_t}=\frac{\Delta\rho gh}{\sigma}$$

(3) 초기 포화상태

암석의 유체 포화상태와 모세관압 사이의 관계를 이해하기 위해서는 암석 내에서 다양한 크기로 서로 연결되어 있는 공극 구조를 파악하는 것이 필요하다. 다양한 직경의 모세관으로 이루어진 것과 같은 공극 구조에서 액체가 상승하는 높이는 점착력, 유체 밀도, 모세관 높이의 변화 등에 의해서 결정된다. 만약 계면에 압력이 가해져서 모세관 내의 유체 부피를 감소시키는 방향으로 진행할 때 유체 포화도는 감소하게 되며 모세관압은 증가한다. 즉 유착성이 좋은 유체는 모세관압에 의하여 더욱 작은 공극으로 이동하며 모세관압은 증가한다.

〈그림 3-7〉은 직경이 큰 곡면에서보다는 직경이 작은 곡면에서 모세관압이 더 크게 작용한다는 사실을 도시하고 있다. 그리고 모세관압은 유체 포화도에도 영향을 받지만 저류층의 유착성과도 관련이 있다. 예를 들어, 〈그림 3-8〉 같이 연속적으로 연결된 모세관의 직경이 큰 것에서 작은 것으로 변화하거나 또는 이와 반대로 작은 것에서 큰 것으로 변화하는 경우, 특정 유체 포화도에 대한 모세관압이 동일하더라도 포화도는 초기에 모세관을 점유한 유체가 친유착성 유체인지 또는 비유착성 유체인지에 따라 달라진다. 유착성 유체로 채워진 공극 속으로 비유착성 유체가 침투하기 위해서는 외부에서 가해지는 압력이 유착성 유체의 모세관압보다 커야 한다. 〈그림 3-8〉의 (a)와 같은 배출 구조에서는 비교적 높은 모세관압에서 공극의 80%가 친유착성 유체로 채워져 있으나, 〈그림 3-8〉의 (b)와 같은 흡입 구조에서는 친유착성 유체가 고체 표면과의 점착력에 의하여 침입되기 때문

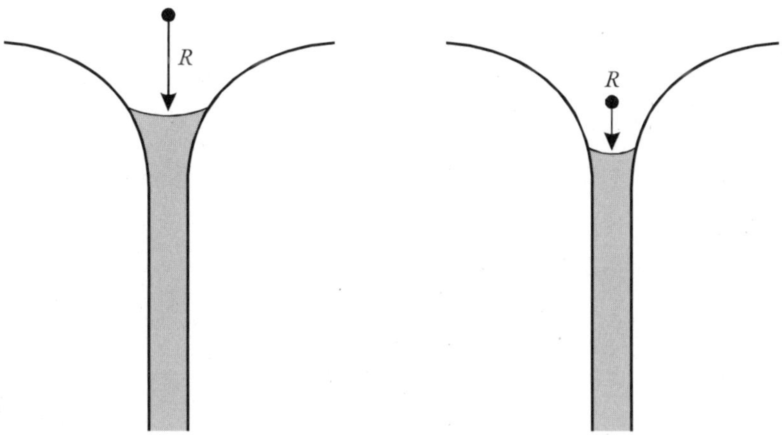

〈그림 3-7〉 유체 포화도와 접촉곡률 사이의 관계(McCardell, 1955)

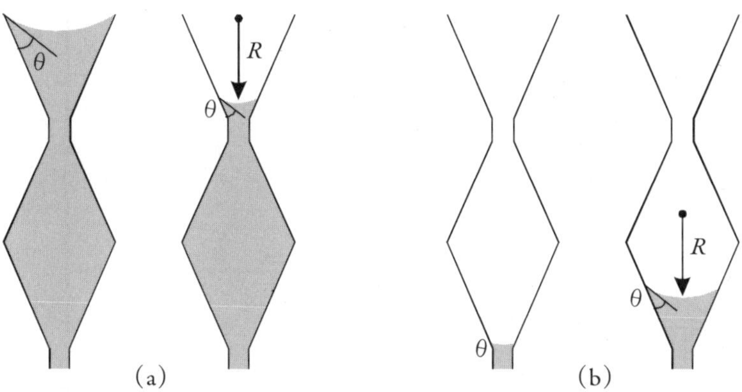

〈그림 3-8〉 비균일 공극에서 초기 포화상태에 따른 모세관압과 포화도 변화(McCardell, 1955)
(a) 유체 배출 구조 : 모세관압은 증가하고 포화도는 감소
(b) 유체 흡입 구조 : 모세관압은 감소하고 포화도는 증가
(공극 접촉각과 모세관압은 같고 포화도 구조가 다를 때)

에 동일한 모세관압에서 포화도는 단지 10% 정도가 된다.

결론적으로 모세관압과 포화도와의 관계는 ① 공극의 크기와 분포, ② 저류층 암석과 유체 특성, ③ 저류층의 초기 포화상태에 의하여 결정된다.

Leverett은 배출 구조와 흡입 구조의 차이점을 규명하기 위하여 비응결사암을 이용해 모세관 압력 실험을 했다. 배출 구조 실험에서는 긴 관을 모래로 채워 물로 포화시킨 후에 동일 유체가 담긴 큰 용기 속에 수직으로 세운

상태에서 모래관의 한쪽 끝을 통해 큰 용기의 수면으로 배수하도록 하여 배수 곡선을 얻었다. 흡입 구조 실험에서는 건조한 모래가 채워져 있는 관을 큰 용기 속에 넣어 흡입곡선을 얻었는데, 그 결과는 〈그림 3-9〉에서 보는 바와 같다. 두 곡선의 상이성은 다른 실험에서도 확인되었는데, 그 이유는 포화 과정에 기인하는 가역 불가능 현상 때문이다. Leverett이 제시한 방법으로는 현장 저류층의 모세관 성질들을 시료의 크기 및 길이 때문에 제대로 파악할 수 없으므로, 공극 구조를 이용한 배수 및 역포화법, 수은주입법, 원심분리법, 동적처리법 등의 모세관압 측정법이 개발되었다.

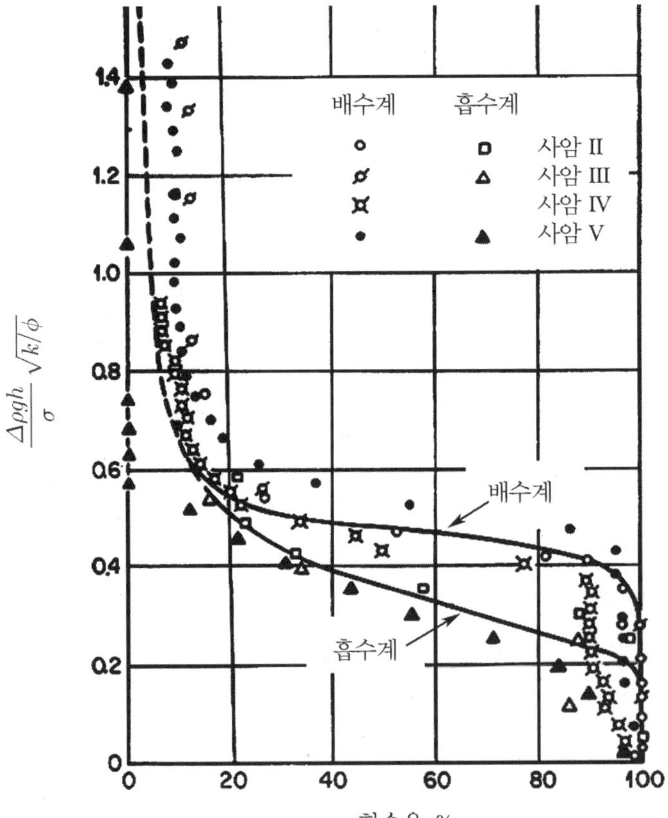

〈그림 3-9〉 실험으로부터 얻은 비응결사압 자료의 보정(Leverett, 1941)

(4) 실험 자료의 보정법

실험에서 얻은 모세관압 자료를 저류층 상태의 조건으로 전환하기 위해서는 보정 작업을 거쳐야만 한다. 즉, 실험실에서 얻은 자료는 물-가스 또는 물-석유계의 상태로 얻어지는데, 이들 유체들은 저류층 내의 물, 석유, 가스와 동일한 물리적 성질을 갖지는 않기 때문이다. 여기서 소개되는 보정 방법은 주어진 현장 자료의 종류와 가정에 따라 두 가지로 나뉜다. 먼저 저류층 상태의 물과 석유의 접촉각 및 표면장력에 관한 정보가 있고 저류층 상태의 포화도가 실험에서 측정된 포화도와 동일한 경우에 식 (3-7)의 모세관압은

$$P_c = \frac{2\sigma\cos\theta}{r}$$

로 표시되며, 실험실의 물-가스계에서 얻은 특정한 모세관압은

$$(P_c)_L = \frac{2\sigma_{wg}\cos\theta_{wg}}{r} \qquad (3-9)$$

와 같이 나타낼 수 있다. 이때 σ_{wg}는 가스와 물 사이의 계면장력이고, r은 모세관의 반경이다.

그리고 저류층 조건에서 모세관압은 다음과 같다.

$$(P_c)_R = \frac{2\sigma_{wo}\cos\theta_{wo}}{r}$$

여기서, σ_{wo} : 저류층 상태의 온도, 압력에서 저류층 물과 석유 사이의 계면장력

θ_{wo} : 저류층 내 물, 석유의 접촉각

r : 모세관의 반경

실험에 의한 모세관압과 현장 자료로부터 얻은 모세관압을 비교하여 유도한 식은 다음과 같다.

$$(P_c)_R = \frac{\sigma_{wo}\cos\theta_{wo}}{\sigma_{wg}\cos\theta_{wg}}(P_c)_L \tag{3-10}$$

여기서 $\cos\theta$는 -1에서 1까지 변하므로 실험실에서 측정되는 접촉각의 오차에 따라 상당한 차이가 발생하게 된다.

두번째 방법은 접촉각을 무시하는 것으로, 식 (3-8)에 따라 모세관압을 산출하는 것이다. 또 주어진 유체 구조에서 친유착성 유체의 함수율에 따라 유일한 값으로 곡률 반경이 결정되면 모세관압은 다음과 같이 함수율의 함수로 생각할 수 있다.

$$P_c = \sigma[f(S_w)]$$

여기서 $f(S_w)$는 실험으로 결정할 수 있기 때문에 위 식은 $P_{cL} = \sigma_L[f(S_w)]$로 변형되고, 저류층 상태에서 $P_{cR} = \sigma_r[f(S_w)]$로 표현된다. 즉, 다음과 같은 관계식을 얻을 수 있는 것이다.

$$f(S_w) = \frac{P_{cL}}{\sigma_L} = \frac{P_{cR}}{\sigma_r}$$

$$P_{cR} = \frac{\sigma_r}{\sigma_L}P_{cL} \tag{3-11}$$

이 방법은 관계식이 간편하고 접촉각을 고려하지 않아 편리하므로 널리 사용되고 있다.

(5) 모세관압을 이용한 저류층 특성 분석법

일반적으로 모세관압 측정치는 저류층의 극히 작은 부분만을 대표하는 국부적인 시료에서 얻은 것이기 때문에, 총체적인 저류층의 특성을 이해하려면 모세관에 대한 모든 자료를 종합해서 분석하는 것이 바람직하다.

〈그림 3-10〉에서 볼 수 있듯이 유체 포화도의 함수인 모세관압은 저류층의 유체 투과율에 영향을 받으므로, 모세관압 자료를 유체 투과율과 관련시켜 저류층 특성을 평가하는 것이 중요하다. 여기에서는 Leverett과 Guthrie가 제안한 방법을 소개하도록 하겠다.

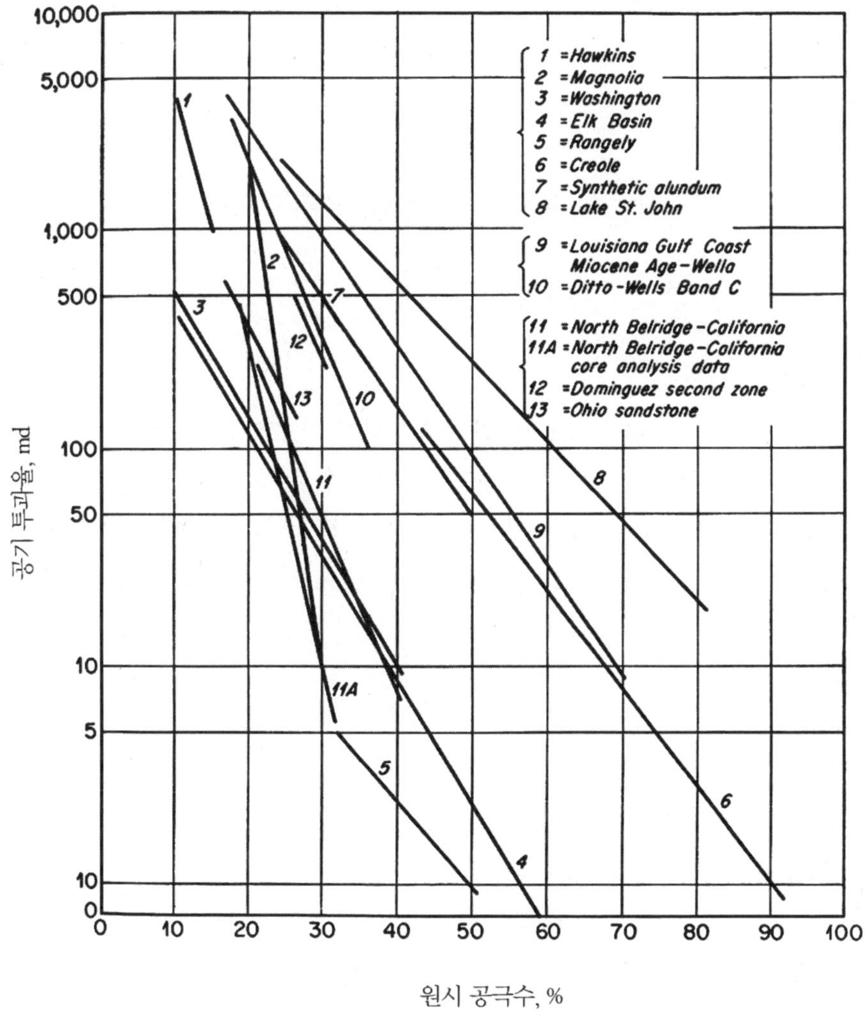

〈그림 3-10〉 여러 지층에 대한 원시 공극수와 유체 투과율의 관계(Welge와 Bruce, 1947)

[1] Leverett의 해석적 방법

이 방법은 흔히 J 함수법이라고도 하는데, 이는 암석의 물리적 성질들을 이용하여 다음과 같은 식으로 표현된다.

$$J(S_w) = \frac{P_c}{\sigma}\left(\frac{k}{\phi}\right)^{1/2} \tag{3-12}$$

여기서, P_c : 모세관압(dyne/cm^2)

σ : 계면장력(dyne/cm)

k : 유체 투과율(cm^2)

ϕ : 공극률

또한 경우에 따라서 위의 식에 $\cos\theta$를 포함시키기도 한다.

$$J(S_w) = \frac{P_c}{\sigma\cos\theta}\left(\frac{k}{\phi}\right)^{1/2} \tag{3-13}$$

편의상 이 책에서는 J 함수에 관한 식으로서 식 (3-12)를 사용하기로 한다. 식에 구성되어 있는 변수 관계에서 알 수 있듯이, 식 (3-12)와 식 (3-13)을 이용하여 다른 저류층 변수도 추정할 수 있다. J 함수는 기본적으로 모든 모세관압 자료들을 하나의 특성 곡선으로 표시하고자 제안되었으나, 지층에 따라 함수율이 상당히 달라서 단일 곡선으로 나타내는 것은 거의 불가능하므로 〈그림 3-11〉과 같이 다양한 지층에 대해 각각의 J 함수가 결정된다.

[2] Guthrie의 통계적 방법

저류층을 대표할 수 있는 시료로부터 얻은 모세관압, 공극률, 그리고 유체 투과율 등의 자료들을 통계적으로 처리하여 현장 상황에 맞는 원시 공극수 포화도를 계산할 수 있는 상관관계를 설정하는 방법이다. 이 방법의 첫 번째 추정 작업으로 일정한 모세관압에서 유체 투과율의 대수값과 함수율

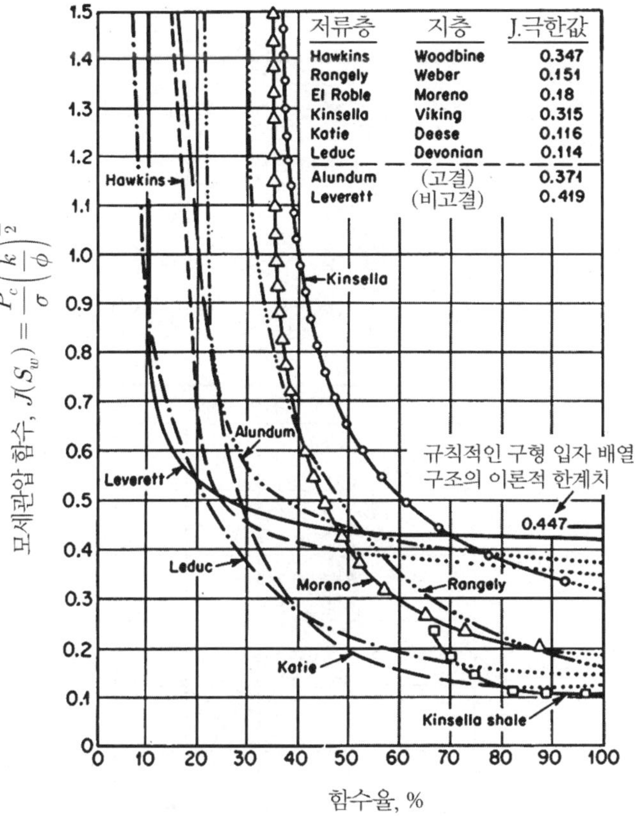

〈그림 3-11〉 모세관압 함수 곡선(Rose와 Bruce, 1949)

을 좌표계에 도시해 이들의 상관관계를 유도한다. 이 결과가 〈그림 3-12〉에 나타나 있는데, 근사적으로 식 (3-14)와 같은 직선의 형태가 된다.

$$S_w = a\log k + C \tag{3-14}$$

또한 함수율은 공극률의 함수이기 때문에 두 성분으로 나누어 다음과 같이 표현할 수 있다.

$$S_w = a_1\phi + a_2\log k + C \tag{3-15}$$

여기서, S_w : 함수율

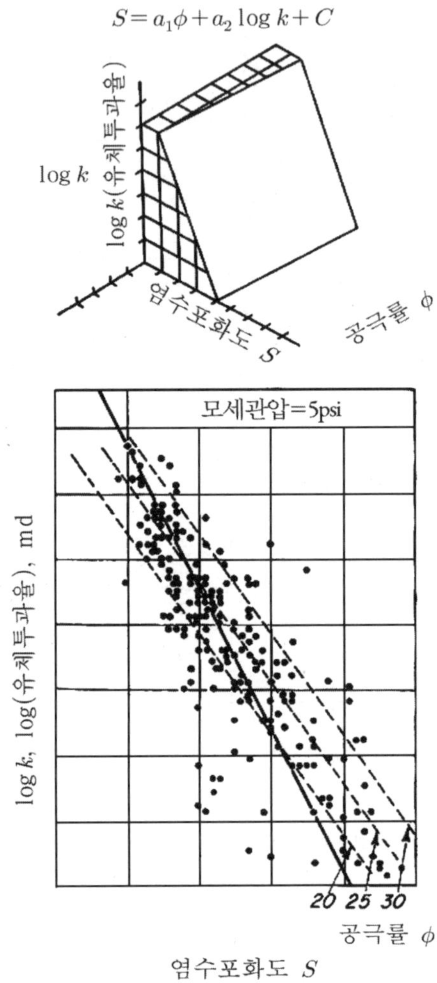

〈그림 3-12〉 모세관압 자료의 보정(Guthrie와 Greenburger, 1955)

ϕ : 공극률

k : 유체 투과율

a_1, a_2, C : 시료로부터 얻어지는 상수

〈그림 3-12〉의 위 그림은 이들 상관관계의 3차원적 형태를 보여주고 있다. 아래 그림의 점선 부분은 주어진 자료에 맞는 일정 공극률을 의미하고, 굵은 선은 식 (3-14)처럼 공극률의 영향이 배제된 상태에서 구한 것이다.

위 두 방법에서 유도된 포화도와 모세관압 상관관계를 매장량 계산에 이용하기 위해서는 함수율을 포화도 높이로 전환시키는 것이 상당히 유리하다. 즉, 석유층에 있는 함수율을 포화도 높이로 변환시킨 후, 총석유층 두께에서 제외시켜 순석유층 두께를 계산할 수 있기 때문이다. 모세관압을 높이 h에 대해 나타내면 다음과 같다.

$$P_c = \frac{h}{144}(\rho_w - \rho_o)$$

$$h = \frac{P_c \times 144}{\rho_w - \rho_o} \tag{3-16}$$

여기서, h : 자유수면으로부터의 높이(ft)

ρ_w : 저류층 조건에서 물의 밀도(lb/ft^3)

ρ_o : 저류층 조건에서 석유의 밀도(lb/ft^3)

P_c : 실험실 자료로부터 추측된 저류층 상태에서의 모세관압 (lbf/in^2)

〈그림 3-13〉에 이상적인 유체 분포가 도시되어 있다. 이 그림에서 A는 석유층 내에 있는 암석 시료이고, B는 석유-가스 지역에 있는 암석 시료이다. 시료 A, B의 함수율은 모세관압 자료로부터 앞에서 언급한 관계식을 이용하여 계산할 수 있다.

여기서 유의할 점은, 모든 높이는 자유수면으로부터 측정된다는 것이다. 자유수면은 반드시 물만 생산되는 지역을 경계짓는 것이 아니고 오히려 모세관압이 0의 값을 가지는 수면을 말한다. 또한 자유수면은 모세관압과 상대 유체 투과율에 관계되는 중요한 개념으로, 다상 유동에서의 유효 유체 투과율과 상대 유체 투과율을 설명하며 자세히 다룰 것이다.

모세관압 자료가 관계식에 의해 자유수면을 기준으로 한 높이로 전환되려면 다음과 같은 조건이 만족되어야 한다.

① 석유와 물의 압력이 자유면에서 같아야 한다.

② 물, 석유 기둥이 연속적이어야 하고 서로 연결되어야 한다.

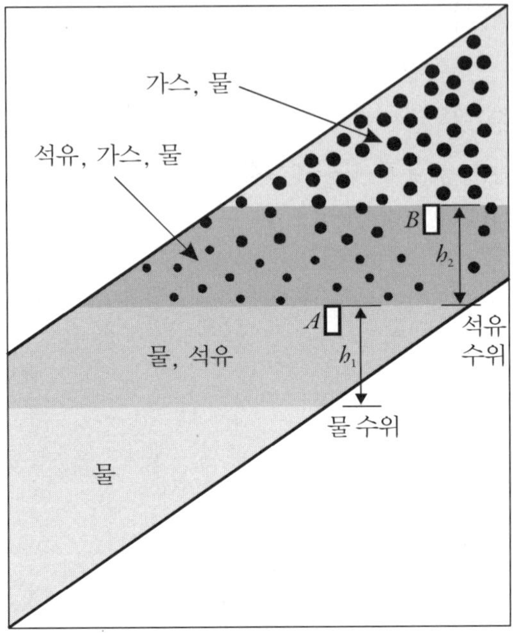

〈그림 3-13〉 석유 저류층 내의 유체 분포(Welge와 Bruce, 1947)

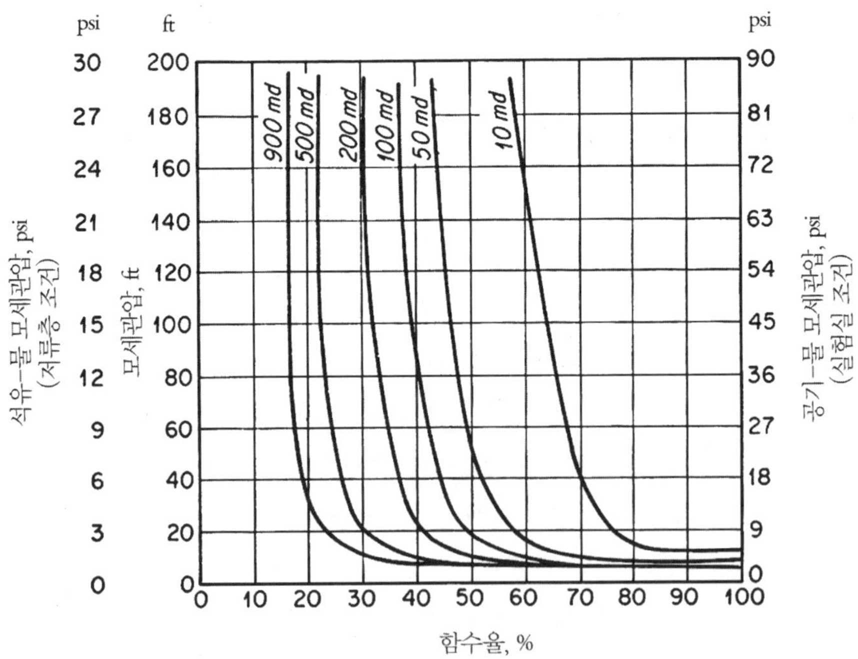

〈그림 3-14〉 저류층 유체 분포 곡선(Wright와 Wooddy, 1955)

③ 정적 평형상태에 있어야 한다.

실험 자료를 전환식을 이용하여 변환할 수 있는 한계는 친유착체의 불연속점으로 제한될 수 있는데, 일반적으로 친유착 유체의 불연속점은 포화도 증가 없이 모세관압이 증가되는 점으로 정의된다. 〈그림 3-14〉에서 불연속점은 130ft 정도이다.

예제 3-1 **실험을 통해 얻은 다음 모세관압 자료를 이용하여 포화도 높이를 계산하라.**

$P_{cL} = 18\text{psi}$, $S_w = 0.35$일 때

$\sigma_{wo} = 24\text{dyne/cm}$

$\rho_w = 68\text{lb/ft}^3$

$\sigma_{wg} = 72\text{dyne/cm}$

$\rho_o = 53\text{lb/ft}^3$

식 (3-11)과 식 (3-16)으로부터

$$P_{cR} = 18\left(\frac{24}{72}\right) = \frac{18}{3} = 6\text{psi}$$

$$h = \frac{P_{cR}(144)}{\rho_w - \rho_o} = \frac{6(144)}{68-53} = \frac{6(144)}{15} \cong 58\,\text{ft}$$

즉, 35%의 함수율을 가진 지층이 자유수면에서 58ft 위의 높이에 존재한다.

가스층에서 유체 포화도를 계산하려면 석유, 가스, 물의 세 가지 상태를 고려해야 하는데, 만약 세 가지 상이 연속적이라면 다음과 같이 나타낼 수 있다.

$$(P_c)_{wg} = (P_c)_{wo} + (P_c)_{og}$$

여기서, $(P_c)_{wg}$: 물과 가스를 이용해서 결정된 자유수면으로부터 주어진 높이에서의 모세관압

$(P_c)_{wo}$: 석유와 물을 이용해서 결정된 자유수면으로부터 주어진 높이에서의 모세관압

$(P_c)_{og}$: 석유와 가스를 이용해서 결정된 자유수면으로부터 주어진 높이에서의 모세관압

또한, 석유의 자유유면 위에서는 다음 관계를 이용하여 유체 포화도를 계산할 수 있다.

① 높이 h에서 S_w : 연속상인 석유와 물을 이용하여 계산한다.

② 높이 h에서 S_t : 연속상인 석유와 가스를 이용하여 계산하고, 이때의 높이 h는 석유의 자유유면에서 정해진 높이를 말한다.

③ $S_g = 1 - S_t$

④ $S_o = S_t - S_w$

예제 3-2 다음 모세관압 자료로부터 가스층에서의 물과 석유의 포화도를 계산하라.

석유층의 두께 h_o=70ft

σ_{wg}=72dyne/cm	ρ_o=53lb/ft^3
σ_{og}=50dyne/cm	ρ_w=68lb/ft^3
σ_{wo}=25dyne/cm	ρ_g=7lb/ft^3

〈그림 3-14〉의 900md 시료에 대해 $P_{cL} = 54\text{psi}$를 가정하면,

$P_{cR} = 18\text{psi}$ ([예제 3-1]에서와 같은 방법으로)

h_{fw}=자유수면으로부터의 높이=125ft($\cong 54 \times 144/62.43$)

S_w=70ft 또는 그 이상에서 16%(〈그림 3-14〉로부터)

석유층이 70ft 두께이므로 자유수면 위의 125ft 높이는 가스 포화층이 최소한 50ft는 된다는 것을 의미한다. 계산의 첫번째 단계는 연속상인 가스와

석유를 이용하여 총유체 포화도 S_t를 구하는 것이다.

$$h_{fo} = h_{fw} - h_o = 125 - 70 = 55ft$$

$$(P_{cR})_{og} = \frac{h_{fo}}{144}(\rho_o - \rho_g) = \frac{55}{144} \times (53 - 7) = \frac{55}{144} \times 46 = 17.57psi$$

$$P_{cL} = P_{cR}\frac{\sigma_{wg}}{\sigma_{og}} = 17.57 \times \frac{72}{50} = 25psi$$

〈그림 3-14〉에서 실험실 모세관압이 23psi, 유체 투과율이 900md인 부분을 보면, 총포화도는 $S_t = 18\%$이다. 그러므로 포화도는 다음과 같이 된다.

$$S_o = S_t - S_w = 18 - 16 = 2\%$$

$$S_g = 100 - S_t = 100 - 18 = 82\%$$

(6) 유착도의 측정 방법

저류층의 공극 속에서 형성되는 계면의 곡면은 접촉각의 함수이며, 또한 접촉각은 유체와 암석 표면의 유착 성질에 의하여 결정된다. 유체가 고체 표면에 유착하는 정도, 즉 유착도는 각 물질 사이의 계면장력과 관계가 있는데, 여기서는 유착도를 계산하는 방법 가운데 다음의 두 가지를 소개하고자 한다.

[1] 접촉각으로 표시하는 방법

접촉각이 0°인 상태는 비중이 큰 유체가 고체 표면에 완전하게 유착할 때이며, 접촉각이 90°일 때는 비중이 큰 유체와 비중이 작은 유체가 고체에 접촉하는 경향이 같은 경우이다. 그리고 180°의 접촉각은 낮은 비중의 유체가 고체 표면을 완전히 장악함을 의미한다. 즉, 접촉각은 유체의 고체에 대한 상대적인 유착 정도를 측정하는 방법인 것이다.

② Sessile의 비

이는 표면에 생긴 물방울의 높이와 너비의 비이다. 이 비가 1이면 완전 비유착성을 나타내며, 0이면 완전 유착성을 나타낸다. 〈그림 3-15〉는 공극 속의 유착 성질이 친유성에서 친수성으로 변하는 경우의 유체 분포를 나타낸 것이다. 인력의 작용으로 물은 공극 내의 좁고 작은 틈을 차지하려고 하고 석유는 넓고 큰 채널들을 차지하게 된다. 대부분의 저류층 암석 입자는 광물과 암편의 복합으로 이루어져 있기 때문에 접촉각 또는 Sessile의 비를 직접적으로 측정하는 것이 거의 불가능하다. 그러나 모세관에서의 유착 성질이 모세관압에 주는 효과를 유추하여 저류층의 유착 성질을 결정하는 간접 측정 방법도 있다.

Calhoun과 Yuster는 실험을 통하여 임계 유착 압력을 유체 투과율의 함수로서 구했는데, 그 결과가 〈그림 3-16〉에 도시되어 있다. 이 그림에서 점선은 석유로 포함된 암석 속으로 물이 주입되는 경우이며, 실선은 물로 포화된 암석 속으로 석유가 주입되는 경우를 나타낸 것이다. 위 실험에서 물을 주입하는 데 요구되는 압력이 비교적 낮은 값을 나타냈기 때문에 시료가 친수성의 성질을 갖고 있다고 결론지었다. 그후 Slobod는 임계 유착 압력의 개

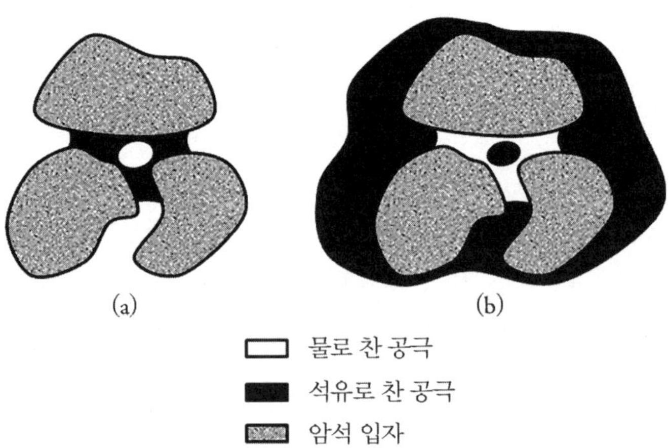

〈그림 3-15〉 이상적인 저류층 공극 내에서의 유착 특성(Calhoun, 1953)
(a) 석유 유착성, (b) 물유착성

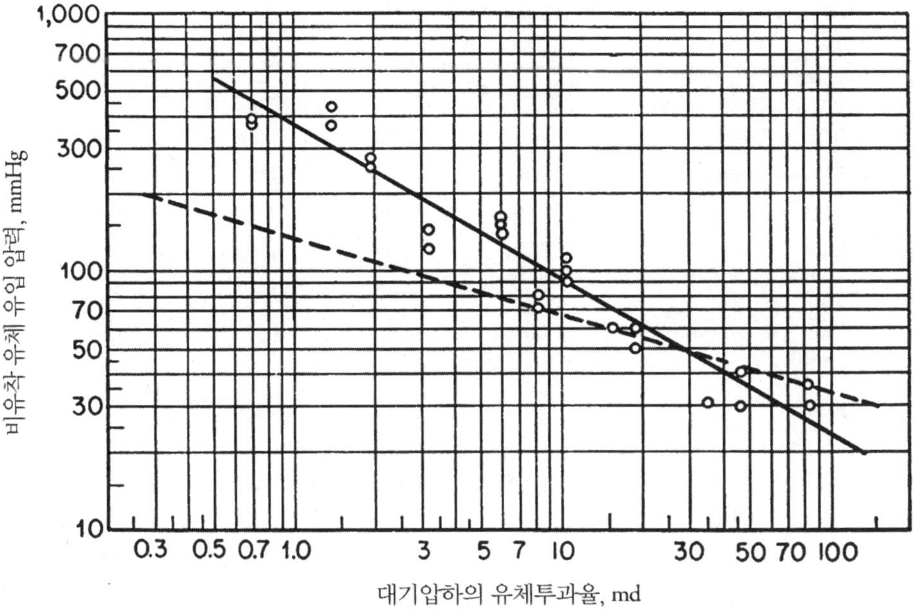

〈그림 3-16〉 유체 투과율과 유착성의 함수로 나타낸 임계 유착 특성(Calhoun과 Yuster, 1944)

념을 확장하여 유착지수와 가시적 접촉각을 유착 성질로 나타내는 변수로 지정했다. 유착지수와 가시적 접촉각의 정의는 다음과 같다.

$$\text{유착지수} = \frac{\cos\theta_{wo} P_{two} \sigma_{oa}}{\cos\theta_{oa} P_{toa} \sigma_{wo}} \tag{3-17}$$

$$\text{접촉각} = \cos\theta_{wo} = \frac{P_{two} \sigma_{oa}}{P_{toa} \sigma_{wo}} \tag{3-18}$$

여기서, $\cos\theta_{oa} = 1$

$\cos\theta_{wo}$: 물과 석유 사이의 접촉각

$\cos\theta_{oa}$: 공기와 석유 사이의 접촉각

P_{two} : 물이 함유된 암석 속으로 석유의 침입을 가능하게 하는 임계 유착 압력

P_{toa} : 석유가 함유된 암석 속으로 공기의 침입을 가능하게 하는 임계 유착 압력

σ_{oa}와 σ_{wo} : 공기와 석유, 석유와 물 사이의 계면장력

〈표 3-1〉 여러 코어 시료에 대한 유착 성질의 비교(Slobod, 1952)

시료	암석명	임계유착압력(psi)		유착지수	접촉각(°)
		공기-석유	석유-물		
BTL	Devonian	6.50	6.10	0.835	33.4
BTN	limestone	6.80	6.20	0.811	35.8
BTO		6.25	6.00	0.854	31.3
BTP		6.40	3.90	0.541	57.2
1588	Yates	0.86	0.32	0.331	70.7
1589	sandstone	0.85	0.30	0.314	71.4
1590		0.85	0.31	0.324	71.1
1591		1.00	0.40	0.356	69.1
1542	Alundum	0.70	0.25	0.318	71.5
1543	(RA 1139)	0.70	0.28	0.356	69.1
1544		0.68	0.40	0.522	58.5
1545	Synthetic	0.67	0.28	0.372	68.2
1592	Clearfork	0.72	0.24	0.297	72.7
1593		0.54	0.32	0.528	58.1
1594	Limestone	1.58	0.32	0.180	79.6
1595		2.90	0.45	0.138	82.1
1620	Tensleep	0.86	0.21	0.217	77.5
1621	sand	0.86	0.21	0.217	77.5
1622		0.68	0.12	0.157	81.0
1623		0.86	0.27	0.280	73.8

〈표 3-1〉에는 Slobod에 의해 산출된 자료들이 요약되어 있다. 유착지수가 1.0일 때는 물에 의한 완전한 유착 현상이 발생하며, 0일 때는 석유에 의한 완전한 유착 현상이 일어난다. 유착 성질은 잔류 함유율과 모세관압 그리고 다른 저류층 변수 측정에 중요한 영향을 미치므로 이에 대한 세심한 고찰이 필요하다. 특히 세척제에 의한 시료 준비 시는 암석의 유착 성질을 크게 변화시키므로 특별한 보정 작업이 요구된다.

(7) Purcell과 Burdine 방정식

저류층이 수만 개의 모세관으로 형성되어 있다고 가정하면, 저류층 유동을 관 유동과 관련시켜 유체 투과율을 공극률과 모세관 배열의 함수로 정의할 수 있다. 정의된 관계식은 저류층의 유체 전도 능력과 유체 포화 능력을 평가할 수 있으므로 매우 편리하다. 우선 유체 투과율과 공극률의 관계를 설정하기 전에 다양한 공극을 평균화할 수 있는 공극률 분포에 대한 개념 및 공극률 분포와 특정 모세관압에서 포화도와의 상관관계가 정립되어야 한다. 특정 모세관압에 의한 포화도는 공극 분포의 함수이므로, 저류층이 다양한 크기의 수많은 모세관으로 형성되었다고 가정할 경우 모세관압과 포화도의 관계 곡선은 특정한 모세관압에서 비유착 유체에 의해 침입된 공극의 수와 크기에 의해 결정된다. 여기서는 Purcell과 Burdine이 수은주입법을 이용하여 산출한 모세관압으로부터 유체 투과율을 계산하는 방법을 소개한다. Purcell이 유체 투과율을 계산하기 위해 사용한 방정식은 다음과 같이 유도된다.

반지름이 r인 모세관에 비유착성 유체를 주입하거나 또는 모세관으로부터 유착성 유체를 제거하는 데 필요한 최소한의 모세관압은

$$P_c = \frac{2\sigma\cos\theta}{r} \tag{3-19}$$

이고 반지름 r을 갖는 관을 통해 흐르는 유량 Q는 Poiseuille 방정식에 의해 다음과 같이 주어진다.

$$Q = \frac{\pi r^4 \Delta P}{8\mu L} \tag{3-20}$$

여기서 μ는 점성이고 L은 관의 길이이다. 그런데 모세관의 체적은 $V = \pi r^2 L$이므로 이것을 식 (3-20)에 대입해 정리하면

$$Q = \frac{V r^2 \Delta P}{8\mu L^2} \tag{3-21}$$

이다. 그리고 식 (3–19)를 r에 대해 정리하여 식 (3–21)에 대입하면

$$Q = \frac{V\Delta P(\sigma\cos\theta)^2}{2\mu L^2 (P_c)^2}$$

이다. 만약 저류층 공극 구조를 반지름이 r이고 길이(L)가 같은 n개의 모세관으로 가정한다면, 이러한 n개의 모세관을 통해 흐르는 총유량(Q_t)은 다음과 같다.

$$Q_t = \frac{(\sigma\cos\theta)^2 \Delta P}{2\mu L^2} \sum_{i=1}^{n} \frac{V_i}{(P_{ci})^2} \tag{3–22}$$

또한 Darcy 방정식으로부터 다공질 매체를 통하여 흐르는 유량을 구하면 다음과 같다.

$$Q_t = \frac{kA\Delta P}{\mu L} \tag{3–23}$$

식 (3–22)와 식 (3–23)을 이용하여 투수율(k)에 대해 정리하면

$$k = \frac{(\sigma\cos\theta)^2}{2AL} \sum_{i=1}^{n} \frac{V_i}{(P_{ci})^2} \tag{3–24}$$

이다. 그런데 식 (3–24)에서 반지름이 다른 모세관 개개의 부피 V_i를 알기는 매우 어려우므로 V_i를 총공극 부피와 연관시키기 위해 포화도 S_i를 도입하면 $S_i = V_i / V_t$(i번째 관의 부피/총공극 부피)이고, 또한 AL은 총부피이므로 다음과 같은 관계를 갖는다.

$$\phi = \frac{V_t}{AL} \text{ 또는 } AL = \frac{V_t}{\phi}$$

이러한 관계를 다시 식 (3–24)에 대입하여 정리하면 다음과 같다.

$$k = \frac{(\sigma\cos\theta)^2}{2}\phi\sum_{i=1}^{n}\frac{S_i}{(P_{ci})^2} \tag{3–25}$$

Purcell은 실제의 공극 부피와 식 (3–25)를 유도하기 위해 가정한 단순한 공극 부피와의 오차를 보정하기 위하여 암성지수(lithology factor) λ를 다음과 같이 대입했다.

$$k = 10.66(\sigma\cos\theta)^2\phi\lambda\int_{S=0}^{S=1}\frac{dS}{(P_{ci})^2} \tag{3–26}$$

여기서, k : 유체 투과율(md)

ϕ : 공극률

S : 총공극 부피 중 액체가 차지한 공극 부피의 비율

P_c : 모세관압(psi)

σ : 표면장력(dyne/cm)

θ : 접촉각

10.66 : 단위 변환 계수(md–(psi)^2/(dyne/cm)^2)

예를 들어, 수은은 접촉각이 140°이고 표면장력은 480dyne/cm이므로 이것을 식 (3–26)에 대입하면 다음과 같다.

$$k = 1{,}441{,}278\phi\lambda\int_{S=0}^{S=1}\frac{dS}{(P_{c,\,avg})^2} \tag{3–27}$$

여기서 임의의 모세관압 P_c를 가정하면 〈그림 3–17〉을 통해 $dS/(P_{c,\,avg})^2$를 알 수 있고, 따라서 유체 투과율을 계산할 수 있는 것이다. 그리고 〈표 3–2〉

〈표 3-2〉 암성지수의 실제 관측값(Purcell, 1949)

시료번호	암성지수	암성지수 0.216을 사용하여 계산된 유체 투과율	공기의 유체 투과율(md)
Wilcox 지층			
1	0.085	3.04	1.2
2	0.122	21.2	12.0
3	0.168	17.3	13.4
4	0.149	53.5	36.9
5	0.200	61.9	57.4
6	0.165	91.6	7.3
7	0.257	92.3	110
8	0.256	97.5	116
9	0.191	169	144
10	0.107	680	336
11	0.216	430	430
12	0.273	348	439
13	0.276	388	496
14	0.185	902	772
15	0.282	816	1070
16	0.363	865	1459
Paluxy 지층			
17		0.003	<0.1
18		0.010	<0.1
19	0.182	42.2	35.7
20	0.158	54.9	40.2
21	0.231	172	184
22	0.276	183	235
23	0.215	308	307
24	0.163	422	320
25	0.284	383	506
26	0.272	502	634
27	0.338	734	1150
	평균 0.216		

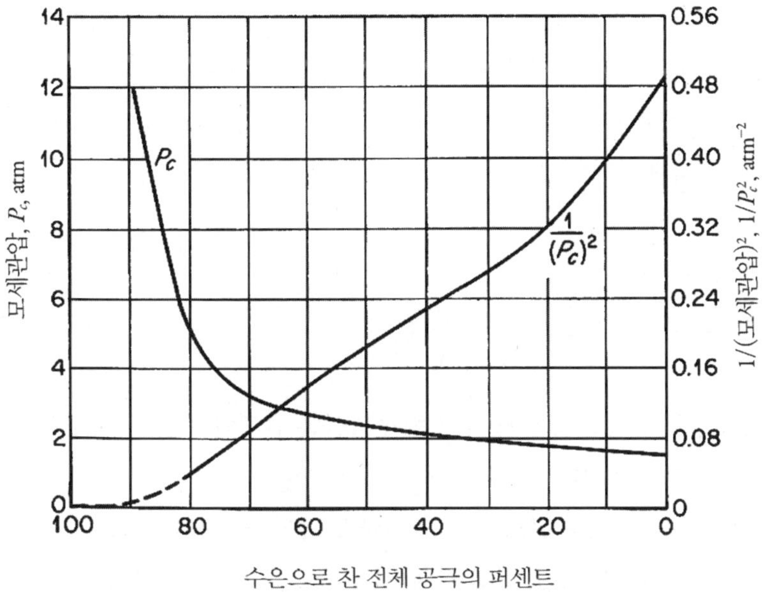

〈그림 3-17〉 유체 투과율을 계산하기 위하여 모세관압을 수은이 차 있는 공극 부피로 나타낸 그림 (Purcell, 1949)

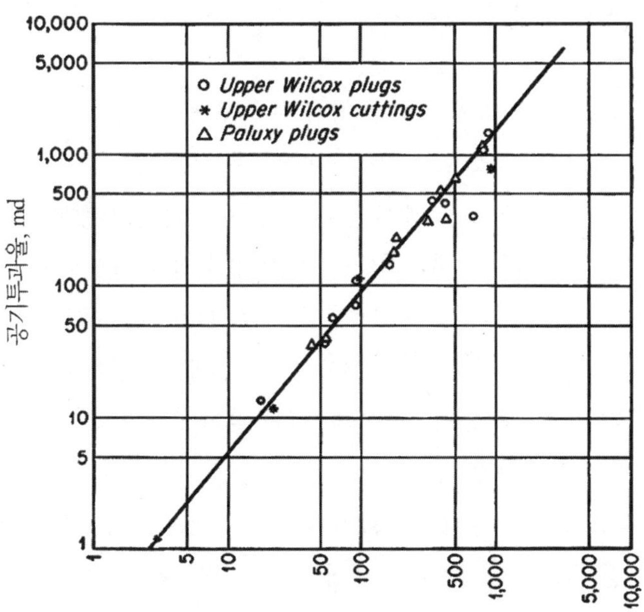

〈그림 3-18〉 수은-모세관압 자료로부터 계산된 유체 투과율과 실험에서 관측된 유체 투과율을 비교한 그림(Purcell, 1949)

에서는 실제로 측정된 유체 투과율과 식 (3-27)에서 λ를 0.216으로 놓고 이를 이용하여 계산한 유체 투과율을 나타내고 있다. 〈그림 3-18〉에서 볼 수 있듯이, 실측된 유체 투과율과 식 (3-27)을 통해 계산된 값이 매우 잘 일치하고 있음을 알 수 있다.

3.2. 유효 및 상대 유체 투과율

Darcy 법칙을 기술하는 데서 유체 투과율은 유체의 성질과는 관계가 없다는 의견이 지배적인데, 이러한 견해는 다공질 매체 속에 단일 유체로서만 포화될 경우에는 더욱 분명하다. 그러나 압력이 매우 낮거나 또는 유동량이 많은 경우는 예외이지만, 다상 유동 시 Darcy 법칙을 적용하기 위해서는 새로운 개념의 유체 투과율을 도입하는 것이 필요하다.

3.2.1. 상대 유체 투과율

석유와 물 같은 두 가지 종류의 유체가 다공성 매질을 동시에 흐른다고 하면 각각의 유체는 포화도에 따라 상이한 전도도, 즉 유효 유체 투과율을 가진다. 그리고 각각의 유체에 대한 유효 유체 투과율의 총합은 항상 절대 유체 투과율보다는 작다. 대표적인 유효 유체 투과율 곡선이 〈그림 3-19〉의 (a)에 도시되어 있다. 그림에서 $S_w = S_{wc}$일 때는 물이 흐르지 않아 k_w의 값이 0이며, 또 $S_w = 1$일 때는 암석이 완전히 물로 차 있어 $k_w = k$, 즉 절대 유체 투과율이 된다. 석유의 경우에도 이와 같이 $S_w = 0$이면 $k_o = k$가 되며, 함유율이 S_{or}로 감소하면 석유 유동이 없어져 $k_o = 0$이 된다. 물의 유효 유체 투과율과 석유의 유효 유체 투과율이 상이한 형태를 보이고 있는 것은 암석의 유착 성질 때문이라고 생각되는데, 이를 정량화하는 것은 힘들다.

위의 결과를 정규화하여 상대 유체 투과율을 정의해보면 다음과 같고, 그 형태는 〈그림 3-19〉의 (b)에 도시되어 있다.

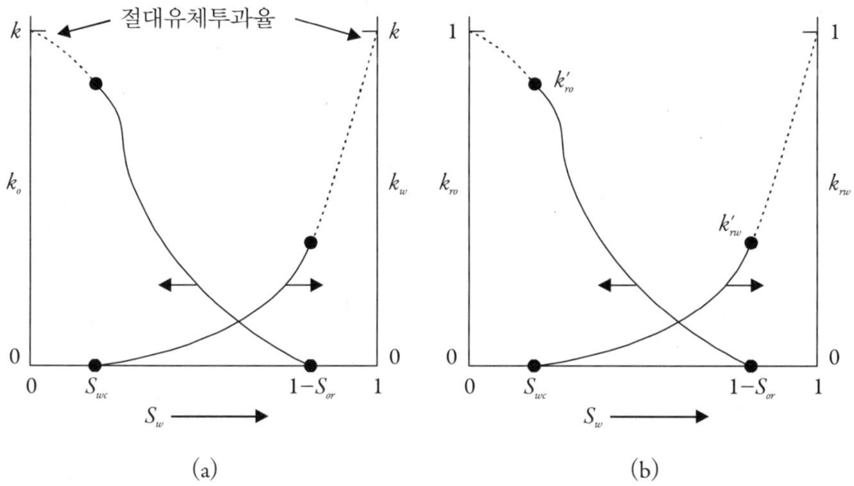

〈그림 3-19〉
(a) 함수율에 대한 유효 유체 투과율 곡선
(b) 함수율에 대한 상대 유체 투과율 곡선
(S_{wc} : 원시함수율, S_{or} : 비유동 잔류 함유율) (Dake, 1978)

$$k_{ro}(S_w) = \frac{k_o(S_w)}{k}$$

$$k_{rw}(S_w) = \frac{k_w(S_w)}{k} \tag{3-28}$$

상대 유체 투과율은 수학적으로 많은 편리함을 제공해주는데, 이는 저류층 유동 계산에서 유효 유체 투과율의 비로 나타낼 수 있기 때문이다. 간단히 나타내 보면 다음과 같다.

$$\frac{k_o(S_w)}{k_w(S_w)} = \frac{k \times k_{ro}(S_w)}{k \times k_{rw}(S_w)} = \frac{k_{ro}(S_w)}{k_{rw}(S_w)}$$

〈그림 3-19〉의 (a)와 (b)에서 $S_w = S_{wc}$의 이하 부분과 $S_w = 1 - S_{or}$의 이상 부분에서는 함수율이 점선으로 그려져 있는데, 이것은 실제 저류층에서 유체의 이동이 일어나지 않기 때문이다. 그러므로 실제적인 함수율의 범위는 다음과 같다.

$$S_{wc} \leq S_w \leq 1 - S_{or}$$

저류층 내의 유체 유동 중에 일어날 수 있는 석유와 물의 최대 상대 유체 투과율은 다음과 같이 정의할 수 있다.

$$k_{ro}' = k_{ro}(S_w = S_{wc}\text{일 때})$$
$$k_{rw}' = k_{rw}(S_w = 1 - S_{or}\text{일 때})$$

유효 유체 투과율 곡선은 편의상 앞에서 설명한 것과는 다른 방법으로 표시한다. 이는 $k_o(S_w = S_{wc}) = k \times k_{ro}'$, 즉 석유에 대한 최대 유효 유체 투과율로, 〈그림 3-19〉의 (a)와는 구분하여 그린 것이 〈그림 3-20〉이다. 이 경우 정규화된 상대 유체 투과율은 다음과 같이 정의한다.

$$K_{ro}(S_w) = \frac{k_o(S_w)}{k_o(S_w = S_{wc})}$$
$$K_{rw}(S_w) = \frac{k_w(S_w)}{k_o(S_w = S_{wc})} \tag{3-29}$$

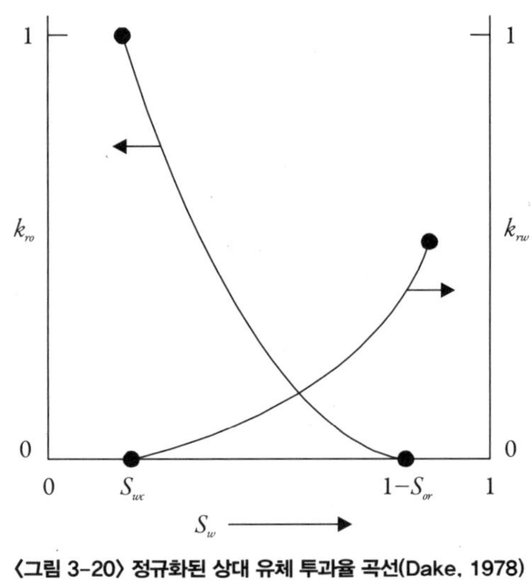

〈그림 3-20〉 정규화된 상대 유체 투과율 곡선(Dake, 1978)

저류층 내에서 석유와 물이 동시에 흐르는 유체 유동을 기술하려면 Darcy 법칙 내의 절대 유체 투과율 k는 각각 유효 유체 투과율 $k_o(S_w)$와 $k_w(S_w)$로 바뀌어야 한다.

$$k_o(S_w) = k\, k_{ro}(S_w) \text{ 또는}$$
$$k_o(S_w) = k_o(S_w = S_{wc})K_{ro}(S_w) \quad (3\text{–}30a)$$

그리고

$$k_w(S_w) = k\, k_{rw}(S_w) \text{ 또는}$$
$$k_w(S_w) = k_o(S_w = S_{wc})K_{rw}(S_w) \quad (3\text{–}30b)$$

아울러 식 (3–30)으로부터 다음과 같은 관계가 성립한다.

$$\frac{k_{ro}}{k_{rw}} = \frac{K_{ro}}{K_{rw}}$$

유동 시 유체가 서로 섞이지 않는다고 가정하면, 각 상에 Darcy의 법칙을 적용하여 다음과 같이 쓸 수 있다.

$$u_o = -\frac{k_o}{\mu_o}\left(\frac{dP_o}{ds} - \rho_o g\frac{dz}{ds}\right)$$
$$u_g = -\frac{k_g}{\mu_g}\left(\frac{dP_g}{ds} - \rho_g g\frac{dz}{ds}\right)$$
$$u_w = -\frac{k_w}{\mu_w}\left(\frac{dP_w}{ds} - \rho_w g\frac{dz}{ds}\right)$$

위의 식들에서 첨자 o, g, w는 각각 석유, 가스, 물을 나타낸다. 유효 유체 투과율은 실험을 통하여 유체 포화도와 유착성 그리고 공극의 배열 상태 등의 함수임을 알 수 있기 때문에, 주어진 포화도에서 일정한 수치로 기술하게 된다.

예를 들어, 유효 유체 투과율이 $k_o(60, 13)$으로 표기되어 있다면, 매질에 대한 석유의 포화도는 60%, 물은 13%, 가스는 27%임을 의미한다. 또한 상대 유체 투과율도 다음과 같이 동일한 식으로 표기될 수 있다.

$$k_{ro}(50,30) = \frac{k_o(50,30)}{k}$$

Wyckoff와 Botset가 처음으로 Darcy 법칙의 개념을 이용하여 상대 유체 투과율에 대한 실험 결과를 얻었는데, 이들의 결과가 〈그림 3-21〉에 도시되어 있다. 실험에 사용된 암석 시료는 비응결사암이고, 유체는 물과 이산화탄소였으며, 물이 친유착 유체로 사용되었다. 그림에 나타난 양상은 많은 연구에서도 확인되었으며, 친유착 유체로 물 대신 석유를 사용해도 같은 형

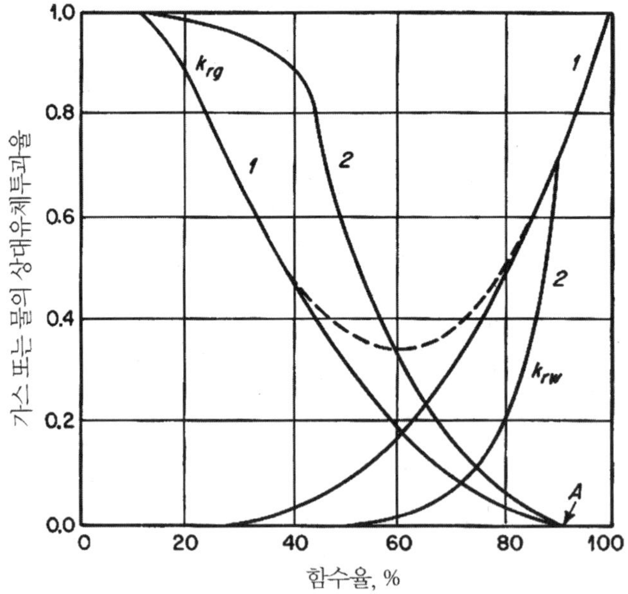

〈그림 3-21〉 가스와 물의 상대 유체 투과율(Botset, 1940)
1. 비응결사암, 2. 응결사암

태가 나타난다는 것이 밝혀졌다. 포화도가 높을 때 친유착 유체의 상대 유체 투과율은 포화도를 조금만 감소시켜도 급격히 줄어들며, 포화도가 0으로 접근함에 따라 상대 유체 투과율도 0에 가까워진다. 〈그림 3-21〉의 A점은 〈그림 3-19〉에서 함수율이 $1-S_{or}$ 인 점과 일치하는 것으로, 비유착 유체가 유동을 할 수 있는 임계 포화도를 의미하며, 임계 포화도 이상에서 포화도가 조금만 증가해도 비유착 유체의 상대 유체 투과율은 급격히 증가하기 때문에 100% 미만의 포화도에서 최대치인 1에 도달한다. 이는, 비유착 유체가 비교적 큰 공극을 차지하여 투과율이 크게 증가하는 반면, 친유착 유체는 작은 공간으로 스며들어 투과율이 급격하게 감소하기 때문이다.

예제 3-3 포화도가 유체 전도에 미치는 영향

길이가 L이고 직경이 0.001, 0.005, 0.01, 0.05cm인 모세관들이 있다고 하면, 이 네 개의 모세관의 총공극 부피는

$$\frac{\pi L}{4}(0.001^2+0.005^2+0.01^2+0.05^2)=\frac{\pi L}{4}(0.002626)\text{cc}$$

이며, 압력 강하에 따른 네 개의 모세관에서의 총유량은 다음과 같이 Poiseuille 방정식으로 표현할 수 있다.

$$Q_t=\frac{\Delta P}{L}\frac{\pi}{\mu}\frac{d^4}{128} \quad (3\text{-}20)$$

$$Q_t=\frac{\Delta P\pi}{L\mu}\left(\frac{1}{128}\right)[(0.001)^4+(0.005)^4+(0.01)^4+(0.05)^4]$$

$$Q_t=\frac{\Delta P\pi}{L\mu}\left(\frac{0.000006260626}{128}\right)$$

이제 좀더 큰 관이 첫번째 유체와 같은 점성도를 갖는 다른 유체로 포화되어 있다면, 단일 유체 포화 시의 유체 전도율과 두 종류의 다른 유체가 동시에 포화되어 있는 상태의 유체 전도율과의 비를 계산할 수 있다.

즉, 유체 전도율의 비로서 통과 유량의 비를 생각해보면

$$\frac{Q_t}{Q_1} = \frac{0.00000625}{0.000006260626} = 0.9983$$

이 되며, Darcy의 법칙으로부터 다음과 같이 나타낼 수 있다.

$$\frac{Q_2}{Q_t} = \frac{k_2(s_2, s_1)}{k_t(0, s_1)} = 0.9983$$

$$\frac{Q_1}{Q_t} = \frac{k_1(s_2, s_1)}{k_t(0, s_1)} = 0.0017$$

$$S_2 = \frac{0.0025}{0.002626} = 0.952$$

여기서, S_1 : 첫번째 유체의 포화도

S_2 : 두번째 유체의 포화도

[예제 3-3]의 결과가 좀 과장된 것이기는 하지만, 모세관의 경우에 자주 있을 수 있는 현상이다. 친유착 유체 포화도 S_1은 95% 바뀌었고, 이 유체에 대한 유효 유체 투과율은 99.8% 감소했다. [예제 3-3]의 두 유체의 상대 유체 투과율의 합은 1이 되는데, 즉 $(Q_1/Q_t)+(Q_2/Q_t)=1$이다. 그러나 이것은 실제적으로 그다지 타당하지 않은 것으로 알려져 있다.

앞의 실험들에서는 가스가 포함된 2상 유체만을 다루었는데, Leverett은 물과 석유로 구성된 액체-액체 구조를 조사했다. 그는 유체 점성도, 압력 구배, 계면장력 등이 다공성 시스템의 상대 유체 투과율에 미치는 효과에 대하여 실험했다. 이 실험으로부터 얻은 결과를 보면, 〈그림 3-22〉로 알 수 있듯이 상대 유체 투과율은 점성도에 의한 영향은 별로 없지만 공극 크기의 분포 상황, 유동 압력, 압력 구배, 유체 포화도 등과는 관계가 있는 것으로 나타난다. 특히 그는 유동 압력과 압력 구배가 실험 수행상의 중요한 변수라고 하면서 이에 대한 영향인 한계효과(end effect)를 자세히 설명했다.

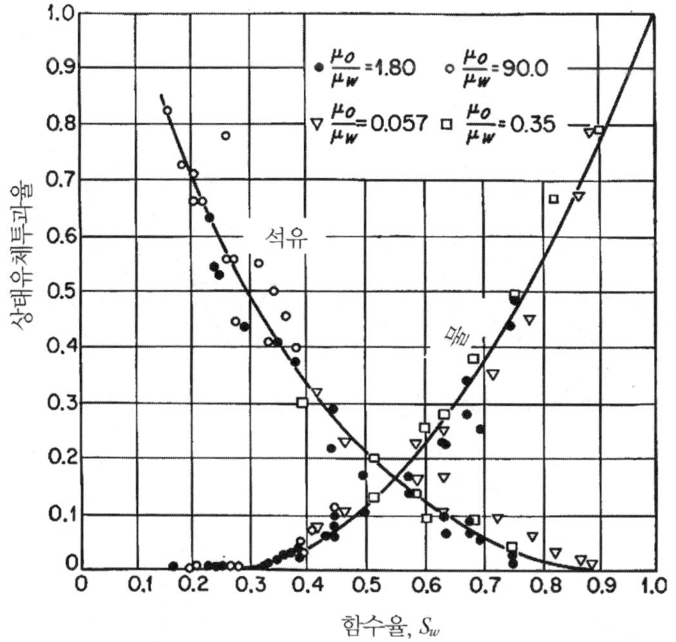

〈그림 3-22〉 100-200 mesh 모래에서 상대츄에투과율에 대한 점성도비(석유와 물)의 영향(Leverett, 1939)

3.2.2. 3상 유체 투과율

저류층에서 두 종류의 유체만이 존재하는 것보다는 세 가지의 유체가 동시에 존재하는 것이 보다 일반적이므로, 3상 유체 투과율에 대한 특징을 앞에서 언급한 2상 유체 투과율과 비교하면서 설명하고자 한다.

Leverett은 1941년에 물, 석유, 가스의 3상 유체가 존재하는 비응결사암에서 정적 유동 실험을 했는데, 이로부터 3상에 대한 기본적인 개념이 정립되기 시작했다. 그의 연구 결과가 〈그림 3-23〉에서부터 〈그림 3-26〉에 걸쳐 나와 있는데, 여기서 사용한 유체는 질소, kerosene, 염수 등이며, 친유착 유체인 물에 대한 상대 유체 투과율은 Wyckoff 과 Botset(〈그림 3-23〉)의 결과와 비슷하다. 그리고 친유착 유체의 상대 유체 투과율이 포화도에 의존한다고 하는 상대 유체 투과율의 기본적 현상은 변하지 않는 것으로 나타났다. 〈그림 3-24〉, 〈그림 3-25〉에는 3상계에서 가스와 석유에 대한 상대 유체 투과

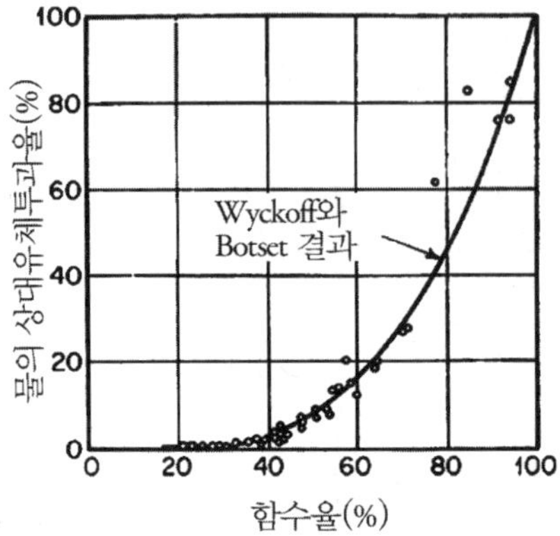

〈그림 3-23〉 함수율에 대한 물의 상대 유체 투과율 (Leverett과 Lewis, 1941)

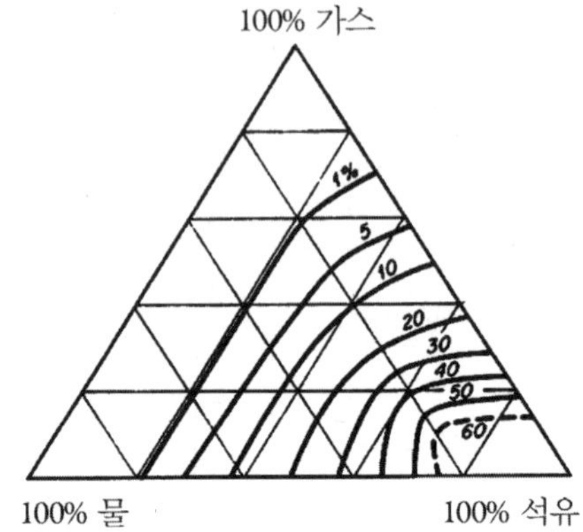

〈그림 3-24〉 유체 포화도에 대한 석유의 상대 유체 투과율(Leverett과 Lewis, 1941)

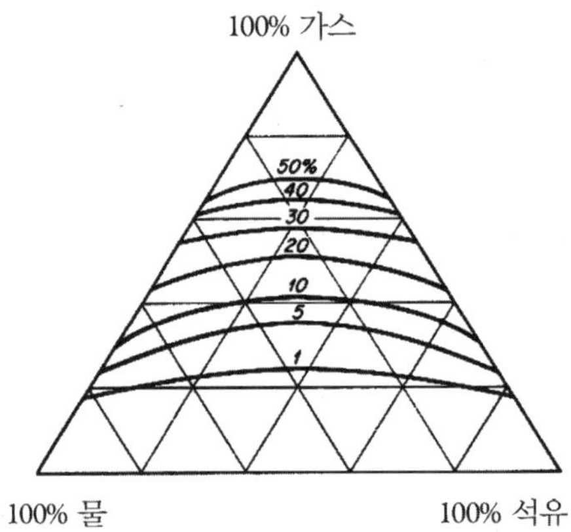

〈그림 3-25〉 유체 포화도에 대한 가스의 상대 유체 투과율(Leverett과 Lewis, 1941)

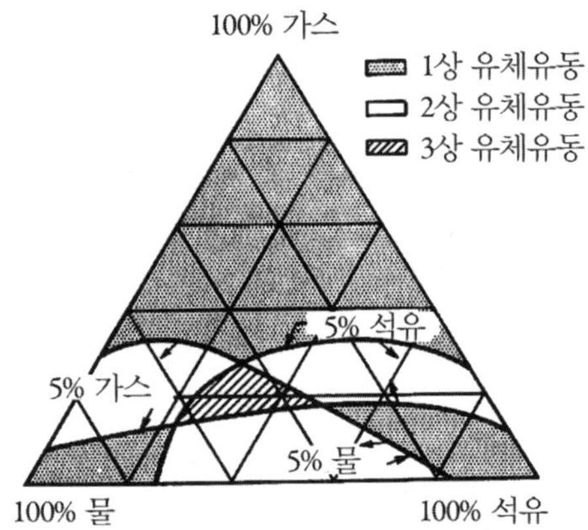

〈그림 3-26〉 각 성분 중의 5% 이상이 유동할 수 있는 포화도 한계를 나타낸 그림. 이때 유체는 질소, kerosene, 염수이며 화살표는 각 성분의 비율이 증가하는 것을 가리킨다 (Leverett과 Lewis, 1941)

율의 자료들이 표시되어 있다. 자료들은 모두 삼각 다이어그램으로 표시되어 있으며, 상대 유체 투과율은 등백분율선을 따라서 그려져 있다.

가스가 포함된 3상 구조에서 석유의 상대 유체 투과율이 다른 상들의 포화도에 영향을 받는 양상은 약간 다른데, 그 이유는 가스보다는 석유가 암석 표면에 유착하려는 성질이 크고, 물과 석유의 계면장력은 물과 가스의 계면장력보다 작기 때문이다. 그러므로 석유는 공간적으로 물과 가스의 중간 부분을 채우려 한다. 그래서 낮은 함수율의 저류층에서 석유는 작은 공극을 가스보다 더 많이 차지하게 되는 것이다.

〈그림 3-24〉에서 함유율이 60%이고 함수율이 40%일 때, 석유의 상대 유체 투과율은 34%이며, 같은 상황에서 함수율만 20%로 변할 경우 석유의 상대 유체 투과율은 약 38%로 증가한다. 그러나 함수율이 0이 되면 석유의 상대 유체 투과율은 18%로 감소한다. 결론적으로 함수율과 함유율에 따라 석유의 유동 특성이 달라짐을 알 수 있다.

〈그림 3-25〉는 다른 상의 포화도에 대한 가스의 상대 유체 투과율의 변화를 보여준다. 이 그림에서는 가스의 상대 유체 투과율이 가스 포화도에만 영향을 받는다는 일반적인 통설이 성립되지 않는데, 그 이유는 확실하지 않다. 그러나 가스는 암석 표면에 유착하려는 성질이 가장 약한 유체이며, 또 총액체 포화도에만 관계를 갖고 총포화도의 구성 성분에 관해서는 영향을 받지 않는 것은 확인할 수 있다.

Leverett의 실험으로부터 작성된 〈그림 3-26〉에는 3상 유동이 동시에 일어나고 있는 지역과 단상·2상·3상 유체가 존재하는 영역이 도시되어 있다. 가스의 포화도가 35%를 넘는 영역에서는 가스만 유동하게 되고, 가스의 포화도가 18~35%이고 함수율이 40%보다 작은 경우에는 석유와 가스가 유동하게 된다. 또 함수율이 18~85%이고 함유율이 15~82%이며 가스 포화도가 15% 이하인 영역에서는 석유와 물만이 흐른다. 3상 유동의 영역은 극히 작으며, 이때 20%는 가스, 30%는 석유, 50%는 물로 구성되어 있다.

결론적으로, 유동 유체의 상대 유체 투과율은 총유체 투과율에 필수적으로 영향을 받지만, 유착성이 낮은 유체 포화도에서는 별로 영향을 받지 않는다고 하겠다.

3.2.3. 상대 유체 투과율의 측정법

상대 유체 투과율의 측정 방법에는 대략 다음과 같이 네 가지가 있다.

① 정상 유동 실험을 이용하여 상대 유체 투과율을 직접 측정하는 방법.

② 유체 배출 구조 또는 가상적 비정상 유동 방법을 이용한 실험적 방법.

③ 모세관압 자료로부터 상대 유체 투과율을 직접 계산하는 방법.

④ 현장 기록으로부터 계산하는 방법.

이 가운데 실험실에서 가장 많이 쓰이는 것은 ①과 ②의 방법이다.

정상 유동 실험에서 쓰이는 대표적인 기구를 〈그림 3-27〉에서 볼 수 있다. 〈그림 3-27〉, 〈그림 3-28〉, 〈그림 3-29〉의 장치는 작은 크기의 시료를 이용하는 것들이다. 이러한 종류의 실험에서 유의할 점은 한계효과를 제거하기 위한 방법이 확립되어야 한다는 것이다. 한계효과는 실험 시 시료의 배출 현상이 있는 포화도의 불연속성 때문에 생긴다. 즉, 배출면에서는 모든 유체가 동일한 압력을 받고 있지만 배출면 안쪽의 공극에서는 모세관의 압력 조건이 친유착 유체의 포화도를 지배한다.

선형 유동 Darcy 방정식으로부터 한계효과에 대한 식을 유도하면 다음과 같다.

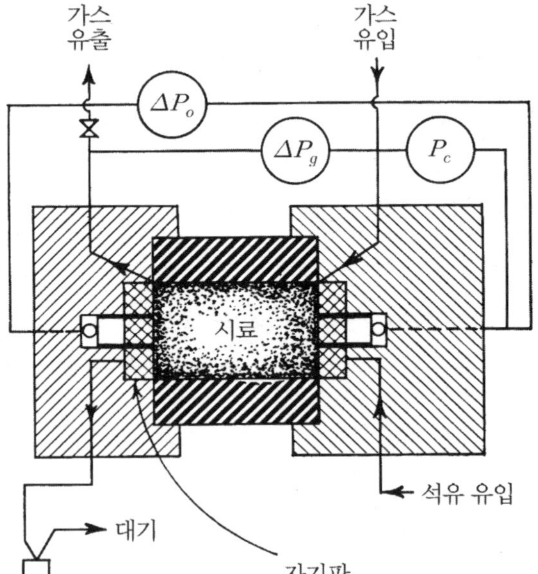

〈그림 3-27〉 상대 유체 투과율 측정 기구(Osoba 외, 1951)

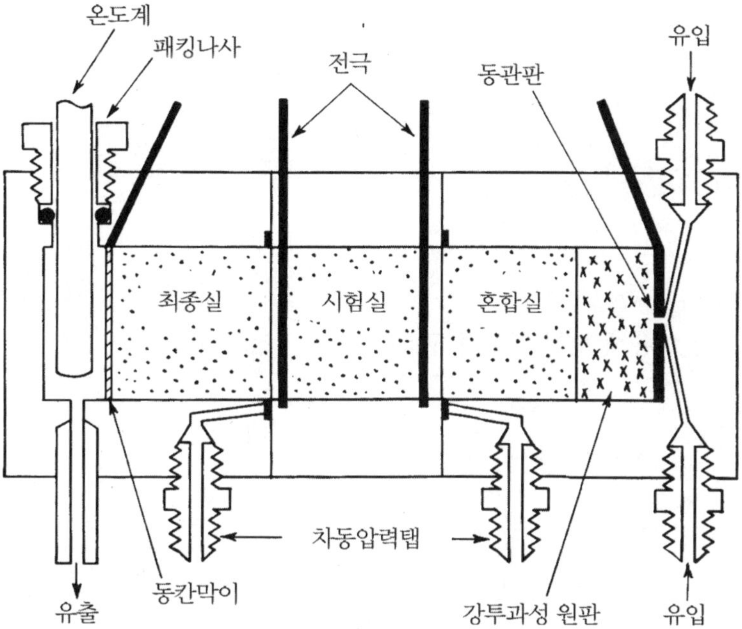

〈그림 3-28〉 Penn State의 상대 유체 투과율 측정 기구(Geffen 외, 1951)

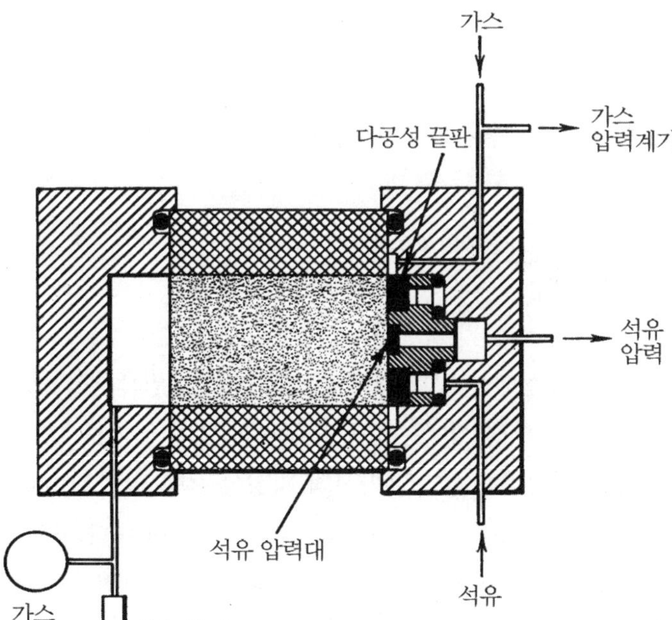

〈그림 3-29〉 Hafford의 상대 유체 투과율 측정 기구(Richardson 외, 1952)

$$-dP_{wt} = \frac{Q_{wt}\mu_{wt}dL}{k_{wt}A}$$

$$-dP_{nwt} = \frac{Q_{nwt}\mu_{nwt}dL}{k_{nwt}A}$$

$$dP_c = dP_{nwt} - dP_{wt}$$

여기서 wt, nwt는 각각 친유착 유체와 비유착 유체를 의미한다. 위의 방정식들을 이용해 모세관 압력 구배에 대하여 정리하면 다음과 같다.

$$\frac{dP_c}{dL} = \left(\frac{Q_{wt}\mu_{wt}}{k_{wt}} - \frac{Q_{nwt}\mu_{nwt}}{k_{nwt}}\right)\frac{1}{A}$$

그리고

$$\frac{dP_c}{dL} = \frac{dP_c}{dS_{wt}}\frac{dS_{wt}}{dL}$$

을 이용하면 길이에 따른 친유착 유체 포화도 S_{wt}의 변화는

$$\frac{dS_{wt}}{dL} = \frac{1}{A}\left(\frac{Q_{wt}\mu_{wt}}{k_{wt}} - \frac{Q_{nwt}\mu_{nwt}}{k_{nwt}}\right)\frac{1}{dP_c/dS_{wt}}$$

와 같이 결정된다. 실험 시 한계효과를 제거하는 방법으로서 유체가 암석 시료에 주입되기 전에 잘 섞이는 장치를 부착하거나 또는 유체 속도를 높이는 방법이 있다. Welge가 제안한 가상적 비정상 유동 방법은 100% 친유착 유체로 포화된 암석 속에 가스만을 주입 유체로 사용하여 다른 유체들을 밀어내는 유동 구조를 가지고 있다. 이 실험에서는 높은 압력 구배 때문에 한계효과는 별로 중요하지 않게 된다. 모세관압 자료로부터 상대 유체 투과율은 Purcell 방정식에 의해 계산되는데, 그 식은 다음과 같다.

$$k = 10.66(\sigma\cos\theta)^2\lambda\phi\int_{S=0}^{S=1}\frac{dS}{(P_c)^2} \tag{3-26}$$

이 식에서 적분 상한치 1을 친유착 유체의 포화도로 대치하면, 친유착 유체의 유효 유체 투과율은 다음과 같다.

$$k_{wt} = 10.66(\sigma\cos\theta)^2\lambda\phi\int_{S=0}^{S=S_{wt}}\frac{dS}{(P_c)^2}$$

그러므로 친유착 유체의 상대 유체 투과율은 다음과 같고,

$$k_{rwt} = \frac{k_{wt}}{k} = \frac{\int_{S=0}^{S=S_{wt}}\frac{dS}{(P_c)^2}}{\int_{S=0}^{S=1}\frac{dS}{(P_c)^2}}$$

이와 같은 방법으로 비유착 유체의 상대 유체 투과율은 다음과 같다.

$$k_{rnwt} = \frac{\int_{S=S_{wt}}^{S=1}\frac{dS}{(P_c)^2}}{\int_{S=0}^{S=1}\frac{dS}{(P_c)^2}}$$

3.2.4. 상대 유체 투과율에 영향을 미치는 요소

상대 유체 투과율에 영향을 미치는 변수를 요약해보면, 유체 및 고체의 유착 성질, 저류층의 초기 포화상태, 공극 배열 및 공극 크기의 분포도, 초기 함수율 등이다. 〈그림 3-30〉에는 서로 다른 유착 특성에 의한 상대 유체 투과율의 변화가 도시되어 있다. 곡선 1, 2는 친유착 유체가 물인 경우이며, 곡선 3은 석유가 친유착 유체일 경우이다. 상대 유체 투과율에 대한 초기 포화

상태의 효과는 〈그림 3-31〉과 〈그림 3-32〉에 도시되어 있다.

Fatt은 〈그림 3-33〉에 나타난 대로 상부압이 유효 유체 투과율은 변화시

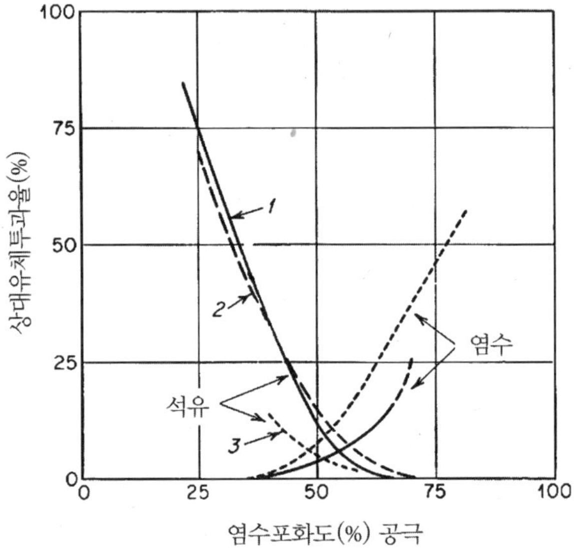

〈그림 3-30〉 유동양상에 대한 유착 성질의 영향. Nellie Bly 사암(Geffen 외, 1951)

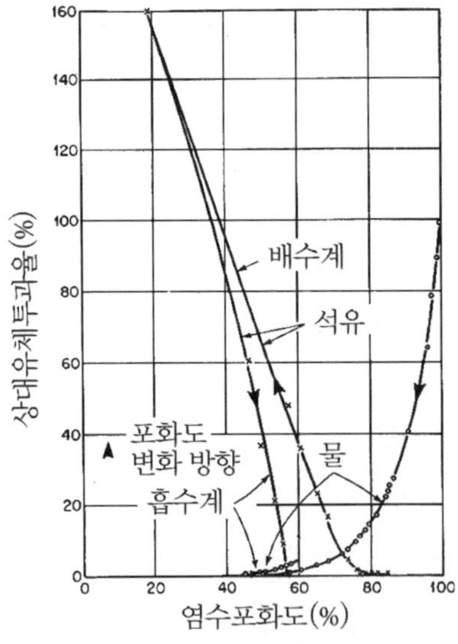

〈그림 3-31〉 석유와 물의 유동 특성. Nellie Bly 사암, 유체 투과율 143md, 공극률 26.1%(Geffen, 1951)

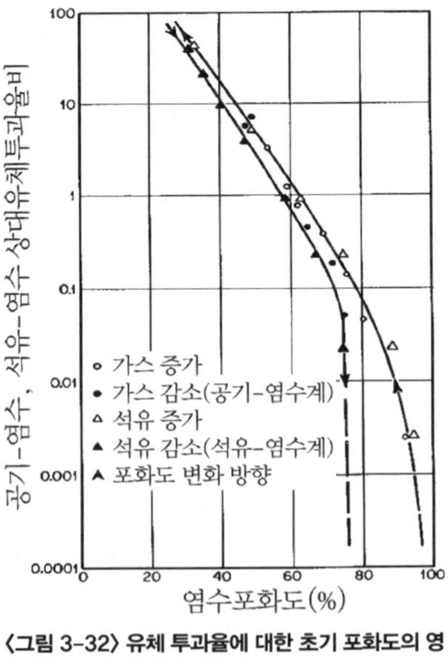

〈그림 3-32〉 유체 투과율에 대한 초기 포화도의 영향(Geffen, 1951)

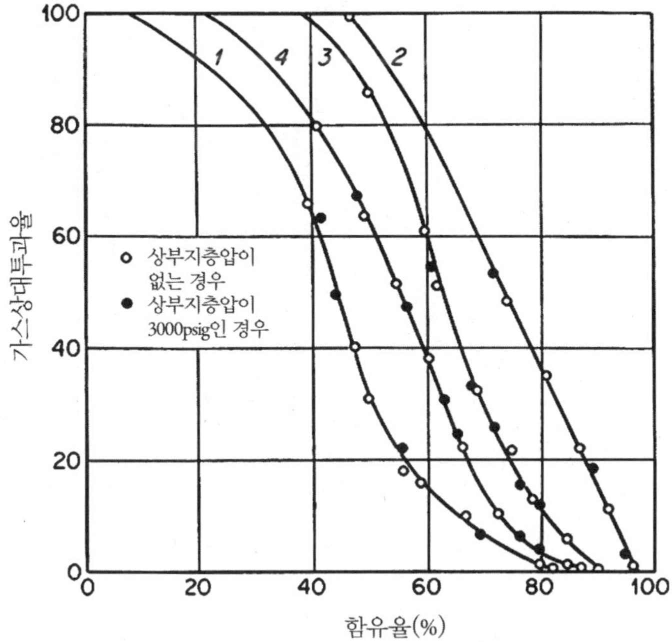

〈그림 3-33〉 가스-석유계에서 상부압에 따른 가스의 상대 유체 투과율(Fatt, 1953)

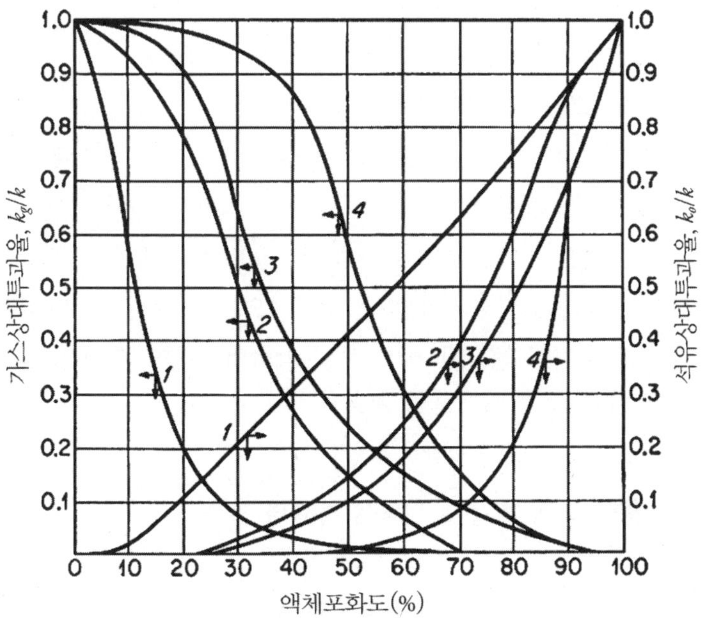

〈그림 3-34〉 여러 종류 매질에서의 상대 유체 투과율(Amyx, 1960)
(1) 모세관, (2) 백운암, (3) 비응결사암, (4) 응결사암

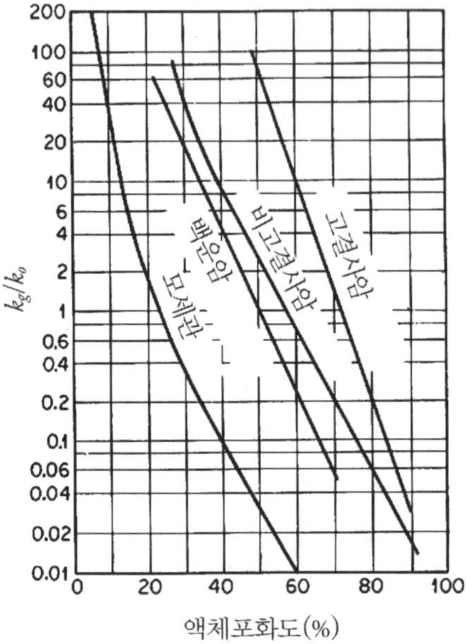

〈그림 3-35〉 여러 종류의 매질에 대한 상대 유체 투과율비(Amyx, 1960)

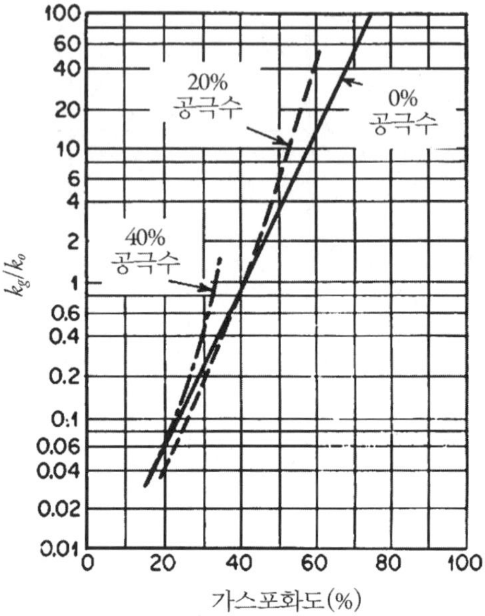

〈그림 3-36〉 k_g/k_o에 대한 원시 공극수의 영향 (Calhoun, 1953)

키더라도 상대 유체 투과율은 변화시키지 못함을 증명했다. 〈그림 3-34〉와 〈그림 3-35〉는 다양한 매질에서 기본적인 시료에 대한 가스, 석유의 상대 유체 투과율비를 도시한 것이다.

이것을 보면 공극의 구성, 모양과 크기, 분포가 상대 유체 투과율에 영향을 미친다는 사실을 쉽게 알 수 있다.

〈그림 3-36〉에는 가스-석유의 유체 투과율비에 대해 원시 공극수와 포화도가 미치는 영향이 도시되어 있다. 일반적으로 낮은 함수율은 유체 투과율비에 영향을 미치지 않는데, 이는 물이 암석의 유체 전도에 영향을 미치지 못하는 미세한 공극 부분들을 채우고 있기 때문이다.

3.2.5. 유효 및 상대 유체 투과율 자료의 이용

상대 유체 투과율 자료들은 저류층공학에서 가장 기본적인 변수인데, 주요한 이용 용도를 요약하면 다음과 같다.

(1) 자유수면의 결정

모세관 압력을 설명할 때 언급했듯이, 유체의 분포를 정확히 계산하기 위해서는 자유수면을 결정해야 한다. 상대 유체 투과율 그림에서도 확인한 것처럼 물이 100% 흐른다고 해서 반드시 함수율이 100%여야 할 필요는 없는 것과 마찬가지로, Knutsen은 두 가지의 수면이 있다고 주장했다. 그의 두 가지 수면은 다음과 같이 설명된다.

A. 자유수면이거나 모세관압이 0인 면.

B. 유체 생산량이 100% 물인 지점.

석유 저류층 내의 자유수면에 대한 이러한 두 가지 정의를 도시하면 〈그림 3-37〉과 같다. 정의 B에서의 수면은 저류층의 유체 투과율이 감소하면 상승하며, 반면에 정의 A에서의 수면은 저류층이 정적인 상태에 있다면 수평면을 이루게 된다. 석유 생산 전문가는 물 생산이 발생하는 저류층의 최상단 지점 선정에 관심이 있고, 저류층 기사에게는 모세관압이 0의 값을 가지는 자유수면에 관한 정보가 더 많이 요구된다. A와 B의 수면은 전기 검층법, 석유 생산성 조사, 상대 유체 투과율, 모세관압 자료 등을 이용하여 결정된다.

(2) 석유 생산성 조사를 위한 보조 자료

앞에서도 설명했듯이, 100% 물을 생산하기 위해 공극 전체가 물로만 포화되어야 하는 것은 아니므로, 부분 유량식과 상대 유체 투과율을 사용하여 물과 석유가 동시에 생산되는 변이 지역 구간을 산출할 수 있다.

$$f_w = \frac{1}{1+(k_o/k_w)(\mu_w/\mu_o)}$$

이때, μ_w/μ_o : 물–석유 점성도의 비

k_o/k_w : 석유–물의 상대 유체 투과율의 비

f_w : 총생산량 가운데 물의 양

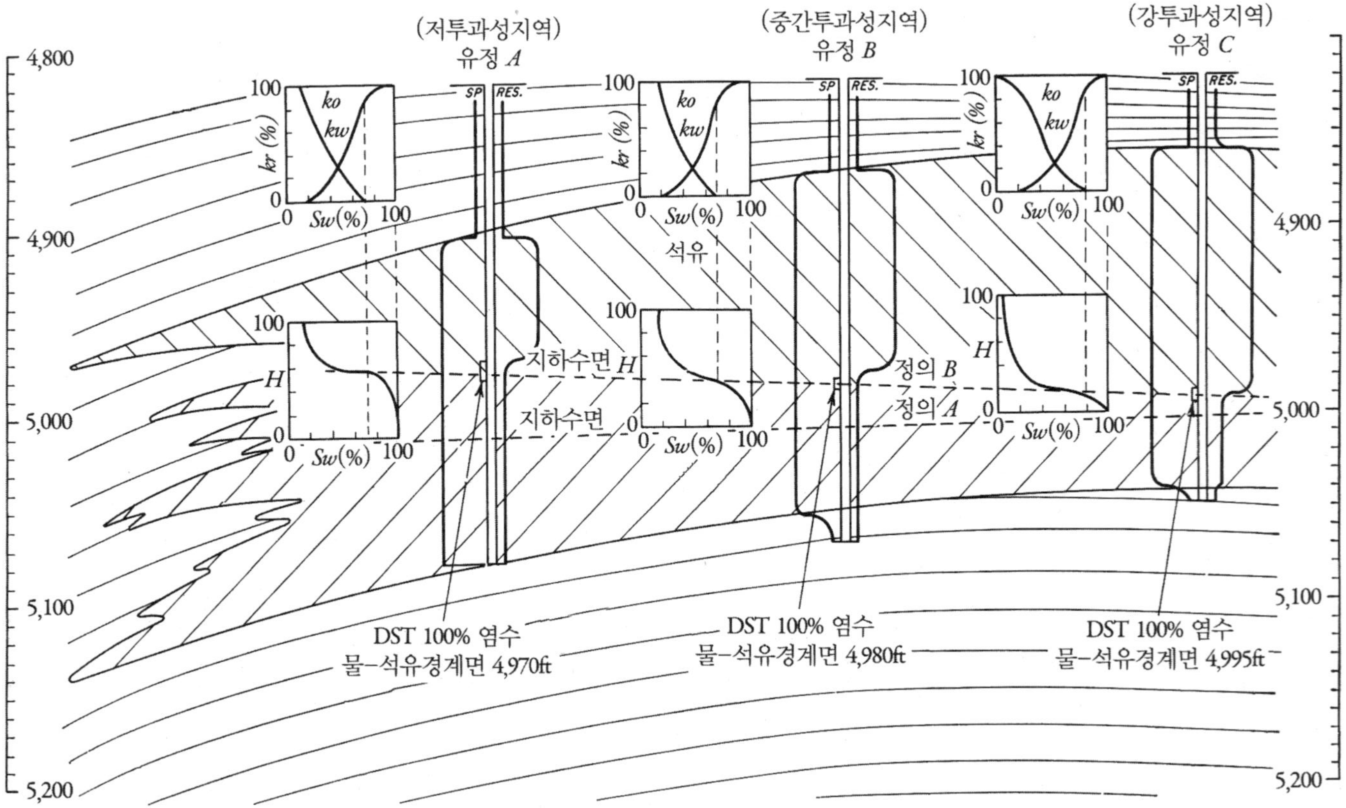

〈그림 3-37〉 상이한 점 A, B에서의 지하수면(Knutsen, 1954)

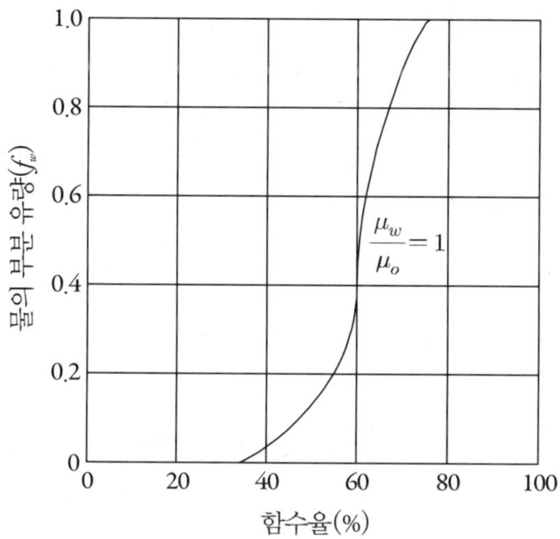

〈그림 3-38〉 균질한 매질에서 물의 부분 유량에 미치는 함수율의 영향

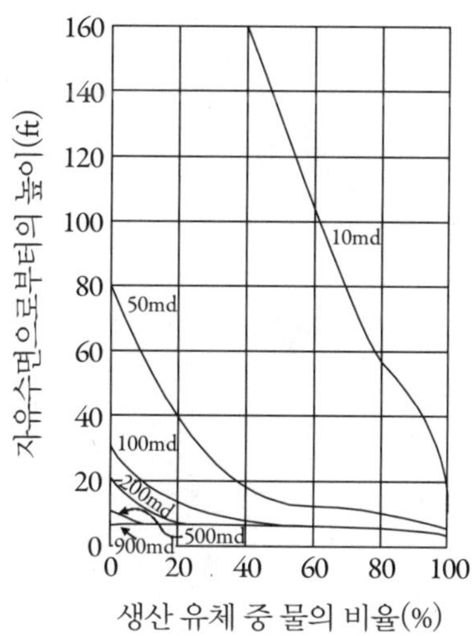

〈그림 3-39〉 자유수면으로부터의 높이와 생산된 유체 중의 물의 비율 (〈그림 3-14〉의 모세관압 자료사용 ; Amyx, 1960)

〈그림 3-38〉에 도시되어 있는 부분유동방정식에 대한 해와 모세관압에 대한 자료를 이용해 변이 지역을 결정하는 것이 〈그림 3-39〉이다. 여기서는 유체 투과율 10md에서 900md 범위에 대한 변이 지역 계산이 가능하며, 낮은 유체 투과율의 저류층은 높은 변이 지역을 갖는다는 것이 확인된다.

(3) 기타

앞의 두 가지 주요 용도 외에도 상대 유체 투과율 자료는 잔류 유체 포화도, 2차 생산 시 주입 유체의 진척 상황, 2상 유체 저류층에서의 미래 생산량 예측 등에 사용된다.

제4장 | 저류층 유체의 물리적 특성

저류층의 성질은 이미 설명된 공극 물체의 특성, 즉 공극률, 유체 투과율, 포화도 등뿐만 아니라 그 속에 포화되어 있는 유체에도 좌우되므로, 이 장에서는 포화 유체의 물성에 대해 설명하고자 한다.

천연가스와 원유는 저류층의 높은 압력과 온도 상태에서 복잡한 화학구조를 갖는 탄소와 수소의 결합체이다. 화학적 복합체의 물성은 일반적으로 구성 성분에 의해 결정되며, 또한 온도와 압력의 변화에도 영향을 받는다. 이러한 결합체의 온도와 압력에 따른 변화 양상과 물성을 올바로 이해함으로써 지하 및 지상에서 석유와 가스가 어떤 상태로 거동할 것인지를 체계적으로 예측하여 저류층 유체의 단위 체적에 해당하는 지상 생산량을 계산할 수 있다.

탄화수소 결합체 가운데 헵탄까지는 쉽게 판명할 수 있으나, 원유의 경우는 많은 부분이 헵탄보다 훨씬 복잡한 구조로 이루어져 있어서 정확한 분석이 힘들다. 이러한 구성 성분의 불확정성과 온도와 압력에 의해 계속적으로 변하는 저류층 유체의 물성들을 정립하기 위하여 먼저 상거동 개념을 도입하고자 한다. 상거동 해석이 비교적 단순한 천연가스의 물성은 가스방정식과 연관시켜 설명하고, 저류층 상태에서의 다상거동을 하는 원유의 물성은 실험적 지표 및 액체와 기체의 평형방정식을 이용하여 정의하도록 하겠다.

4.1. 상거동

상거동을 설명하기 전에 상을 열역학적 개념에서 정의해보면 "계를 통해 물리적·화학적 성질이 동일하고 다른 부분과 명확하게 구분되는 경계면을 가지는 계의 특정 부분"이라고 할 수 있다.

저류층에서 발견되는 탄화수소계는 −250°F와 1,000°F 범위에서 다상거동을 나타내며, 다른 화학적 성분계들은 15,000psia 이상의 높은 압력에서도 두 개의 상으로 존재한다고 알려져 있다. 저류층 조건에서 평형상태에 있는 기체와 액체의 성분이 다르므로 각 상들의 물리적 성질 역시 다르다. 이러한 상에 따른 물성 변화와 가스와 액체의 상이한 유체 전도율에 의해 저류층 내 유체 거동은 매우 복잡한 양상을 띤다.

이 절에서는 상거동에 대한 몇 가지 기본 개념들과 단일 성분계, 이중 성분계 및 다중 성분계의 상거동을 살펴보기로 하겠다.

4.1.1. 단일 성분계

탄화수소계 가운데 에탄은 표준상태에서 가스상으로 존재하는 대표적인 단일 성분계이기 때문에 상거동 해석의 기본적인 성분으로 사용된다. 단일 성분계의 상변화는 압력-온도 좌표계 또는 압력비체적 좌표계로 표시되는데, 〈그림 4-1〉은 압력과 온도 변화에 따른 에탄의 상변화를 나타낸 것이다. 이는 특정 압력과 온도에서 에탄이 액체, 기체 또는 혼합된 상태로 존재하는지를 결정하는 데 사용된다. 증기압 곡선상의 모든 점들에서는 액체와 기체가 평형상태로 존재하며, 곡선 밖의 온도와 압력에서는 단일상만이 존재한다. 또한 증기압 곡선에서 C점은 임계온도와 임계압력을 나타내는데,

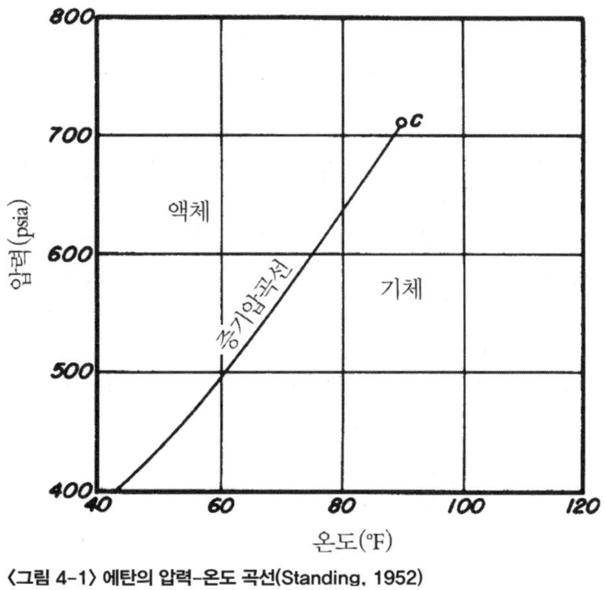

〈그림 4-1〉 에탄의 압력-온도 곡선(Standing, 1952)

단일 성분계의 임계온도는 계에 가해지는 압력에 관계없이 임계점 이상에서 두 상이 존재할 수 없는 온도로 정의되며, 같은 방법으로 임계압력은 온도와 상관없이 그 압력 이상에서는 기체와 액체가 평형상태로 존재할 수 없는 압력으로 정의된다.

〈그림 4-2〉는 압력과 비체적에 따른 에탄의 상변화를 보여주고 있는데, 점선 안의 영역은 두 상이 균형 상태로 존재할 수 있는 영역이다. 그리고 오른쪽 영역은 기체, 왼쪽 영역은 액체만의 구역이며, C점은 임계압력(709psia)과 임계온도(90°F)를 가리킨다. AC선은 기포점 곡선, 즉 액체 포화상태를 나타내며, CB선은 이슬점 곡선, 즉 기체 포화상태를 의미한다. 〈그림 4-1〉과 〈그림 4-2〉를 이용한 단일 성분의 상변화 해석 방법을 알기 위하여 초기 상태에서 에탄은 60°F에서 0.25ft^3을 차지한다고 가정하자. 이 온도와 비체적 상태에서 에탄은 기체 상태일 것이고 압력이 B점(495psia)으로 증가할 때 처음으로 액체가 발생할 것이다. 여기서 B점은 이슬점으로 명명되는데, 액체가 존재하지 않는 완전한 기체 상태에서 처음으로 액체가 발생하기 시작하

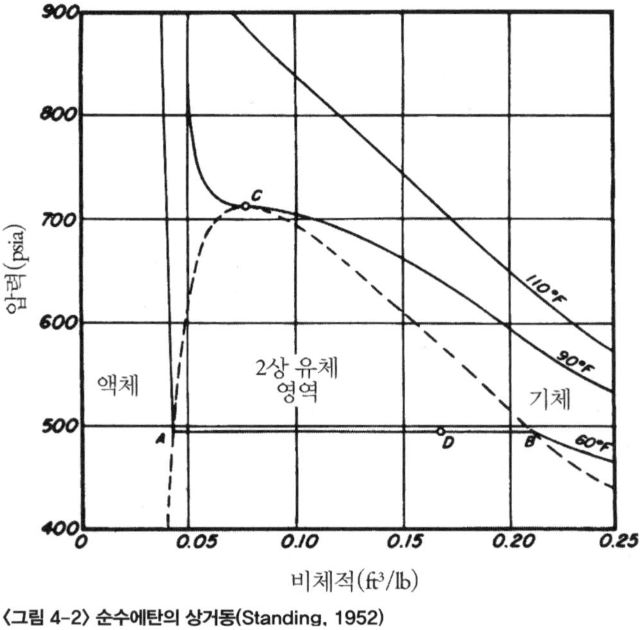

〈그림 4-2〉 순수에탄의 상거동(Standing, 1952)

는 점이다. 그림에서 볼 수 있듯이 이 점으로부터 계속적으로 부피를 감소시키면 A점에 이를 때까지는 등압에서 액화가 계속되지만, 완전히 액체가 된 A점에서부터는 단위 부피 감소를 하는 데 필요한 압력이 급속히 증가함을 알 수 있다. A점과 B점을 이동하는 동안 두 상의 비체적은 액체 0.0423ft^3/lb와 기체 0.2105ft^3/lb로 일정하게 유지된다. 중량균형법칙으로부터 특정 성분이 D점의 비체적값을 가질 때 액체와 기체의 중량비는 길이 BD와 길이 DA에 비례한다는 것을 알 수 있다. 다른 단일 성분의 거동도 그림에 나타난 에탄의 양상과 유사하다. 〈그림 4-3〉에는 가벼운 탄화수소 증기압 곡선이 도시되어 있으며, 〈표 4-1〉에는 천연가스와 원유에 수반되는 성분뿐만 아니라 경량 파라핀계 탄화수소에 대한 중요한 물리적 성질들도 정리되어 있다.

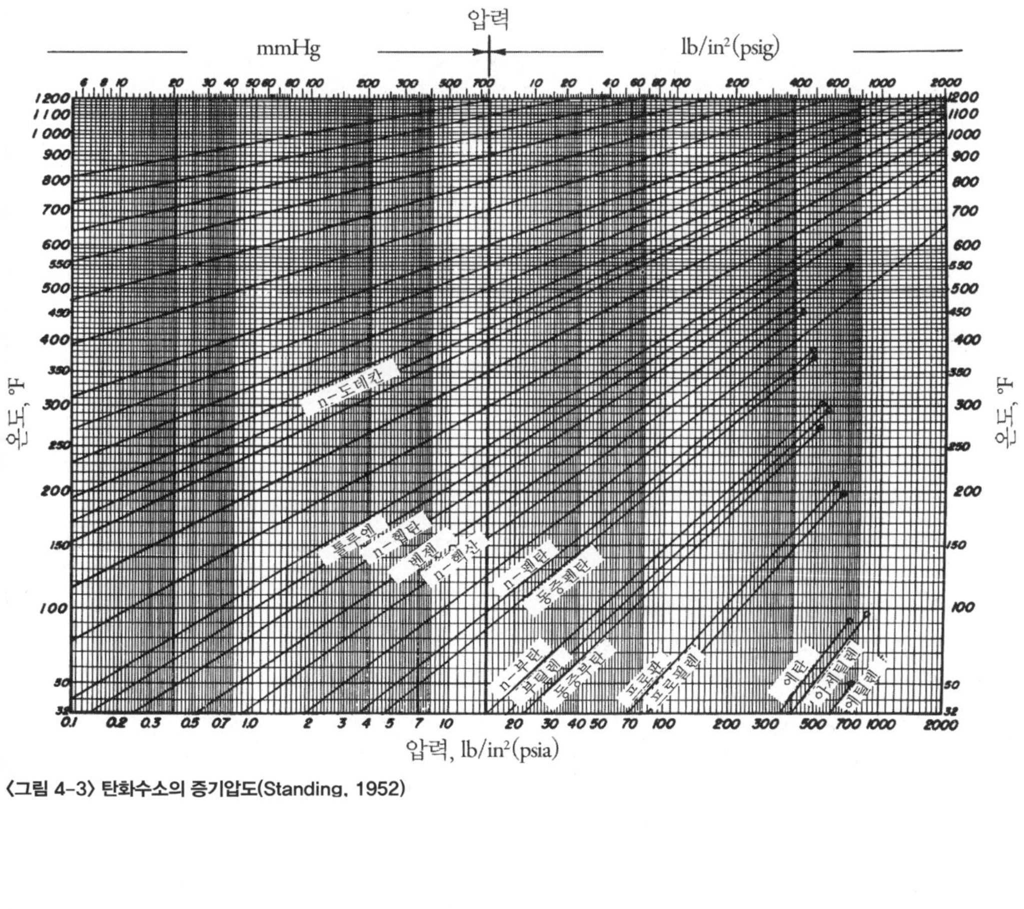

〈그림 4-3〉 탄화수소의 증기압도(Standing, 1952)

〈표 4-1〉 파라핀 탄화수소와 기타 성분의 물리적 성질(Standing, 1952)

구성 성분	분자량	비등점 (°F, 14.7psia)	임계상수		액체 밀도 (60°F, 14.7psia)		가스 밀도 (60°F, 14.7psia)		액체 1갤런당 가스 부피
			압력 (psia)	온도 (°R)	g/cc	lb/ft3	lb/MCF	가스 (ft^3) 액체 (갤런)	
메 탄	16.04	−258.7	673	344	—	—	42.27	—	—
에 탄	30.07	−127.5	709	550	—	—	79.23	—	—
프로판	44.09	−43.7	618	666	0.5072	31.66	116.19	36.35	35.76
동중 부탄	58.12	10.9	530	733	0.5625	35.12	153.15	30.59	29.70
n-부탄	58.12	31.1	551	766	0.5836	36.43	153.15	31.75	30.77
동중 펜탄	72.15	62.1	482	830	0.6241	38.96	190.11	27.35	26.17
n-펜탄	72.15	96.9	485	847	0.6305	39.36	190.11	27.63	26.36
n-헥산	86.17	155.7	434	915	0.6637	41.43	227.07	24.34	22.83
n-헵탄	100.2	209.2	397	973	0.6875	42.92	264.03	21.69	19.95
n-옥탄	114.2	258.2	370	1025	0.7062	44.09	300.99	19.55	17.77
n-노난	128.3	303.4	335	1079	0.7211	45.02	337.95	17.78	15.88
n-데칸	142.3	345.2	312	1115	0.7333	44.78	374.91	16.30	14.30
공 기	28.97	−317.7	547	239					
질 소	28.02	−320.4	492	227	—	—			
산 소	32.00	−297.4	732	278	—	—			
이산화탄소	44.01	−109.3	1072	548	—	—			
황화수소	34.08	−76.5	1306	673					
물	18.02	212.0	3206	1165	0.9991	62.37			

4.1.2. 이중 성분계

이중 성분계의 상거동은 단일 성분계와는 달리 다음과 같은 주요 차이가 있다. 첫째, 압력과 온도의 관계를 더 이상 하나의 증기압 곡선으로 나타낼 수 없고, 둘째, 상거동을 묘사하는 데서 임계압력과 임계온도의 정의가 단일 성분계와는 다르다.

〈그림 4-4〉는 96.83몰%(90.22중량%)의 에탄과 3.17몰%의 헵탄 혼합물이 나타내는 상거동 그림이다. 모든 이중 성분계에서는 압력-온도에 대한 상거동 곡선이 순수 성분들의 단일 증기압 곡선이 아닌 포락선 형태를 취한다. 포락선 안의 영역은 기체와 액체가 동시에 평형상태로 존재하며, 포락선 밖에서는 단일상으로 존재한다. 이 경계면은 온도와 압력에 의해 결정되는데, 특히 점선 *aa*는 두 상이 존재할 수 있는 최대 임계압력(cricondenbar)이며, 점선 *bb*는 두 상이 평형상태로 존재할 수 있는 최대 온도인 최대 임계온도(cricondentherm)이다.

〈그림 4-4〉에서 점 C는 단일 성분계와 같이 혼합물의 임계압력과 임계온도이지만, 이중 성분계에서는 점 C보다 높은 압력과 온도에서 다상들이

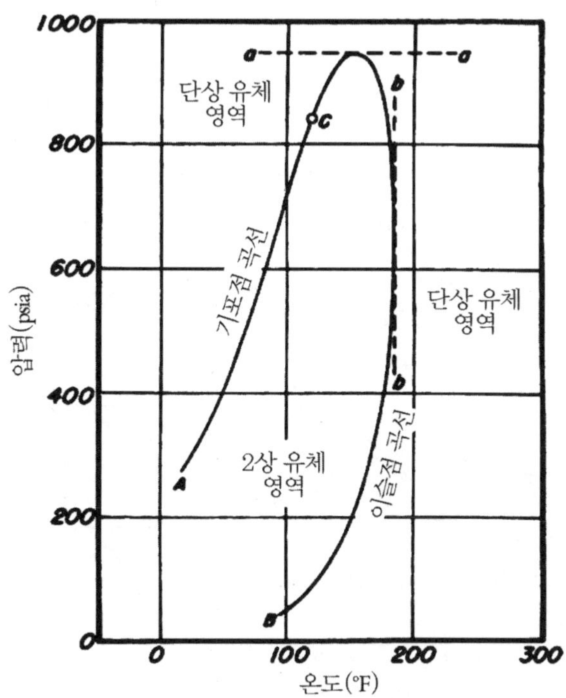

〈그림 4-4〉 96.83 몰퍼센트의 에탄을 함유하고 있는 에탄-헵탄 혼합물의 압력-온도 곡선(Standing, 1952)

존재하기 때문에 단일 성분계에서 사용된 임계온도 및 임계압력의 정의가 이중 성분계 혼합물에서는 적용될 수 없음을 알 수 있다. 그러므로 임계상태의 정의는 액체와 기체상의 모든 물리적 성질들이 같게 되는 상태로 수정해야만 보다 합리적인 개념이 된다. 이러한 정의는 단일 성분계에도 똑같이 적용될 수 있으나, 구체적인 상의 변화 상태를 묘사하기에는 부적합하다.

임계압력, 임계온도, 최대 임계온도, 그리고 최대 임계압력들은 혼합물의 구성 성분에 따라 달라진다. 예를 들어, 〈그림 4-4〉를 보면 에탄 96.83몰%의 임계상태가 2상 최대 압력 왼쪽 밑에 있으나, 헵탄 퍼센트가 증가함에 따라 임계상태가 포락선의 오른쪽으로 이동한다. 그리고 〈그림 4-5〉에서는 헵탄이 75몰%인 경우 임계상태가 최대 임계압력의 오른쪽 밑에 놓여 있는 것을 볼 수 있다. 〈그림 4-6〉은 일반 성분비로 구성된 이중 성분계의 P-V 관계를 나타낸 것으로, 단일 성분계의 P-V 관계와 비교할 때 특이한 상황은 계가 이슬점 상태에서 기포점 상태로 이동하면서 압력 변화가 생긴다는 것이다. 이는 계가 2상 공존 지역을 통과할 때 액체와 기체의 성분에 변화가 일어나기 때문이다.

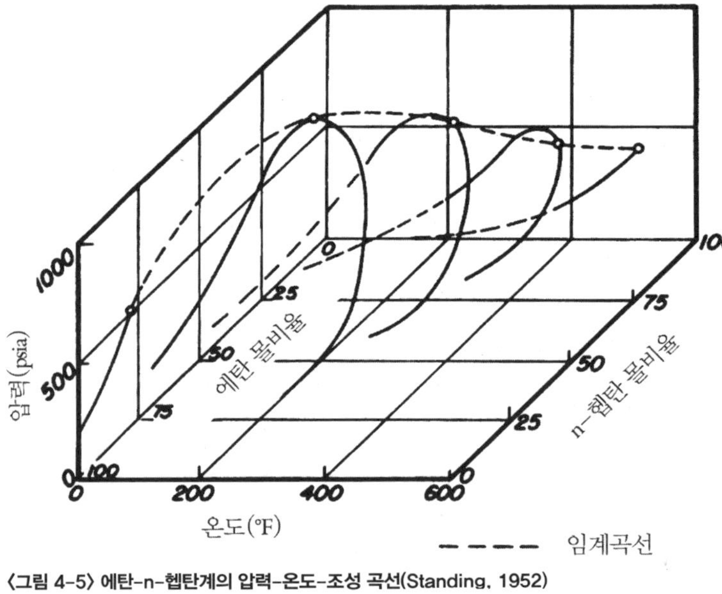

〈그림 4-5〉 에탄-n-헵탄계의 압력-온도-조성 곡선(Standing, 1952)

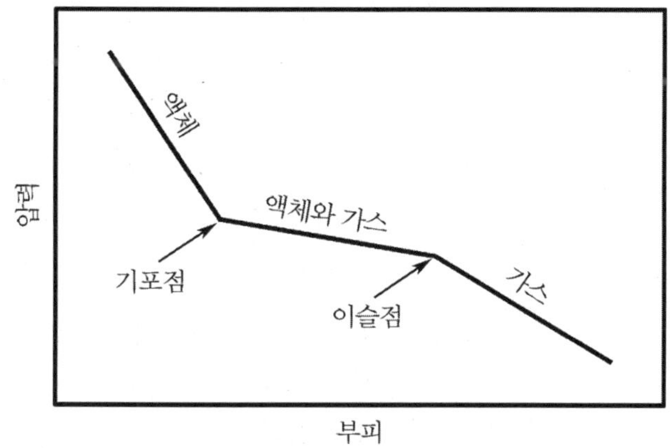

〈그림 4-6〉 이중 성분계의 압력-부피도

4.1.3. 다중 성분계

다중 성분계의 상거동은 에탄-헵탄계의 2상거동과 유사하기 때문에 이중 성분계의 임계온도와 압력의 개념은 다상거동을 묘사하거나 관련성을 나타내는 데도 유용하다. 사실상 임계온도 하나만으로 우리는 어떤 저류층 유체의 PVT(압력, 체적, 온도)거동에 관련된 이상적인 평가를 할 수 있다. 임계상태에 관한 개념을 저류층 유체 평가에 적용하기 위해 Katz와 Kurata는 천연가스나 가솔린의 혼합물을 저류층 유체로 가정하고, 이러한 혼합물이 실험실의 다양한 온도-압력 조건에서 나타내는 상거동을 조사하여 〈그림 4-7〉을 작성했다. 〈그림 4-7〉에 나타난 실험 결과로부터 확인할 수 있듯이, 2상포락선의 일반적인 모양이 이중 성분계에서 나타나는 포락선과 유사하며 기포점과 이슬점들이 만나는 경향도 같다. 사실 천연가스-천연가솔린의 상거동과 에탄-헵탄의 상거동 사이의 유일한 차이는 다중 성분계의 임계압력이 이중 성분계의 압력보다 높다는 것뿐이므로, 〈그림 4-7〉에 있는 상거동 양태를 저류층 유체의 상거동 해석에 이용할 수 있다. 만약 초기 압력과 온도가 3,000psia와 190°F인 저류층 상태에서 압력이 2,689psia로 떨어지면 저류층에 액체상이 나타나기 시작하며, 액체의 양은 2,200psia에서 최대 11%까지 증가한다. 압력을 더 감소시키면 액체의 재기화 현상이 일어나

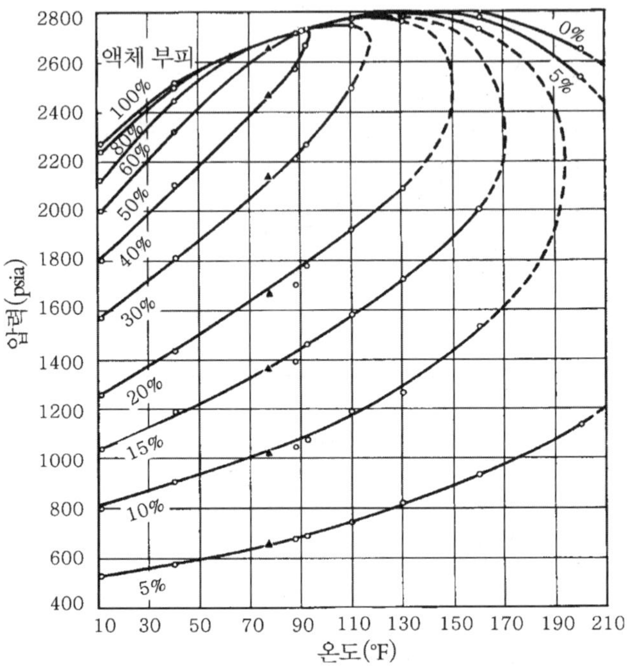

〈그림 4-7〉 천연가스-가솔린 혼합물의 상추이 곡선(Katz와 Kurate, 1940)

는데, 이렇게 압력 감소에 의해 기체로부터 액체가 생성되는 것을 역액화 현상(retrograde condensation)이라고 한다. 반면, 이와 달리 압력의 증가로 인해 액체가 기화되는 현상을 역기화 현상(retrograde vaporization)이라고 부른다. 〈그림 4-7〉의 임계압력인 2,750psia 이상의 저류층 압력 상태에서는 물론 이러한 현상을 확인할 수 있다.

상의 역거동을 이해하는 쉬운 방법은 '정상적인 현상의 반대 방향으로'라는 의미를 가진 단어 'retrograde'를 인식하는 것이다. 단일 성분들이 등압일 때 온도 상승에 따라 기화하는 것처럼, 상의 역거동의 경우는 등압일 때 온도가 증가할 때 액체상이 형성되므로 일반적 거동과는 반대가 된다. 즉, 압력이 증가하는 동안 액체상이 어느 정도 감소하게 되는 이중 성분계나 다중 성분계의 특성 거동을 상의 역거동 현상이라고 한다. 〈그림 4-7〉에서 저류층의 초기 온도가 70°F이고 기포점 압력이 2,690psia이면, 저류층은 초기에 액체로 포화되어 있어서 압력 강하에 따라 저류층에서 가스가 생성됨을 알 수 있다. 그러므로 이러한 복잡한 상거동 양상은 탄화수소의 최대 회수율을 얻기 위해 설정된 생산 방식과 저류층의 압력·생산량 관계에 변화를 야기한다.

위 실험에서 얻게 되는 주요한 사실은 다음과 같다.

① 탄화수소계의 구성 성분은 계의 임계압력과 온도를 결정하며, 가벼운 탄화수소의 양이 증가함에 따라 임계온도는 감소한다.

② 탄화수소계의 임계온도와 저류층 온도의 비교를 통해 상의 역거동 유무를 결정할 수 있으며, 계의 이슬점 또는 기포점 상태에 따라 저류층의 유동 방식이 판정된다.

그러나 원유−천연가스계의 임계온도에 대한 정보가 제한된 석유 저류층에 이와 같은 원리들을 정확하게 적용하는 것은 어렵다. 더구나 실제 현장에서는 석유와 가스가 각각 다중 성분계이므로 단순한 실험 결과를 통해 정량화할 수는 없지만, 다음과 같은 정성적인 서술은 가능하다.

① GOR이 100,000ft^3/bbl보다 크고 단일상으로 존재하는 저류층은 메탄이나 다른 가벼운 탄화수소 성분들을 많이 포함하고 있으므로 계의 임계온도는 −116°F 근처의 낮은 수준일 것이다. 이 계에 속하는 저류층 유체를 dry 가스라고 하며, 대표적인 상거동은 〈그림 4−8〉에 도시한 바와 같다.

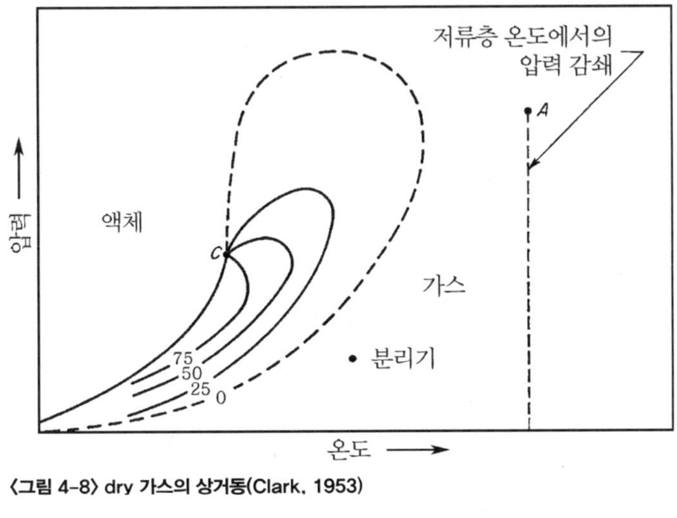

〈그림 4−8〉 dry 가스의 상거동(Clark, 1953)

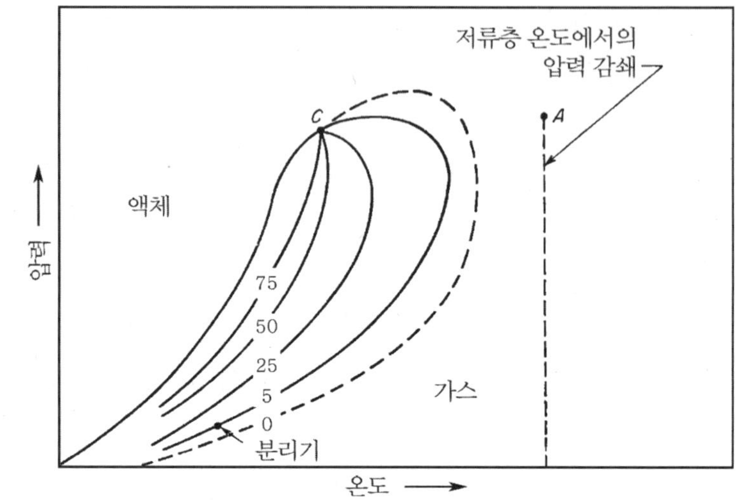

〈그림 4-9〉 wet 가스의 상거동(Clark, 1953)

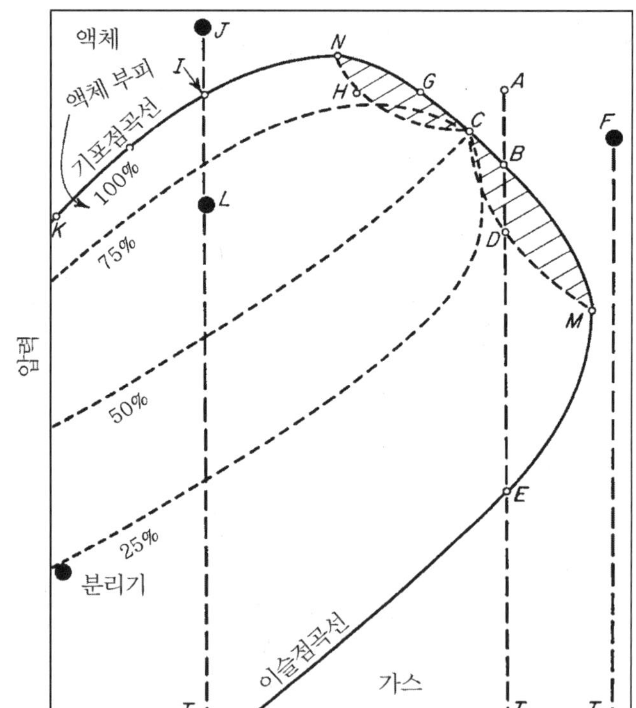

〈그림 4-10〉 retrograde 가스의 상거동(Amyx, 1960)

② 저류층온도가 150~300°F일 때 상의 역거동 현상이 일어나며,이러한 성질을 가지는 저류층 유체를 wet 가스와 retrograde 가스라고 한다. 이들 유체의 GOR은 8,000~70,000scf/stb이고 상거동 양태는 〈그림 4-9〉와 〈그림 4-10〉에 각각 도시되어 있다. wet 가스와 retrograde 가스의 기본적인 차이점은, wet 가스는 retrograde 가스보다 가벼운 탄화수소 결합체로 구성되어 있어서 지상에서 회수되는 액화석유의 양이 적고 상의 역거동 현상이 저류층 속에서만 발생한다는 점이다. 그리고 'wet'라는 단어도 가스의 일부분이 석유에 젖어 있다는 뜻에서 붙여진 것이다.

③ GOR이 8,000ft^3/bbl보다 작은 단상계는 저류층 온도보다 임계온도가 높기 때문에 초기 포화상태는 액체이며 초기 생산은 용해가스의 팽창 기능(dissolved gas drive)에 의해 수행된다. 이 범주에 속하는 저류층 유체는 저팽창 석유와 고팽창 석유로 분류될 수 있으며, 이들에 대한 상거동 양상은 〈그림 4-11〉과 〈그림 4-12〉에서 보는 바와 같다. 〈그림 4-11〉에서 저팽창 석유의 최대 임계압력은 계의 임계치보다 왼쪽에 위치하고 있으며, 포락선이 이슬점 곡선에 가깝게 발달되어 있다. 또 유체는 비교적 무거운 성분으로 구성되어 있으므로 석유의 지상 회수율이 상당히 높다. 그림에서 수직 점선은 등온 생산 곡선을 가리키며 불리기 위치가 표시되어 있다. 다상 성분계에서

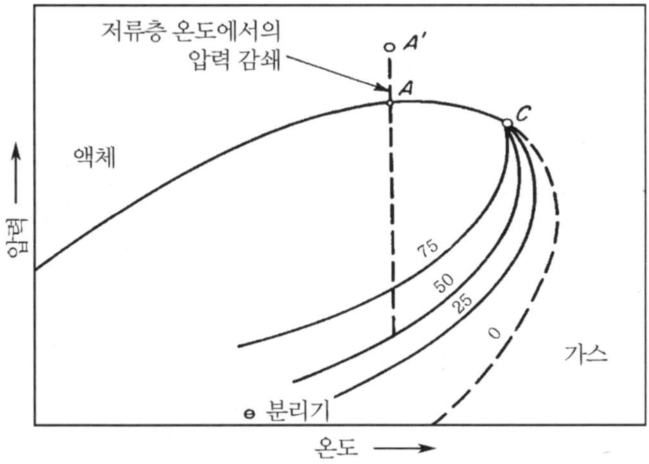

〈그림 4-11〉 저팽창 석유의 상거동(Clark, 1963)

또 하나의 저류층 유체인 고팽창 석유의 상거동 양태는 〈그림 4-12〉를 통해 알 수 있는데, 그림을 보면 포락선이 저팽창 석유와 달리 좌우로 균형을 이루고 있으며 최대 임계압력의 위치도 임계압력과 비슷하다. 〈그림 4-12〉

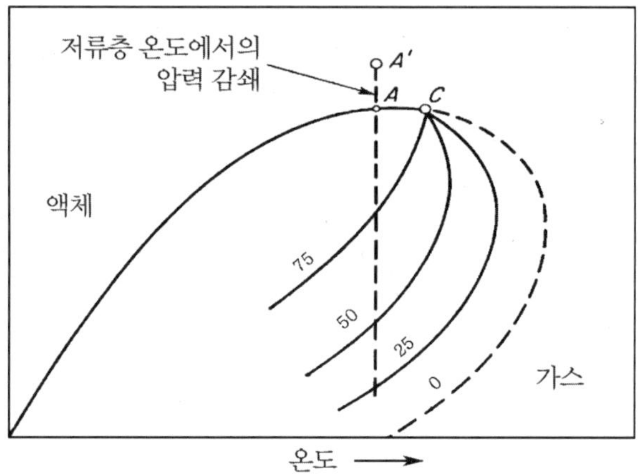

〈그림 4-12〉 고팽창 석유의 상거동(Clark, 1953)

〈표 4-2〉 저류층 유체의 액체 생성량과 성분 비교표(Thornton, 1947)

유체	Dry 가스 (몰%)		Condensate 가스 (몰%)		저팽창 석유 (몰%)	
메탄	91.32		87.07		57.83	
에탄	4.43		4.39		2.75	
프로판	2.12		2.29		1.93	
부탄	1.36		1.74		1.60	
펜탄	0.42		0.83		1.15	
헥산	0.15		0.60		1.59	
석유	0.20		3.08		33.15	
	액체비중	가스-액체비	저류층 조건		이슬점	기포점
	°API	ft3/bbl	온도, °F	압력, psi	psi	psi
가스 ;						
wet 가스	65	67000	160	1,700		
consendate 가스	55	18500	203	4,810	4,470	
석유 ;						
저팽창 석유	38	900	211	4,750		4,600
고팽창 석유	58	2700	203	4,700		3,855

의 점 A' 에서는 저류층의 초기 상태 유체인 불포화 석유이며, 이것은 석유 속의 가스가 방출되기 위해서 상당한 압력 감소가 있어야 함을 의미한다. 그림의 점 A는 기포점 선상에 있으므로 압력 감소와 동시에 가스가 방출되는 포화 유체를 말한다. 고팽창 석유는 저팽창 석유보다 비교적 가벼운 탄화수소로 구성되어 있기 때문에 지상에서 석유의 회수율은 낮고 가스 생산량은 많은 것이 특징이다.

자연적으로 발생하는 저류층 탄화수소 유체의 특성 분석표 〈표 4-2〉가 각 유체의 상거동과 구성 성분을 이해하는 데 도움이 될 것이다.

4.1.4. 유체의 다상 유동

유체 투과율이 유체의 포화도와 직접적으로 관련되어 있다는 것은 이미 상대 유체 투과율 설명에서 자세히 언급했다. 여기서는 석유에 대한 가스의 상대적 유량을 다상 유동과 관련시켜 설명하고자 한다. 상대 유량 산출식에 내재되어 있는 일반적인 과정을 보면, 탄화수소계의 압력 구배는 거의 같고 물에 의한 압력 구배는 무시됨을 알 수 있다. 위의 과정과 Darcy 방정식을 이용하여 유도된 상대 유량 산출식은 다음과 같다.

$$\frac{Q_g}{Q_o} \approx \frac{k_g}{k_o}\frac{\mu_o}{\mu_g}$$

점성비인 μ_o/μ_g는 10~10^6의 값을 가지며 투과율비인 k_g/k_o는 0에서 무한대까지 광범위하게 변하는데, 우선 투과율비를 상거동과 연결시켜 고찰해 볼 수 있다.

〈그림 4-7〉에서 초기 저류층 상태가 2,800psia와 70°F이고 유체 투과율 곡선이 〈그림 4-13〉과 같이 도시되어 있을 경우의 다상 유동을 요약하면 다음과 같다.

① 초기 상태의 석유 투과율은 50md이다.

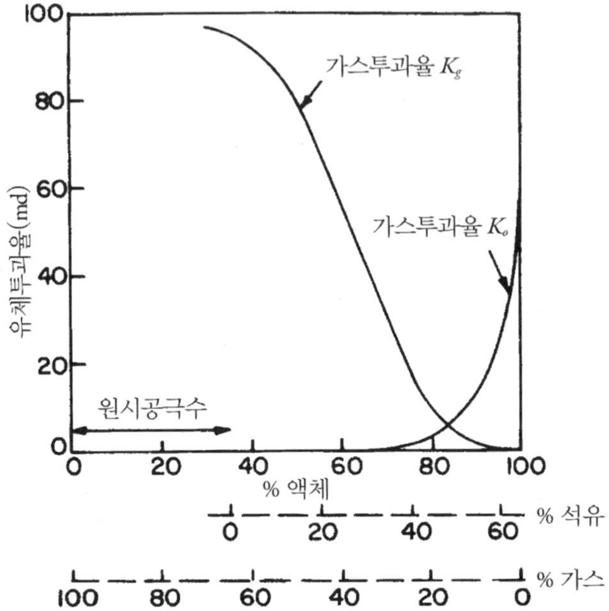

〈그림 4-13〉 고결사암의 다상 유체 투과율 곡선(Standing, 1952)

② 저류층 압력이 기포점 압력(2,690psia) 이상으로 유지될 경우 저류층 공극에서의 가스 생성은 없지만, 저류층의 평균 압력보다 일반적으로 낮은 압력이 유지되는 생산정 주변 지역에서는 가스가 생성되기 시작한다.

③ 저류층 압력이 2,690psia 이하로 강하되면 공극 속에 원유로부터 방출된 가스가 축적되지만 유동은 없다. 즉, 그림에서 암시하듯이 가스 포화도가 5% 이상일 때 유동이 시작된다.

④ 가스의 축적이 생산정 주변에서 증가되면서 석유의 생산 능력은 감소한다.

⑤ 유동 임계 가스 포화도 이상에서 유체 투과율비 k_g/k_o와 μ_o/μ_g가 급격하게 증가하여, 가스 포화도가 30~50%에 도달할 때 석유 생산 능력은 상실된다.

이러한 현상을 용해가스 팽창에 의한 석유 회수 기능이라고 하며, 이 기능에 의한 최대 회수율은 매장량의 25% 이하이다.

다음으로, 저류층의 초기 온도가 190°F인 액화가스 저류층의 경우를 요약해보자.

① 위의 저류층에서 액화된 석유의 양은 탄화가스의 6~11% 정도이며, 이것을 공극 체적으로 환산해보면 원시 함수율이 35%이므로 11%×(1−0.35) =7.1%가 된다.

② 유체 투과율 그림에서 알 수 있듯이 석유가 유동할 수 있는 최소 포화도는 35%이므로, 저류층 공극 속의 유동 능력 면만을 볼 때 액화된 석유량 7.1%는 불유동 유체이다. 그러나 저류층 공극 속과 생산정 주변의 압력 차이로 인하여 액화된 생산정 주위의 석유량은 임계 포화도 이상의 값을 가지므로, 생산정 주위에서 실질적인 유동이 일어나고 있다.

4.2. 천연가스

탄화수소 혼합물인 천연가스는 주어진 압력과 온도에서 기체 상태로 존재하기 때문에, 기체의 일반적인 특성과 이를 제어하는 방정식을 도입하여 천연가스의 물성을 설명하도록 하겠다.

4.2.1. 이상기체 방정식

가스는 모양과 부피가 일정하게 정해지지 않은 유체로 정의된다. 가스의 열역학적인 특성을 파악하기 위하여 먼저 가스의 기본 법칙들을 살펴보기로 하겠다. 이러한 기본 법칙들 가운데 하나는 온도가 일정할 때 압력은 가스의 부피에 반비례한다는 보일의 법칙(Boyle's law)이다. 이를 식으로 표현하면 다음과 같다.

$$V \approx \frac{1}{P}, \text{ 즉 } PV = C' \qquad \text{이때 } T\text{는 일정}$$

여기서, P : 압력, V : 부피, T : 온도

두번째는 Charles와 Gay-Lussac의 법칙으로, 압력이 일정할 때 기체의 부피는 온도에 따라 변하며 또한 일정한 부피하에서 압력은 온도에 따라 변한다는 것이다. 이 법칙을 방정식 형태로 표현하면 다음과 같다.

$P = KT$ $\quad V$: 일정

$V = R'T$ $\quad P$: 일정

C', K, K'는 비례상수이다. 위 법칙들로부터 이상기체 법칙을 유도할 수 있다.

$P_1 v_1 = P_2 v_n$ $\quad T_1$일 때 보일의 법칙에서

$\dfrac{v_n}{T_1} = \dfrac{v_2}{T_2}$ $\quad P_2$일 때 샤를의 법칙에서

v_n은 P_2와 T_1에서의 비체적이며, v_2는 P_2와 T_2에서의 비체적, 그리고 v_1은 P_1와 T_1에서의 비체적이다.

$$v_n = \frac{P_1 v_1}{P_2} = \frac{v_2 T_1}{T_2}$$

이로부터 다음 식을 얻을 수 있다.

$$\frac{P_1 v_1}{T_1} = \frac{P_2 v_2}{T_2} = R' \tag{4-1}$$

그리고 이를 일반화하면 다음 식 (4-2)와 같다.

$$Pv = R'T \tag{4-2}$$

여기서 R' 은 사용된 기체의 성질에 따라 결정되는 특정 기체상수이며, 각종 기체에 대한 값들은 실험을 통해 얻을 수 있다. 가령 메탄의 경우 대기압 상태에서 온도가 32°F일 때 R' 는 96.2ft lb/(lb)(°R)이며, 각 단위는 P(lb/ft^2), v(ft^3/lb), T(°R)이다.

식 (4–2)의 양 변에 기체의 중량 W를 곱하면 다음과 같이 된다.

$$PWv = WR'T$$

$$PV = WR'T \qquad (4\text{–}3)$$

이 식에서 V는 W의 중량을 가진 기체의 부피이다.

식 (4–2)는 가스 측정에는 매우 유용하지만 가스의 질량과 부피와의 관계를 나타내지 못하므로, 아보가드로 법칙, 즉 "주어진 온도 압력에서 모든 이상기체들은 일정한 부피 내에 같은 수의 분자를 가지고 있다"는 법칙을 도입한다. 물질 1몰은 해당 물질의 무게와 분자량이 같을 때의 양을 말한다. 또한 어떤 물질 1몰은 다른 물질 1몰과 같은 수의 분자를 포함하므로, 주어진 온도–압력하에서 모든 기체 1몰은 같은 부피를 차지하고 있다.

기체 1몰에 대해

$$W = M$$

여기서 M은 분자량이며, 이를 식 (4–3)의 W에 대입하면

$$PV = MR'T$$

또는

$$V = \frac{MR'T}{P}$$

이다. 아보가드로 법칙으로부터 주어진 온도-압력에서 모든 기체들은 같은 부피를 가지므로 MR' 는 상수이며, 이는 산소, 헬륨, 질소 등의 기체 실험을 통해 명확하게 알 수 있다. 그리고 MR' 을 R나타내고 $nM = W$이기 때문에 이상기체 상태방정식은 다음과 같다.

$$PV = nRT \tag{4-4}$$

여기서 n은 기체의 몰수이다.

기체상수 R은 기체의 종류와는 무관하지만 일정한 차원을 가지기 때문에 기체상수의 정확한 값은 사용된 단위에 따라 달라진다.

영국의 중력 단위계로 압력(psia=lb/in^2), 부피(ft^3), n(lb몰수), T(°R)와 같은 단위를 가질 때, 아보가드로 법칙에 의해 이상기체 1몰은 60°F, 14.7psia에서 379.56ft^{3}의 부피를 차지하므로 다음과 같이 된다.

$$R = \frac{PV}{nT} = \frac{(14.7\text{psia})(379.56\,\text{ft}^3)}{(1\text{lb-mole})(520°\text{R})} = 10.73(\text{psia})(\text{ft}^3)/(\text{lb-mole})(°\text{R})$$

〈표 4-3〉에는 여러 가지 단위계에서의 R값이 나타나 있다. 이상기체 방정식을 이용하여 가스의 주요 물리적 성질인 밀도와 비체적을 다음과 같이 산출할 수 있다.

〈표 4-3〉 각종 단위계에 대한 기체상수 R의 값

압력	부피	온도	n	R
기압	cc	캘빈(°K)	(그램-몰)	82.057
기압	리터	캘빈(°K)	(그램-몰)	0.082054
기압	ft^3	랭킨(°R)	(파운드-몰)	0.7302
psi	ft^3	랭킨(°R)	(파운드-몰)	10.73
psi	ft^3	랭킨(°R)	(파운드-몰)	1,544

$$\text{밀도 } \rho = \frac{W}{V} = \frac{PM}{RT} \tag{4-5}$$

$$\text{비체적 } v = \frac{V}{W} = \frac{RT}{PM} \tag{4-6}$$

기체의 밀도나 비체적은 압력, 온도, 분자량의 함수이다.

예제 4-1 이상기체 방정식으로부터 밀도 계산

대기압이 14.7psia일 때 0psig, 60°F에서의 메탄의 밀도를 구하라.

$$\text{메탄의 밀도} = \frac{14.7(16)}{10.73(520)} = 0.04122$$

60°F, 14.7psia에서의 메탄의 밀도=0.04122lb/ft^3

이제 50psig와 32°F일 때의 메탄의 밀도를 구해보면 다음과 같다.

$$\text{메탄의 밀도} = \frac{64.7(16)}{10.73(492)} = 0.1961$$

32°F, 64.7psia에서의 메탄의 밀도=0.1961 lb/ft^3

4.2.2. 실제기체 방정식

앞 절에서는 기체를 완전한 이상기체로 가정하여 보일·샤를의 법칙으로부터 이상기체 방정식을 유도했지만, 다양한 온도와 압력 조건을 갖는 혼합기체에 이상기체 방정식을 적용하는 데는 한계가 있다. 그리하여 모든 기체에 대해 보다 정확하게 적용될 수 있는 기체 방정식을 만들려는 노력이 계속되어왔다. 이러한 시도의 결과로 유도된 방정식이 Van der Waals 방정식이다. 이상기체의 분자 사이에는 인력이 작용하지 않는다는 가정이 가능하지만, 실제기체에서는 이러한 가정을 적용할 수 없다. 압력이 낮을 때는 기체 분자들이 서로 멀리 떨어져 있기 때문에 이들 분자 사이에 인력이 작용하지 않지만, 높은 압력에서는 기체 분자가 매우 가깝게 밀착되어 분자들 사이에는 서로 당기는 인력이 중요한 요소로 작용한다.

이러한 측면에서 볼 때 압력 계측기에서 측정되는 압력은 충돌 압력이며, 내부 압력은 충돌 압력보다 분자들 사이에서 작용하는 인력을 극복하기 위해 필요한 에너지의 양만큼 큰 값을 가진다. 그러므로 내부 압력은 측정된 압력에다 분자들 사이의 인력을 보정하기 위하여 사용된 보정 압력 P'를 더해준 압력이다. 따라서 상태방정식에서는 $P_i = (P + P')$이며 P'은 n^2/v^2에 비례한다. 여기서 n은 부피 V 내부에 존재하는 기체의 몰수이다. 따라서

$$P' = \frac{n^2}{V^2}a$$

a는 시스템 내에서 기체의 종류에 의존하는 상수이다. 이상기체에서는 분자가 차지하는 부피가 무시되지만, 실제기체에서는 기체 분자들 자체의 부피가 있으므로 압축될 수 있는 자유 부피는 전체 부피보다 작게 된다. 만약 1몰의 순수 기체 분자들이 차지하는 부피가 b이면 이때 압축 가능한 자유 부피는 다음과 같다.

$$V' = V - nb$$

여기서 b는 각 기체의 종류에 따라 정해지는 상수이다. 이상과 같은 이론으로부터 Van der Waals 방정식은 다음과 같이 발전된다.

$$\left[P + \frac{n^2}{V^2}a\right](V - nb) = nRT \tag{4-7}$$

기체 1몰에 대해서 Van der Waals 방정식은 다음과 같다.

$$\left[P+\frac{a}{V^2}\right](V-b)=RT \tag{4-8}$$

이상기체 방정식은 낮은 압력에서만 적용할 수 있지만 Van der Waals 방정식은 비교적 높은 압력에서 사용할 수 있다. 그러나 Van der Waals 방정식이 적용될 수 있는 압력의 한계가 저류층의 압력 상태까지 가능한 것은 아니다. Van der Waals 방정식에 포함되어 있는 a, b는 분자들의 크기에 의존하는 임의상수이며, 〈표 4-4〉에 여러 가지 기체들에 대해 임의상수 a, b의 값이 나와 있다.

이러한 각종 기체에 대한 상수값의 결정이 방정식의 유용성을 제한하고 있다. 특히 5개의 임의상수를 포함하는 Beattie-Bridgeman 상태방정식은 순수 기체의 거동을 매우 정확하게 설명하고 있지만, 이 방정식 역시 앞의 두 상태방정식과 마찬가지로 가스 혼합물에 대해서는 상수 결정의 복잡성 때문에 매우 제한적으로 적용된다. 즉, 혼합기체 상수를 결정하기 위해서는 혼합물 내의 구성 성분 수와 같은 수의 방정식을 동시에 풀어야 하기 때문이다.

순수한 물질에 적용되는 Beattie-Bridgeman의 상태방정식은 다음과 같다.

$$P=\frac{RT}{V^2}V+B_o\left[1-\frac{b}{V}\right]-\frac{c}{VT^3}-\frac{A_o}{V^2}\left[1-\frac{a}{V}\right] \tag{4-9}$$

〈표 4-4〉 여러 가스의 Van der Waals 상수(Daniels 외, 1948)

가스	분자식	a	b
이산화탄소	CO_2	3.59	0.0427
에탄	C_2H_6	5.49	0.0638
수소	H_2	0.244	0.0266
메탄	CH_4	2.25	0.0428
질소	N_2	1.39	0.0391
산소	O_2	1.36	0.0318

a : 기압-(리터)^2/몰)^2
b : 리터/몰

여기서, P : 압력

T : 온도(°K)

V : 부피(리터/몰)

그리고 A_o, B_o, a, b, c는 각각의 순수 기체에 대해 경험적으로 정의되는 상수이다. 탄화수소 혼합물에 대한 Benedict, Webb, Rubin의 상태방정식은 다음과 같다.

$$P = RT\rho_m + \left[BRT - A - \frac{C}{T^2}\right]{\rho_m}^2 + (bRT - a){\rho_m}^3 + a\alpha{\rho_m}^6$$

$$+ \frac{c{\rho_m}^3}{T^2}\left[(1 + \gamma{\rho_m}^2)e^{-\gamma\rho m^2}\right] \qquad (4\text{–}10)$$

여기서, $B = \sum y_i B_i$

$A = \left[\sum y_i A_i^{1/2}\right]^2$

$C = \left[\sum y_i C_i^{1/2}\right]^2$

$b = \left[\sum y_i b_i^{1/3}\right]^3$

$a = \left[\sum y_i a_i^{1/3}\right]^3$

$c = \left[\sum y_i c_i^{1/3}\right]^3$

$\alpha = \left[\sum y_i \alpha_i^{1/3}\right]^3$

$\gamma = \left[\sum y_i \gamma_i^{1/2}\right]^2$

여기서 B_i, A_i, C_i, a_i, b_i, c_i, α_i, γ_i는 혼합물의 i번째 성분에 대해 경험적으로 정의된 상수들이며, ρ_m은 몰랄밀도, P는 절대압력, R은 기체상수, T는 절대온도이다.

석유공학에서는 다양한 압력 조건에서의 가스 혼합물 거동을 나타내기 위하여 압축지수 Z를 사용하고 있으며, 이때 압축지수 Z는 이상기체 방정식을 보정하는 상수이다.

$$PV = ZnRT \tag{4-11}$$

Z는 정의에 의해 다음과 같이 표현된다.

$$Z = \frac{PV}{P_o V_o} = \frac{PV}{nRT} \tag{4-12}$$

여기서 P_o, V_o는 이상기체 법칙에서 계산된 압력과 부피이다.

〈그림 4–14〉에서부터 〈그림 4–17〉까지는 온도–압력에 따른 메탄, 에탄, 프로판, n–부탄의 압축지수 Z를 도시한 것이다. 압축지수는 기체 혼합물의 상이 단상일 때만 정의되며, 그림의 점선은 2상 영역과의 경계를 표시한다. 이러한 도표들은 특정 기체에 대한 실험을 통해 얻은 결과이며, 이 도표로부터 얻은 압축지수는 기체의 부피 및 밀도를 계산하는 데 이용된다. 〈그림 4–18〉에서부터 〈그림 4–21〉까지에는 메탄, 에탄, 프로판, n–부탄의 밀도를 보정하는 도표이다. 이때 2상 영역은 도표의 점선으로 구분되어 있으며 압력이 증가함에 따라 기체의 밀도는 액체의 밀도에 접근해간다.

4.2.3. 천연가스의 물성

탄화수소 혼합물인 천연가스는 구성 성분에 의해 물성이 결정되므로, 우선 구성 성분 표현법에 대하여 설명하고자 한다. 일반적으로 어떤 혼합물의 구성 성분은 중량%, 부피%, 몰% 등으로 나타낼 수 있다. 아보가드로의 법칙에 따르면, 온도와 압력이 같은 조건에서 기체 1몰은 똑같은 부피를 갖기 때문에 기체의 경우 몰%와 부피%는 동일하다.

경우에 따라서는 중량을 기초로 나타낸 분석을 몰을 기초한 분석으로 변환하는 것이 바람직하며, 이러한 구체적인 전환 방법은 [예제 4–2]에 표로 정리되어 있다.

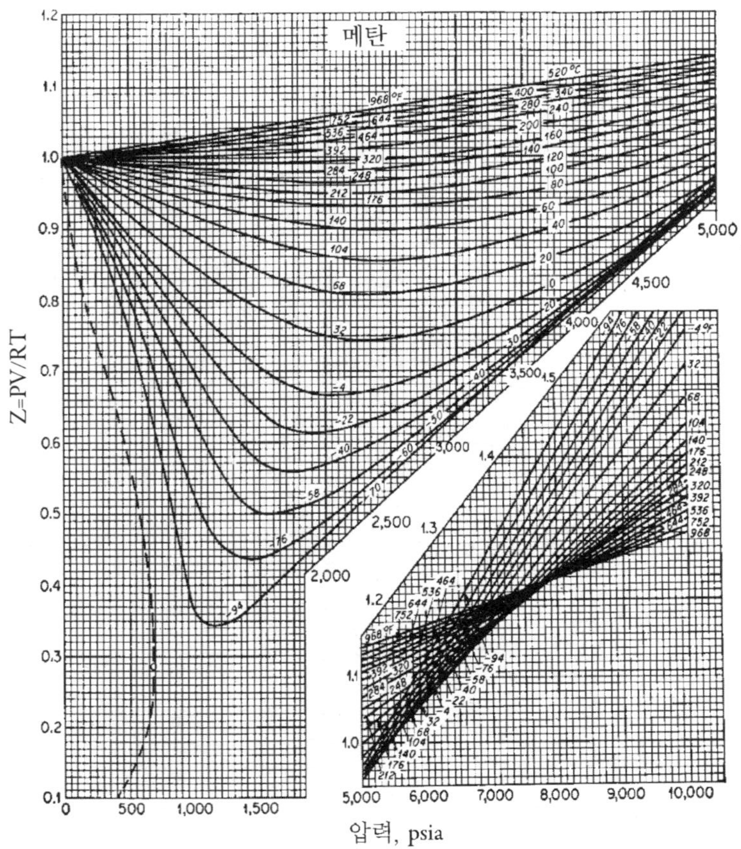

〈그림 4-14〉 메탄의 압축지수 곡선(Brown 외, 1948)

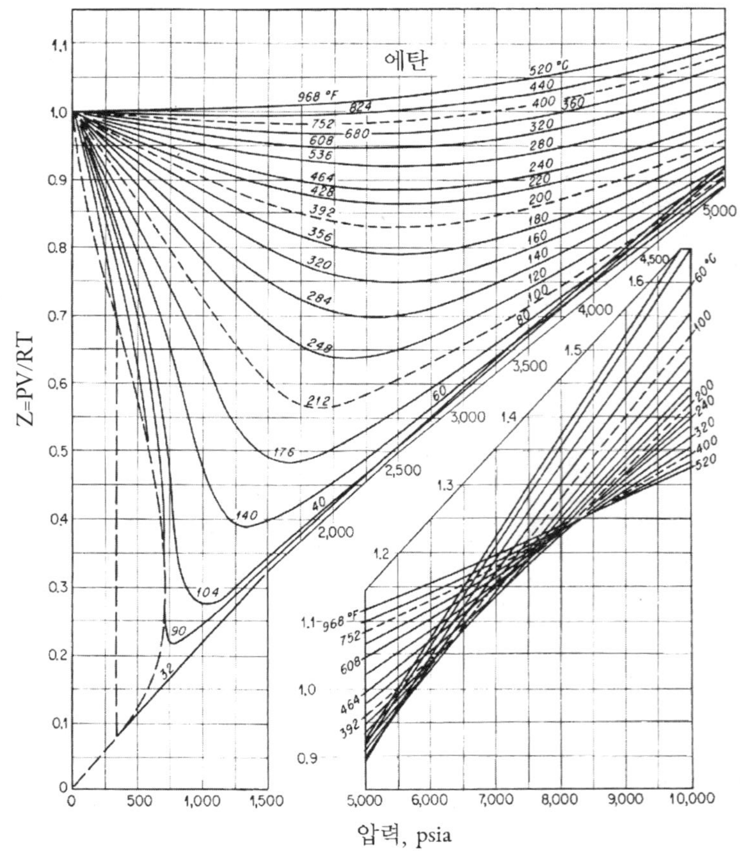

〈그림 4-15〉 에탄의 압축지수 곡선(Brown 외, 1948)

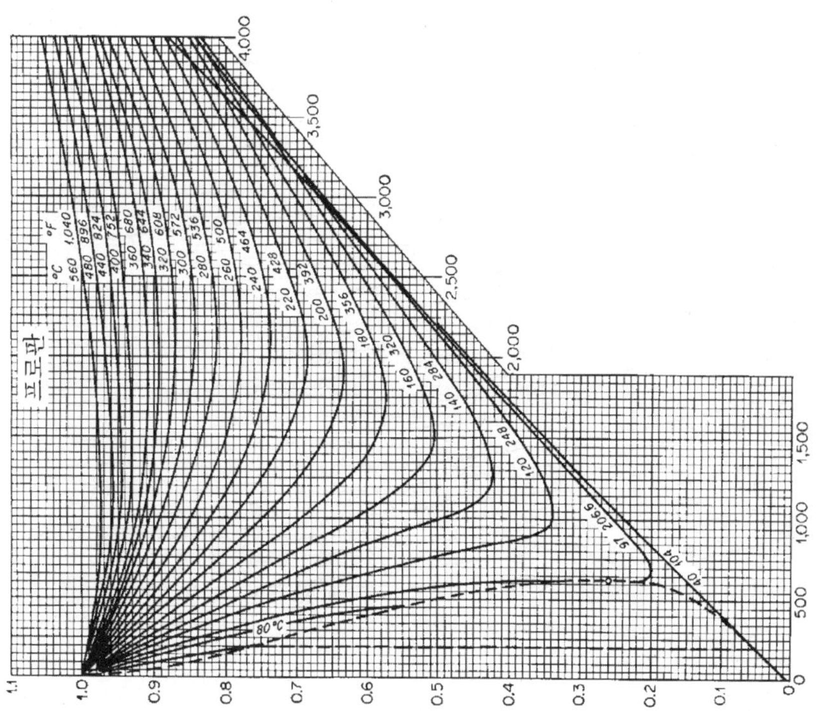

〈그림 4-16〉 프로판의 압축지수 곡선(Brown 외, 1948)

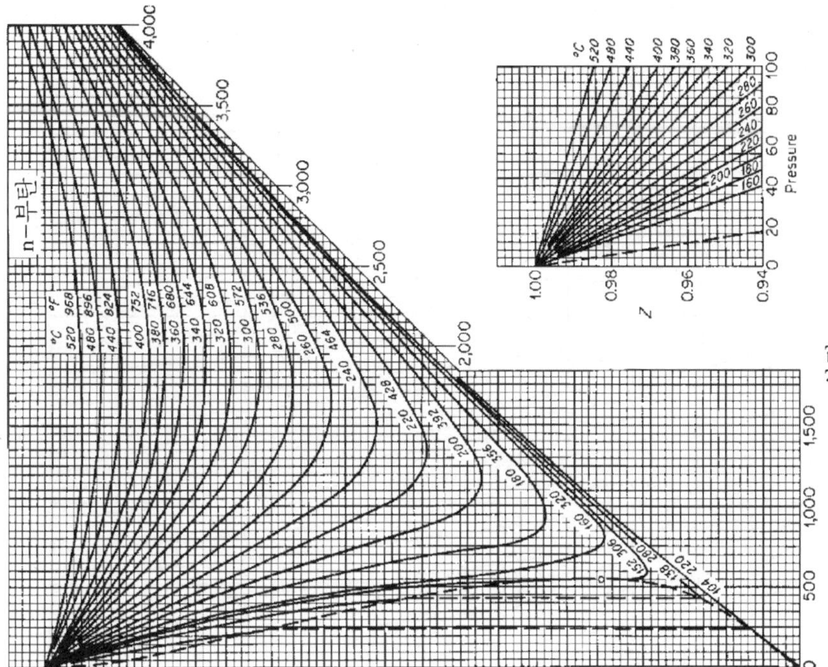

〈그림 4-17〉 n-부탄의 압축지수 곡선(Brown 외, 1948)

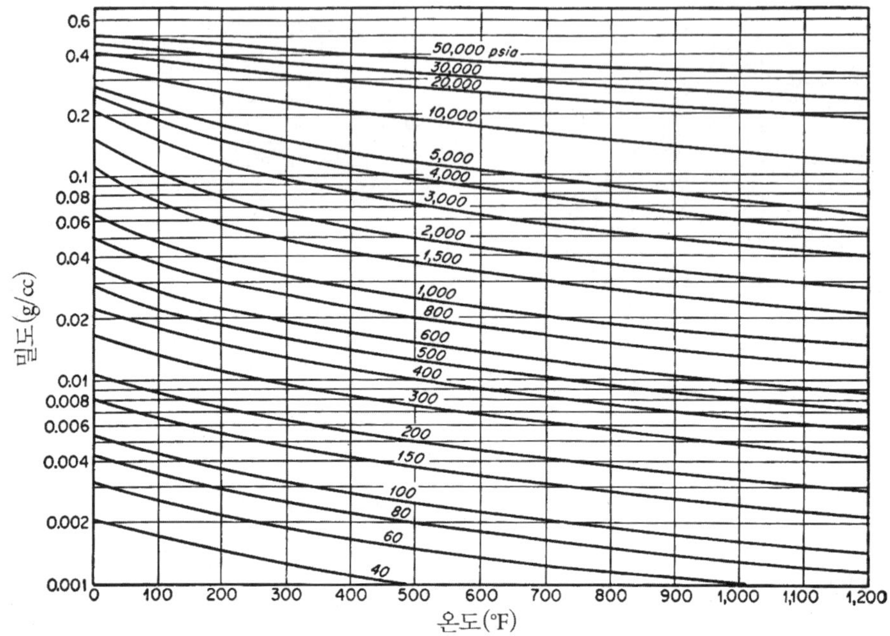

〈그림 4-18〉 메탄의 밀도 곡선(Brown 외, 1948)

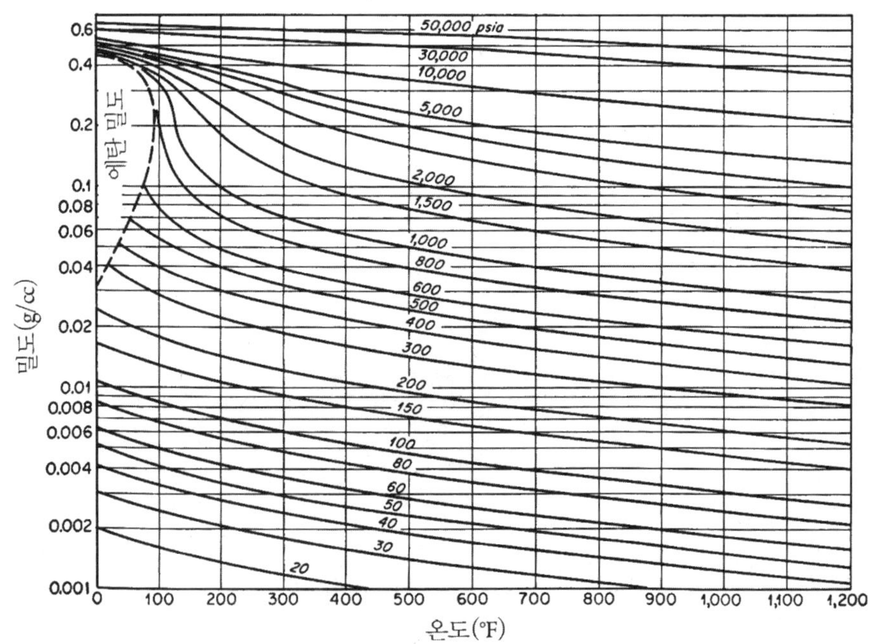

〈그림 4-19〉 에탄의 밀도 곡선(Brown 외, 1948)

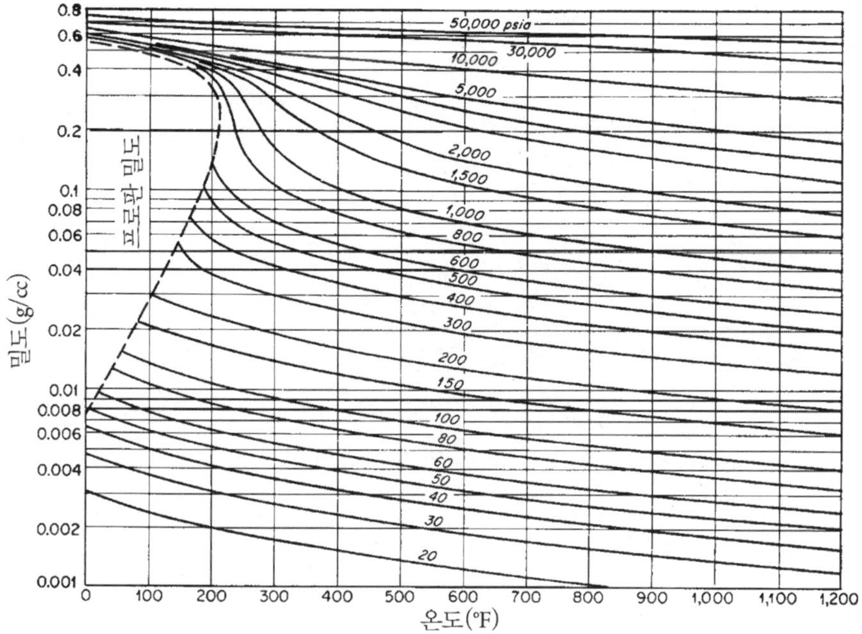

〈그림 4-20〉 프로판의 밀도 곡선(Brown 외, 1948)

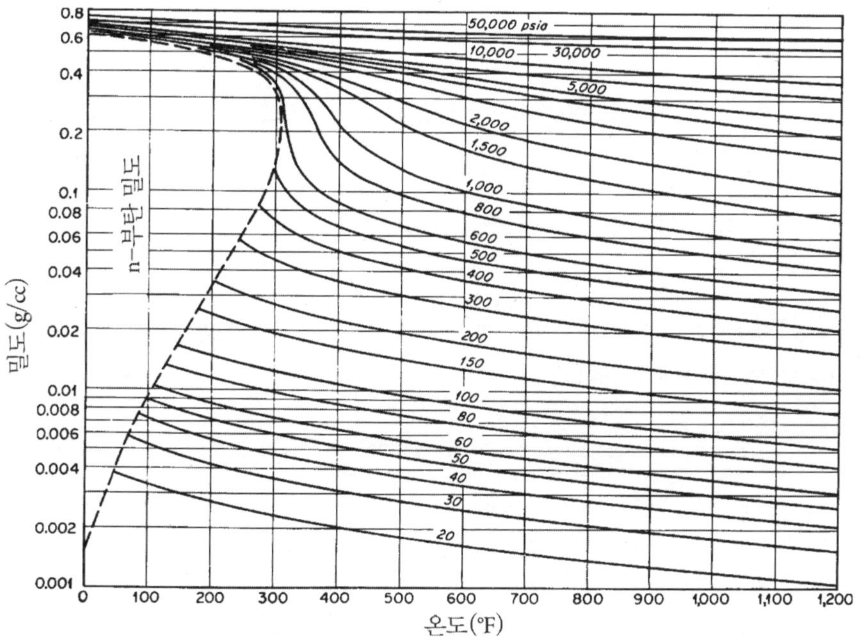

〈그림 4-21〉 n-부탄의 밀도 곡선(Brown 외, 1948)

예제 4-2 **가스의 중량%를 몰%로 전환하라.**

(1) 구성 성분	(2) 중량	(3) 분자량	(4) (2)/(3) moles/100lb	몰%
C_1	30	16.04	1.87	48.2
C_2	40	30.07	1.33	34.3
C_3	30	44.09	0.68	17.5
			3.88	100.0

〈표 4-5〉에는 순수 탄화수소의 물성 상수들이 정리되어 있다. 상태방정식 (4-11)은 Amagat의 부분부피 법칙을 이용하여 가스 혼합물에 적용될 수 있다. Amagat의 법칙은 같은 온도와 압력 상태에서 가스 혼합물의 총부피는 혼합물 개개 성분 부피의 합과 같다는 법칙이다. 즉, 다음과 같이 나타낼 수 있다.

$$V = V_1 + V_2 + V_3 + \cdots + V_n = \sum_{i=1}^{n} V_i$$

$$y_i V = V_i$$

여기서 y_i는 가스 혼합물 가운데 i번째 성분의 몰비이며, V는 계의 총부피, 그리고 V_i는 i번째 성분의 부분부피이다. 기체 혼합물의 부피 계산에 이 원리를 적용한 예가 [예제 4-3]에 설명되어 있다.

예제 4-3 **1,000psia, 104°F에서 아래와 같이 구성 성분이 주어진 1,000scf 가스의 부피를 부분부피법으로 계산하라.**

가스 성분	몰 비율	V_i, scf	Z 1000psia, 104°F	$\frac{P_a}{P}\frac{T}{T_a}V_i$	V_i 1000psia, 104°F
메탄	0.70	700	0.908 [a]	11.13	10.217
에탄	0.20	200	0.274 [b]	3.18	0.871
프로판	0.10	100	0.236 [c]	1.59	0.375
	1.00			15.90	11.463

a 〈그림 4-14〉로부터, *b* 〈그림 4-15〉로부터, *c* 〈그림 4-16〉으로부터

P_a : 대기압　　　　T_a : 대기압 상태의 온도

〈표 4-5〉 탄화수소의 물리적 상수들(60°F, 14.67psia)

	메탄	에탄	프로판	동중부탄	n-부탄	동중펜탄	n-펜탄	헥산	헵탄	헵탄+
분자식	CH_4	C_2H_6	C_3H_8	$i-C_4H_{10}$	$n-C_4H_{10}$	$i-C_5H_{12}$	$n-C_5H_{12}$	$n-C_6H_{14}$	$n-C_7H_{16}$	
분자량	16.042	30.068	44.094	58.120	58.120	72.146	72.146	86.172	100.198	M
임계온도(°R)	343	550	666	733	765	830	847	914	972	
임계압력(psia)	673	708	617	530	551	482	485	434	397	
임계밀도(lb/gal)	1.351	1.695	1.888	1.945	1.891	1.955	1.935	1.958	1.957	
임계부피(ft^3/ln-mole)	1.586	2.371	3.123	3.990	4.130	4.930	4.98	5.88	6.84	
가스비중(공기=1.00)	0.554	1.038	1.522	2.006	2.006	2.491	2.491	2.975	3.459	$M/28.966$
ft^3/lb 가스	23.73	12.66	8.63	6.55	6.55	5.25	5.28	4.42	3.80	$380.69/M$
ft^3 가스/gal 액체	59.18	39.43	36.56	30.75	31.89	27.50	27.76	24.46	21.77	$3170S/M$
lb·Mcf 가스	42.14	78.98	115.83	152.67	152.67	189.51	189.51	224.36	263.20	$2.6268M$
gal 액체/Mcf 가스	16.87	25.36	27.38	32.57	31.41	36.41	36.07	40.94	45.94	$0.3155M/S$
bbl 액체/MMcf 가스	401.6	603.9	651.9	775.4	747.5	867.0	858.8	974.8	1094	$7.511M/S$
액체비중(60/60)	0.3	0.374	0.508	0.563	0.584	0.625	0.631	0.664	0.688	S
lb/gal 액체(60°F)	2.5	3.11	4.23	4.69	4.86	5.20	5.25	5.53	5.73	$8.327S$
lb/bbl 액체(60°F)	105	130.6	177.7	197.0	204.1	218.4	220.5	232.3	240.7	$349.7S$
lb/ft^3 액체(60°F)	18.70	23.26	31.64	35.08	36.35	38.90	39.27	41.36	42.86	$62.29S$
ft^3 액체/lb(60°F)	0.0535	0.4030	0.0316	0.0285	0.0275	0.0257	0.0254	0.0242	0.0233	$0.01605/S$
gal/lb-mole(60°F)	6.4	9.64	10.41	12.38	11.94	13.84	13.71	15.57	17.47	$0.120M/S$

(CNGA, NGAA 자료)

만약 혼합물을 이상기체라고 한다면, 1,000psia, 104°F일 때 가스의 부피는 15.90ft^{3}이다. 그러나 1,000psia, 104°F에서 가스가 차지하는 실제 부피는 11.463ft^{3}이므로 압축지수 Z는 다음과 같다.

$$Z_{mix} = \frac{11.463}{15.90} = 0.721$$

가스 혼합물의 부피를 결정하는 부분부피 방법은 혼합물의 분석 결과를 알 경우에만 가능하고, 또한 분석 결과가 있더라도 계산 절차가 매우 번거롭다. 이와 같은 이유 때문에 일반적인 압축지수 Z는 메탄 성분이 많은 천연가스의 압축지수 값을 기준으로 하여, Kay가 제안한 방법을 통해 상대압력과 온도에 따라 보정된다. 상대압력과 상대온도를 이용하는 이론적 기초는 상응상태법칙(law of corresponding states)인데, Sage와 Lacey는 다음과 같이 설명하고 있다.

> 모든 물질에서 어떤 상태의 물리적 성질과 임계상태의 물리적 성질의 비는 적용되는 절대온도, 절대압력과 임계온도, 임계압력의 비와 동일 함수에 의해 관련되어 있다.

즉, 상대온도는 적용된 절대온도와 임계온도의 비이며, 상대압력은 현재의 절대압력과 임계압력의 비이다. 상응상태 법칙은 Van der Waals의 상태방정식으로부터 유도될 수 있다. 확장된 식은 다음 식 (4-9)에서 보듯이 3차 방정식이다.

$$PV^3 - V^2(bP + RT) + a(V - b) = 0 \tag{4-9}$$

온도가 일정할 때 식 (4-9)의 해인 70°F의 등온선이 〈그림 4-22〉에 점선으로 그려져 있으며, 2상 영역 내에서는 물리적 성질이 가스에서 액체로 연속적으로 변하는 전이 영역을 나타내고 있다. 임계온도인 90°F 등온선은 임계

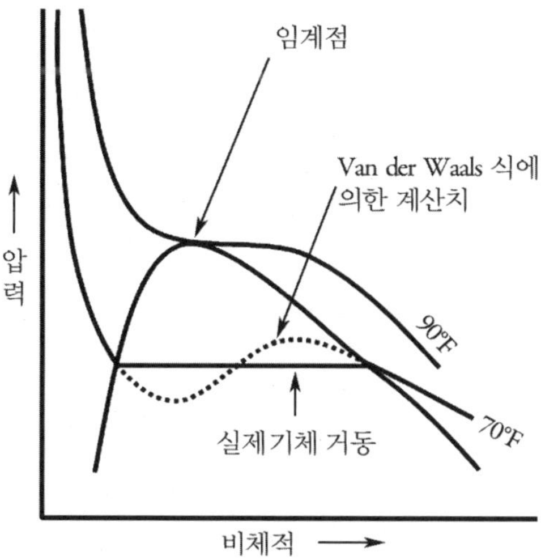

〈그림 4-22〉 순수한 물질에 대한 Van der Waals 상태방정식으로부터 계산된 등온 특성 곡선(Amyx, 1960)

점에서 상 포락선과 접하므로, 이 점에서 곡선의 기울기는 0이다. 또한 임계점에서 이 등온선은 변곡점을 가지므로, 이 두 조건을 수학적으로 표현하면 이 점에서 부피에 대한 압력의 1차 미분과 2차 미분값이 각각 0이다. 즉, 부피의 미소 변화에 대한 압력의 변화뿐만 아니라 부피의 변화에 대한 압력의 기울기 변화도 0이므로 다음과 같이 나타낼 수 있다.

$$\left[\frac{\partial P}{\partial V}\right]_{cp}=0$$

$$\left[\frac{\partial^2 P}{\partial V^2}\right]_{cp}=0$$

1몰일 때 Van der Waals 방정식을 압력에 대해 풀어보면 다음과 같다.

$$P=-\frac{a}{V^2}+\frac{RT}{V-b} \tag{4-13}$$

이제 임계점에서 a, b, R을 구하기 위해서는 식 (4–13)을 V에 대해 1차, 2

차 미분을 구하고 이들을 각각 0으로 놓아 식을 푼다.

$$\left[\frac{\partial P}{\partial V}\right]_{cp} = \left[\frac{2a}{V_c^2} - \frac{RT_c}{(V_c - b)^2}\right]_{cp} = 0$$

$$a = \frac{RT_c V_c^3}{2(V_c - b)^2}$$

또한

$$\left[\frac{\partial^2 P}{\partial V^2}\right]_{cp} = \left[-\frac{6a}{V_c^4} + \frac{2RT_c}{(V_c - b)^3}\right]_{cp} = 0$$

$$a = \frac{V_c^4}{3}\frac{RT_c}{(V_c - b)^3}$$

a에 대한 두 방정식을 b에 관해 풀면

$$\frac{V_c^3}{2}\frac{RT_c}{(V_c - b)^2} = \frac{V_c^4}{3}\frac{RT_c}{(V_c - b)^3}$$

$$V_c - b = \frac{2}{3}V_c$$

$$b = \frac{1}{3}V_c$$

이고, a를 구하기 위해 a에 관한 방정식에 b를 대입하면

$$a = \frac{9}{8}RT_c V_c$$

이다. 위에서 구한 a, b를 Van der Waals 방정식 (4–8)에 대입하면 임계점에서 P_c, V_c, T_c에 관해 R을 구할 수 있다.

$$\left[P_c + \frac{9}{8}\frac{RT_cV_c}{V_c^2}\right]\left[V_c - \frac{1}{3}V_c\right] = RT_c$$

$$\frac{2}{3}P_cV_c + \frac{3}{4}RT_c = RT_c$$

$$R = \frac{8}{3}\frac{P_cV_c}{T_c}$$

이로부터 a와 b는 다음과 같다.

$$a = 3P_cV_c^2$$

$$b = \frac{1}{3}V_c$$

임계압력, 임계온도, 임계부피 등으로 표현된 a, b, R을 이용하여 Van der Waals 방정식을 다시 쓰면 다음과 같다.

$$\left[P + \frac{3P_cV_c^2}{V^2}\right]\left[V - \frac{1}{3}V_c\right] = \frac{8}{3}\frac{P_cV_c}{T_c}T \tag{4-14}$$

어떤 물질의 상대성질을 다음과 같이 정의해보자.

$$상대압력 = P_r = \frac{P}{P_c}$$

$$상대부피 = V_r = \frac{V}{V_c} \tag{4-15}$$

$$상대온도 = T_r = \frac{T}{T_c}$$

그리고 식 (4–15)를 식 (4–14)에 대입하면 다음과 같다.

$$\left[P_cP_r + \frac{3P_c}{V_r^2}\right]\left[V_rV_c - \frac{1}{3}V_c\right] = \frac{8}{3}P_cV_cT_r$$

그리고 이를 정리하면 식 (4–16)과 같이 된다.

$$\left[P_r + \frac{3}{V_r^2}\right][3V_r - 1] = 8T_r \qquad (4\text{–}16)$$

이 방정식은 상대압력, 상대부피, 상대온도만을 포함하고 있으므로, 식 (4–16)을 Van der Waals의 이상상태방정식으로 정의한다. 순수 기체일 경우 기체들의 상대압력 및 상대온도가 각각 같다면 기체들의 상대부피는 서로 같아야 하며, 이러한 사실은 앞에서 언급한 상응상태법칙을 명확하게 입증하고 있다.

실제기체의 경우 상응상태법칙은 넓은 범위의 압력에 적용될 수 없기 때문에 실험으로 구한 압축지수 Z를 보정하기 위하여 상대성질들을 이용한다. 순수 탄화수소의 상대압력과 상대온도에 의한 압축지수 보정은 〈그림

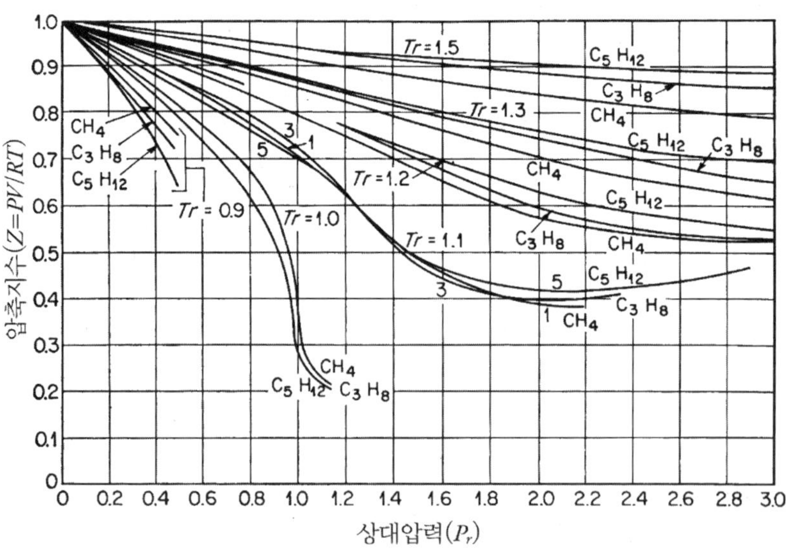

〈그림 4–23〉 상대온도에 대한 함수로서 얻은 압축지수 곡선(Sage와 Lacey, 1949)

4–23〉에 도시된 것과 같다.

Kay는 천연가스 혼합물에 대해 의사 임계성질과 의사 상대성질의 개념을 도입했다. 이때 혼합물에 대한 Amagat의 부분부피 법칙을 혼합물에 포함된 각 구성 성분들의 임계성질들에 적용하여 의사 임계성질을 얻을 수 있다. 의사 임계압력과 의사 임계온도는 수학적으로 다음과 같이 정의된다.

$$ {}_pP_c = \sum_{i=1}^{n} y_i P_{ci} \qquad {}_pT_c = \sum_{i=1}^{n} y_i T_{ci} \tag{4–17a}$$

여기서, ${}_pP_c$: 의사 임계압력

${}_pT_c$: 의사 임계온도

P_{ci}와 T_{ci} : 혼합물 i번째 구성 성분의 임계압력과 임계온도

y_i : 혼합물에서 i번째 구성 성분의 몰비

n : 혼합물의 구성 성분 수

의사 상대성질은 혼합물의 성질과 혼합물의 의사 임계성질의 비로 정의되므로, 의사 상대압력과 의사 상대온도는 다음과 같이 정의된다.

$$ {}_pP_r = \frac{P}{{}_pP_c} \qquad {}_pT_r = \frac{T}{{}_pT_c} \tag{4–17b}$$

대부분의 천연가스에 대해서 실험적으로 결정된 압축지수는 의사 상대압력과 의사 상대온도에 의해 보정되며, 이러한 보정의 결과가 〈그림 4–24〉부터 〈그림 4–26〉까지 도시되어 있다. 대부분의 천연가스들은 많은 양의 메탄을 함유하고 있으므로, 천연가스에 대한 보정은 〈그림 4–23〉에 나와 있는 것과 같은 각각의 탄화수소를 보정하는 것보다 우수하다. 석유 산업에서는 식 (4–11)에서 사용된 압축지수 Z를 구하기 위해서 일반적으로 〈그림 4–24〉부터 〈그림 4–26〉까지 나와 있는 차트를 이용한다.

그러므로 가스 혼합물의 분석이 용이하다면 의사 임계성질들을 계산할 수 있으며, 일반화된 상태방정식에서 필요한 압축지수를 결정해야 한다.

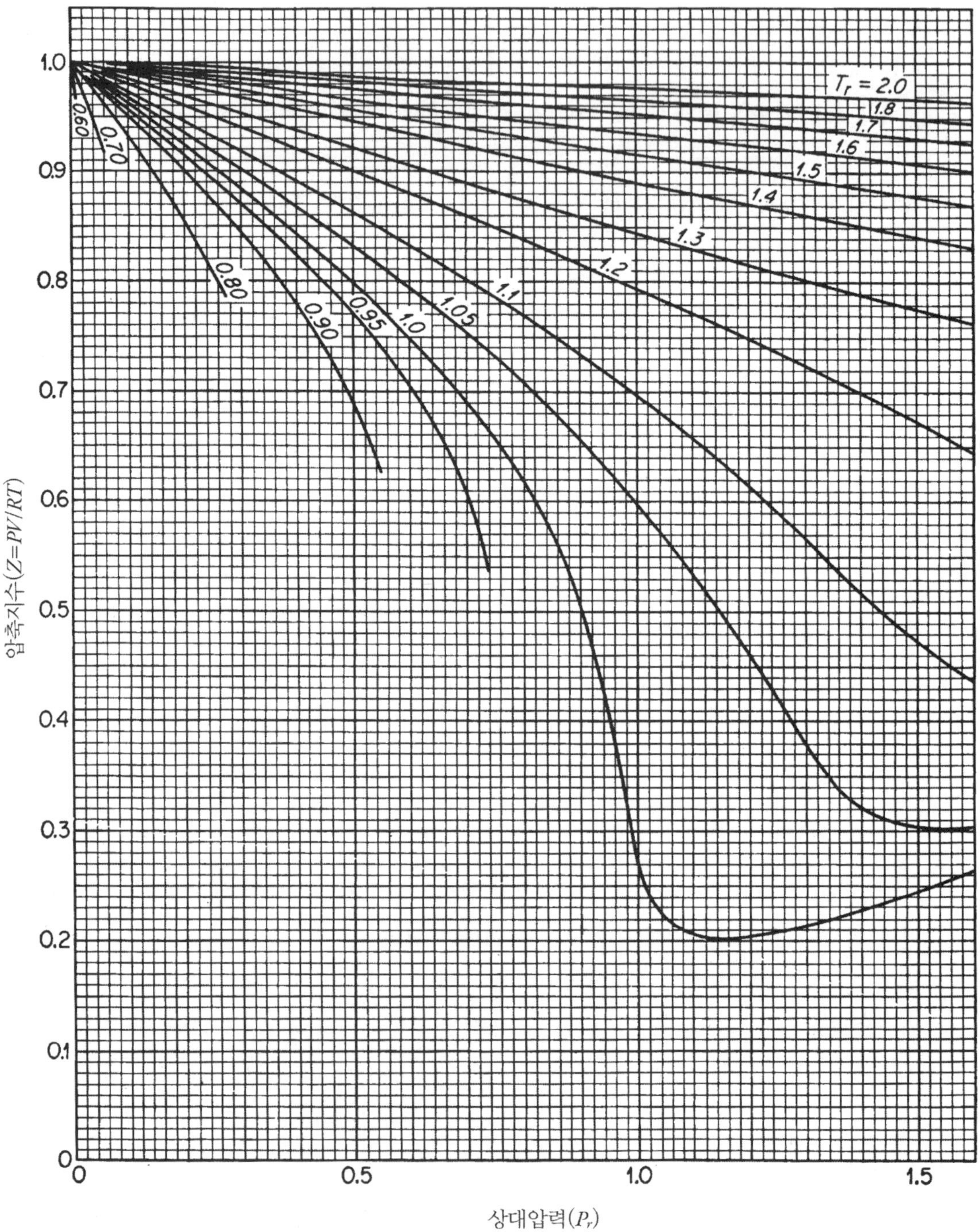

〈그림 4-24〉 낮은 상대압력에서의 일반적인 압축지수 곡선(Brown 외, 1948)

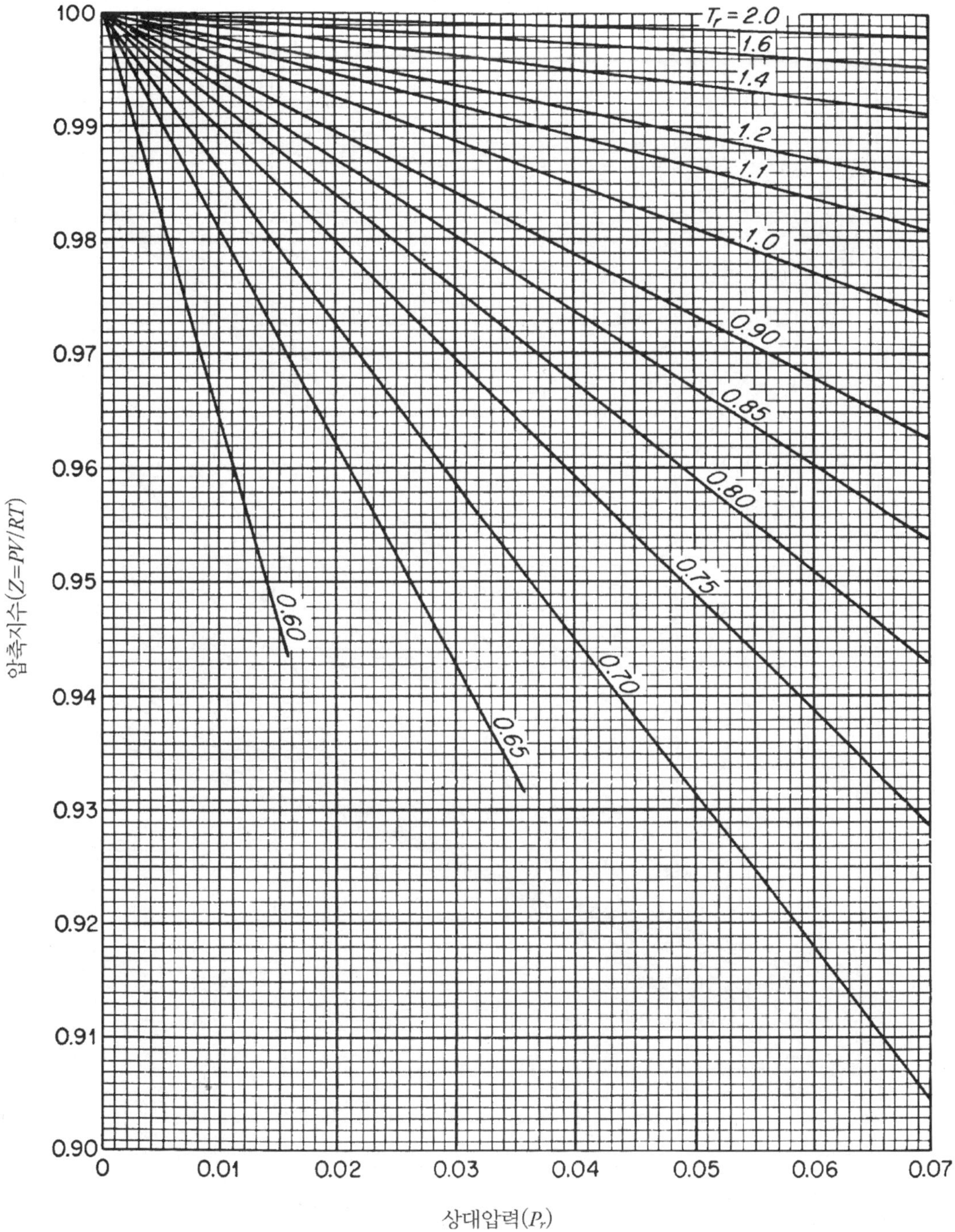

〈그림 4-25〉 대기압에서 가스의 압축지수 곡선(Brown 외, 1948)

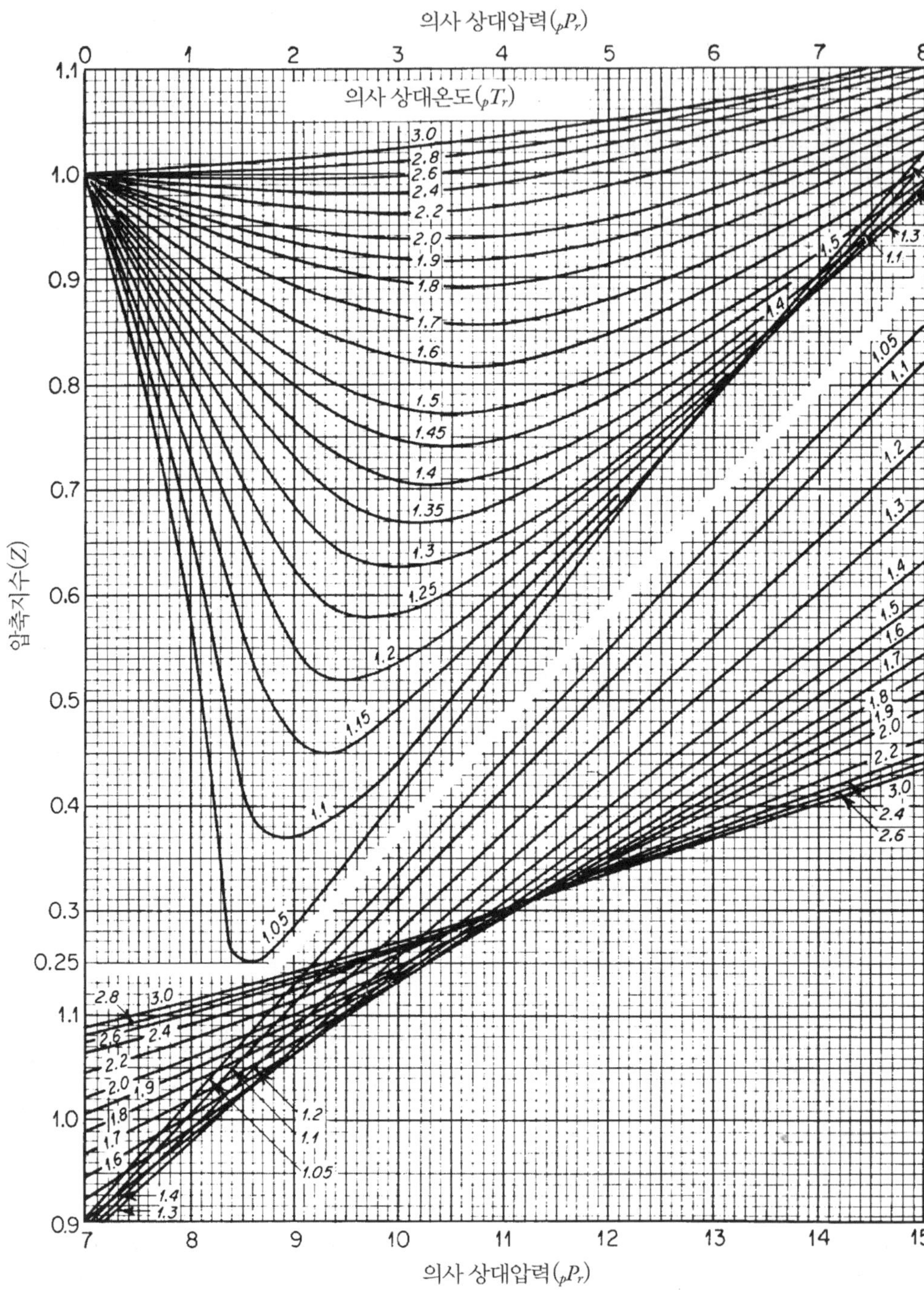

〈그림 4-26〉 천연가스의 압축지수 곡선(Brown 외, 1948)

[예제 4-2]에서 제시된 전환 방법은 가스 혼합물의 평균 분자량을 결정하는 데도 이용될 수 있다. 평균 분자량 $\bar{M}$는 수학적으로 다음과 같이 정의된다.

$$\bar{M} = \sum_{i=1}^{n} y_i M_i \tag{4-18}$$

여기서 M_i는 혼합물 가운데 i번째 성분의 분자량이며, y_i는 혼합물 가운데 i번째 성분의 몰비이다. 가스비중은 평균 분자량으로부터 계산될 수 있고, 가스비중은 공기 밀도에 대한 가스 밀도의 비로 정의된다. 이때 공기와 가스의 밀도는 대기압하에서 정의되는 것으로 한다.

이상기체 법칙은 대기압하에서 성립하는 식이므로 가스의 밀도는 무게에 비례한다. 따라서

$$G = \frac{\bar{M}}{M_{air}} = \frac{\bar{M}}{28.96} \approx \frac{\bar{M}}{29} \tag{4-19}$$

가 되며 이때 G는 가스의 비중이고, $\bar{M}$는 평균 분자량, M_{air}는 공기의 분자량이다. 평균 분자량, 가스비중, 의사 임계압력, 의사 임계온도 등을 구하는 방법은 [예제 4-4]에 정리되어 있다.

예제 4-4 탄화수소 가스의 분자량, 가스비중, 의사 임계성질들의 계산

(1) 구성 성분	(2) 분자량	(3) 몰 비율	(4) P_{ci}	(5) T_{ci}	(2)×(3)	(3)×(4)	(3)×(5)
C_1	16.04	0.70	673	343	11.23	471.1	240.1
C_2	30.07	0.20	708	550	6.01	141.6	110.0
C_3	44.09	0.10	617	666	4.41	61.7	66.6
					$\bar{M}=21.65$	${}_pP_c=674.4$	${}_pT_c=416.7$

식 (4-18), (4-17a), (4-19)로부터

혼합물의 분자량=21.65

의사 임계압력=674.4psia

의사 임계온도=416.7°R

가스비중=21.65/29=0.749이다.

가스의 여러 가지 물리적 특성들을 계산할 때 유용한 상수는 표준상태에서 가스 1몰이 차지하는 부피이다. 여기서 표준상태란 가스의 부피가 측정되는 특정한 온도와 압력 상태를 말하는데, 이 표준상태는 관례적으로 정해지기도 하지만 몇몇 산유국에서는 성문화해놓기도 했다. 자연과학에서는 표준온도를 보통 20°C(68°F)라고 하며 표준압력은 14.696psia 로 정의해 사용하는 반면, 석유공학에서는 60°F를 표준온도로 사용한다.

미국의 경우 표준압력은 주마다 서로 다른데, 예를 들어 텍사스주에서는 14.65psia, 루이지애나주에서는 15.025psia를 표준압력으로 사용한다. 각 표준상태에 대한 가스 1몰의 부피는 $V=RT/P$ 식으로부터 계산되는데, 이때 가스는 이상기체라고 가정한다. 보통 많이 통용되고 있는 각 표준상태에서의 가스 1몰의 부피는 〈표 4-6〉과 같다.

가스 물성은 압력과 온도의 증감에 따라 변화하는데, 이에 대한 계산이 중요하다. 특히 가스의 밀도나 부피 및 각종 다른 변수들이 상태변화에 따라 보정되는 방법을 [예제 4-5]를 통해 소개하고자 한다.

방법 1 : 일반기체를 이상기체처럼 취급하는 방법으로, 이상기체 법칙으로부터 일반기체가 벗어난 정도를 고려한다. 1,000psia, 104°F에서 이상기체 법칙에 의해 계산된 가스 부피는 대략 20% 이상의 오차를 가지고 있다.

〈표 4-6〉 여러 가지 표준상태에서 가스 1몰의 부피

온도(°F)	압력(psia)	1몰의 부피(ft^3)
68(20°C)	14.696	385.51
60	14.65	380.69
60	15.025	371.35
60	14.4	387.47
60	14.7	379.56

방법 2 : 각 성분들의 첨가 체적과 압축지수를 이용하여 가스를 취급하는 방법으로, [예제 4-1]에서와 조금 다른 형태로 설명되어 있다.

방법 3 : 압축지수 곡선을 작성할 때 사용한 똑같은 자료를 이용하여 밀도 곡선을 작성했으므로, 각 성분들의 밀도와 부피를 이용하여 가스를 취급하는 방법은 방법 2와 유사하다. [예제 4-5]를 보면, 이 두 방법으로부터 얻은 값들은 차트를 읽는 정확도 내에서는 실제 값과 매우 가깝다. 그러나 방법 2와 방법 3은 현장 조건에 해당하는 온도에서 2상 영역을 가지는 무거운 탄화수소들에 대한 자료의 부족으로 상당한 제한을 받고 있다.

방법 4 : 의사 상대개념과 천연가스에 대한 압축지수의 도표를 이용하는 것으로서 [예제 4-5]의 방법 4에 설명되어 있다. 이 방법으로 얻은 값들은 방법 2와 방법 3으로 구한 값들과는 약 10% 정도의 차이가 나는데, 이 차이는 선택된 가스의 성분에 의한 영향에 기인한다. 일반화된 도표는 무거운 성분에 관한 자료뿐만 아니라 메탄의 농도가 높은 가스들에 대한 자료들도 포함하므로, 방법 4는 메탄 성분이 높고 예제의 가스보다 탄화수소 성분의 변화가 심한 혼합가스들에 이용하면 효과적이다.

예제 4-5 탄화수소 기체 혼합물에 대한 밀도 및 부피 계산

14.65psia, 60°F에서 1,000ft^{3}이고 [예제 4-3]에서 주어진 성분을 갖는 가스에 대하여 1,000psia, 104°F에서의 비체적, 밀도, 압축 인자, 부피 등을 계산하라.

① 평균 분자량 $\bar{M}=21.65$ ([예제 4-4]로부터)를 갖는 이상기체라고 하면

a. 혼합물의 압축지수 $Z=1.000$

b. 비체적(식 4-6)

$$v=\frac{RT}{\bar{M}P}=\frac{10.73(564)}{21.65(1000)}=0.2795\,\text{ft}^3/\text{lb}$$

c. 밀도

$$\rho = \frac{1}{v} = \frac{\bar{M}P}{RT} = \frac{21.65(1000)}{10.73(564)} = \frac{1}{0.2795} = 3.578 \mathrm{lb/ft^3}$$

d. 1,000psia, 104°F에서 1,000scf 의 부피

$$V = \frac{P_s T}{P T_s} V_s = \frac{14.65(564)}{1000(520)} \times 1000 = 15.89 \mathrm{ft^3}$$

② 〈그림 4-14〉에서부터 〈그림 4-16〉까지의 각 성분들에 대한 체적가산법과 압축지수를 이용하여 실제기체로 취급하는 방법

a. 혼합물의 압축지수

$$Z = Z_1(y_1) + Z_2(y_2) + Z_3(y_3) = 0.918(0.7) + 0.274(0.2) + 0.236(0.1)$$

$$= 0.721$$

b. 비체적

$$v = \frac{ZRT}{\bar{M}P} = \frac{0.721(10.73)(564)}{21.65(1000)} = 0.2015 \mathrm{ft^3/lb}$$

c. 밀도

$$\rho = \frac{1}{v} = \frac{\bar{M}P}{ZRT} = \frac{21.65(1000)}{0.721(10.73)(564)} = \frac{1}{0.2015} = 4.963 \mathrm{lb/ft^3}$$

d. 1,000psia, 60°F에서 1,000scf의 부피

$$V = \frac{P_s TZ}{P T_s Z_s} V_s = \frac{14.65(564)(0.721)}{1000(520)(1.000)} \times 1000 = 11.46 \mathrm{ft^3}$$

③ 〈그림 4-18〉에서 〈그림 4-20〉으로부터 결정된 첨가 체적과 밀도들을 이용하여 실제기체로 취급

a. 압축지수는 직접 구할 수 없다.

b. 비체적

$$v = \frac{\sum_{i=1}^{n} (M_i y_i)/\rho_i}{\bar{M}}$$

$$\rho_1 = 0.046 \mathrm{g/cc} = 2.916 \mathrm{lb/ft^3}$$

$$\rho_2 = 0.300\text{g/cc} = 19.020\text{lb/ft}^3$$

$$\rho_3 = 0.490\text{g/cc} = 31.066\text{lb/ft}^3$$

그러므로

$$v = \frac{\frac{16.04(0.7)}{2.916} + \frac{30.07(0.2)}{19.020} + \frac{44.09(0.1)}{31.066}}{21.65} = \frac{4.309}{21.65} = 0.1990\,\text{ft}^3/\text{lb}$$

c. 밀도

$$\rho = \frac{\bar{M}}{\sum_{i=1}^{n}(M_i y_i)/\rho_i} = \frac{1}{v} = \frac{1}{0.1990} = 5.03\text{lb/ft}^3$$

d. 1,000psia, 60°F에서 1,000scf의 부피(V)

$$V = Wv$$

이때 W는 가스의 무게이다.

$$W = \bar{M}\frac{V_s}{V_m} = 21.65\frac{1000}{380.69} = 56.9\text{lb}$$

여기서 V_m은 몰 체적이다. 따라서

$$V = 56.9(0.1990) = 11.30\,\text{ft}^3$$

④ 〈그림 4-26〉과 의사 상대성질들을 이용하여 실제기체로 취급

a. 압축지수 Z

$_pP_c = 674.4$, $_pT_c = 416.7$([예제 4-4] 로부터)이므로

$$_pP_r = \frac{P}{_pP_c} = \frac{1000}{674.4} = 1.483$$

$$_pT_r = \frac{T}{_pT_c} = \frac{564}{416.7} = 1.353$$

그러므로 〈그림 4-26〉으로부터 $Z = 0.798$

b. 비체적

$$v = \frac{ZRT}{\bar{M}P} = \frac{0.7981(10.73)(564)}{21.65(1000)} = 0.2231\,\text{ft}^3/\text{lb}$$

c. 밀도

$$\rho = \frac{\bar{M}P}{ZRT} = \frac{1}{v} = \frac{1}{0.2231} = 4.48\text{lb/ ft}^3$$

d. 1,000psia, 60°F에서 1,000scf의 부피

$$V = \frac{P_s TZ}{PT_s Z_s} V_s = \frac{14.65(564)(0.798)}{1000(520)(1.000)}(1000) = 12.68\,\text{ft}^3$$

천연가스의 성분은 보통 C_{7^+}까지 분석된다. 성분증류법(fractional distillation)으로부터 얻게 되는 C_{7^+} 성분은 헵탄과 그 이상의 무거운 탄화수소 성분들을 포함하는 액체 잔류물인데, 실험실 분석에서 C_{7^+}의 두 가지 성질, 즉 분자량과 비중을 구할 수 있다. 이 성질들은 C_{7^+} 성분의 의사 임계압력과 의사 임계온도로 보정되며, 이 보정의 결과가 〈그림 4-27〉과 〈그림 4-28〉에 도시되어 있다. 여기서 두 그림의 차이는 단지 〈그림 4-27〉에서는 비중이 사용되었고, 〈그림 4-28〉에서는 API 비중이 사용되었다는 것뿐이다. 〈표 4-5〉에 나온 물리적인 상수값들과 함께 이 보정 방법을 이용하여 천연가스의 의사 상대성질들을 쉽게 계산할 수 있다.

그러나 실제로는 많은 경우에 이러한 분석이 불가능하므로 가스의 비중을 이용하여 천연가스의 의사 임계성질들을 결정하는 도표들이 작성되었다. 이러한 도표들은 〈그림 4-29〉에서부터 〈그림 4-31〉까지 소개되어 있는데, 이들 자료는 특정 유전에서 생산된 가스로부터 수집되었다. 특히 〈그림 4-31〉은 앞에서 이미 언급했던 그림들의 자료뿐만 아니라 추가 자료도 포함하고 있어서 가장 일반적인 것이다. 혼성가스 곡선은 프로판, 부탄, 펜탄과 같은 가스들의 성분을 많이 포함하는 중간 가스군들을 제외한 모든 천연가스들에 사용되며, 농축액체 곡선은 중간 가스군에 효과적이다.

가스비중은 현장에서 $Ac-Me$ 측정 방법이나 이와 유사한 방법으로 쉽게 알 수 있으므로, 가스 분석이 불가능한 경우에도 압축률에 관한 자료들을 얻을 수 있는 것이다.

가스비중으로 상대성질들을 보정하는 방법의 정확도는 [예제 4-4]에서 계산된 의사 임계압력, 의사 임계온도와 〈그림 4-31〉로부터 구한 값들을

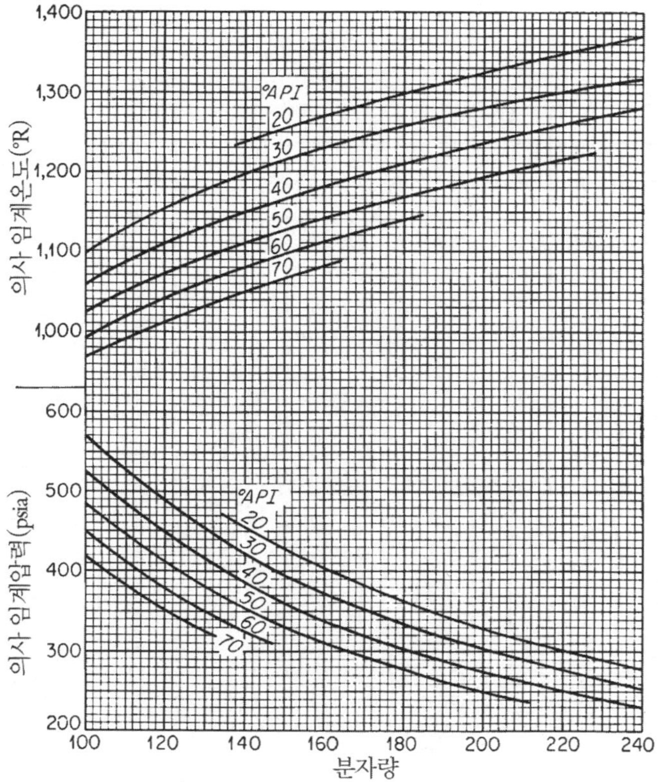

〈그림 4-27〉 탄화수소 액체의 의사 임계성질(Matthews 외, 1942)

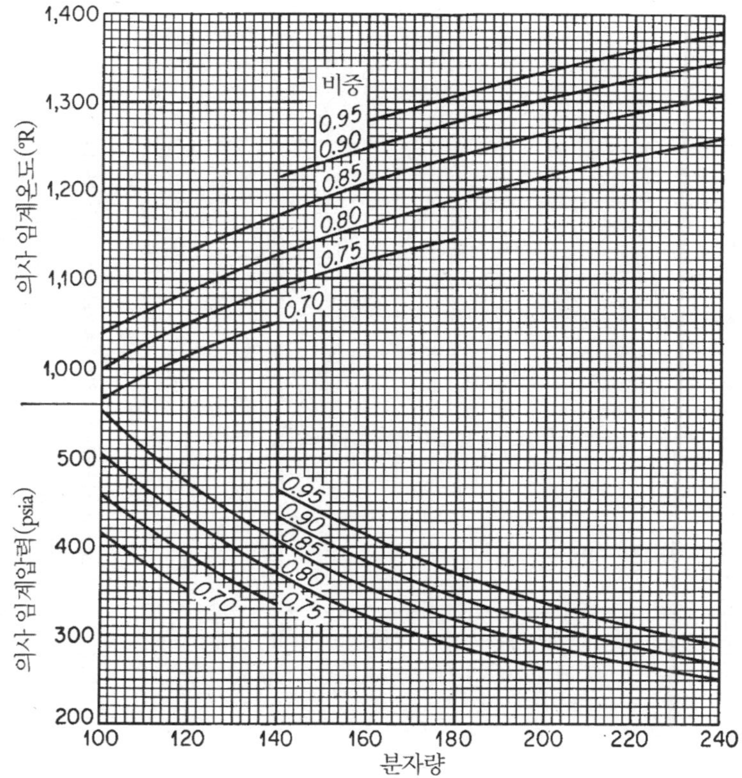

〈그림 4-28〉 탄화수소 액체의 의사 임계성질(Matthews 외, 1942)

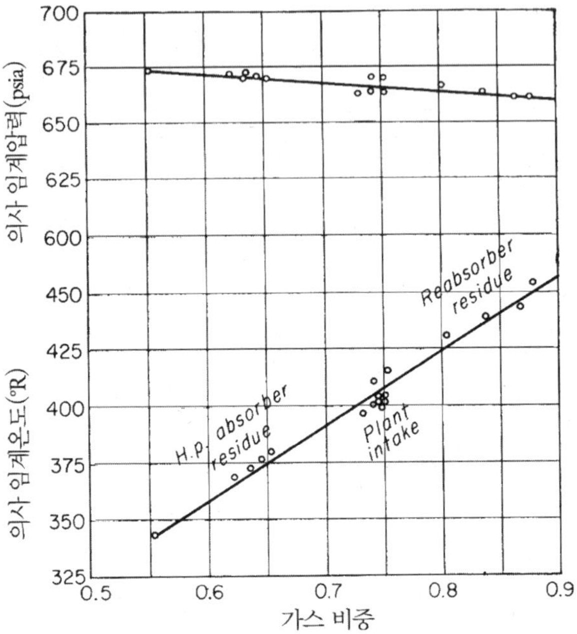

〈그림 4-29〉 Grapeland 가스의 의사 임계성질 곡선(Brown 외, 1948)

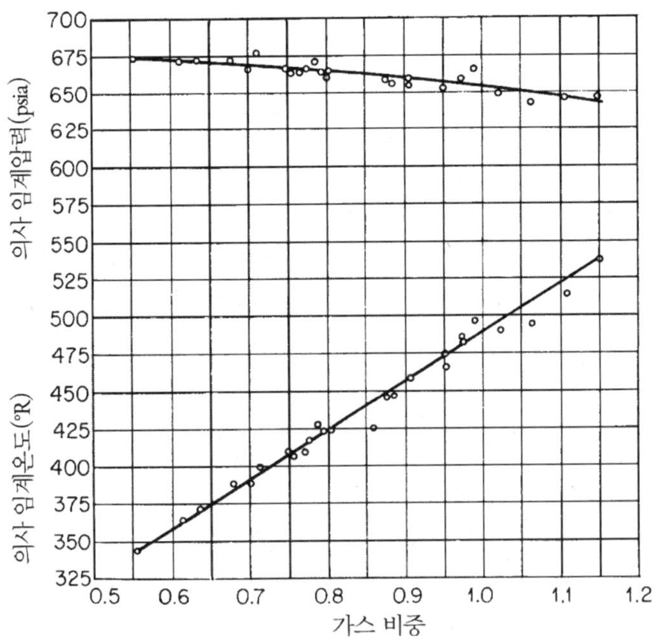

〈그림 4-30〉 Oklahoma 가스의 의사 임계성질 곡선(Brown 외, 1948)

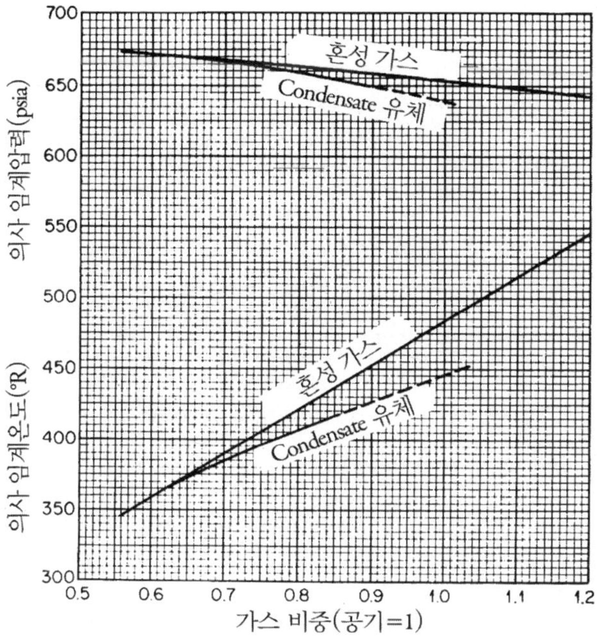

〈그림 4-31〉 천연가스의 의사 임계성질 곡선(Brown 외, 1948)

비교함으로써 확인할 수 있다. 이 가스의 비중([예제 4-4]로부터)은 0.75이며 의사 임계압력과 온도는

$_pP_c$(〈그림 4-31〉의 혼성가스 곡선으로부터)=665psia
$_pP_c$([예제 4-4]로부터)=674.4psia
$_pT_c$(〈그림 4-31〉의 혼성가스 곡선으로부터)=405°R
$_pT_c$([예제 4-4]로부터)=416.7°R

로서 그 차이는 약 1.5%이다. 성분의 변이가 심한 가스의 경우에는 적당한 곡선들을 잘 선택함으로써 실제 값에 보다 근접한 결과를 얻을 수 있다. 한편, 저류층 평가 시 가스 혼합물에 대한 부피의 계산이 요구되는데, 표준상태에서 가스의 단위 체적과 저류층 내에서 가스가 차지하는 부피의 비를 가스 용적계수 B_g라고 정의한다. 가스 용적계수는 부피와 부피의 비이므로 무차원화된다. 등식으로는 다음과 같이 된다.

$$B_g = \frac{ZRT}{V_m P} \tag{4-20}$$

여기서, Z : 압축지수

R : 기체상수

T : 저류층 온도(°R)

P : 저류층 압력(psia)

V_m : 특정 표준상태에서 정의되는 몰 체적

B_g : $0.0283\frac{ZT}{P}$ (res·bbl/stb 또는 res·ft^3/scf)

만약 저류층이 메탄 성분이 많은 dry 가스나 wet 가스를 포함하고 있다면 저류층 내의 가스의 조성은 저류층의 전 생산 기간 동안에 일정하게 된다. 생산 기간 동안 저류층 압력은 감소하게 될 것이고 저류층 온도는 일정하게 유지되기 때문에 B_g는 압력의 함수로서 정의될 수 있다. 결론적으로, 특정한 가스 저류층과 표준상태에 대해서

$$B_g = C\left[\frac{Z}{P}\right]$$

이며, 이때

$$C = \frac{RT}{V_m}$$

이다. 그 실례로서 특정 가스 저류층에 대한 B_g의 계산법이 [예제 4-6]에 설명되어 있다.

예제 4-6 다음 가스 분석 자료로부터 가스 용적계수를 계산하라.

초기 압력이 3,500psia, 온도가 140°F인 저류층에 다음 표와 같은 성분의 dry 가스가 존재하고 있다. 이때 가스 용적계수 B_g는 압력의 함수이므로

구성 성분	(1) 몰 비율	(2) 임계온도 (°R)	(3) 임계압력 (psia)	(1)×(2)	(1)×(3)
메탄	0.8686	343	673	297.93	584.57
에탄	0.0609	550	708	33.50	43.12
프로판	0.0261	666	617	17.38	16.10
동중부탄	0.0048	733	530	3.52	2.54
n-부탄	0.0077	765	551	5.89	4.24
동중펜탄	0.0031	830	482	2.57	1.49
n-펜탄	0.0022	847	485	1.86	1.07
헥산	0.0038	914	434	3.47	1.65
헵탄+	0.0228	1118 [a]	415 [a]	25.49	9.46
				${}_pT_c$=391.61	${}_pP_c$=664.24

a : 〈그림 4-27〉과 헵탄+의 성질로부터

$M_{C_{7^+}} = 128$

$SG_{C_{7^+}} = 0.8195$

$T = 600°\text{R}$　　　$_pT_r = \dfrac{600}{391.61} = 1.5321$

$B_g = C\dfrac{Z}{P}$　　　$C = \dfrac{RT}{V_m} = \dfrac{10.73(600)}{380.69} = 16.911$

압력 psia	${}_pP_r$	Z	$\dfrac{Z}{P}$	B_g
100	0.151	0.985	0.009850	0.166573
400	0.602	0.950	0.002375	0.040164
700	1.054	0.918	0.001314	0.022221
1,000	1.505	0.885	0.000885	0.014966
1,500	2.258	0.823	0.000549	0.009284
2,000	3.011	0.795	0.000398	0.006731
2,500	3.764	0.790	0.000316	0.005344
3,000	4.516	0.805	0.000268	0.004532
3,500	5.259	0.835	0.000239	0.004042

4.2.4. 천연가스의 불순 성분

천연가스는 탄화수소뿐 아니라 소량의 불순 성분도 포함하고 있는데, 그 가운데 대표적인 것이 이산화탄소, 질소, 아황산가스, 그리고 수증기 등이다. 특히 유전 현장에서 천연가스는 아황산가스와 이산화탄소의 양에 따라 'sour' 또는 'sweet'로 분류된다. 이러한 불순 성분을 고려하는 데서 필요한 각 성분들의 임계지수는 〈표 4-7〉에서 보는 바와 같다. 불순 성분의 함유량에 따라 탄화수소의 압축지수값이 변하게 되는데, 이는 압축지수의 결정에 사용되는 상응상태방정식의 가정이 불순 성분의 첨가에 의해 성립되지 못하기 때문이다. 이들 불순 성분에 대한 대표적인 압축지수 보정 방법은 다음과 같이 수행된다.

$$Z_a = Z_i y_i + (1 - y_i) Z_g$$

여기서, Z_i : 불순 성분의 압축지수

y_i : 불순 성분의 몰수

Z_g : 탄화수소의 압축지수

Z_a : 압축지수 보정치

불순 성분이 질소인 경우에는 Z_i값을 얻기 위해 〈그림 4-32〉를, 탄소인 경우에는 〈그림 4-33〉을, 아황산가스인 경우에는 〈그림 4-34〉를 각각 이

〈표 4-7〉 천연가스에 포함된 일반적인 비탄화수소 성분들의 임계지수(Amyx, 1960)

구성 성분	분자식	분자량	임계온도(°R)	임계압력 (psia)
이산화탄소	CO_2	44.01	548	1,073
헬륨	He	4.00	9.4	33
황화수소	H_2S	34.08	673	1,306
산소	O_2	32.00	278	731
질소	N_2	28.02	227	492
물	H_2O	18.016	1165	3,206

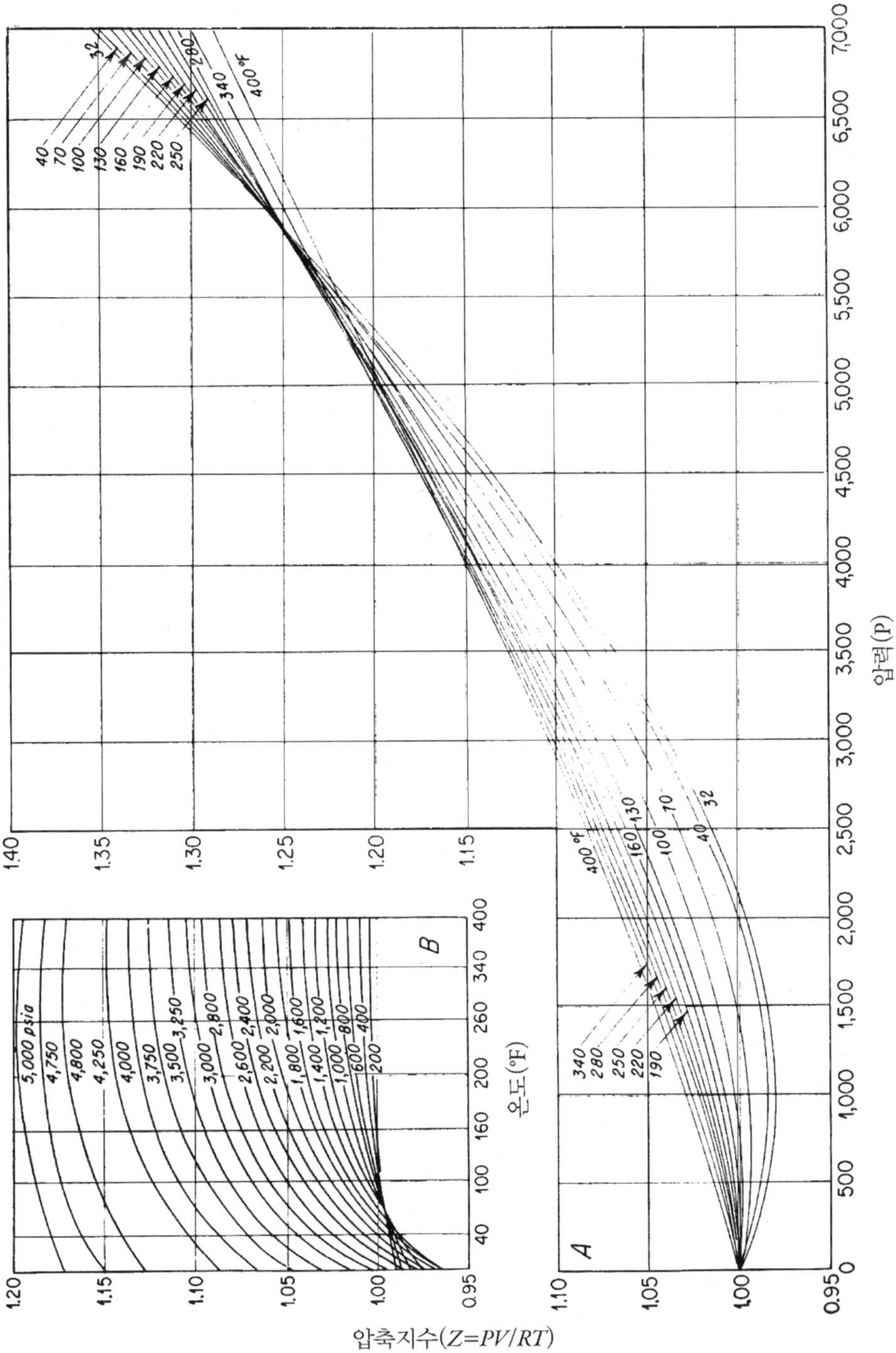

〈그림 4-32〉 질소의 압축지수 Z(Eilerts 외, 1948)

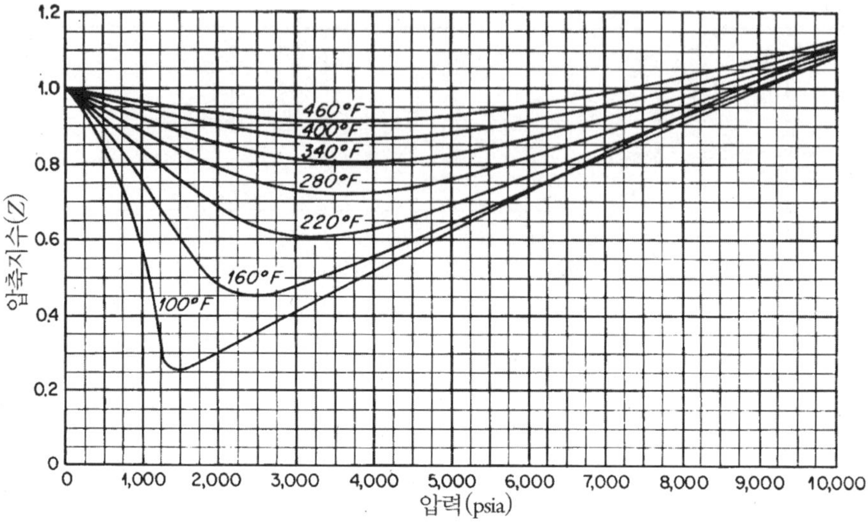

〈그림 4-33〉 이산화탄소의 압축지수 Z(Olds 외, 1943)

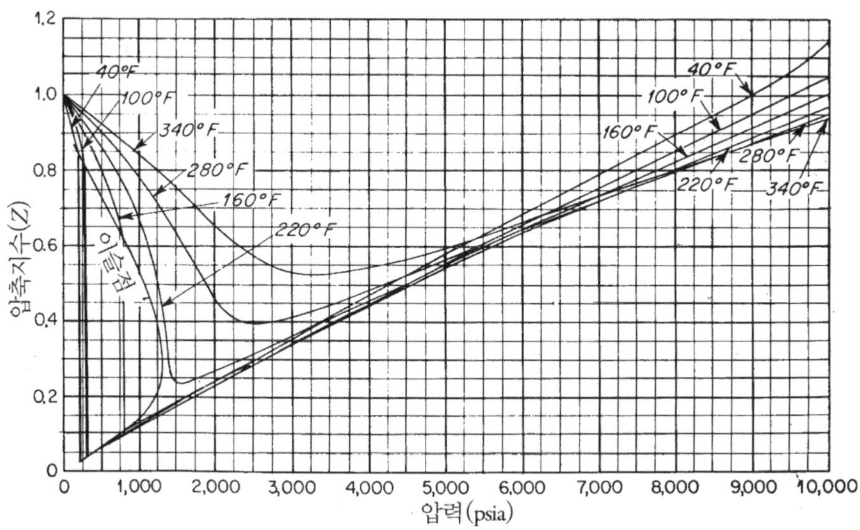

〈그림 4-34〉 황화탄소의 압축지수 Z(Reamer 외, 1950)

용한다. 특히 불순 성분이 질소인 경우에는 위와 같이 보정된 압축지수에 보정계수 C를 다음과 같이 곱하여 구한다.

$$Z = CZ_a$$

〈표 4-8〉 질소를 포함하고 있는 가스의 체적가산 보정계수(Amyx, 1960)

압력 psia	70	100	130	160	190	220	250	280
5,000	1.0010	1.0046	1.0049	1.0038	1.0034	1.0037	1.0044	1.0034
4,750	1.0011	1.0047	1.0054	1.0048	1.0048	1.0046	1.0044	1.0035
4,500	1.0010	1.0055	1.0059	1.0050	1.0053	1.0053	1.0049	1.0038
4,250	1.0014	1.0053	1.0061	1.0056	1.0059	1.0053	1.0052	1.0040
4,000	1.0016	1.0063	1.0068	1.0060	1.0062	1.0053	1.0054	1.0043
3,750	1.0032	1.0073	1.0076	1.0066	1.0065	1.0057	1.0058	1.0047
3,500	1.0056	1.0083	1.0083	1.0078	1.0070	1.0059	1.0055	1.0049
3,250	1.0073	1.0101	1.0094	1.0083	1.0070	1.0057	1.0054	1.0048
3,000	1.0093	1.0109	1.0101	1.0085	1.0074	13.0061	1.0051	1.0050
2,800	1.0115	1.0118	1.0110	1.0086	1.0073	1.0064	1.0054	1.0050
2,600	1.0124	1.0112	1.0108	1.0086	1.0076	1.0065	1.0055	1.0054
2,400	1.0143	1.0124	1.0103	1.0086	1.0080	1.0066	1.0055	1.0056
2,200	1.0165	1.0131	1.0087	1.0086	1.0081	1.0066	1.0055	1.0055
2,000	1.0162	1.0128	1.0101	1.0085	1.0081	1.0068	1.0052	1.0055
1,800	1.0168	1.0135	1.0093	1.0079	1.0073	1.0064	1.0049	1.0050
1,600	1.0150	1.0108	1.0079	1.0069	1.0062	1.0053	1.0040	1.0038
1,400	1.0116	1.0096	1.0064	1.0056	1.0047	1.0038	1.0027	1.0019
14.4	1.0000	1.0000	1.0000	1.0000	1.0000	1.0000	1.0000	1.0000

* 표시된 온도(°F)에서 7.907몰%(11.350질량%)의 질소를 함유한 혼합물의 체적가산 보정계수 C

5,000	1.0035	1.0079	1.0088	1.0086	1.0089	1.0093	1.0092	1.0071
4,750	1.0048	1.0079	1.0101	1.0095	1.0096	1.0098	1.0095	1.0071
4,500	1.0055	1.0090	1.0107	1.0104	1.0104	1.0106	1.0103	1.0075
4,250	1.0065	1.0106	1.0116	1.0115	1.0111	1.0111	1.0107	1.0079
4,000	1.0076	1.0120	1.0134	1.0127	1.0122	1.0116	1.0112	1.0088
3,750	1.0103	1.0137	1.0149	1.0135	1.0132	1.0121	1.0115	1.0092
3,500	1.0136	1.0158	1.0161	1.0146	1.0139	1.0123	1.0113	1.0096
3,250	1.0173	1.0185	1.0176	1.0159	1.0142	1.0125	1.0113	1.0094
3,000	1.0201	1.0204	1.0190	1.0163	1.0146	1.0129	1.0113	1.0096
2,800	1.0236	1.0222	1.0201	1.0166	1.0147	1.0134	1.0114	1.0092
2,600	1.0264	1.0233	1.0199	1.0173	1.0152	1.0131	1.0111	1.0092
2,400	1.0288	1.0240	1.0199	1.0175	1.0153	1.0125	1.0107	1.0093
2,200	1.0314	1.0248	1.0202	1.0170	1.0147	1.0117	1.0102	1.0090
2,000	1.0319	1.0250	1.0195	1.0160	1.0140	1.0115	1.0098	1.0087
1,800	1.0322	1.0239	1.0177	1.0147	1.0132	1.0108	1.0091	1.0079
1,600	1.0284	1.0199	1.0157	1.0134	1.0117	1.0092	1.0076	
1,400	1.0235	1.0172	1.0134	1.0109	1.0094			
14.4	1.0000	1.0001	1.0000	1.0000	1.0000	1.0000	1.0000	1.0000

* 표시된 온도(°F)에서 18.280몰%(25.013질량%)의 질소를 함유한 혼합물의 체적가산 보정계수 C

여기서 체적가산 보정계수 C는 압력과 온도 및 질소 농도의 함수이며 〈표 4-8〉에 값들이 제시되어 있다.

예제 4-7 **10몰% 질소를 함유한 천연가스의 압축지수를 계산하라.**

① Eilerts의 방법

$$({}_pT_r)_g = \frac{T}{({}_pT_c)_g} = \frac{620}{367.25} = 1.69$$

$$({}_pP_r)_g = \frac{P}{({}_pP_c)_g} = \frac{3000}{670.61} = 4.47$$

$Z_g = 0.86$ (〈그림 4-26〉에서)

$Z_n = 1.0855$ (〈그림 4-32〉에서)

$$Z_a = y_n Z_n + (1 - y_n) Z_g = 0.1(1.0855) + 0.9(0.86) = 0.10855 + 0.77400$$
$$= 0.88255$$

체적가산 보정계수를 구하면(〈그림 4-35〉에서)

$$C = 1.0104$$
$$Z = CZ_a = 1.0104(0.88255) = 0.89173$$

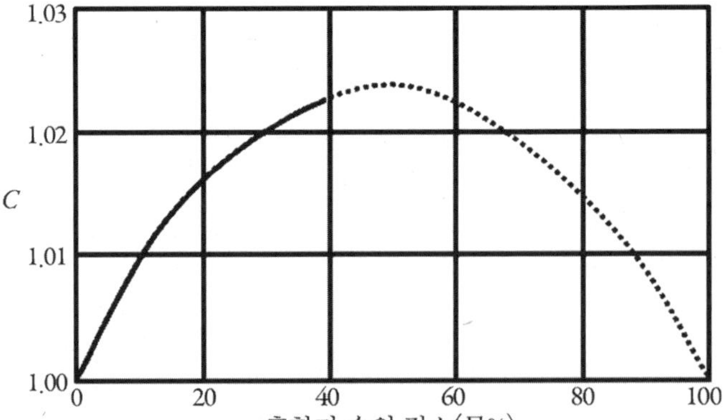

〈그림 4-35〉 정압, 정온에서 질소량에 따른 체적가산 보정계수 곡선

② 상응상태법칙을 이용하면

$$({}_pT_r)_{mix} = \frac{T}{({}_pT_c)_{mix}} = \frac{620}{353.22}$$

$$({}_pP_r)_{mix} = \frac{P}{({}_pP_c)_{mix}} = \frac{3000}{652.74}$$

$(Z)_{mix} = 0.885$ (〈그림 4–26〉에서)

불순 성분의 함유율이 전체 체적의 5% 미만일 때는 별다른 보정 방법 없이 〈그림 4–26〉을 이용해 압축지수를 결정할 수 있다. 그러나 5% 이상의 불순 성분을 포함한 천연가스는 반드시 압축지수를 보정해야만 한다. 여기서 소개되는 보정 방법은 Wichert와 Azy에 의해 제안된 것으로 다음과 같다.

$$E_3 = 120(A^{0.9} - A^{1.6}) + 15(B^{0.5} - B^{4.0})$$

E_3 : 의사 임계온도 보정계수

A : 아황산가스와 이산화탄소의 몰비의 합

B : 아황산가스의 몰비

계산된 E_3를 이용하여 탄화수소가스의 의사 임계온도와 의사 임계압력을 보정하면 다음과 같다.

$${}_pT_c' = {}_pT_c - E_3$$

$${}_pP_c' = \frac{{}_pP_c \, {}_pT_c'}{{}_pT_c + B(1-B)E_3}$$

여기서, ${}_pT_c'$: 수정된 의사 임계온도(°R)

${}_pP_c'$: 수정된 의사 임계압력(psia)

수정된 의사 임계온도와 압력을 이용하면 상대온도와 상대압력을 계산할 수 있다. 그리고 이 값들을 〈그림 4–26〉에 적용하면 sour 가스의 압축지수

〈표 4-9〉 천연가스(sour 가스)

구성 성분	y_i	M_i	y_iM_i	P_{ci} psia	y_iP_{ci}	T_{ci} °R	y_iT_{ci}
N_2	0.0130	28.01	0.364	493	6.409	227	2.951
CO_2	0.0164	44.01	0.722	1071	17.564	548	8.987
H_2S	0.1841	34.08	6.274	1306	240.435	672	123.715
CH_4	0.7800	16.04	12.511	668	521.040	343	267.540
C_2H_6	0.0043	30.07	0.129	708	3.044	550	2.365
C_3H_8	0.0007	44.10	0.031	616	0.431	666	0.466
$i-C_4H_{10}$	0.0005	58.12	0.029	529	0.265	735	0.368
$n-C_4H_{10}$	0.0003	58.12	0.017	551	0.165	765	0.230
$i-C_5H_{12}$	0.0001	72.15	0.007	490	0.049	829	0.083
$n-C_5H_{12}$	0.0001	72.15	0.007	489	0.049	845	0.085
C_6H_{14}	0.0001	86.18	0.009	437	0.044	013	0.091
$C_7H_{16}^+$	0.0004	114.23	0.046	361	0.144	1024	0.410
	1.0000		20.15		789.64		407.29

를 결정할 수 있다. 즉, 〈표 4-9〉와 같이 주어진 성분의 천연가스에 대한 압축지수를 구하는 절차는 다음과 같다.

먼저 각 성분 분석도로부터

$$\bar{M} = 20.15$$

$$G = \frac{\bar{M}}{29} = 0.695$$

$${}_pT_c = 407.3°R$$

$${}_pP_c = 789.6\text{psia}$$

이며, 〈그림 4-36〉으로부터 H_2S 18.41%와 CO_2 1.64%에 대해

$$E_3 = 25.5°R$$

식(${}_pT_c' = {}_pT_c - E_3$)의 관계로부터

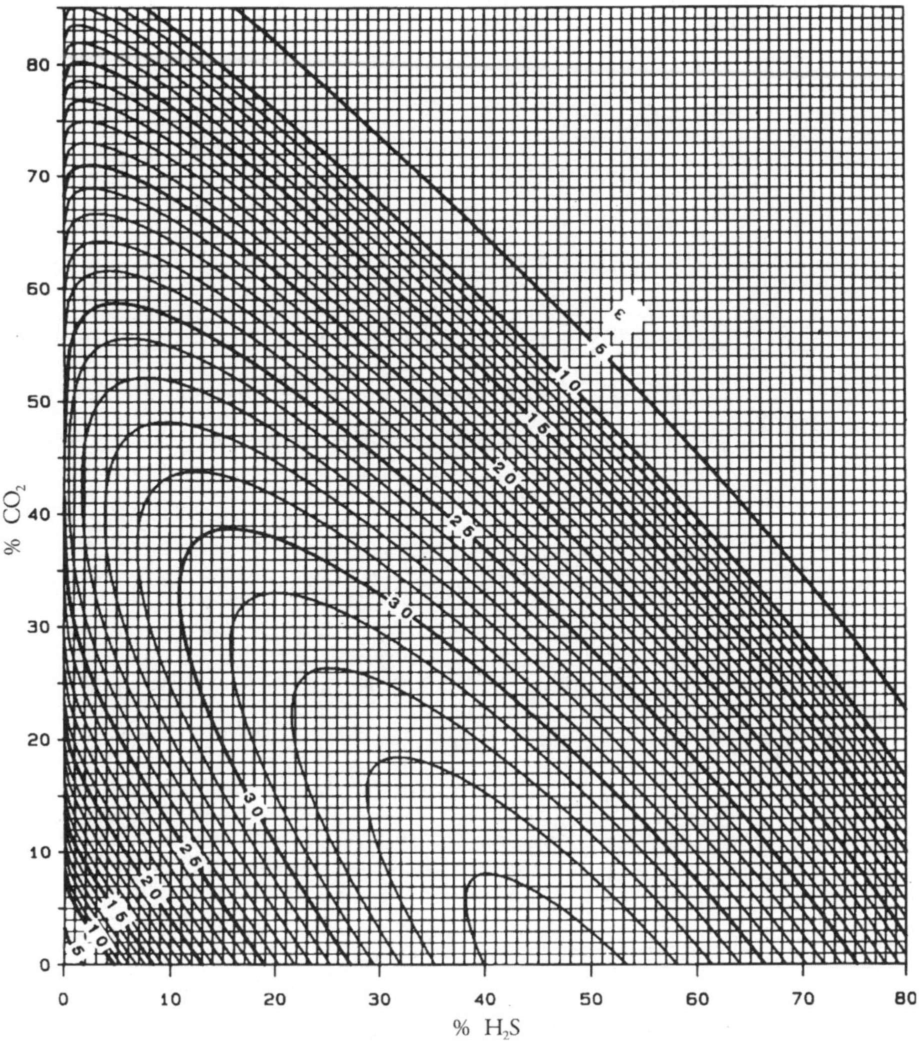

〈그림 4-36〉 의사 임계온도 보정계수, E_3, °R(Ikoku)

$$_pT_c' = 407.3 - 25.5 = 381.8°\text{R}$$

앞서 정의한 $_pP_c'$ 식에 의해서

$$_pP_c' = \frac{(789.6)(381.8)}{(407.3) + (0.1841)(1 - 0.1841)(25.5)} = 733.3\text{psia}$$

180°F, 2,500psia에서의 상대성질들은

$$_{p}T_{r} = \frac{T}{_{p}T_{c}'} = \frac{(180+460)}{(381.8)} = 1.68$$

$$_{p}P_{r} = \frac{P}{_{p}P_{c}'} = \frac{2500}{733.5} = 3.41$$

이 값들을 〈그림 4-26〉에 적용하면 sour 가스의 압축지수 Z는 0.850이다.

마지막으로, 일반적인 가스 성분 분석표에는 나타나 있지 않지만 소량이나마 반드시 동반되는 수증기 성분에 대한 보정은 다음 식에 의해 산출된다.

$$W_{hc} = \frac{(4.73\times 10^{4})P_{vw}}{P-P_{vw}}(\text{lb/MMscf})$$

여기서 W_{hc}는 1MMscf 탄화수소 가스 속에 들어 있는 물의 양(lb)이며, P_{vw}는 물의 증기압이다. 즉, 물을 포함한 천연가스 몰당 물의 무게는

$y_{w}M_{w}$ (M_{w} : 물의 분자량, y_{w} : 물의 몰수)

이며, 물을 제외한 천연가스 몰당 물의 무게는

$$\frac{y_{w}M_{w}}{1-y_{w}}$$

이다. 표준상태에서 1MMscf의 가스량을 몰수로 전환하여 물의 무게를 산출하면 다음과 같다.

$$W_{hc} = \frac{y_{w}M_{w}10^{6}}{(1-y_{w})379.56}$$

이때, y_w를 Dalton의 법칙을 이용하여 증기압 P_{vw}로 치환하면

$$y_w = \frac{P_{vw}}{P} \text{ 이므로}$$

$$W_{hc} = \frac{P_{vw} M_w 10^6}{(P - P_{vw}) \times 379.56} = \frac{(4.74 \times 10^4) P_{vw}}{P - P_{vw}}$$

4.2.5. 가스의 점성도

혼합가스의 점성도를 산출하는 가장 정확한 방법은 실험을 통해 측정하는 것이지만, 이 방법은 매우 까다롭고 비효율적이므로 다음과 같은 관계식을 이용하여 일반적으로 계산한다.

$$\mu_g = \frac{\Sigma \mu_{gi} y_i \sqrt{M_i}}{\Sigma y_i \sqrt{M_i}}$$

여기서 μ_{gi}는 i번째 성분의 점성이고 M_i는 분자량, y_i는 몰비이다.

이 식을 이용하기 위해서는 천연가스의 구성 성분을 알고 있어야 하고 또 각 성분의 점성도는 적용 상태의 온도와 압력의 함수여야 하므로 실제적인 사용은 용이하지 않다. Bicher와 Katz는 천연가스의 점성도가 온도와 압력뿐만 아니라 그 구성 성분의 함수라는 것을 인식하고, 표준상태의 순수 가스의 점성도를 고온과 고압 상태의 것으로 전화시키는 도표(〈그림 4-37〉)를 개발하여 위 식의 활용도를 향상시켰다. 대기압 상태에서 천연가스의 점성도는 〈그림 4-38〉과 같다. 가스 점성도에 미치는 불순 성분의 영향은, 불순 성분의 함유량이 증가할수록 점성도도 증가한다는 것이 일반적인 관찰 결과이다.

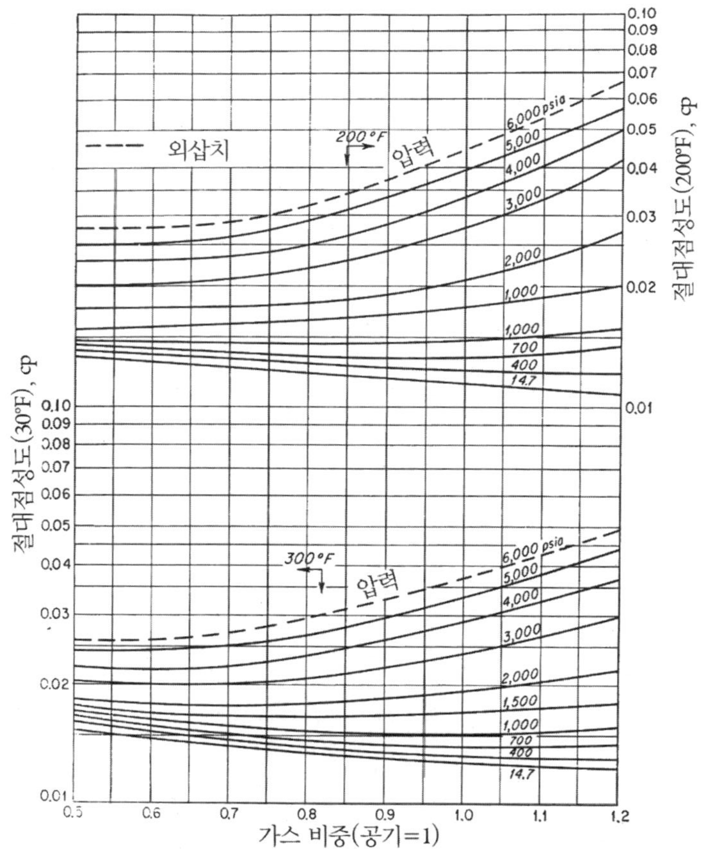

〈그림 4-37〉 천연가스의 점성도 곡선. 자료는 메탄-프로판 혼합물로부터 얻었으며, 5% 미만의 질소를 함유한 시료에 대해서만 적용할 수 있다. 분산은 5.8%(Bicher와 Katz, 1944).

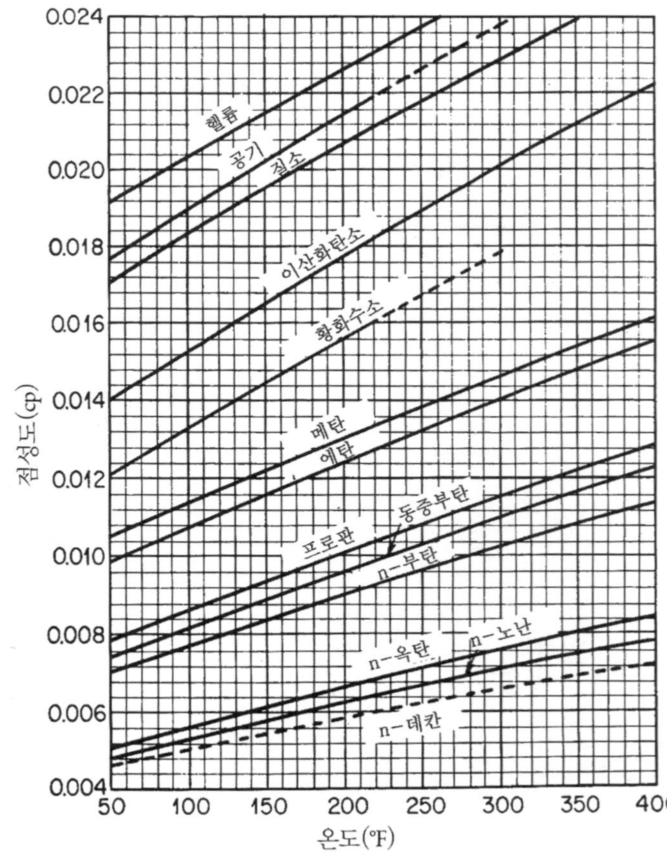

〈그림 4-38〉 대기압에서 천연가스의 점성도 곡선(Carr 외, 1954)

4.3. 원 유

원유는 천연가스와 달리 비교적 무거운 탄화수소 혼합물로 이루어져 있기 때문에 저류층이나 지상 조건에서 모두 액체 상태로 존재한다. 따라서 여기서는 일반적인 액체의 성질을 원유의 물성 정의에 도입하여 설명하고자 한다.

먼저 액체는 주어진 상태에서 정해진 질량에 대해 일정한 부피를 갖는 성질은 가지고 있지만, 고체와 같이 특정한 모양을 이루지는 않는 유체이다. 그러므로 액체를 용기에 담게 되면 그 안에서 일정한 부피를 갖고 용기와 같은 모양을 이룬다. 기체 상태에서는 기체 분자 사이의 거리가 아주 멀리 떨어져 있어서 분자 간의 인력을 무시할 수 있으므로 기체의 성질은 운동법칙을 이용하여 기술할 수 있다. 그러나 액체의 경우에는 분자 간의 거리가 훨씬 가깝기 때문에 분자 간에 인력이 작용하게 된다. 액체를 기체와 함께 다룰 수 없는 근본적인 요인이 바로 여기에 있다.

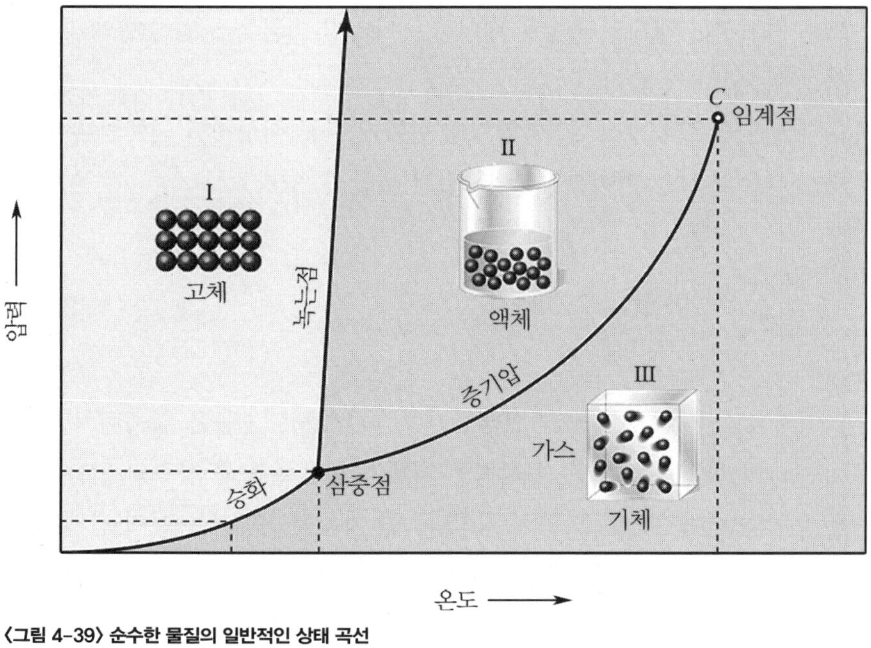

〈그림 4-39〉 순수한 물질의 일반적인 상태 곡선

액체는 기체에 비해 유동성이 적고 점성도가 크기 때문에 온도와 압력 변화에 따른 부피 변화가 그리 심하지 않다. 그러므로 액체는 응축된 증기라든가 용융된 고체라고 생각하면 된다. 이러한 다양한 상에 대한 개념이 〈그림 4-39〉에 제시되어 있다. 이 그림에서 각각의 곡선들은 두 개의 상이 평형을 이루는 압력과 온도에 대한 상태를 나타내고 있다. 즉, 삼중점에서는 고체, 액체, 기체가 모두 평형상태를 이루고, 녹는점 곡선상에서는 고체-액체가 동시에 존재하며, 증기압 곡선은 액체 또는 증기의 상태를 결정한다.

4.3.1. 부피 변화율

온도와 압력에 따른 액체 부피의 변화에 대한 정량적인 분석은 여러 분야에서 진행되었다. 그러나 Daniels가 "액체의 정량적인 분석은 가스나 고체의 경우에 비해 충실하지 못하지만 액체 구조를 제대로 이해할 수만 있다면 큰 발전을 이룰 수 있을 것이다"라고 진술한 점을 보더라도 액체의 성질을 제어할 수 있는 총체적인 이론을 유도하기가 어렵다는 것을 알 수 있다. 그러므로 여기서는 액체의 물성을 제어하는 다양한 이론을 도입하여 액체의 물성을 기술하고자 한다.

가스의 경우와 달리 온도-압력의 변화에 따른 이상적인 액체의 부피 변화는 다음과 같은 편미분방정식으로 정의할 수 있다.

$$\left[\frac{\partial V}{\partial T}\right]_p = 0, \quad \left[\frac{\partial V}{\partial P}\right]_T = 0 \qquad (4\text{-}21)$$

여기서 $(\partial V/\partial T)_p$는 등압 열팽창이며, $(\partial V/\partial P)_T$는 등온 압축비이다. 식 (4-21)의 관계식을 보면, 이상적인 액체의 경우 온도와 압력의 변화에 따른 부피의 변화가 없음을 알 수 있다. 또한 이상적인 액체는 분자 간의 내부 마찰이 없기 때문에 점성도는 0이 된다. 이런 이유로 이상액체의 개념은 여기서 논의되는 액체 부피의 변화에 대한 분석에 별 도움이 되지 못한다.

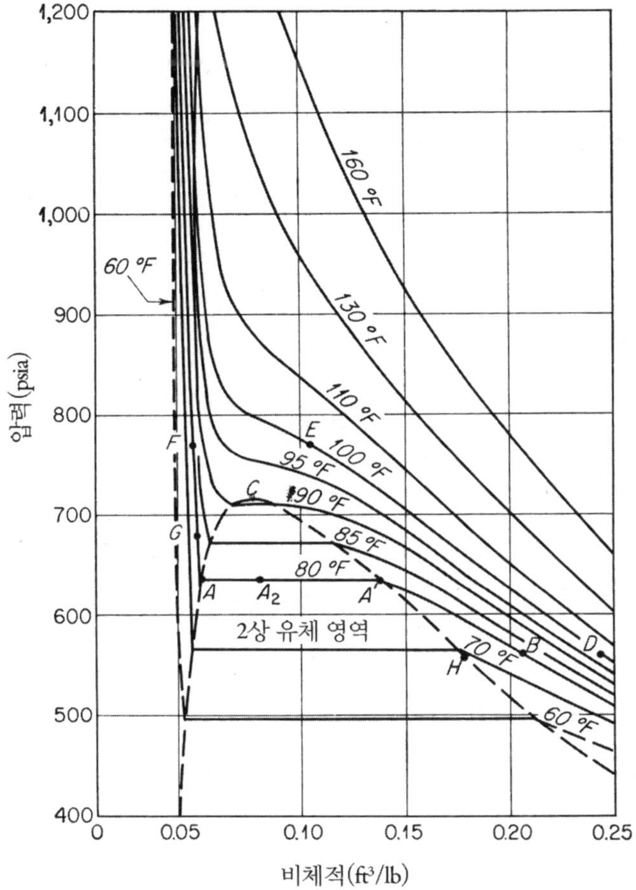

〈그림 4-40〉 순수한 에탄의 상태추이 곡선(Brown 외, 1948)

〈그림 4-40〉을 보면 기체와 액체의 상대적인 부피 변화를 알 수 있다. A와 B 사이의 80°F 등온선 부분에서 에탄은 기체 상태로 되어 있다. 점 A와 F 사이의 구간에서는 에탄이 액체 상태로 있게 된다. 등온 압축비 $(\partial V/\partial P)_T$는 $(\Delta V/\Delta P)_T$로 표시될 수 있는데, 액체 상태에서

$$\Delta V = 0.005\,\text{ft}^3/\text{lb}$$

$\Delta P \approx 135\text{psi}$ 이므로

$$\left[\frac{\Delta V}{\Delta P}\right]_T = 0.0000371\,\text{ft}^3/\text{lb}-\text{psi}$$

이다. 그리고 가스 상태에서는

$$\Delta V \approx 0.067\,\text{ft}^3/\text{lb}$$

$\Delta P \approx 75\text{psi}$ 이므로

$$\left[\frac{\Delta V}{\Delta P}\right]_T = 0.000894\,\text{ft}^3/\text{lb}-\text{psi}$$

이다. 이 범위에서는 가스가 액체보다 24.1배나 더 큰 압축성을 가지고 있다. 등압 열팽창도 $(\Delta V/\Delta T)_P$와 같이 기술할 수 있다. 온도가 60~85°F, 압력이 700psia일 때 에탄은 액체 상태인데, 평균 등압 열팽창은 대략 다음과 같다.

$$\frac{0.013}{25} = 0.00052\,\text{ft}^3/\text{lb}-°\text{F}$$

또한 100~160°F, 700psia에서 에탄은 가스인데, 이때의 평균 열팽창은 0.079/60=0.00131ft^3/lb−°F이다. 여기서 가스의 팽창은 액체의 팽창보다 2.5배가 더 큼을 알 수 있다. 프로판의 비체적에 대한 압력의 영향이 〈그림 4-41〉 (a)에 나타나 있다. 이 그림에서 곡선은 일정한 온도를 나타내는 등온선이며 이 등온선의 기울기가 등온 압축비가 된다. 등온 압축비는 항상 음의 값을 가지며, 압력이 증가할수록 감소하는 반면 온도가 증가하면 같이 증가하는 성질을 가지고 있다. 등온 압축비에 대한 압력 변화의 영향은 저압과 고온 상태에서 더욱 확연하며, 압력에 따른 압축비 곡선의 기울기 변화는 다음의 2차 편미분식으로 나타난다.

$$\frac{\partial(\partial V/\partial P)_T}{\partial P} = \left[\frac{\partial^2 V}{\partial P^2}\right]_T = \text{양수} \qquad (4\text{-}22)$$

〈그림 4-41〉 (b)는 프로판의 등온 압축비를 도시한 것이며, 압력에 따른 압축비의 변화는 〈그림 4-41〉 (c)에 그려져 있다. 이 그림들을 통해 높은

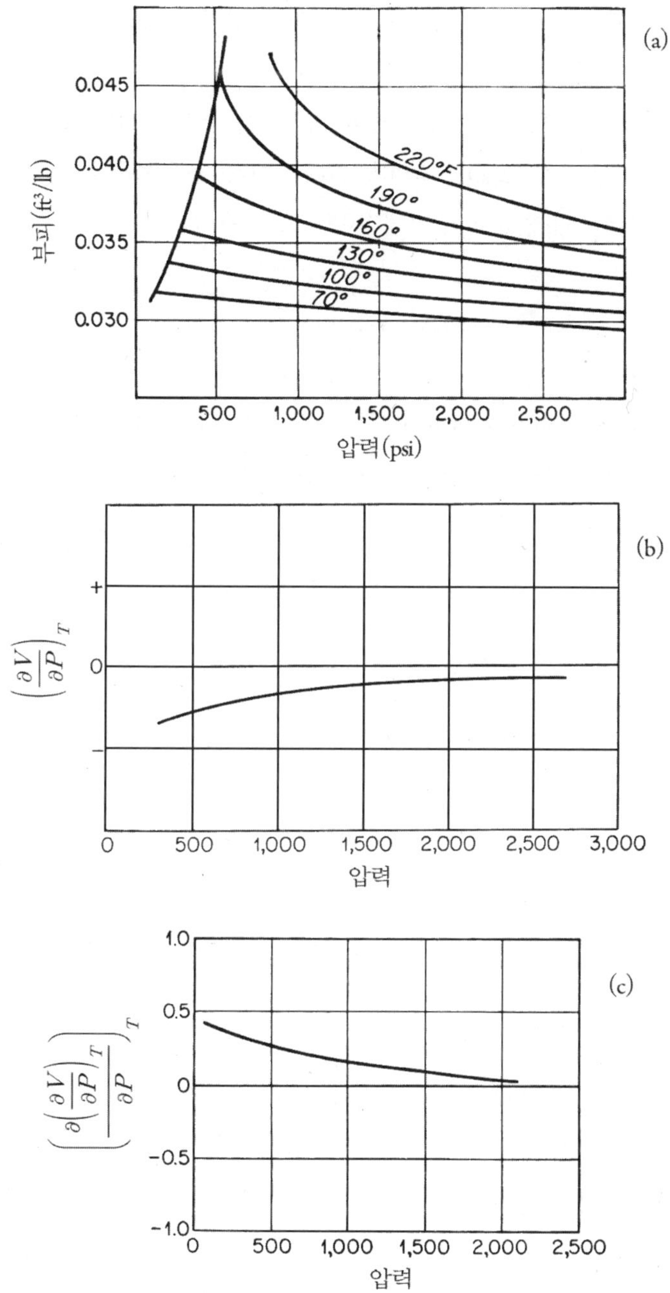

〈그림 4-41〉
(a) 압력이 액체 프로판의 부피에 미치는 영향
(b) 160°F에서 액체 프로판의 등온 압축비 곡선
(c) 160°F에서 액체 프로판의 등온 압축비의 변화(Sage와 Lacey, 1949)

압력에서는 유체의 압축비에 미치는 압력의 영향이 축소된다는 사실을 알 수 있다.

저온 상태에서 등온 압축비는 거의 상수값을 가지게 된다. 한 예로서, 〈그림 4-41〉 (a)의 100~2,500psia의 범위에서 70°F 등온선은 본질적으로 직선의 형태가 되며, 이때 유체의 비체적 변이는 다음 식과 같이 표현될 수 있다.

$$v = v_o + bP$$

이때, v_o는 압력이 0일 때 y의 절편이며 b는 평균 기울기, 즉 등온 압축비가 된다. 비체적보다는 부피가 더 유용한 값이므로

$$V = W \cdot v, \ \ V_o = W \cdot v_o$$

를 이용하는데, W는 액체의 무게이다. 따라서

$$V = W_{v_o} + W_{v_o} \frac{bP}{v_o}$$

$$\Rightarrow V = W_{v_o} + W_{v_o} \frac{bP}{v_o}$$

또는

$$V = V_o \left[1 + \frac{b}{v_o} P \right] \tag{4-23}$$

가 된다. 그리고 압축비 상수 C는

$$C = \frac{b}{v_o}$$

로 정의되며, 식 (4–23)은 다음과 같다.

$$V = V_o[1 - C_T(P - P_o)] \tag{4–24}$$

이때, C_T : 온도 T에서의 등온 압축비계수

V_o : 온도 T, 압력 P_o에서의 기준 부피

V : 온도 T, 압력 P에서의 부피

등온선의 직선 여부에 관계없이 C는 다음과 같이 나타낼 수 있다.

$$C = -\frac{1}{V}\left[\frac{\partial V}{\partial P}\right]_T \tag{4–25}$$

여기서 (–) 부호는 직선의 기울기가 항상 (–)인 것을 고려해서 C의 값을 (+)로 만들어주기 위해 수학적으로 넣어준 것이다. 즉, C는 기울기의 (–) 값을 비체적으로 나누어준 것으로 생각하면 된다.

유체의 압축비계수는 체적 탄성계수의 역수인데, 여기서 체적 탄성계수는 고체의 탄성비와 같은 개념으로

$$\frac{1}{C} = \left[\frac{\text{응력}}{\text{변형률}}\right]_T$$

유체의 응력은 기준 압력 P_o로부터의 압력 변화이며, 변형률은 기준 상태의 단위 부피당 부피 변화이다. 그러므로 위의 식은 다음과 같이 된다.

$$\frac{1}{C} = \frac{P - P_0}{\Delta V / V_0} \tag{4–26}$$

따라서 체적 탄성계수는 압력의 차원을 가지는 반면 압축비계수는 압력의 역수값이 된다. 액체 프로판의 비체적 등압변이가 〈그림 4–42〉 (a)에 도시

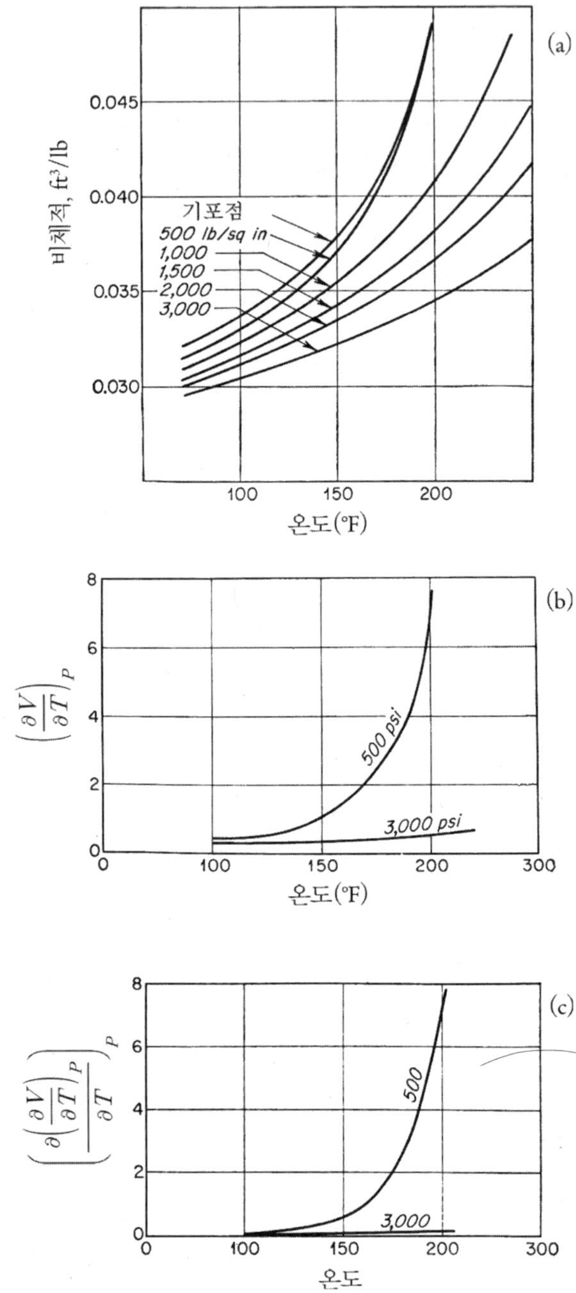

〈그림 4-42〉

(a) 액체 프로판의 비체적 곡선

(b) 액체 프로판의 등압 팽창

(c) 액체 프로판의 등압 팽창 변위 곡선(Sage와 Lacey, 1949)

되어 있다. 등압 열팽창 $(\partial V/\partial T)_P$는 등압선의 기울기로, 〈그림 4-42〉 (b)에서 등압선의 기울기는 온도가 증가함에 따라 증가하고 압력이 증가하면 감소하는 성질이 있다. 이때 기울기는 항상 양의 값인데, 이는 온도의 증가가 유체 부피를 증가시키는 것을 의미한다. 온도에 따른 기울기의 변화는 2차 편미분식으로 표현할 수 있다.

$$\frac{\partial(\partial V/\partial T)_P}{\partial T} = \left[\frac{\partial^2 V}{\partial T^2}\right]_P = \text{양수} \tag{4-27}$$

식 (4-27), 〈그림 4-42〉 (c)의 결과를 보면, 등압 팽창은 온도의 증가에 따라 함께 증가함을 알 수 있다. 등압 열팽창계수 β는 다음과 같이 정의한다.

$$\beta = \frac{1}{V}\left[\frac{\partial V}{\partial T}\right]_P \tag{4-28}$$

〈그림 4-42〉 (a)의 등압선은 일정 구간에서 직선의 형태를 나타내므로, 기준 온도에서의 부피와 또 다른 온도에서의 부피 사이에 다음과 같은 관계식이 성립한다.

$$V = V_o[1 + \beta_P(T - T_o)] \tag{4-29}$$

여기서, β_P : 온도 P에서의 등압 열팽창계수

V_o : 온도 T_o, 압력 P에서의 기준 부피

V : 온도 T, 압력 P에서의 부피

액체의 부피는 비체적이지만 밀도로 나타내는 것이 편리할 경우가 많으므로 다음과 같이 바꾸어보자. 우선 열팽창의 경우에는,

$$v = v_o[1 + \beta_p(T - T_o)] \tag{4-30}$$

$$\rho = \rho_o[1 - \beta_p(T - T_o)] \quad (4-31)$$

그리고 압축비의 경우에는

$$v = v_o[1 - C_T(P - P_o)] \quad (4-32)$$

$$\rho = \rho_o[1 + C_T(P - P_o)] \quad (4-33)$$

〈그림 4-41〉 (a)의 등온선은 식 (4-33)이 적용될 수 있는 압력보다 더 큰 압력 범위에서 지수함수적으로 표현될 수 있으므로, 밀도 계산식은 다음과 같이 표시된다.

$$\rho = \rho_0 \exp[C(p)] \text{ 또는 } \rho = \rho_0 \exp[C(P - P_0)] \quad (4-34)$$

계수 β_p와 C는 온도, 압력, 액체의 성분, 조성 등에 따라 결정되는 값들이다. 특정 범위의 압력과 온도에서 계수 β_p와 C는 일정값을 갖는 상수이지만, 일반적으로 실험을 통해 직접 구하거나 또는 실험을 기초로 한 보정을 통해서 얻는다. 밀도를 포함한 대기압 상태에서 액체 탄화수소들의 중요한 물성 상수들을 정리하면 〈표 4-10〉과 같다.

4.3.2. 밀도

저류층 상태에서 액체인 탄화수소 혼합물의 밀도는 밀도 계측기(hydrometer)나 그 밖의 다른 장치를 이용해서 측정할 수 있지만, 실험에서 확인된 여러 가지 물리적인 성질들을 이용하여 혼합물의 밀도를 계산할 수도 있다.

탄화수소 혼합물의 성분 분석을 지상 조건 상태와 저류층 상태에서 수행한 전형적인 예가 〈표 4-11〉에 제시되어 있다. 지상의 저유탱크에 있는 액체는 주로 프로판 이상의 무거운 성분들로 구성되어 있는 반면에 저류층 조건에서의 액체는 상당량의 메탄과 에탄을 포함하고 있다. 메탄과 에탄은 대

〈표 4-10〉 대기압에서 액체 상태인 파라핀 탄화수소의 물리적 성질(NGAA, 1951)

탄화수소	몰무게	비등점 (14.7psia)	증기압 (psia, 100°F)	임계압력 (psia)	임계온도 (°R)	임계체적 (ft^3/lb)
n-펜탄	72.146	96.9	15.57	48.5	845.9	0.0690
동중 펜탄	72.146	82.1	20.44	483.0	830.0	0.0685
n-헥산	86.172	155.7	4.96	439.7	914.5	0.0685
n-헵탄	100.198	209.2	1.62	396.9	972.6	0.0682
n-옥탄	114.224	258.2	0.54	362.1	1025.2	0.0682
n-노난	128.250	303.4	0.18	345	1073	0.0673
n-데칸	142.276	345.2	0.07	320	1115	0.0671

탄화수소	액체 밀도 (lb/ft^3)	가스 밀도 (lb/ft^3)	등압 팽창계수 (1/°F)	점성도 (cp, 68°F)	기화열 (Btu/lb)
n-펜탄	39.29	0.19	0.00089	0.240	153.8
동중 펜탄	38.90	0.19		0.240	145.9
n-헥산	41.35	0.23	0.00078	0.326	144.2
n-헵탄	42.85	0.26	0.00068	0.416	136.2
n-옥탄	44.01	0.30	0.00065	0.542	131.9
n-노난	44.94	0.34	0.00062	0.620	126.9
n-데칸	45.74	0.38	0.00059	0.770	120.2

〈표 4-11〉 전형적인 원유분석표

구성 성분	저유탱크(stock tank)에서의 몰 비율	저류층에서의 몰 비율
메탄	0.0019	0.3396
에탄	0.0098	0.0646
프로판	0.0531	0.0987
부탄	0.0544	0.0434
펜탄	0.0555	0.0320
헥산	0.0570	0.0300
헵탄+	0.7681	0.3917
	1.0000	1.0000

기 압력과 온도에서 가스 상태로 존재하지만, 저류층 조건에서는 액체 속의 무거운 성분의 함량에 따라 이들의 밀도가 결정된다. 무거운 분자들의 보다 큰 인력 작용으로 인해 메탄과 에탄분자들은 상대적으로 가벼운 분자들과 공존하고 있을 때보다 무거운 분자들과 공존하고 있는 상태에서 더 압축될 것이다.

Standing과 Katz는 위의 성질을 갖는 표준시료의 밀도를 이용하여 메탄과 에탄의 겉보기 밀도를 보정하는 방법을 제시했는데, 이것이 〈그림 4-43〉에 도시되어 있다. 이 자료와 프로판 이상의 무거운 성분에 적용되는 체적가산법을 이용하면 탄화수소 혼합물의 밀도를 효과적으로 계산할 수 있다. 즉, C_{3^+}의 밀도와 에탄 이상의 혼합액체에서 에탄의 중량비 및 전체 액체 가운데 메탄의 중량비 등을 우선 계산하여 메탄과 에탄을 함유하는 혼합액체의 밀도를 구하는 것으로, 〈그림 4-44〉에 도시되어 있다.

저유탱크에 있는 액체에서는 메탄과 에탄의 농도가 상대적으로 낮은데, 이런 경우에는 체적가산법을 사용하는 것이 효과적이다. 이 방법을 설명하면 다음과 같다.

1 lb-mole의 혼합물 가운데 특정 성분의 무게는 그 성분의 분자량과 몰비의 곱과 같으므로 다음과 같이 나타낼 수 있다.

$$W_i = x_i M_i \tag{4-35}$$

여기서, W_i : 1 lb-mole 혼합물 가운데 i번째 성분의 무게

x_i : 혼합물 가운데 i번째 성분의 몰비

M_i : i번째 성분의 분자량

1 lb-mole 혼합물의 무게는 단순히 성분들의 무게의 합으로,

$$W_m = \sum_{i=1}^{m} x_i M_i \tag{4-36}$$

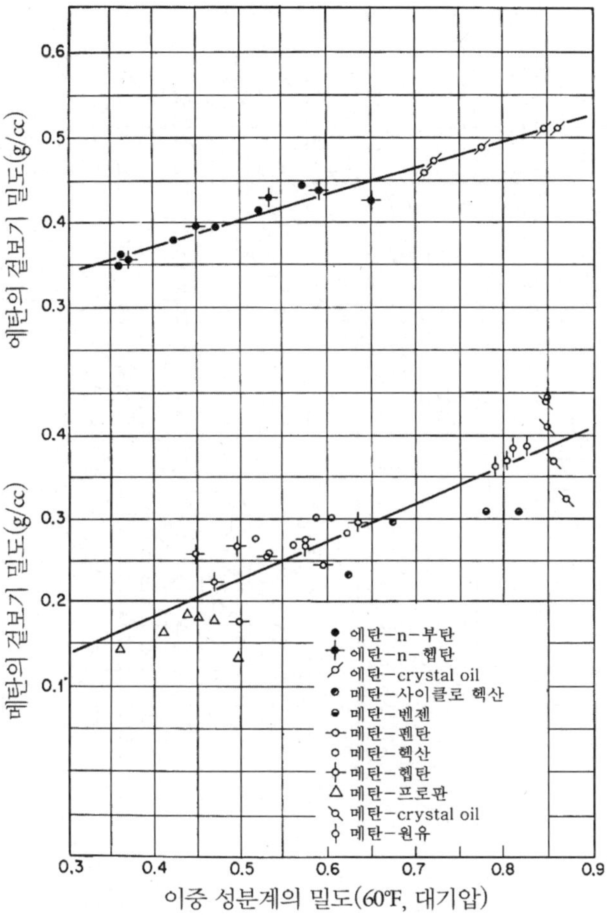

〈그림 4-43〉 혼합물의 밀도에 대한 메탄, 에탄의 겉보기 밀도 곡선(Standing과 Katz, 1942)

이때, W_m은 1 lb−mole 혼합물의 무게이다. 또한 혼합물 가운데 특정 성분의 부피는 혼합물 중 특정 성분의 무게에 일반적인 온도, 압력 조건에서의 그 성분의 비체적을 곱한 것과 같다.

$$V_i = x_i M_i v_i = W_i v_i \tag{4-37}$$

이때, V_i는 1 lb−mole 혼합물 가운데 i번째 성분의 부피이며, v_i는 i번째

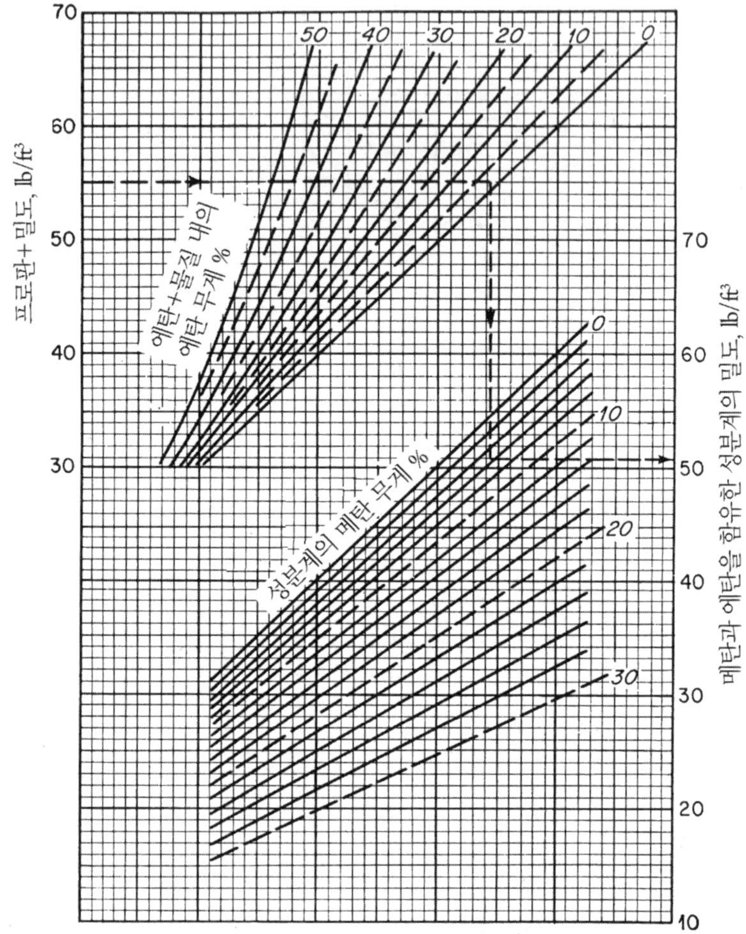

〈그림 4-44〉 메탄과 에탄을 함유하고 있는 탄화수소의 의사 액체 밀도 곡선(Standing, 1952)

성분의 비체적이다. 체적가산법의 개념으로부터

$$V_m = \sum V_i$$

이며, 혼합물의 밀도는 다음과 같이 된다.

$$\rho_m = \frac{W_m}{V_m} \tag{4-38}$$

14.65psia, 60°F에서의 가벼운 탄화수소들(즉, 메탄부터 헵탄)의 분자량과 비체적은 〈표 4-5〉에 제시되어 있다. 헵탄 이상의 성분으로 구성된 C_{7^+}의 혼합물의 분자량과 비중은 실험실에서 유체 성분 분석법으로 결정된다. 밀도를 구하는 또 하나의 방법인 Standing과 Katz의 도표 방법은 도표 사용을 위한 메탄, 에탄 중량비와 프로판 이상의 성분을 위한 체적가산법을 이용하는 것이다.

이 방법에 사용되는 각 변수들을 수학적으로 표현하면

C_{3^+}의 무게는

$$W_{C_3^+} = \sum_{i=3}^{m} x_i M_i \tag{4-39}$$

C_{3^+}의 부피는

$$V_{C_3^+} = \sum_{i=3}^{m} V_i \tag{4-40}$$

C_{2^+}에서 에탄의 중량 백분율은

$$[C_2\text{의 }\%]_{C_2^+} = \frac{C_2\text{의 중량}}{C_{2^+}\text{의 중량}} = \frac{x_2 M_2}{\sum_{i=2}^{m} x_i M_i} \tag{4-41}$$

이며, 전체 시스템에서 메탄의 중량 백분율은

$$[C_1\text{의 중량}\%]_{C_1^+} = \frac{C_1\text{의 중량}}{C_{1^+}\text{의 중량}} = \frac{x_1 M_1}{\sum_{i=1}^{m} x_i M_i} \tag{4-42}$$

이 된다. 대기압과 60°F 상태에서 〈표 4-11〉의 자료를 이용하여 밀도를 계산하는 방법은 [예제 4-8]에서 자세히 설명하도록 하겠다. 밀도는 체적가산법과 Standing 및 Katz의 두 가지 방법으로 계산했는데, 두 방법에서 구한 결과의 오차는 0.02%인 것으로 밝혀졌다. 이것은 메탄과 에탄이 혼합물 중에서 차지하는 비중이 적을 때만 적용되며, 보다 높은 에탄과 메탄의 성분비를 갖는 혼합물에 대해 사용할 수 있는 반복법도 예시되어 있다. 또 주어진 조건에 따라 밀도를 계산하는 각종 방법들도 예제에 설명되어 있다.

예제 4-8 **〈표 4-12〉와 같은 물성을 갖는 저유탱크 유체의 밀도를 계산하라.**

〈표 4-12〉

(1) 구성 성분	(2) 액상의 몰 비율 x_i	(3) 몰무게 M_i	(4) 상대무게 x_iM_i (2)×(3)	(5) 액체 밀도(lb/ft^3,60°F, 14.65psia)	(6) 액체 부피 (ft^3/mole) (4)÷(5)
메탄, C_1	0.0019	16.04	0.0305	(18.70)	(0.0016)
에탄, C_2	0.0098	30.07	0.2947	(23.26)	(0.0127)
프로판, C_3	0.0531	44.09	2.3412	31.64	0.0740
부탄, C_4	0.0544	58.12	3.1617	35.71	0.0885
펜탄, C_5	0.0555	72.15	4.0043	39.08	0.1025
헥산, C_6	0.0570	86.17	4.9203	41.36	0.1190
헵탄+, C_7^+	0.7681	263	202.0366	55.28	3.6548
합계			216.7893		4.0388 (4.0531)

방법 1 : 체적가산법

(5)번 칸은 〈표 4-5〉에 기재된 밀도이며, 부탄과 펜탄은 iso와 normal의 평균값이다.

$$C_{1^+}\text{의 밀도} = \frac{216.7893}{4.0531} = 53.49\,\text{lb/ft}^3$$

방법 2 : Standing 및 Katz의 도표 방법

$$C_{3^+}\text{의 밀도} = \frac{\sum_{i=3}^{m} x_iM_i}{\sum_{i=3}^{m} \frac{x_iM_i}{\rho_i}} = \frac{(216.7893-0.3252)\,\text{lb/mole}}{4.0388\,\text{ft}^3/\text{mole}} = 53.59\,\text{lb/ft}^3$$

$$C_{2^+}\text{에서 } C_2\text{의 중량\%} = \frac{x_2 M_2}{\sum_{i=2}^{m} x_i M_i} \times 100 = \frac{(0.2947)\text{lb/mole}(100)}{216.7893 - 0.0305\text{lb/mole}}$$

$$= 0.136\%$$

$$C_{1^+}\text{에서 } C_1\text{의 중량\%} = \frac{x_1 M_1}{\sum_{i=1}^{m} x_i M_i} \times 100 = \frac{(0.0305)\text{lb/mole}(100)}{(216.7893)\text{lb/mole}} = 0.014\%$$

C_1^+의 밀도 $= 53.5\text{lb/ft}^3$ (〈그림 4-44〉로부터)

방법 3 : 반복법

먼저 탄화수소 혼합물의 비중을 0.6이라고 가정하면 〈그림 4-43〉으로부터 메탄의 겉보기 비중 0.27, 에탄의 겉보기 비중 0.44를 알 수 있다. 그리고 이것을 현장단위로 전환하면 메탄의 겉보기 액체 밀도$=0.27\times62.43\text{lb/ft}^3=16.86\text{lb/ft}^3$, 에탄의 겉보기 액체 밀도$=0.44\times62.43\text{lb/ft}^3=27.47\text{lb/ft}^3$이다. 방법 1에서와 같이 체적가산법을 이용하여 계산된 비중은 다음과 같다.

$$\rho_L = \frac{216.7893}{4.0513} = 53.51(\text{lb/ft}^3)$$

비중=53.51/62.43=0.8571

계산치가 가정치와 상이하므로 다시 비중 0.7을 가정하여 동일한 과정을 반복하면, 메탄의 겉보기 액체 밀도$=0.32\times62.43\text{lb/ft}^3=19.97\text{lb/ft}^3$, 에탄의 겉보기 액체 밀도$=0.47\times62.43\text{lb/ft}^3=29.33\text{lb/ft}^3$가 된다.

	(4)	(5)	(6)
C_1	0.0305	19.97	0.0015
C_2	0.2947	29.33	0.0100
C_3^+			4.0388
	216.7893		4.0503

$$\rho_L = \frac{216.7893}{4.0503} = 53.52\ \text{lb/ft}^3$$

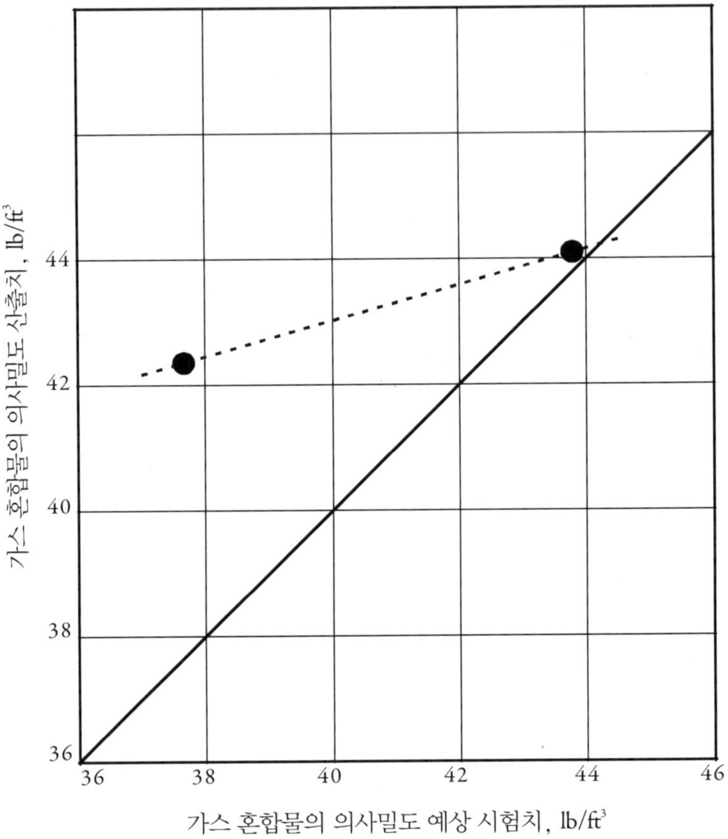

〈그림 4-45〉 [예제 4-8]의 반복법을 이용한 의사 액체 밀도의 수렴치 산출

비중=53.52/62.43=0.8573

〈그림 4-45〉에서처럼 가정한 밀도와 계산된 밀도가 도표상에 나타내는 직선과 기울기 1이고 절편이 0인 직선의 교점을 구하면 바로 그 교점이 구하고자 하는 액체의 정확한 밀도이다. 일반적인 직선식은

$$y-y_1=\frac{y_2-y_1}{x_2-x_1}(x-x_1)$$

이며, 첫번째 계산에서 산출된 (0.6, 0.8571)과 두번째 계산에서 산출된

(0.7, 0.8573)을 대입하면

$$y = 0.002x - 0.002 \times 0.6 + 0.8571$$

그리고 직선 $y = x$와 만나는 점을 구하면

$$0.998x = 0.8571 - 0.0012$$

$$x = 0.8576,\ \rho L = 0.8576 \times 62.43 \mathrm{lb/ft^3}$$

그러므로 $\rho L = 53.54 \mathrm{lb/ft^3}$이다.

예제 4-9 가스 성분, 가스석유비 그리고 석유의 비중만 주어진 경우

2,000psia, 200°F에서 30°API 석유에 다음과 같은 성분의 천연가스가 700scf/stb의 용해도를 가질 때 이 탄화수소액체의 밀도를 표준상태에서 구하라.

풀이

〈표 4-13〉은 1 bbl당 용해되어 있는 가스를 성분별로 정리한 것이다.

세번째 칸은 $z_j \times R_s$

네번째 칸은 $z_j \times R_s \times$ 성분 분자량 $\div 379$

다섯번째 칸에서 부탄, 펜탄, 헥산의 액체 밀도는 iso와 normal의 평균값

여섯번째 칸은 네번째 칸÷다섯번째 칸

Standing과 Katz의 도표법을 이용하면,

$$(\text{프로판}+)\text{의 밀도} = \frac{325.5 \mathrm{lb/stb}}{6.144 \mathrm{ft^3/stb}} = 53.0 \mathrm{lb/ft^3}$$

〈표 4-13〉

구성 성분	몰 비율 z_i	용해도 (ft^3/stb) z_iR_s	무게 (lb/stb) $z_iR_sM_j/379$	표준상태 (60°F, 14.7psia) 액체 밀도(lb/ft^3) ρ_{oj}	표준상태 액체 부피 (ft^3/stb) $z_iR_sM_j/379\rho_{oj}$
C_1	0.70	490	20.69		
C_2	0.12	84	6.67		
C_3	0.08	56	6.52	31.66	0.206
C_4	0.06	42	6.44	35.78	0.180
C_5	0.03	21	4.00	38.51	0.104
C_6	0.01	7	1.59	41.30	0.039
원유			307 *		5.615
		700	352.9lb		6.144ft^3

$$(\text{에탄}+)\text{에서 에탄의 비} = \frac{6.67}{332.2} = 0.020$$

$$\text{혼합물}(\text{메탄}+)\text{에서 메탄의 비} = \frac{20.69}{352.9} = 0.059$$

〈그림 4-44〉로부터 표준상태에서 혼합물의 의사 액체 밀도는 48.6lb/ft^3 이다.

예제 4-10 **가스비중과 석유비중 그리고 가스석유비가 주어진 경우**

석유의 비중이 30°API, 가스의 비중이 0.71, 가스석유비가 575scf/stb일 때 표준상태에서 탄화수소액체의 밀도를 계산하라.

풀이

먼저 1stb의 석유에서 생산되는 가스와 석유의 무게를 계산하면, 가스의 겉보기 분자량은

$$M_a = 29\gamma_g = (29)(0.71) = \frac{20.6\ \text{lb}}{\text{lb-mole}}$$

이므로, 가스의 무게는 다음과 같다.

$$\left(575\frac{\text{scf}}{\text{stb}}\right)\left(\frac{\text{lb-mole}}{379\text{scf}}\right)\left(20.6\frac{\text{lb}}{\text{lb-mole}}\right)=31.24\frac{\text{lb gas}}{\text{stb}}$$

표준상태에서 석유의 비중은

$$\gamma_o=\frac{141.5}{°\text{API}+131.5}=\frac{141.5}{30.0+131.5}=0.876$$

이므로, 표준상태에서 석유의 무게는 다음과 같다.

$$\left(5.615\frac{\text{ft}^3\text{석유}}{\text{stb}}\right)\left(0.876\frac{\text{lb석유}/\text{ft}^3\text{석유}}{\text{lb물}/\text{ft}^3\text{물}}\right)\times\left(62.43\frac{\text{lb물}}{\text{ft}^3\text{물}}\right)=306.9\frac{\text{lb석유}}{\text{stb}}$$

그러므로 표준상태에서 밀도는 〈표 4-14〉와 같이 계산된다.

$$\rho_L=\frac{338.1\text{lb/stb}}{6.911\,\text{ft}^3/\text{stb}}=48.92\text{lb/ft}^3$$

〈표 4-14〉

성분	무게 (lb/stb)	표준상태(60°F, 14.7psia) 액체 밀도(lb/ft^3)	표준상태 액체 부피 (ft^3/stb)
가스	31.24	24.1	1.296
석유	306.9		5.615
	338.1		6.911

4.3.3. 압축비

순수한 탄화수소의 등온 압축비에 관한 자료보다는 표준상태에서 순수한 탄화수소와 탄화수소 혼합물의 비체적에 미치는 압력의 영향에 대한 자료

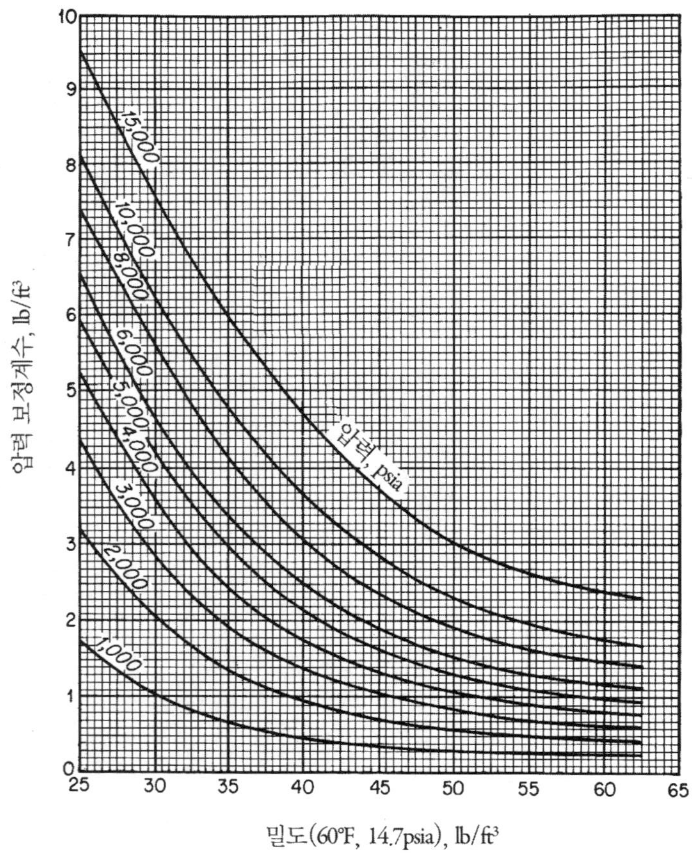

〈그림 4-46〉 액체의 등온 압축비에 대한 밀도 보정(Standing, 1952) ; 표준상태 밀도에서 압력 보정계수를 더해준다.

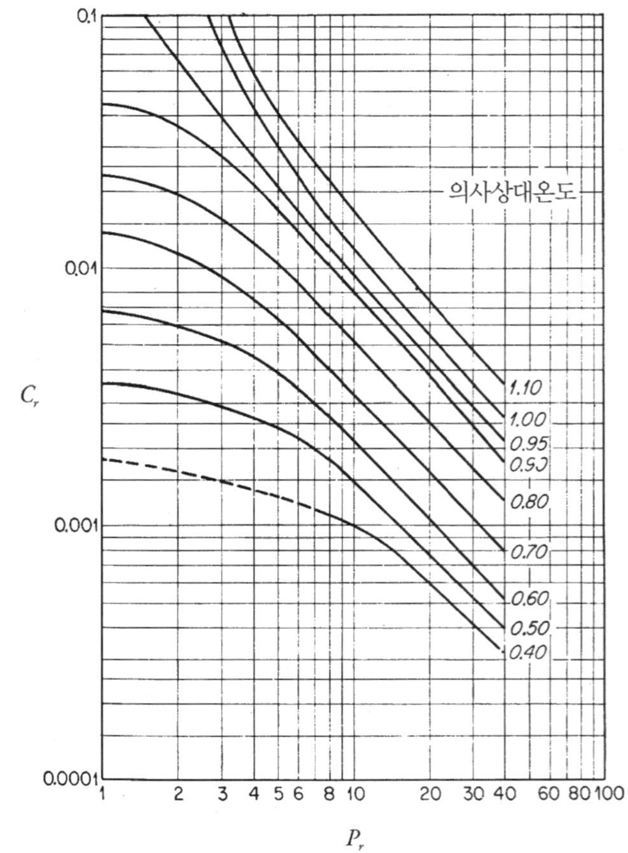

〈그림 4-47〉 불포화 탄화수소액체의 의사 상대압축률 곡선(Trube, 1957)

들이 상당량 산출되었다. Standing과 Katz는 이 자료들을 이용하여 밀도 보정 곡선을 작성했다. 〈그림 4-46〉은 표준상태의 밀도를 표준온도, 임의의 압력에 대한 밀도로 보정할 수 있게 해준다. 앞에서도 언급했듯이, 대부분의 저류층이 포함하고 있는 불포화 석유는 기포점 이상의 압력에서 압축된 액체이기 때문에 등온 압축계수를 이용하여 기포점 이상에서 불포화 석유의 체적 변화를 기술할 수 있다.

Trube는 의사 상대성질들을 이용하여 다음과 같이 의사 상대압축률 C_r을 나타냈다.

$$C_r = C({}_pP_c) \tag{4-43}$$

그리고

$$P_r = \frac{P}{{}_pP_c} \text{ 이므로,}$$

$$C_rP_r = CP = C_{11}P_1 = C_{12}P_2 = C_{13}P_3 \tag{4-44}$$

이 된다. 따라서 액체의 온도와 압력 그리고 임계상수들이 주어진다면 식 (4-44) 및 〈그림 4-47〉에 나타나 있는 의사 상대압력과 의사 상대온도의 상관관계를 이용하여 압축비를 결정할 수 있다.

상대압력이 큰 경우에는 상대온도 곡선의 상당 부분이 일정한 기울기를 가지므로 직선 부분은 다음과 같이 나타낼 수 있다.

$$\log C_r = n \log P_r + \log a$$

또는

$$C_r = aP_r^n \tag{4-45}$$

위 식에서 n은 그 직선의 기울기이며, a는 $P_r=1$일 때의 직선 부분의 절편이다. 식 (4-45)를 식 (4-44)의 C_r로 치환하면

$$(aP_r^n)P_r = CP$$

또는

$$aP_r^{n+1} = CP$$

가 된다. 이로부터

$$\frac{a}{P_c^{n+1}} = CP^{-n} \tag{4-46}$$

이며, 특정한 액체의 경우에는

$$\frac{A}{P_c^{n+1}} = \text{상수} = A = CP^{-n}$$

이 된다. 이때 기울기 n은 음수이며, 압력이 증가할 때 압축률 C는 감소한다. 〈그림 4-47〉에서 직선 부분의 기울기는 −1에 가까우므로 만약 $n=-1$이라 가정하면,

$$A = CP = C_1P_1 = C_2P_2 \tag{4-47}$$

와 같다. 액체의 의사 상대성질들은 가스의 분석법과 같이 계산될 수 있다. 이러한 값과 〈그림 4-47〉은 유체의 압축률을 계산하는 데 사용된다. 대부분 액체의 경우 임계성질들을 정확히 평가하는 것은 불가능하지만, Trube

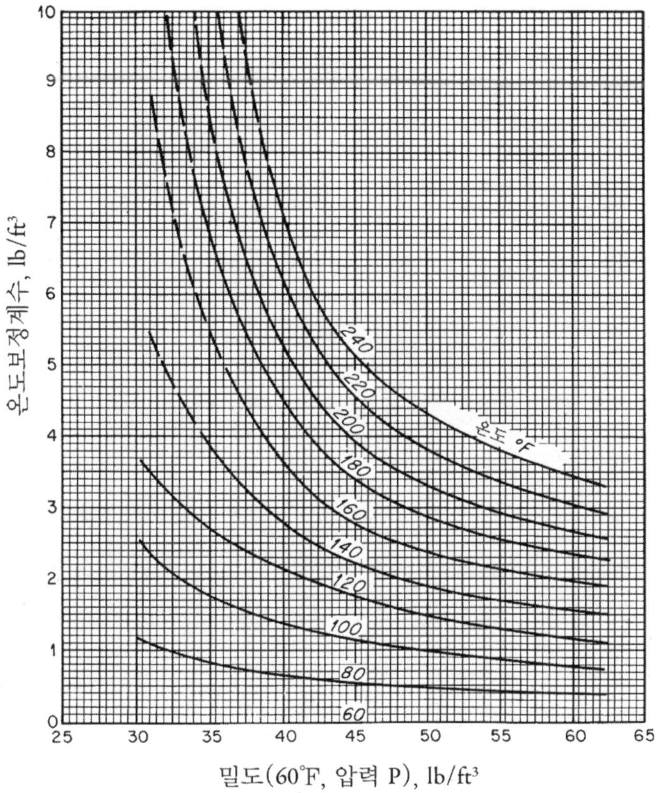

〈그림 4-48〉 액체의 등압 열팽창에 대한 밀도 보정 곡선(Standing, 1952) ; 압력이 보정된 밀도에서 온도 보정계수를 빼준다.

는 근사적으로 저류층 액체의 임계성질을 판단하는 방법을 개발했다.

4.3.4. 열팽창계수

액체의 열팽창계수는 표준온도와 특정 압력 상태의 액체 밀도를 저류층 온도 상태로 전환, 보정시켜주는 데 가장 많이 쓰인다. 대기압에서의 열팽창계수는 〈표 4-10〉에 나와 있는데, 이것은 펜탄부터 데칸까지의 파라핀 탄화수소에 관한 것이다. 좀더 무거운 탄화수소 성분으로 구성된 석유에 대한 열팽창계수는 〈표 4-15〉에 나타난 것처럼 API 비중에 의해 보정된다. 열팽창계수를 이용해서 액체 밀도를 보정해줄 때 〈그림 4-48〉을 이용할 수

〈표 4-15〉 대기압 상태 원유의 평균 열팽창계수(ASTM, 1953)

군번호	열팽창계수(60°F)	°API 비중	°API 비중 범위
0	0.00035	6	14.9 이상
1	0.00040	22	15~34.9
2	0.00050	44	35~50.9
3	0.00060	58	51~63.9
4	0.00070	72	64~78.9
5	0.00080	86	79~88.9
6	0.00085	91	89~93.9
7	0.00090	97	94~99.9

있는데, 밀도가 낮을 때와 온도가 높은 지역을 제외한 구간에서는 만족스러운 결과를 얻을 수 있다.

〈그림 4-46〉과 같이 〈그림 4-48〉에도 많은 횟수의 실험을 통하여 산출된 탄화수소의 비체적을 근거로 하여 작성되었는데 이때 60°F에서의 밀도는 오직 구성 성분에 의해서만 결정된다. 성분 분석을 이용하여 저류층 상태의 액체 밀도를 계산하려면 압축비와 열팽창에 관한 자료들이 필요하며 이것의 계산 과정이 [예제 4-11]에 설명되어 있다.

예제 4-11 저류층 상태에서의 탄화수소 유체의 밀도를 계산하라.

저류층 조건=3,614psia, 220°F

저류층 상태의 유체 성분 및 물성은 〈표 4-16〉과 같다.

〈표 4-16〉

(1) 구성 성분	(2) z_i	(3) 몰무게	(4) 상대무게 (lb/mole) (2)×(3)	(5) 표준상태밀도 (lb/ft³)	(6) 액체 부피 (ft³/mole) (4)÷(5)
C_1	0.3396	16.04	5.4472		
C_2	0.0646	30.07	1.9425		
C_3	0.0987	44.09	4.3517	31.64	0.1375
C_4	0.0434	58.12	2.5224	35.71	0.0706
C_5	0.032	72.15	2.3088	39.08	0.0591
C_6	0.03	86.17	2.5851	41.36	0.0625
C_{7+}	0.3917	263	103.0171	55.28	1.8636
합계			122.1748		2.1933

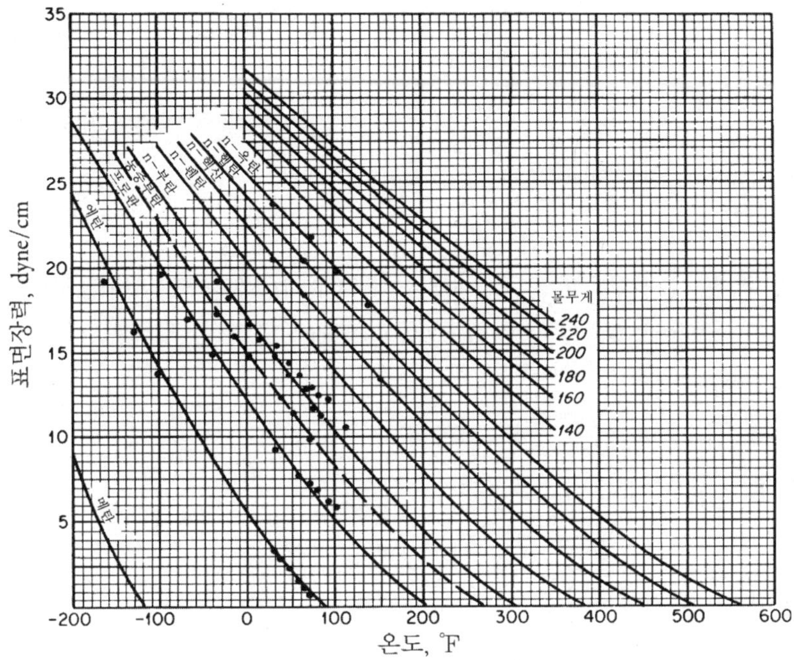

〈그림 4-49〉 파라핀 탄화수소의 표면장력(Katz와 Saltman, 1939)

Standing과 Katz의 도표법을 이용하면

$$C_{3^+}\text{의 밀도} = \frac{\sum_{i=3}^{m} x_i M_i}{\sum_{i=3}^{m} \frac{x_i M_i}{\rho_i}} = \frac{(122.1748 - 7.3897)\text{lb/mole}}{2.193\,\text{ft}^3/\text{mole}} = 52.34\text{lb/ft}^3$$

$$C_{2^+}\text{에서 } C_2\text{의 중량\%} = \frac{x_2 M_2}{\sum_{i=2}^{m} x_i M_i} \times 100 = \frac{(1.9425)\text{lb/mole}(100)}{(122.1748 - 5.4472)\text{lb/mole}}$$

$$= 1.66\%$$

$$\text{전체에서 } C_1\text{의 중량\%} = \frac{x_1 M_1}{\sum_{i=1}^{m} x_i M_i} \times 100 = \frac{(5.4472)\text{lb/mole}(100)}{(122.1748)\text{lb/mole}} = 4.46\%$$

〈그림 4-44〉로부터 표준상태의 액체 밀도=49.4lb/ft^3, 〈그림 4-46〉으로

부터 14.7psia에서 3,614psia에 대한 압력 보정은 1.0이므로, 60°F, 3,614psia 일 때의 밀도는

$$\rho_{c_1^+} = 49.4 + 1.0 = 50.4 \text{lb/ft}^3$$

가 된다. 다시 이 밀도를 〈그림 4-48〉에 대입하여 220°F에 대한 온도 보정을 하면 3.78이므로, 결국 220°F, 3,614psia에서 탄화수소의 밀도는 다음과 같이 된다.

$$P_{c_{1^+}} = 50.4 - 3.78 = 46.62 \text{lb/ft}^3$$

4.3.5. 표면장력

액상과 기체 사이의 계면에 작용하는 표면장력은 압력, 온도 및 각 상의 성분의 함수이다. 순수한 물질의 표면장력을 정의하려면 온도 또는 압력만 요구되는데, 두 개의 상이 존재하는 경우 장력이 작용하게 되어 온도와 압력 가운데 한 가지 변수를 먼저 구하고, 나머지 변수는 증기압 곡선으로 결정할 수 있다. 순수한 파라핀 탄화수소계의 표면장력은 〈그림 4-49〉에 온도의 함수로서 도시되어 있다. 탄화수소의 임계점에서 표면장력은 0이 된다. Katz는 탄화수소 혼합물의 표면장력에 대한 실험 결과로부터 표면장력을 계산할 수 있는 방법을 제시했다. 그의 방법은 Sugden이 제안한 표면장력을 액체 및 기체상의 성질과 연결시킨 식에 기초를 두고 있다. 순수한 물질의 경우는 다음과 같이 된다.

$$\sigma^{1/4} = P_{ch} \frac{\rho_L - \rho_v}{M} \tag{4-48}$$

여기서, P_{ch} : parachor

ρ_L : 액체의 밀도, g/cc

ρ_v : 기체의 밀도, g/cc

σ : 표면장력, dyne/cm

M : 분자량

순수한 탄화수소, 질소, 이산화탄소 등에 대한 parachor가 〈표 4-17〉에 나와 있으며, 〈그림 4-50〉에는 parachor와 분자량 사이의 상관관계가 그려져 있다. 혼합물의 표면장력은 다음 식으로 계산할 수 있다.

$$\sigma^{1/4} = \sum_{i=1}^{m} P_{chi}\left[x_i \frac{\rho_L}{M_L} - y_i \frac{\rho_v}{M_v}\right] \qquad (4-49)$$

여기서, P_{chi} : i번째 성분의 parachor

x_i와 y_i : 액상과 기체의 i번째 성분의 몰비

ρ_L과 M_L : 액상의 밀도와 분자량

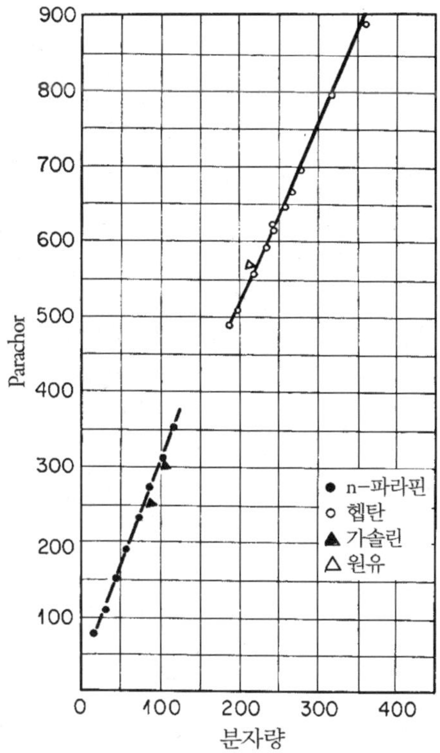

〈그림 4-50〉 탄화수소의 Parachor(Katz 외, 1943)

〈표 4-17〉 순수한 물질에 대한 Parachor(Amyx, 1960)

구성 성분	parachor
메탄	77.0
에탄	108.0
프로판	150.3
동중부탄	181.5
n-부탄	190.0
동중펜탄	225
n-펜탄	232
n-헥산	271
n-헵탄	311
n-옥탄	352
질소(n-헵탄내)	41.0
이산화탄소	78.0

ρ_v와 M_v : 기체의 밀도와 분자량

식 (4-49)에서 ρ_L과 ρ_v는 g/cc 단위를 사용한다. 〈그림 4-51〉은 탄화수소 혼합물을 이용한 실험으로부터 얻은 표면장력과 계산된 표면장력 사이의 대비를 보여주고 있다.

예제 4-12 **1,744psia와 200°F에서 평형상태에 있는 용해가스를 포함한 원유의 표면장력을 계산하라.**

(1) 구성 성분	(2) 액체 몰 비율 x_i	(3) 기체 몰 비율 y_i	(4) $x_i = \frac{\rho_L}{M_L}$	(5) $y_i = \frac{\rho_v}{M_v}$	(6) (4)−(5)	(7) P_{chi} parachor	(8) (6)×(7)
C_1	0.2752	0.8424	0.001634	0.003825	−0.002191	77.0	−0.169
C_2	0.0657	0.0752	0.000390	0.000341	+0.000054	108.0	+0.006
C_3	0.0665	0.0405	0.000395	0.000184	+0.000211	150.3	+0.032
C_4	0.0584	0.0217	0.000347	0.000099	+0.000248	190.0	+0.047
C_5	0.0454	0.0095	0.000270	0.000043	+0.000227	229.0	+0.052
C_6	0.0432	0.0052	0.000257	0.000024	+0.000233	271.0	+0.063
C_{7^+}	0.4456	0.0055	0.002645	0.000025	+0.002620	575.0	+1.511
	1.0000	1.0000					1.542

* C_{7^+} 분자량=225

앞서 제시된 유체분석 방법으로부터

액체의 몰 중량=119.9

기체의 몰 중량=20.48

액체의 밀도=44.429lb/ft^3

기체의 밀도=5.803lb/ft^3

이다. 그러므로

$$\rho_L = 44.429\text{lb/ft}^3 = 0.729\text{g/cc}$$

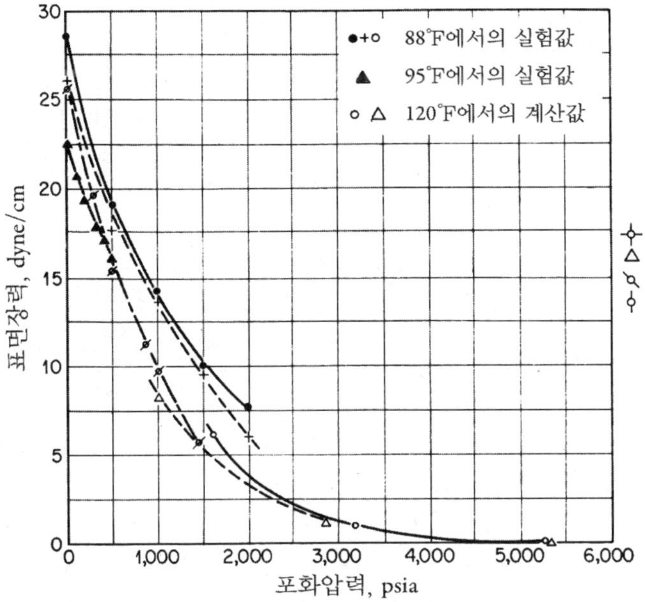

〈그림 4-51〉 원유의 표면장력 실험값과 계산값(Katz 외, 1943)

$$\rho_v = 5.803\mathrm{lb/ft^3} = 0.093\mathrm{g/cc}$$

$$\sigma^{1/4} = \sum_{i=1}^{m} P_{chi}\left[x_i\frac{\rho_L}{M_L} - y_i\frac{\rho_v}{M_v}\right]$$

$$\frac{\rho_L}{M_L} = \frac{0.729}{119.9} = 0.005938,\ \frac{\rho_v}{M_v} = \frac{0.093}{20.48} = 0.004541$$

1,744psia, 200°F의 상태에서

$$\sigma^{1/4} = 1.542$$

이므로, 표면장력은 다음과 같다.

$$\sigma = 5.650\mathrm{dyne/cm}$$

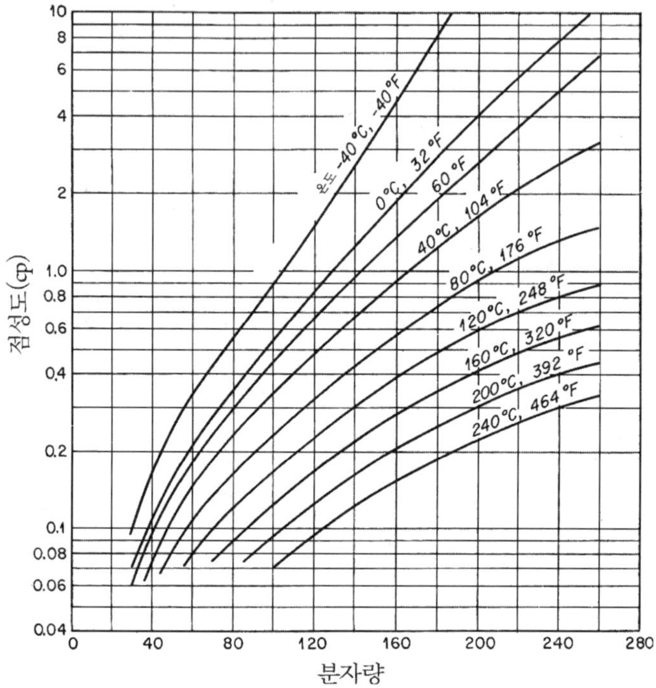

〈그림 4-52〉 대기압에서 파라핀 탄화수소 액체의 점성도 곡선(Brown, 1948)

4.3.6. 점성도

앞에서 설명한 가스의 점성도에 대한 성질과는 반대로 액체는 온도가 증가하면 점성이 낮아지는 성질을 갖는데, 이것은 액체의 열팽창에 의해 분자 간의 거리가 커짐으로써 점성이 감소되기 때문이다. 〈그림 4-52〉에 있는 대기압하에서의 파라핀 탄화수소의 점성도 곡선에서 알 수 있듯이 액체의 점성은 온도가 증가함에 따라 감소하고 분자량에 비례해서 증가한다. 일반적으로 사용되는 점성도 μ와 동점성도 v와의 관계식은 다음과 같다.

$$v = \frac{\mu}{\rho} \tag{4-50}$$

μ는 cp, 밀도 ρ는 g/cm^3의 단위를 가진다. 동점성은 ASTM에서 제공한 특정

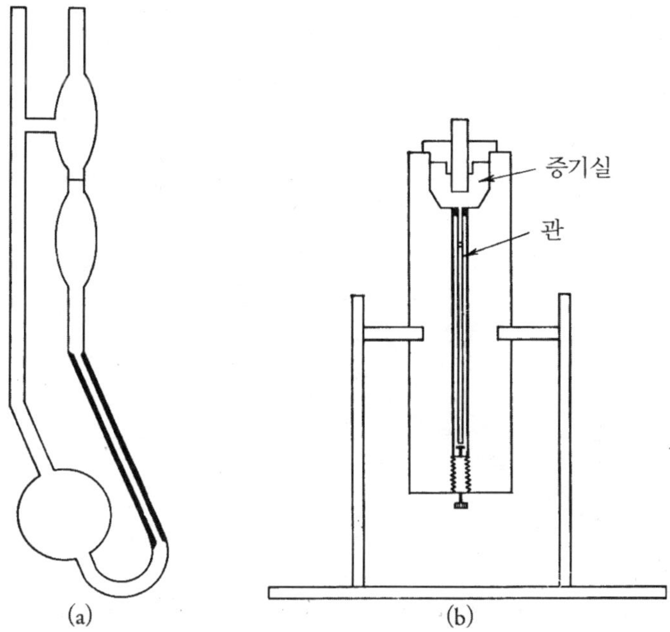

〈그림 4-53〉
(a) Ostwald 점성 측정기
(b) Rolling-Ball 점성 측정기(ASTM)

한 차트에 온도의 함수로 표시하면 직선의 형태를 나타낸다. 이 그림에서는 서로 다른 두 온도에서 관찰한 결과만 있으면 임의의 온도에서 동점성을 예측할 수 있다. 보통 대기압하에서의 액체의 동점성은 〈그림 4-53〉 (a)의 수정 Ostwal법을 이용해 결정하거나, 모세관 점성 측정기 등을 이용해 측정할 수 있다.

탄화수소의 액체는 비극성이기 때문에 액체가산법이 적용된다. 유동성은 점성의 역수이며, 여기에 유체가산법을 이용하면 다음과 같은 식으로 표현될 수 있다.

$$\frac{1}{\mu_m}=\sum\frac{(vol\%)_i}{\mu_i}/100 \tag{4-51}$$

여기서, μ_m : 혼합물의 점성도

$(vol\%)_i$: 혼합물 가운데 i번째 성분의 부피%

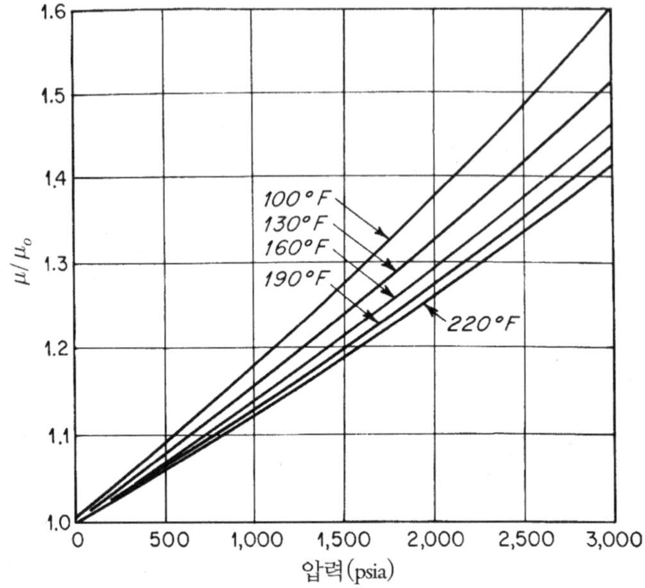

〈그림 4-54〉 각 압력에서 결정오일의 점성도 μ와 대기압 상태에서의 점성도 μ_o와의 비(Sage 외, 1935)

μ_i : i번째 성분의 점성

〈그림 4-54〉에 액체의 점성도에 미치는 압력의 영향이 도시되어 있다. 압력이 증가하면 점성도는 따라서 증가하게 되는데, 기포점 이상의 압축 상태에 있는 모든 탄화수소계에서는 이와 같은 현상이 관측된다. 압축을 받는 상태에서 두 가지의 상이 존재하더라도 좀더 가벼운 성분이 액체 상태로 들어가서 점성도를 감소시킨다.

점성도는 액체의 밀도나 API 비중 등과 아주 밀접한 상관관계를 맺고 있는데, 이러한 상관관계를 이용하여 액체의 점성도를 평가하는 방법도 개발되어 있다.

4.3.7. 증기압

증기압은 액체 상태로 존재하는 물질의 가장 기본적인 특성들 가운데 하

〈표 4-18〉 가벼운 탄화수소의 증기압(Peny, 1950)

온도(°F)	탄화수소							온도(°C)
	에탄	프로판	동중부탄	부탄	동중펜탄	펜탄	헥산	
32	348	69.6	25.9	14.9	5.0	3.5	0.87	0.0
34	358	71.4	27.1	15.5	5.3	3.7	0.92	1.1
36	367	73.4	28.3	16.1	5.6	3.9	0.98	2.2
38	377	75.3	29.6	16.7	5.9	4.1	1.04	3.3
40	387	77.4	30.9	17.4	6.2	4.3	1.10	4.4
42		79.6	32.2	18.1	6.5	4.5	1.16	5.6
44		82.0	33.5	18.9	6.8	4.7	1.22	6.7
46		84.5	34.8	19.7	7.1	4.9	1.29	7.8
48		87.1	36.1	20.5	7.4	5.1	1.36	8.9
50		89.8	37.4	21.4	7.7	5.4	1.43	10.0
52		92.7	38.9	22.3	8.0	5.7	1.50	11.1
54		95.8	40.0	23.2	8.3	6.0	1.58.	12.2
56		99.0	41.3	24.1	8.6	6.3	1.66	13.3
58		102.2	42.6	25.1	8.9	6.6	1.74	14.4
60		105.5	43.9	26.1	9.2	6.9	1.83	15.6
62		108.9	45.2	27.1	9.6	7.2	1.93	16.7
64		112.4	46.5	28.1	10.0	7.5	2.03	17.8
66		115.9	47.8	29.1	10.4	7.8	2.14	18.9
68		119.4	49.2	30.1	10.8	8.1	2.25	20.0
70		112.9	50.7	31.1	11.2	8.4	2.37	21.1
72		126.4	52.2	32.1	11.6	8.7	2.49	22.2
74		130.0	53.7	33.1	12.1	9.0	2.62	23.3
76		133.6	55.3	34.2	12.6	9.4	2.76	24.4
78		137.3	56.9	35.3	13.1	9.8	2.90	25.6
80		141.1	58.6	36.4	13.7	10.2	3.05	26.7
82		145.0	60.3	37.5	14.3	10.6	3.21	27.8
84		149.0	62.1	38.7	14.8	11.0	3.37	28.9
86		153.1	63.9	39.9	15.5	11.5	3.53	30.0
88	임계온도	157.3	65.8	41.2	16.2	12.0	3.70	31.1
90		161.5	67.7	4.52	16.9	12.5	3.87	32.2
92		165.8	69.7	43.8	17.6	13.0	4.05	33.3
94		170.2	71.7	45.2	18.3	13.5	4.23	34.4
96		174.7	73.7	46.7	19.0	14.1	4.42	35.6
98		179.2	75.8	48.3	19.7	14.7	4.62	36.7
100		183.7	77.9	49.9	20.4	15.3	4.83	37.8
102		188.3	80.1	51.5	21.1	15.9	5.05	38.9
104		193.0	82.3	53.2	21.8	16.5	5.28	40.0
106		197.8	84.6	55.0	22.6	17.2	5.52	41.1
108		202.7	86.9	56.9	23.4	17.9	5.77	42.2
110		207.7	80.3	58.9	24.3	18.6	6.03	43.3
112		212.7	91.7	61.0	25.2	19.3	6.29	44.4
114		217.8	94.2	63.2	26.1	20.0	6.56	45.6
116		223.0	96.7	65.5	27.1	20.8	6.84	46.7
118		228.3	99.3	67.8	28.1	21.6	7.13	47.8
120		233.7	101.9	70.1	29.2	22.4	7.43	48.9

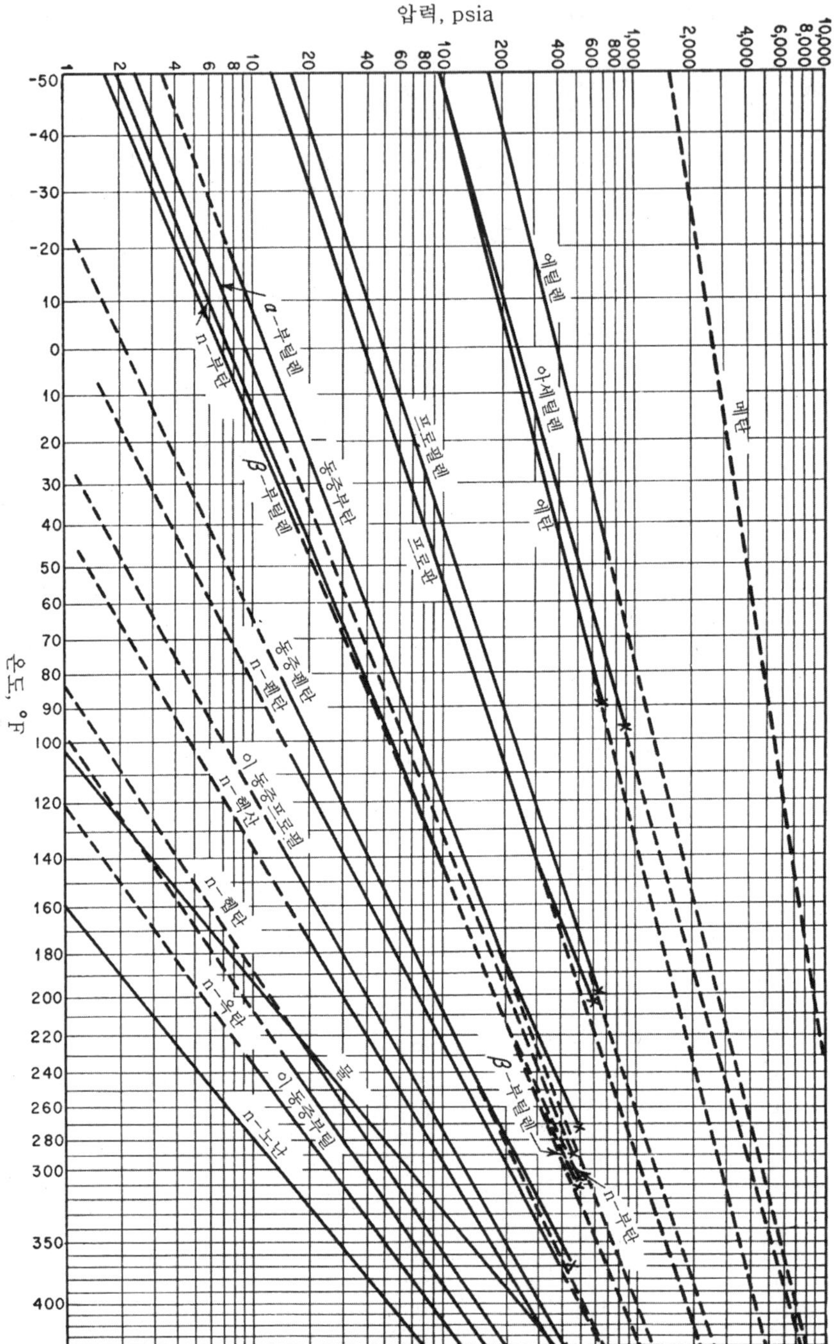

〈그림 4-55〉 분자량이 작은 탄화수소에 대한 증기압 곡선(Perry, 1950)

나이다. 증기압의 특성을 나타내는 물질은 온도와 압력 조건들에 의해 2상 지역을 설정한다.

〈표 4-18〉은 가벼운 탄화수소의 증기압을 압력의 함수로서 도표화한 것인데, 메탄의 임계온도는 −117℉로 상온보다 훨씬 낮기 때문에 이 표에서는 생략했다. 그리고 증기압 곡선상의 온도와 압력에 위치한 물질들이 액체나 기체 또는 2상 유체로 존재하는가의 여부는 시스템의 총에너지에 따라 결정된다. 에너지 상태의 변화는 열역학적 문제이므로 여기서는 다루지 않겠으나, 에너지의 개념에 의하여 물질의 증기압에 대수값을 취한 것이 온도에 반비례하는 것임을 알 수 있다(〈그림 4-55〉).

탄화수소의 증기압 자료를 일반적인 도표로 나타낸 것 가운데 대표적인 것이 〈그림 4-55〉에서 볼 수 있는 Cox의 도표이다. 〈그림 4-55〉에서 압력은 대수값으로 표현되어 있으며, 온도는 물의 증기압 도표에 임의의 선을 긋는 방법으로 작성되었다. 그러므로 이 선의 각 점에서는 물의 증기압이 온도와 각각 대응되며, 탄화수소의 증기압점들은 직선으로서 한 점에 수렴하는 경향을 보인다. 이러한 경향은 순수한 물질의 증기압을 임계온도 이상의 온도까지 외삽하는 데 유용하게 사용되며 혼합물의 증기압을 계산하는 데도 필요하다.

탄화수소 혼합물은 기포점과 이슬점이 서로 일치하는 물리적인 의미의 증기압 성질을 보여주지 못하지만, 탱크에 저장된 석유의 양을 계산하려면 증기압에 대한 개념이 중요하다. 즉, 이것은 증발로 인해 감소된 석유의 양이 어느 정도인지를 예상할 수 있게 해줄 뿐만 아니라, 탱크가 지탱해야 하는 내부 압력치와 혼합물 가운데 순수물질의 휘발성의 척도로도 사용되기 때문이다.

4.4. 압력-부피-온도 분석법

압력-부피-온도 분석법은 지상에서 생산된 탄화수소 유체 부피를 지하의 저류층 공극에서 빠져나간 부피로 전환하는 데 사용된다. 가스에 대한 압력–부피–온도의 관계식은 단상 또는 2상 압축지수 Z를 결정하여 이것을 상태방정식에 도입함으로써 유도해낼 수 있다. 그러나 기포점 압력 이하의 상태에 있는 석유 저류층 내에서는 석유와 가스가 모두 존재하기 때문에 매우 복잡한 양상을 띤다. 그러므로 이 절에서는 석유 저류층의 경우에 지상 생산량과 저류층 공극 부피를 관계짓는 데 필요한 세 가지 주요 변수들(R_s, B_o, B_g)을 정의하고, 채취된 원유의 분석 실험으로부터 이러한 변수들이 결정되는 방법 그리고 가스와 석유의 분리 방식에 따라 변하는 현장치의 전환 방법까지 설명하고자 한다.

4.4.1. PVT 기본 변수

실제기체에 대한 압력–부피–온도의 관계식은 다음의 간단한 상태방정식으로 표현될 수 있다.

$$PV = ZnRT \tag{4-11}$$

여기서 압축지수 Z는 이상가스의 양태에서 벗어난 정도를 고려하기 위해 도입한 것으로 4.2절에서 설명했으며, 이 기체 상태방정식을 이용하여 가스의 지상 부피와 저류층 내 부피 사이의 관계식을 유도하고자 한다.

지상에서 가스의 부피 V_{sc}와 저류층 상태에서 가스의 부피 V의 비인 기체 팽창계수 E를 정의하면 다음과 같다.

$$E = \frac{V_{sc}}{V} = \frac{\text{지표상에서 } n\text{몰의 가스 부피}}{\text{저류층 상태에서 } n\text{몰의 가스 부피}}$$

기체 상태방정식 식 (4–11)을 저류층 상태와 지상 조건에 각각 적용하면

$$E = \frac{V_{sc}}{V} = \frac{P}{P_{sc}} \frac{T_{sc}}{T} \frac{Z_{sc}}{Z} \tag{4-52}$$

지상의 표준상태에서 $P_{sc} = 14.7psia$, $T_{sc} = 60°\mathrm{F} = 520°\mathrm{R}$, $Z_{sc} = 1$이므로 식 (4-52)는 다음과 같다.

$$E = 35.37 \frac{P}{ZT} (scf/rcf) \tag{4-53}$$

그러나 가스와는 달리 석유의 PVT 변수를 기술할 만한 상태방정식은 아직 확립되지 않았으므로, 원유 시료를 실험실에서 분석함으로써 여러 가지 PVT 변수들을 측정할 수 있을 뿐이다. PVT 변수들은 식 (4-53)과 같이 지상 생산 상태와 지하 저류층 상태의 탄화수소 체적들 사이의 관계를 설명하는 데 이용된다.

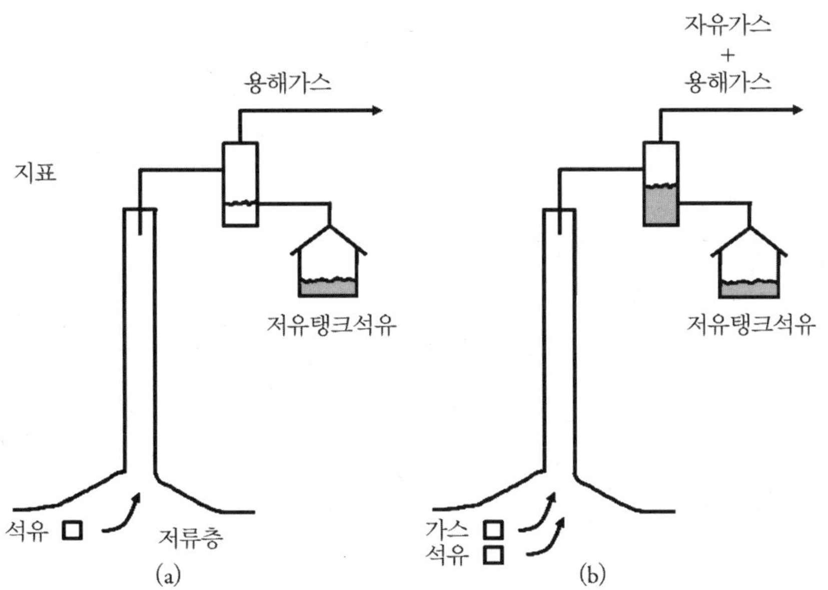

〈그림 4-56〉
(a) 기포점 압력 이상에서 저류층 탄화수소의 생산
(b) 기포점 압력 이하에서 저류층 탄화수소의 생산

〈그림 4-56〉은 지상에서 생산된 탄화수소의 부피와 이에 대응되는 지하 저류층에서의 부피를 관계지을 때 발생하는 복잡한 요인들을 보여준다.

기포점 압력 이상에서는 오직 1개의 상만이 저류층 내에 존재한다. 이때 저류층에 존재하는 1개의 상은 바로 액체 석유인데, 만약 불포화된 석유가 지상으로 나온다면 저류층의 고온, 고압 상태에서 석유 속에 용해되었던 가스가 분리되어 나온다. 물론 분리되는 가스의 양은 지상의 조건에 의해 결정된다(〈그림 4-56〉의 (a)). 이 경우에 생산된 모든 가스는 저류층 내의 석유 속에 용해되어 있었기 때문에 석유와 가스의 지상 체적을 저류층 내의 체적으로 바꾸어주는 것은 상대적으로 쉬운 일에 속한다. 만약 저류층이 기포점 압력보다 낮은 상태에 있었다면 저류층 내에 있는 탄화수소 혼합물은 2개의 상으로 존재하고 〈그림 4-56〉 (b)에 도시한 것처럼 좀더 복잡한 양상을 띠게 된다.

지상으로 생산된 가스량은 석유로부터 빠져나온 용해가스와 처음부터 가스상으로 존재했던 가스량의 합일 것이다. 이들 성분들은 지상에서 서로 구분이 불가능하기 때문에 지상에서 회수된 가스를 저류층의 석유 속에 녹아 있던 용해가스와 초기 부존가스로 구분하는 것은 매우 어려운 문제이다.

또한 기포점 압력 이하에서 석유로부터 유리된 가스는 액체 석유와는 다른 속도로 유동하기 때문에 유동 양상 분석이 더욱 복잡해진다. 다공질 매체 안에서 한 유체의 유동 속도는 유체 점성도에 반비례하며, 저류층 내의 가스 점성도는 액체 석유보다 약 50배 정도 작아서 가스의 유동 속도는 더욱 커지게 된다. 결론적으로 말해서, 초기 부존가스가 존재하는 저류층에서 석유를 생산할 때 가스는 석유의 생산량에 비례하여 생산되는 것은 아니다. 이러한 상태에서 생산되는 가스는 기포점 압력 이상에서 석유 1배럴에 녹아 있던 초기 가스 체적을 훨씬 능가하는 것이 보통이다.

지상 생산량을 지하 저류층의 공극 점유량으로 환산하는 일은 실험실에서 용해가스가 포함된 원유를 대상으로 측정되는 세 가지 PVT 변수들을 정의하는 것에서부터 시작된다. 그 세 가지의 변수는 다음과 같다.

R_s – **용해가스석유비** : 저류층의 압력과 온도 상태로 환원 시 지상 조건에

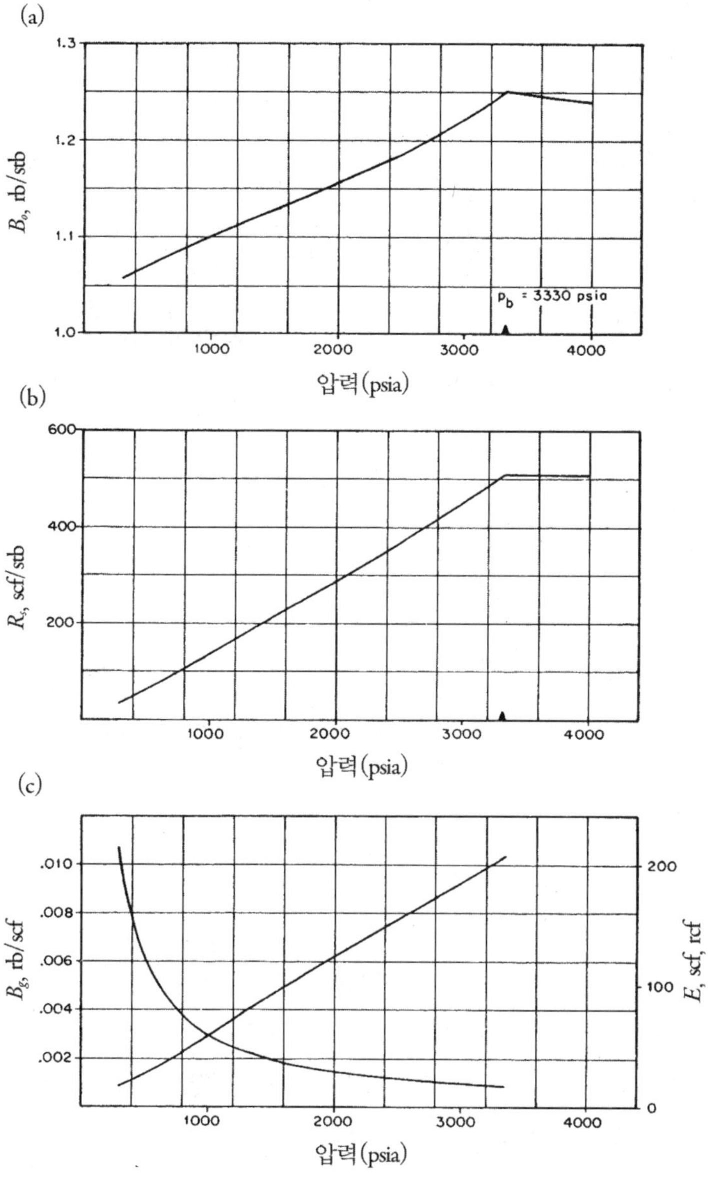

〈그림 4-57〉 압력의 함수로 표시된 PVT 변수들(R_s, B_o, B_g)(P_b : 3,330psia)(Dake, 1978)

서 1배럴의 석유 속에 용해될 수 있는 가스량을 표준상태의 체적 단위인 ft^3으로 나타낸 수이다(단위 : scf가스/stb석유).

B_o − **석유용적계수** : 지상 조건에서 1배럴의 석유와 그 속에 용해되었던

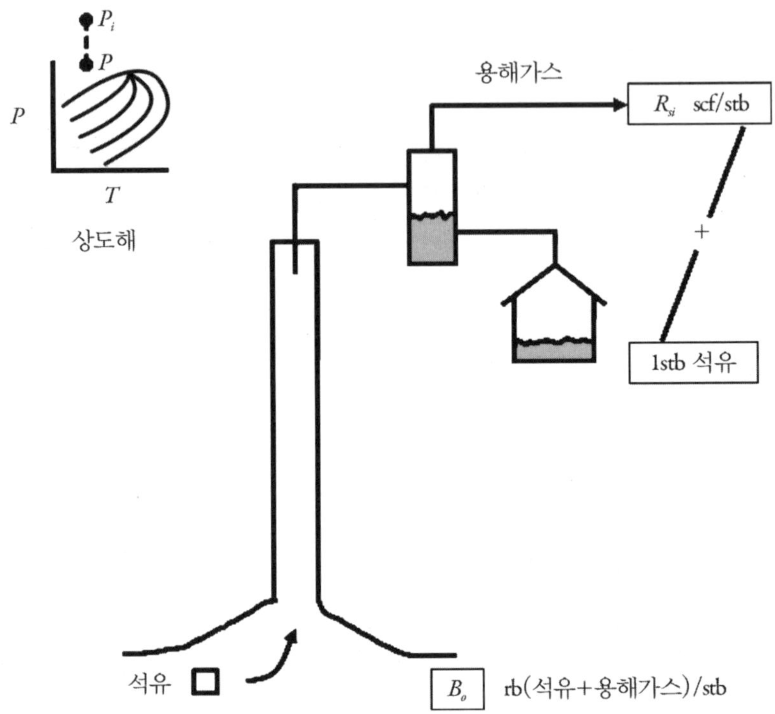

〈그림 4-58〉 기포점 압력 이상에서 탄화수소의 지상 부피와 저류층 부피 간의 관계를 나타낸 PVT 변수

가스를 지하의 저류층 조건으로 환원할 때 차지하는 체적을 배럴의 단위로 표시한 것이다(단위 : rb(석유+용해가스)/stb석유).

B_g – **가스 용적계수** : 지상 조건에서 1ft^{3}의 초기 부존가스량을 저류층 상태의 조건으로 전환할 때 차지하는 체적을 배럴의 단위로 나타낸 것이다(단위 : rb(자유가스)/scf가스).

이러한 세 가지 변수들은 〈그림 4-57〉과 같이 모두 압력의 함수이며, 이때 저류층의 온도는 저류층 압력이 감소하는 동안 일정하게 유지했다. 지상에서 측정된 체적을 정확하게 저류층 상태의 체적으로 전환시키는 데 PVT 변수들이 어떻게 사용되는가 하는 것이 〈그림 4-58〉과 〈그림 4-59〉에 설명되어 있다.

〈그림 4-58〉에서는 저류층의 초기 압력이 P_i에서 좀더 낮은 압력 P로 떨어졌을 때의 상황을 설명하고 있으며, 이때 압력 P_i와 P는 모두 기포점 압

〈표 4-19〉 단상, 150psia, 80°F에서 지상 분리에 맞도록 수정된 현장 PVT 변수 : 수축지수 C_{bf}=0.7993 (Dake, 1978)

(3,330 psia 이상의 압력에 대한 자료는 균등 팽창 시험으로부터 얻었음)

압력 (psia)	$B_o = \frac{V_o}{C_{bf}}$ (rb/stb)	$R_s = R_{sif} - \frac{5.615F}{C_{bf}}$ (scf/stb)	$B_g = \frac{1}{5.615E}$ (rb/scf)
4000(P_i)	1.2417(B_{oif})	510(R_{sif})	
3500	1.2480	510	
3300(P_b)	1.2511$\left(B_{obf} = \frac{1}{C_{bf}}\right)$	510	0.00087
3000	1.2222	450	0.00096
2700	1.2022	401	0.00107
2400	1.1822	352	0.00119
2100	1.1633	304	0.00137
1800	1.1450	257	0.00161
1500	1.1287	214	0.00196
1200	1.1115	167	0.00249
900	1.0940	122	0.00337
600	1.0763	78	0.00519
300	1.0583	35	0.01066

력보다 높다. P-T 도표에서 볼 수 있듯이, 저류층 내에는 유체가 단상으로 존재하고 있으며, 이 유체를 불포화 액체 석유라고 한다. 여기서 불포화의 의미는 석유 속에 더 많은 가스를 용해시킬 수 있는 공간이 있다는 것이다. 불포화상태의 석유가 지상으로 생산되면 지상에서 측정된 석유의 배럴당 R_{si} 양만큼의 가스도 생산된다. 즉, 불포화 석유의 경우 압력이 기포점 이하까지 떨어지지 않는 한 석유 속의 초기 가스석유비는 R_{si}(scf/stb)로 일정하게 된다(〈그림 4-57〉의 (b)).

〈그림 4-58〉과 같이 기포점 압력 이상에서 R_{si}의 가스량과 1stb의 석유를 저류층 상태로 환원하면 저류층의 온도와 압력 상태에서 R_{si}의 가스는 모두 석유 속에 용해되기 때문에 용해가스와 석유의 총부피는 B_o rb가 될 것이다. 이때 rb는 저류층 상태에서 측정된 부피를 배럴 단위로 나타낸 것이다. 〈그림 4-57〉의 (a)는 저류층의 압력이 초기 상태에서 기포점 압력으로

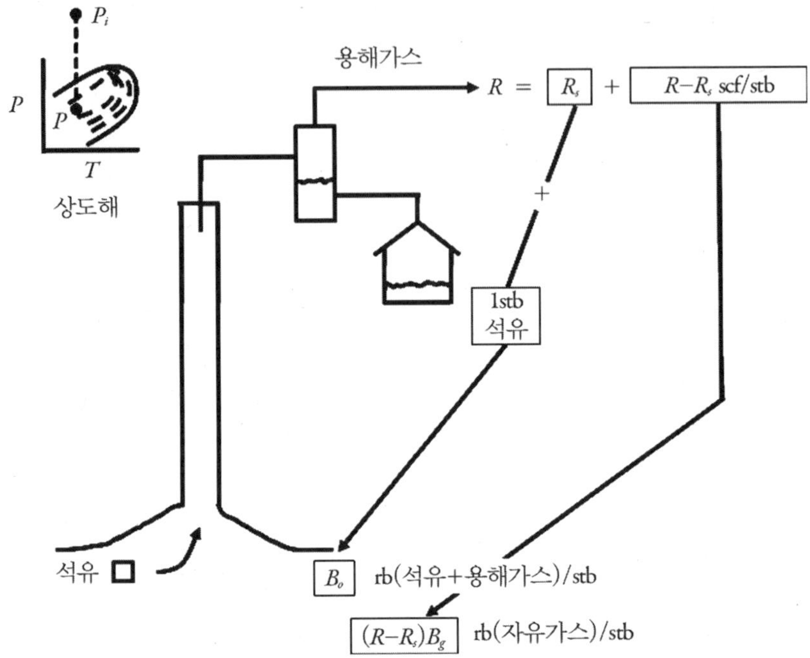

〈그림 4-59〉 기포점 압력 이하에서 탄화수소의 지상 부피와 저류층 부피 간의 관계를 나타낸 PVT 변수

떨어질 때 B_o가 조금씩 증가하는 현상을 보여준다. 이러한 효과는 오직 액체의 팽창에 기인하는 것으로, 저류층 내의 불포화 석유의 압축비가 작기 때문에 석유의 팽창은 상대적으로 작다. 기포점 압력 이상에서의 B_o와 R_s에 대한 전형적인 값들이 〈그림 4-57〉에 제시되어 있는데, 이 값들은 〈표 4-19〉에 나와 있는 실험실 분석 결과를 이용한 것이다. 도표에서 석유의 초기 용적계수 B_{oi}는 1.2417로, 이것은 기포점 압력에서 1.2511로 증가한다. 그러므로 지상에서 1stb의 석유를 생산하기 위해서는 1.2417rb의 저류층 공극이 비워져야 한다는 것이다. 〈표 4-19〉에 분석된 PVT 변수들은 중간 정도의 휘발성을 갖는 석유 저류층에서 측정된 것으로, 낮은 R_{si}값으로 볼 때 비교적 저류층의 생산기능이 양호한 것으로 간주될 수 있다. 저류층의 생산기능이 저하될수록 석유의 휘발성이 커서 B_{oi}와 R_{si}가 더 큰 값을 가지게 된다. 가령, 북해의 Statfjord 유전에서는 B_{oi}가 2.7rb/stb이고 R_{si}는 대략 3,000scf/stb이다. 물론 가장 이상적인 B_{oi}값은 1이다. 즉, 석유 속에 가스가

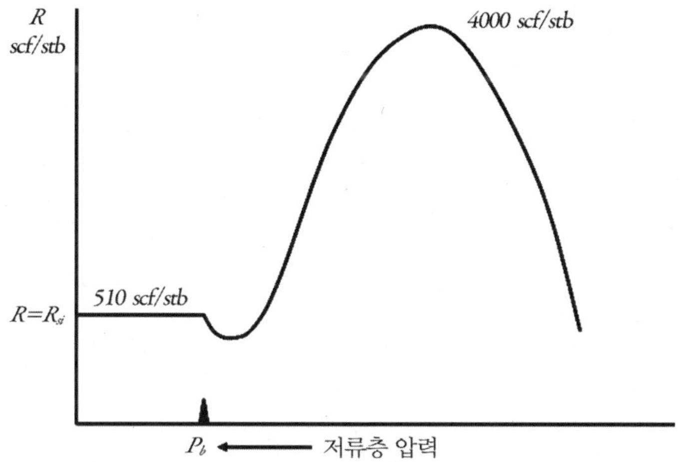

〈그림 4-60〉 용해가스 생산기능 저류층에서 평균 압력의 변화에 따른 생산 석유가스비

용해되어 있지 않은 저류층에서 석유 부피가 지상 부피와 거의 같게 되는 경우이다. Turkey 동부의 Beykan과 Kayakoy 유전이 후자의 경우에 해당하는 좋은 보기인데, 이때 B_{oi}와 R_{si}는 각각 1.05와 20scf/stb이다.

〈그림 4-59〉에 도시되어 있는 것과 같이, 기포점 이하의 상태에서는 매 배럴당 석유가 R scf의 가스와 함께 지상으로 생산된다. 여기서 R(scf/stb)을 순간 또는 생산 석유가스비라고 하는데, 생산 단계에서 이 값은 매일 측정된다. 여기서는 R을 생산 석유가스비로 정의한다. 앞에서 서술했듯이, 지상에서 생산된 가스 가운데 일부는 저류층 상태에서 석유 속에 용해되어 있던 것이 생산 과정과 분리기를 거치면서 석유로부터 빠져나온 것이며, 그 밖의 것은 저류층 상태에서 이미 기화되어 있던 가스들이다. 일반적으로 R 값은 초기 용해가스석유비인 R_{si}를 크게 초과하는데, 이는 가스의 유동이 석유의 유동보다 빠른 속도로 일어나므로 불균등한 많은 양의 가스가 생산되기 때문이다. 〈그림 4-60〉은 저류층 압력의 함수로서 R을 도시한 것이며, 이 곡선은 저류층 내에서 초기 부존가스의 효과적인 유동 방식과 특정 생산 조건에서 작성된 것이다.

생산 석유가스비는 〈그림 4-59〉에 표시된 것처럼 두 가지 성분으로 나눌 수 있다.

$$R = R_s + (R - R_s) \tag{4-54}$$

위 식에서 R_s는 1stb 석유를 현재의 저류층 상태의 압력으로 환원할 때 석유와 용해가스의 총부피에 해당하는 B_o에 녹아 있는 가스를 나타내며, 나머지 $(R - R_s)$는 저류층 상태로 전환하면 다음과 같은 부피가 된다.

$$(R - R_s)\left[\frac{scf}{stb}\right] \times B_g\left[\frac{rb}{scf}\right] = (R - R_s)B_g\,(rb - \text{자유가스}/stb) \tag{4-55}$$

그러므로 지하로부터 회수된 1stb 석유에 해당하는 탄화수소의 총량을 지하에서 빠져나간 저류층 공극 부피로 계산하면 다음과 같다.

$$B_o + (R - R_s)B_g\,(rb/stb) \tag{4-56}$$

위의 관계식은 가스 용적계수 단위로 rb/stb를 사용하는 이유를 설명해준다. scf/stb로 측정된 가스석유비를 직접 rb/stb로 전환시키면 B_o의 단위와 일치하게 되어 식 (4-56)에 있는 모든 항이 같은 단위를 가진다. 가스 용적계수 B_g는 석유 저류층 분석에서 주로 사용되는 반면, 가스 저류층 분석에서는 가스 팽창계수 E가 사용되는데, B_g와 E의 관계는 다음과 같다.

$$B_g\left[\frac{rb}{scf}\right] = \frac{1}{5.615E} \tag{4-57}$$

일반적으로 E의 값은 150scf/rcf이나, B_g는 0.00119rb/scf 정도의 작은 값을 갖는다. 일반적인 가스 팽창계수 E의 정의는 식 (4-53)과 같다.

기포점 이하에서의 B_o와 R_s 곡선의 형태는 〈그림 4-57〉 (a)와 (b)에 알기 쉽게 도시되어 있다. 압력이 P_b 이하로 감소할 때 더 많은 가스가 석유로부터 자유롭게 빠져나오므로, 현재의 저류층 압력에서 석유 속에 녹아 있는 가스의 양을 나타내는 R_s는 계속 감소하게 된다. 이와 비슷하게 저류층의 압력이 감소함에 따라 석유 속에 녹아 있는 용해가스의 양도 감소하며, 지상에서 1stb의 석유를 생산하기 위해 요구되는 저류층 내 공극 점유량도 작아진다.

예제 4-13 지하 회수법

저류층의 생산 기간 동안 어느 한 특정 시간에 측정된 석유와 가스의 지상 생산량이 각각 x stb oil/day와 y scf gas/day이다. 이때,

① 이 상태에 상응하는 석유의 총 지하 회수량은 몇 rb/day인가?

② 이때 저류층의 평균 압력이 2,400psia일 경우 석유 생산량 2,500stb/day와 가스 생산량 2.125MMscf/day에 상응하는 지하 회수량을 〈그림 4-57〉의 (a)~(c)에 나와 있는 PVT 관계를 이용하여 계산하라(이 PVT 관계는 〈표 4-19〉에 나와 있다).

③ 포화상태에서 석유의 밀도가 52.8lb/ft^3, 가스의 비중이 0.67(공기=1)일 때 2,400psia의 저류층에서 석유의 압력 구배를 계산하라.

풀이

① 생산 석유가스비 R은 y/x scf/stb이다. 지상 생산량이 기록되는 순간의 평균 저류층 압력을 알고 있다면 B_o, R_s, B_g는 특정 압력에서의 PVT 관계식으로부터 결정될 수 있다. 그러므로 저류층으로부터 생산되는 석유와 석유 속에 용해되어 있는 가스의 1일 생산량은 xB_o rb가 되며, 매일 생산되는 초기 부존가스는 $x(y/x-R_s)B_g$ rb이다. 따라서 총 지하 회수량은 다음과 같이 된다.

$$x(B_o+(y/x-R_s)B_g)rb/day \tag{4-58}$$

② 저류층 압력이 2,400psia일 때, 〈표 4-19〉로부터 얻는 PVT 변수들은

B_o=1.1822rb/stb

$R_s = 352\text{scf/stb}$

$B_g = 0.0012\text{rb/scf}$

이며, 식 (4−58)에 $x=2{,}500\text{stb/d}$와 $y=2.125\text{MMscf/d}$를 대입하면 총 지하 회수량은 다음과 같다.

$$2500[1.1822+(850-352)\times 0.0012]=4450\text{rb/d}$$

③ 저류층의 액체 석유 구배는 질량보존의 법칙을 사용해 구할 수 있다.

석유 1stb의 질량 + 표준상태에서 용해가스 R_s scf	=	석유 B_o rb의 질량 + 저류층 내의 용해가스

즉,

$$\left[1(\text{stb})\times\rho_{osc}\left[\frac{\text{lb}}{\text{ft}^3}\right]\times 5.615\right]+\left[R_s(\text{scf})\times\rho_{gsc}\left[\frac{\text{lb}}{\text{ft}^3}\right]\right]$$
$$=B_o(\text{rb})\times\rho_{or}(\text{lb/ft}^3)\times 5.615$$

여기서 첨자 sc와 r은 각각 표준상태와 저류층 상태를 의미한다. 표준상태에서 가스의 밀도는 다음과 같다.

$$\frac{\rho_{gas}}{\rho_{air}}=\gamma_g=\frac{M_{gas}}{M_{air}}=\frac{M_{gas}}{28.97}$$

여기에서 γ_g는 공기에 대한 가스의 상대비중이다. 그런데 표준상태에서 공기의 밀도는

$$(\rho_{air})_{sc} = 0.0763 \text{lb/ft}^3$$

이므로, 표준상태에서 가스의 밀도는 다음과 같다.

$$(\rho_g)_{sc} = 0.0763\gamma_g(\text{lb/ft}^3) = 0.0763 \times 0.67 = 0.0511 \text{lb/ft}^3$$

그러므로

$$\rho_{or} = \frac{(\rho_{osc} \times 5.615) + (R_s \times \rho_{gsc})}{B_o \times 5.615} = \frac{(52.8 \times 5.615) + (352 \times 0.0511)}{1.1822 \times 5.615}$$

$$= 47.37 \text{lb/ft}^3$$

이며, 따라서 석유의 압력 구배는 47.37/144=0.329psi/ft이다.

4.4.2. 유체 시료의 수집 방법

유체 시료들은 보통 저류층의 생산 초기 단계에서 채집되며, 이들은 PVT 분석을 위해 실험실로 옮겨진다. 기본적으로 유체 시료들을 채집하는 데는 두 가지 방법이 있는데, 하나는 지하에서 직접 채집을 하는 방법이고, 다른 하나는 지상에서 회수된 석유와 가스를 지하 저류층 상태로 변환시키는 방법이다. 특정 방법의 사용 여부에 관계없이 실험에 사용되는 시료가 저류층 상태의 석유와 가스비를 정확하게 유지하고 있는지를 확인하는 것이 필요하다. 그러므로 비교적 정확한 값으로 초기 용해가스를 포함하고 있는 저류층의 초기 생산 단계에서 유체 시료를 채집하는 것이 일반적이다.

(1) 지하채집법

이 방법은 유체 시료를 저류층 근처에서 채집하는 직접적인 방법으로서 〈그림 4-61〉에 도시되어 있다.

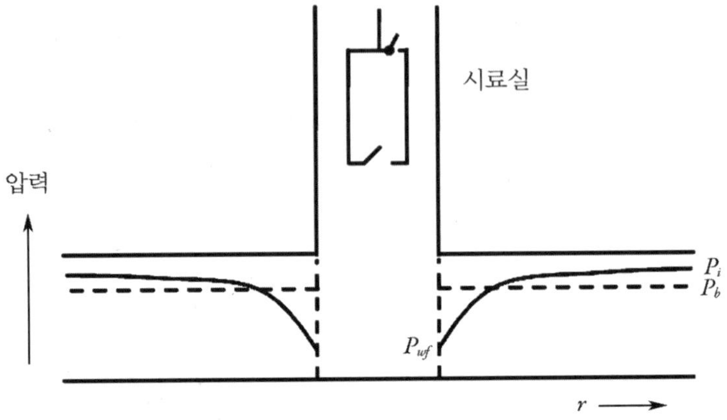

〈그림 4-61〉 PVT 시료의 지하채집법

그림에 나타난 바와 같이 특별한 채집 기구를 생산정 안으로 하강시켜 지하의 유동 압력에서 저류층으로부터 나오는 유체를 시료로 채취한다. 전기적으로 또는 기계적으로 작동되는 밸브들을 이용하여 채집 기구 안에 유체 시료를 일정 부피만큼 수집하는데, 이 방법으로 채집된 시료는 지하의 유동 압력이 기포점 압력 이상일 때 저류층 상태를 대표할 수 있다. 즉, 지하의 유동 압력이 기포점 압력보다 크므로 생산정 하부에서 유체는 단상으로 존재하고, 또 가스가 불포화된 상태에 있으므로 채집된 시료에는 저류층 상태와 유사한 비율로 석유와 가스가 조합되어 있게 된다. 그러나 대부분의 경우 저류층은 처음부터 기포점 압력선상에 있기 때문에 채집 조건에 관계없이 지하의 유동 압력은 기포점 압력 이하이다(〈그림 4-61〉). 이 경우에는 생산정 하부 및 인접한 저류층 안에서도 석유와 가스가 동시에 존재하기 때문에 채집된 시료가 저류층 상태를 대표하는 비율로 유지되고 있는지를 확신할 수 없다.

석유와 가스가 포화된 상태인 저류층에서 시료를 채집할 때 채집 시기에 따라 두 가지 상황이 일어날 수 있다. 만약 채집이 생산 기간 초기에 수행된다면 생산정 속으로 흐르는 유체에 가스가 부족한 상태로 채집되는데, 이것은 석유 속에서 빠져나온 가스가 흐르게 되려면 일단 임계 가스 포화도 이상이어야 하기 때문이다. 이른바 임계 포화도 개념은 저류층 안에 존재하는 모든 유체에 적용되는 일반적인 현상이다. 〈그림 4-60〉은 이 현상이 기포점 압력 바로 아래의 생산 석유가스비에 미치는 영향을 도시한 것이다. 여기서 주목할 것은 압력이 기포점 이하로 떨어진 이후의 짧은 기간 동안에 R(생산 석유가스비)값의 순간적인 감소인데, 이러한 현상은 석유에서 격리된 가스가 임계 포화도에 도달될 때까지 저류층에 부동 유체로 남게 되어 생산정 하부에서 채집된 시료에 반영되기 위해서는 일정 기간이 요구되기 때문이다. 반대로 일단 유리된 가스가 임계 포화도를 초과하게 되면, 앞에서도 설명한 것처럼 가스는 다른 상보다도 유동 속도가 빨라 급격하게 증가하여 이 기간 동안에 채집된 시료는 불균등하게 많은 가스량을 포함하고 있다.

초기부터 포화상태에 있는 석유 저류층 또는 공저압이 이미 기포점 이하로 떨어진 저류층에서의 시료 채집과 관련되는 문제는 시료를 채집하기 전에 생산정에 대한 적절한 조정 작업을 함으로써 극복될 수 있다. 즉, 이미 상당 기간 생산되었다면 안정된 낮은 생산 속도를 유지함으로써 공저압을 증가시킬 수 있다. 이러한 압력 증가 현상으로 인하여 격리된 가스의 일부는 다시 석유 속에 재용해된다. 보다 적극적인 방법으로는 상당 시간 동안 생산을 중단하여 지하 유동 압력을 증가시킴으로써 많은 양의 격리된 가스가 석유 속에 재용해되도록 하는 것이다. 저류층 압력 상태가 처음부터 기포점 압력선상에 있다면 시료 채집은 생산정을 폐쇄한 상태에서 수행되어야 하는 반면, 저류층이 불포화되어 있는 경우에는 시료 채집을 지하 유동 압력이 기포점 압력 이상을 유지할 수 있는 생산 속도에서 진행시켜야 한다. 이런 적당한 조정 작업을 통해서만 저류층 상태를 대표할 수 있는 시료를 얻을 수 있다.

이 방법들의 가장 큰 결점 가운데 하나는 채집되는 시료의 양이 아주 적다는 것인데, 보통 몇 리터에 불과하다. 따라서 가스석유비에 대한 정확도를 검사할 수 있는 유일한 방법 중의 하나는 여러 개의 유체 시료들을 수집해서 생산정 주위 온도에서 포화 압력들을 비교해보는 것이다. 이것은 수은 주입 펌프나 시료 채집기에 연결된 압력계를 이용함으로써 수행할 수 있다. 채집실에는 생산정 하부 온도와 지상 온도의 차이 때문에 석유와 가스의 두 상들로 채워진다. 수은을 주입함으로써 주위 온도에 상응하는 포화 압력에서 모든 가스가 용해될 수 있을 때까지 채집실 안의 압력을 증가시킨다. 포화 압력은 2상 유체와 단상 유체 간의 압축비에서 명확한 차이가 있기 때문에 쉽게 측정된다. 만약 현장에서 수행된 계속적인 포화 압력 측정 실험에서 상이한 값을 보인다면 이는 채집 장비가 잘못 작동했거나 또는 생산정 조정 작업이 적절히 수행되지 않았기 때문이다. 덧붙여 말하면, 시료를 채집하기 전에 유정 시험으로 저류층의 평균 압력과 온도를 결정하는 것이 시료의 유효성 판단에 유리하다.

(2) 지상채집법

지상 상태의 분리기에서 회수된 석유와 가스를 이용하여 유체 시료를 준비하는데, 이에 관한 지상 설비가 〈그림 4-62〉에 도시되어 있다.

생산정으로부터 몇 시간 동안 일정한 비율로 생산을 계속하여 가스석유비를 석유 1stb당 분리되는 가스량(단위 : scf)으로 측정한다. 만약 측정되는

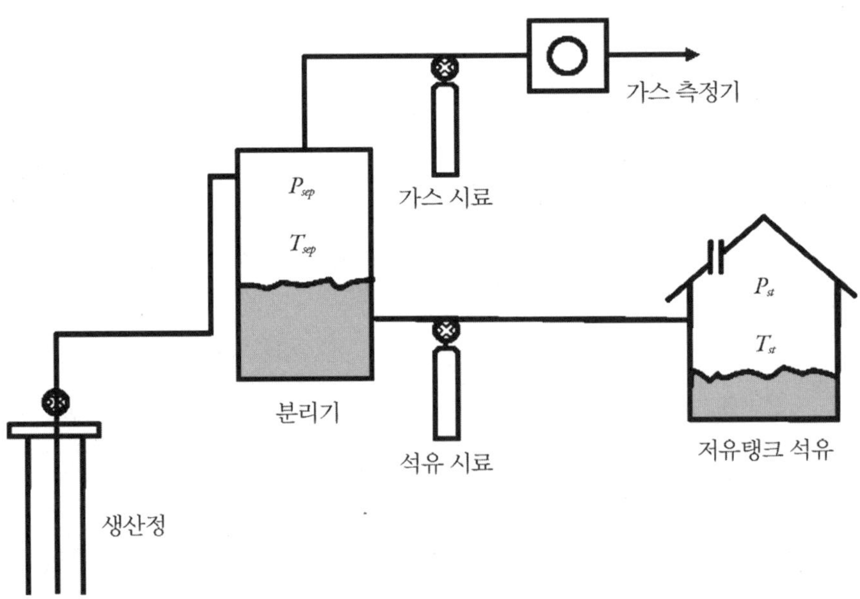

〈그림 4-62〉 지상재결합에 의한 PVT 시료의 채집

동안 가스석유비가 계속적으로 일정하게 유지되면 석유와 가스를 재결합하여 저류층 유체의 대표적인 시료를 조성할 수 있다. 〈그림 4-62〉에서 볼 수 있듯이, 석유는 분리기의 압력과 온도 조건에서 회수되는 반면에 가스석유비는 저장 조건의 석유량에 상대적인 값으로 측정되기 때문에 시료가 재결합되는 정확한 석유가스비를 결정하려면 약간의 수정이 필요하다. 그러므로 요구되는 재결합비는 다음과 같다.

$$\text{수정치} \quad = \quad \text{측정치} \times \text{수축률}$$

$$R_{sep}\left|\frac{\text{scf}}{\text{sep. bbl}}\right| = R\left|\frac{\text{scf}}{\text{stb}}\right|\times S\left|\frac{\text{stb}}{\text{sep. bbl}}\right|$$

위 식에서 제시된 것처럼, 분리기 상태에서 저장 상태로 전환하기 위해서는 측정된 가스석유비에 수축률을 곱해야 한다. 수축률은 단순히 소량의 석유 시료를 분리기 상태의 집적실에서 저장 상태의 집적실로 유출시킴으로써 측정되며, 균등 팽창(flash expansion) PVT 분석 시 가장 처음 단계에서 결정된다.

균등 팽창 과정에서 압력과 온도 감소로 인해 분리기로 나온 석유로부터 가스가 빠져나오고 이 때문에 탱크에 저장되는 석유의 양이 줄어들게 되므로 수축률을 직접 계산할 수 있게 된다. 또한 채집하는 동안에 분리기와 저유탱크의 온도와 압력을 정확하게 기록해야 한다.

지상채집법은 생산 석유가스비가 몇 시간에 걸쳐 측정되었기 때문에 통계적으로 신뢰할 만한 값을 얻을 수 있다는 것뿐만 아니라 다량의 유체 시료를 수집할 수 있다는 장점이 있다. 물론 지하채집법과 같이 생산정 하부의 유동 압력이 기포점 압력 이상인 경우에서만 정확한 가스석유비를 제공해줄 수 있다. 그러나 저류층의 가스 포화도가 가스 유동이 시작되는 임계 포화도의 이상 또는 이하에 있다면 수집되는 가스석유비가 매우 크거나 아주 작게 되므로, PVT 분석에 사용되는 유체 시료는 가능하면 생산 초기에 빨리 취하는 것이 유리하다.

4.4.3. PVT 기본 변수들의 결정과 현장 활용법

세 가지 주된 PVT 변수 B_o, R_s, B_g를 결정하는 것 외에 유체 시료의 완전한 물성 분석을 하기 위해서는 유체 밀도, 점성도, 조성 등의 계산과 측정 작업을 해야 한다. 우선 세 가지 PVT 변수들을 결정하는 데 필요한 실험 방법과 PVT 분석의 결과가 현장 작업 환경에 맞게 수정되는 방법에 대해 순차적으로 설명하겠다. 이러한 실험 방법은 다음과 같이 세 가지 부분으로 구성되어 있다.

① 기포점 압력을 결정하기 위한 유체 시료의 균등 팽창 실험.

② 기본적인 PVT 변수 B_o, R_s, B_g를 결정하기 위한 유체 시료의 차등 팽창 실험.

③ 실험에서 측정된 PVT 자료들을 현장 분리기 상태로 수정해줄 수 있는 다양한 분리 장치를 통한 유체 시료의 균등 팽창.

위의 실험에 필요한 장치는 〈그림 4-63〉에 그려져 있는 PV실이다. 석유와 가스는 계측된 저류층 온도에서 정확한 비율로 재결합된 후에 일정한 온도로 유지되는 PV실로 옮겨진다. 이때 PV실의 압력은 수은펌프로 조절되며, 정밀한 압력 계측기에 의해서 기록된다. 또한 PV실 안의 부피 변화는 압

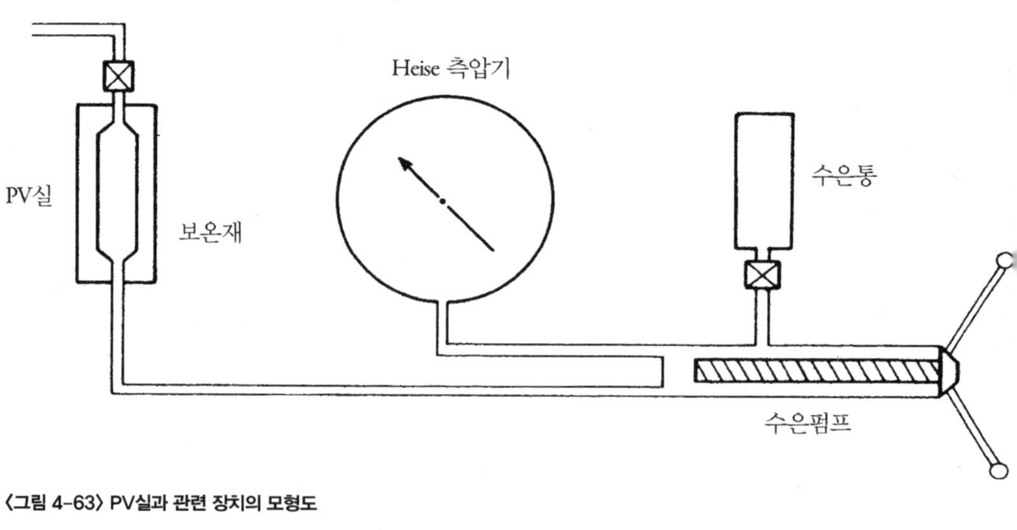

〈그림 4-63〉 PV실과 관련 장치의 모형도

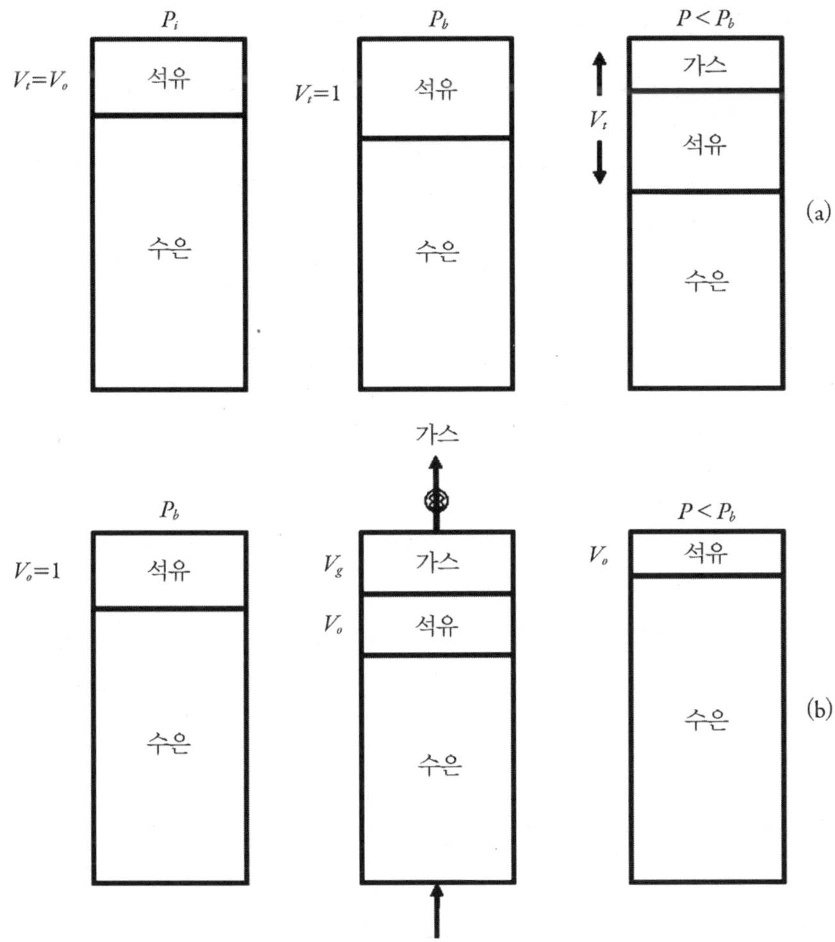

〈그림 4-64〉
(a) 균등 팽창 실험, (b) 차등 팽창 실험

축 운동에 의해서 PV실에 주입되거나 빠져나간 수은의 부피를 이용하여 측정한다.

균등 팽창과 차등 팽창 실험이 〈그림 4-64〉의 (a)와 (b)에 도시되어 있다. 균등 팽창에서는 PV실의 압력이 처음에는 기포점보다 훨씬 높게 올라가며, 압력이 떨어지는 각 단계에서 실이 차지하는 총부피 V_t를 기록한다. 가스는 기포점 압력에 도달하는 순간부터 석유에서 빠져나오기 시작하기 때문에 시료의 전체적인 압축비는 급격히 증가하게 된다. 따라서 기포점 압

〈표 4-20〉 200°F에서의 등온 균등 팽창 실험 결과(Dake, 1978)

압력 psia	상대 유체 총부피 $v_t = v/v_b = (rb/rb_b)$
5000	0.9810
4500	0.9850
4000(P_i)	0.9925
3500	0.9975
3330(P_b)	1.0000
3290	1.0025
3000	1.0270
2700	1.0603
2400	1.1060
2100	1.1680

력 이하에서는 압력의 조그마한 변화에도 PV실 안의 총유체 부피가 매우 크게 변화하게 되므로 균등 팽창 실험을 통하여 기포점 압력을 알 수 있게 된다.

균등 팽창 실험에서 사용된 PV실은 보통 투명하지 않기 때문에 기포점 압력 이하에서 석유와 가스의 분리된 부피는 측정될 수 없으며, 오직 총유체 부피만이 기록된다. 실험 분석에 이용된 기준 부피는 석유의 양에 관계없이 기포점에서 기록된 석유의 양이며, 여기서는 기준 단위 부피를 기포점 상태에 있는 석유 1배럴로 한다. 〈표 4-20〉은 초기 압력이 4,000psia이고 온도가 200°F인 저류층에서 지하채집법에 의해 얻은 석유 시료에 대해 균등 팽창 실험을 한 결과이다. 〈표 4-20〉을 통해 기포점 압력은 포함된 석유가 단위 체적을 갖는 3,330psia임을 알 수 있으며, 수록된 상대 총유체 부피들은 이 기포점 부피를 기준으로 한 상대적인 부피들이다. 균등 팽창은, 기본적인 PVT 변수들이 차등 팽창 실험을 통해 얻어지기 때문에 기포점 압력에서 중지하는 것이 보통이다. 그리고 팽창 가능한 실의 최대 부피가 제한되어 있기 때문에 매우 낮은 압력에서 실험하는 것은 불가능하다.

동일 시료에 대해 차등 팽창 실험으로부터 얻을 수 있는 주요 변수들의

〈표 4-21〉 200°F에서의 등온 차등 팽창 실험 결과(Dake, 1978)

압력 psia	상대가스 부피 v_g	상대가스 부피 (표준상태) V_g	상대가스 부피 누적량 (표준상태) F	가스 팽창계수 E	압축지수 Z	상대 석유 부피 v_o
3330(P_b)						1.0000
3000	.0460	8.5211	8.5211	185.24	.868	.9769
2700	.0417	6.9731	15.4942	167.22	.865	.9609
2400	.0466	6.9457	22.4399	149.05	.863	.9449
2100	.0535	6.9457	29.3856	129.83	.867	.9298
1800	.0597	6.5859	35.9715	110.32	.874	.9152
1500	.0687	6.2333	42.2048	90.73	.866	.9022
1200	.0923	6.5895	48.7943	71.39	.901	.8884
900	.1220	6.4114	55.2057	52.55	.918	.8744
600	.1818	6.2369	61.4426	34.31	.937	.8603
300	.3728	6.2297	67.6723	16.71	.962	.8459
14.7(200°F)			74.9557			.8296
14.7(60°F)			74.9557			.7794

결과는 〈표 4-21〉과 같다. 기포점 압력 이상에서는 균등 팽창과 차등 팽창에 의한 결과가 동일하기 때문에 차등 팽창 실험은 기포점 압력에서부터 시작되었다.

균등 팽창 실험과는 달리 차등 팽창 실험에서는 매 단계마다 방출된 가스를 PV실에서 제거하고 또 이로 인한 압력 감소를 방지하기 위하여 수은을 주입시킨다. 〈그림 4-64〉의 (b)를 통해 이러한 과정을 볼 수 있다. 가스 체적 v_g는 기포점 석유의 단위 부피에 대해 상대적으로 측정된 값들로서 〈표 4-21〉에 나와 있다. 각 단계에서 방출된 가스 부피는 표준상태로 전환되어 상대부피 V_g로 다시 측정된다. 한 가지 예로, 2,700psia에서 2,400Psia로 압력이 떨어지면 0.0466 부피의 가스가 실로부터 제거되었다는 것이 〈표 4-21〉의 두번째 열에 나와 있다. 네번째 열은 기포점 이하에서 방출된 가스의 총 부피를 표준상태로 전환한 상대적인 값을 의미하며, 수식으로는 $F=\sum V_g$로 표현할 수 있다. 세번째 열의 값들을 두번째 열에 있는 값들로 나누어주면 4.4.1절에서 정의한 가스 팽창계수 E가 된다. 따라서 2,400psia에서 방출된 0.0466의 상대부피는 표준상태에서 6.9457로 팽창하게 되어 가스 팽창계수는 6.9457/0.0466=149.05가 된다. 가스 팽창계수 E를 알게 되면 가스의 압축지수 Z는 다음과 같이 식을 전개하여 구할 수 있다.

$$Z = \frac{P}{P_{sc}} \times \frac{T_{sc}}{T} \times \frac{1}{E} = 35.37 \frac{P}{ET}$$

즉, 2,400psia에서 방출된 가스에 대해서는

$$Z = 35.37 \times \frac{2400}{149.05 \times 660} = 0.863$$

이 되며 이 값들은 〈표 4-21〉의 여섯번째 열에 나와 있다. 마지막으로 상대 석유 부피 v_o는 일곱번째 열에 있는데, 이것은 방출된 가스를 제거한 후 수축되는 매 단계마다 측정된다. 〈표 4-21〉에 제시되어 있는 실험실 자료들을 현장 변수들 B_o, R_s, B_g로 전환하기 전에 균등 팽창 실험과 차등 팽창 실험의 물리적인 차이를 비교해보는 것이 필요하다. 즉, 저류층 내의 석유와 가스의 분리 현상 그리고 지상 분리기를 거쳐 저유탱크까지 운반되면서 생긴 체적 변화를 기술하는 데 어떠한 실험 방법이 더 적합한가를 결정해야 하는 것이다. 〈그림 4-64〉의 (a)와 (b)에 나타나 있는 실험 사이의 중요한 차이점은, 균등 팽창 실험에서는 PV실로부터 가스가 제거되지 않는 대신 석유와 평형을 이루면서 남아 있게 된다는 것이다. 따라서 실 안의 전반적인 탄화수소의 조성은 변하지 않지만, 차등 팽창 실험에서는 압력이 감소되는 각 단계마다 유리된 가스가 석유로부터 물리적으로 분리되어 PV실 안에는 계속적인 성분 변화가 있게 된다.

결국 차등 팽창 시 각 단계에서 잔존하는 탄화수소들은 무거운 성분들이기 때문에 평균 분자량은 증가하게 된다. 두 가지 실험이 모두 같은 양의 압력 감소와 등온 상태에서 수행된다면, 최종 압력에서 남게 되는 상대 석유 부피는 다르게 된다. 저휘발성 석유의 경우에 용해가스는 주로 메탄과 에탄으로 구성되어 있으며, 각 실험에서의 상대 석유 부피는 실질적으로 같다. 고휘발성 석유의 경우에는 상대적으로 부탄과 펜탄 등의 중간 탄화수소계가 다수를 점하고 있어서 양 실험에서 얻는 부피들은 상당한 차이를 나타낸다. 후자의 경우에는 차등 팽창 실험에서보다 균등 팽창 실험에서 더 많은 가스가 석유로부터 유리되는데, 이러한 현상은 차등 팽창보다 균등 팽창에서 중간탄화수소계 분자들이 더 쉽게 석유로부터 가스 상태로 전환될 수 있다는 사실로서 설명된다. 차등 팽창 실험의 경우 압력이 감소되는 매 단계에서 석유와 접촉하고 있는 유리된 가스의 부피가 균등 팽창에 비하여 작기 때문에 석유와 가스의 분자들 간에 작용하는 인력이 가스 방출을 억제한다.

위에 기술한 내용은 석유와 가스의 분리에 해당하는 복잡한 과정들을 상당히 단순화시킨 것이다. 또 균등 팽창 실험이 항상 더 작은 부피의 석유를 생성한다는 것도 정확한 사실은 아니다. 그러나 여기서 고려해야 할 점은 균등 팽창 과정과 차등 팽창 과정이 서로 다른 석유 부피를 산출한다는 것과 이러한 부피 차이는 실험에 의해 정량적으로 측정 가능하다는 것이다. 물론 문제는 지상에서 측정된 부피들은 현재의 저류층 압력과 고정된 온도 상태에서 저류층으로부터 회수된 부피들로 보정시켜주는 데 필요한 B_o, R_s, B_g값을 어떤 종류의 실험이 정확하게 제공해주는가 하는 것이다. 이에 대한 해답은 균등팽창법과 차등팽창법에서 측정된 결과의 종합적인 분석을 통해 달성될 수 있다. 차등 팽창 실험은 어떻게 석유와 가스가 저류층에서 분리되는가를 이해할 수 있도록 도와준다. 즉, 석유와 가스의 서로 다른 유동 속도 때문에 가스가 석유로부터 유리된 이후로는 평형상태에 있지 않다는 것을 〈그림 4-64〉 (b)에 도시된 과정으로부터 알 수 있다. 이 사실에 대한 한 가지 예외는 기포점 통과 후의 짧은 기간 동안인데, 이때는 유리된 가스가 저류층에 걸쳐 균일하게 분포되어 있고 임계 포화도를 넘기 전에는 움직일 수 없기 때문이다. 저류층에서 저장탱크 사이에 일어나는 체적 변화의 특성을 단순한 현상으로 설명하기는 어려우나, 전반적인 효과는 비등온 균등 팽창 현상이라는 것이 일반적인 관찰이다. 생산 기간 동안에 발생하는 팽창 중 지상 분리기에서 생기는 과정은 더 자세히 고려해볼 만한 가치가 있다. 단일 분리기에서 석유로부터 가스가 빠져나오는 것을 균등 팽창 현상이라고 간주하는 이유는 잠시 동안 가스가 석유와 평형상태를 이루기 때문이다. 둘 이상의 분리기가 사용된다면 가스는 물리적으로 첫번째 분리기를 거치면서 석유로부터 분리될 것이고, 남아 있는 석유는 다시 두번째의 분리기에서 동일 작용을 거치게 된다. 각 분리 단계 이후의 유체들의 물리적인 유리 현상은 차등 팽창 현상에 해당된다. 사실 다단계 분리의 전반적인 효과는 〈그림 4-64〉 (b)에서 볼 수 있는 차등 팽창 과정에 비유되며, 상이한 것은 일정한 온도에서 실시되지 않았다는 것뿐이다. 앞에서도 설명했듯이, 차등팽창법이 균등팽창법에 비해 평형상태의 더 많은 최종 석유 부피를 산출해내기 때문에 다단계 분리 방식이 현장에서 더 빈번하게 사용된다.

지상 분리 방식의 영향에 대한 설명으로부터 얻은 결론, 즉 저유탱크에 집적되는 석유의 부피가 전적으로 석유와 가스가 분리되는 방식에 따라 결정된다는 점은 명확하지 않다. 다시 말해서, 기본 PVT 변수들인 B_o와 R_s는 지상 분리 작업 방식에 의존하는 저유탱크의 부피를 기준으로 측정되기 때문에 절대적인 수치로 나타내는 것이 불가능하다는 것을 뜻한다. 지상 분리의 효과들을 설명해주는 단 한 가지 방법은 기본적인 PVT 분석의 일환으로서 유체 시료를 일련의 분리기를 이용해 시험한 후 이 실험 결과들을 차등팽창 실험 자료와 연관시키는 것이다. 석유 시료를 〈그림 4-63〉의 PV실 안에 놓고 저류층의 온도와 기포점 압력까지 높일 때, PV실이 단일 또는 다수 분리기와 연결되어 각 분리기는 고정된 압력과 온도에서 작동한다. 기포점 상태에 있는 석유는 분리기를 거쳐서 저유탱크 상태로 균등 팽창하게 된다. 이 과정에서 생성된 석유와 가스의 부피가 측정된다. 온도는 고정되고 압력만 변하는 한 개의 분리기를 이용한 실험 결과들이 〈표 4-22〉에 정리되어 있다.

〈표 4-22〉에 나와 있는 수축지수 C_{bf}는 저유탱크에 모인 석유의 부피이며, 이 부피는 기포점 상태의 단위 석유 체적량을 기준으로 측정된 상대적인 값이다. 첨자 b는 기포점 압력을 의미하며, 첨자 f는 실험이 균등 팽창 상

태에서 수행되었다는 것을 의미한다. 분리기를 이용한 모든 실험은 분리기의 수와 관계없이 균등 팽창 실험이라고 한다. 이것은 앞에서 언급한 다단계 분리기가 차등 팽창 현상에 가깝다는 것과 모순되지만, 최종적으로 석유와 가스의 부피가 실험적으로 측정되기 때문에 명명법은 별로 중요한 것이 아니다. R_{sif}는 사용된 분리기에 해당하는 초기 용해가스석유비이며 scf/stb의 단위로서 실험을 통해 구할 수 있다.

분리기의 상태에서 〈표 4-21〉에 나와 있는 차등 팽창 자료를 균등 실험 자료와 연결지으면 현장에서 필요한 PVT 변수를 얻을 수 있다. 차등 팽창 자료들은 저류층 안의 분리 작업을 기술하는 데 사용되며, 균등 팽창 자료들은 저류층에서 저유탱크로 운반되는 과정에서 생기는 체적 변화를 설명해주는 데 필요하다. 현장에서 필요한 것은 B_o(rb/stb)인데, 차등 팽창 실험 자료에서 이에 대응되는 변수는 v_o(rb/rb$_b$)이다. v_o는 기포점 상태의 석유에 대한 단위 배럴당 석유의 저류층 배럴을 의미한다. 그러나 균등 팽창 자료로부터 기포점 상태에 있는 저류층 석유의 1배럴은 분리기를 통해 균등 팽창되었을 때의 C_{bf} stb를 나타낸다. 그러므로 차등 팽창 자료로부터 요구되는 현장변수 B_o를 만들어내기 위해서는 전환 작업이 필요한데, 이는 다음과 같다.

$$B_o\left|\frac{rb}{stb}\right| = \frac{v_o}{C_{bf}}\left|\frac{rb/rb_b}{stb/rb_b}\right|$$

〈표 4-22〉 석유 시료에 대한 분리기 균등 팽창 실험(Dake, 1978)

분리기		저유탱크		수축지수	GOF
P (psia)	T (°F)	P (psia)	T (°F)	c_{bf} (stb/rb$_b$)	R_{sif} (scf/stb)
200	80	14.7	60	.7983	512
150	80	14.7	60	.7993	510
100	80	14.7	60	.7932	515
50	80	14.7	60	.7834	526

현장에서 필요한 용해가스석유비는 R_s인데, 차등 팽창 실험에 이용되는 변수는 축적 가스를 기포점 석유 부피로 나눈 값 F이다. 사실 석유로부터 방출된 총가스 누적량 F는 $R_{sif} - R_s$(scf/stb)에 비례해야 한다. $R_{sif} - R_s$는 초기 용해가스석유비로부터 현재의 압력에서 측정된 용해가스석유비를 빼준 값인데, 이것은 균등 팽창 실험에서 측정된 값들이다. 보다 정확한 관계를 표시해보면 다음과 같다.

$$(R_{sif} - R_s)\left|\frac{scf}{stb}\right| = F\left|\frac{stb}{rb_b}\right| \times 5.615\left|\frac{scf}{stb}\right| \times \frac{1}{C_{bf}}\left|\frac{rb_b}{stb}\right|$$

최종적으로 세번째 변수 B_g는 차등 팽창계수 E로부터 직접 구할 수 있다.

$$B_g\left|\frac{rb}{scf}\right| = \frac{1}{E}\left|\frac{rcf}{scf}\right| \times \frac{1}{5.615}\left|\frac{rb}{rcf}\right|$$

다음의 전환 관계를 이용하여 실험실에서 얻은 차등 팽창 자료를 우리가 필요로 하는 현장 PVT 변수들을 얻기 위해 바꿀 수 있다.

차등 팽창 변수	현장 변수	전환 방법	
$V_o(rb/rb_b)$	B_o	$B_o = \dfrac{v_o}{C_{bf}}\left|\dfrac{rb}{stb}\right|$	(4–59)
$F(stb/rb_b)$	R_s	$R_s = R_{sif} - \dfrac{5.615F}{C_{bf}}\left|\dfrac{scf}{stb}\right|$	(4–60)
$E(scf/rcf)$	B_g	$B_g = \dfrac{1}{5.615E}\left|\dfrac{rb}{scf}\right|$	(4–61)

예제 4-14 차등 팽창 자료를 전환하여 현장 PVT 변수들 B_o, R_s, B_g를 얻는 방법

현장 사용을 위하여 〈표 4–21〉의 차등 팽창 자료를 〈표 4–22〉에 나와 있는 최적 분리기 조건에 맞게 PVT 변수들로 전환시켜라.

풀이

〈표 4-22〉에 나와 있는 분리기의 최적압력은 150psia인데, 이것은 이때 균등 팽창의 수축 인자 C_{bf}가 가장 큰 값인 0.7993(stb/rb$_b$)을 갖게 되고, 또 균등 용해가스석유비 R_{sif}가 가장 작은 값인 510scf/stb이 되기 때문이다. 이 두 값을 이용해서 〈표 4-21〉의 차등 팽창 자료를 전환하여 현장 변수들 B_o, R_s, B_g를 얻을 수 있으며, 이때는 식 (4-59)에서부터 (4-61)까지를 이용하게 된다. 〈표 4-19〉가 산출 결과이며 이 자료들은 〈그림 4-57〉의 (a)~(c)에 도표로 나타나 있다.

위에서 언급한 저류층에서의 차등 팽창 실험 자료와 지상에서의 균등 팽창 실험 자료를 결합하는 방법은 Dodson의 PVT 분석법에 아주 근접한 것으로 생각된다. 이 방법에서는 PV실에 남아 있는 석유 시료가 항상 지상저유탱크 상태로 균등 팽창해야 되기 때문에 매 압력 단계마다 새로운 시료를 사용해야 한다. 그러므로 많은 양의 유체 시료를 준비해야 한다. 이 실험법은 비교적 복잡한 저류층 내의 분리 현상과 지상 생산 장치를 잘 반영하고 있지만, 시간과 비용이 많이 든다. 낮은 또는 중간 정도의 휘발성을 가진 원유 시료에서는 위에서 언급한 방법으로 Dodson의 결과와 아주 유사한 값이 산출되나, 고휘발성 원유에서는 좀더 정교한 방법이 요구된다.

4.4.4. 측정 자료 분석법

〈표 4-21〉에 열거되어 있듯이, 차등 팽창 실험의 결과들은 현장에 적합한 PVT 변수를 제공하기 위해 사용된 지상 분리기의 조건에 따라 수정될 수 있는 기본값들이다. 〈표 4-21〉에서 모든 부피들이 기포점에서의 단위 석유 체적에 대한 상대값으로 측정되어 있다. 그러나 차등 팽창 실험의 결과를 저유탱크 상태에 잔류된 석유의 체적에 상대적인 값으로 제시하는 것이 보편적인 방법이다. 이 부피는 차등 팽창 실험의 마지막 단계에서 대기압과 저류층 온도 상태하에 측정된 석유의 체적을 대기압과 온도 60°F의 상

태로 균등 팽창함으로써 구해진다. 이 마지막 단계가 〈표 4-21〉에 나와 있는데, 14.7psia, 200°F 상태하의 0.8296 상대 석유 부피가 14.7psia, 60°F 상태하의 0.7794 상대 석유 부피로 변했다. 0.7794의 값은 저유탱크로 차등 팽창하는 동안에 기포점에서의 단위 체적에 대한 수축지수로서 C_{bd}로 명명된다. C_{bd}값은 분리기의 상태에 종속되어 있지 않기 때문에 차등 팽창의 모든 부피를 C_{bd}로 관계시키는 것이 차등 팽창 자료를 표현하는 또 하나의 방법일 것이다. 통상적으로 잔류 석유 부피로 명명되는 C_{bd}의 양은 차등 팽창 실험에서 취하는 압력 단계들의 수에 종속적이라는 사실을 알아야 한다. 그러므로 C_{bd}에 대해 상대적으로 측정된 차등 팽창 실험의 결과들은 기포점 석유의 단위 체적에 상대적인 값으로 나타나지 않으며, 따라서 절대적인 값을 제공해주지는 못한다. 차등 팽창 자료를 제시하는 데서 모든 부피는 C_{bd}에 대해 상대적으로 측정되며, 〈표 4-21〉의 v_o와 F는 B_{od}와 R_{sd}로 대치될 수 있다. 이때

B_{od} : 차등 석유용적계수(rb/stb-잔류 석유)

R_{sd} : 차등 용해가스석유비(scf/stb-잔류 석유)

이며, 또 식 (4-59)와 식 (4-60)의 C_{bf}를 C_{bd}로 바꾸어 위의 변수들을 다음과 같이 표시할 수도 있다.

$$B_{od} = \frac{v_o}{C_{bd}} \left| \frac{\text{rb/rb}_b}{\text{stb}-\text{잔류/rb}_b} \right| \tag{4-62}$$

$$R_{sd} = R_{sid} - \frac{5.615F}{C_{bd}} \left| \frac{\text{scf}}{\text{stb}-\text{잔류}} \right| \tag{4-63}$$

이때 R_{sid}는 60°F에서 잔류 석유량에 대해 상대적으로 측정된 초기 용해가스이며, 차등 팽창 실험 동안 빠져나온 총가스의 양에 비례한다. 따라서

$$R_{sid}=\frac{(F\text{의 최대값})}{C_{bd}}\times 5.615\left|\frac{\text{scf}}{\text{stb}-\text{잔류}}\right| \tag{4-64}$$

가 되며 〈표 4-21〉에 나와 있는 차등 팽창 실험에 대해서는

$$R_{sid}=\frac{74.9557\times 5.615}{0.7794}=540\text{scf/stb}-\text{잔류석유}$$

과 같이 된다.

대부분의 실험실에서는 기본 PVT 변수들을 〈표 4-23〉의 차등 팽창 실험의 결과치로 제공해준다. 이런 방법으로 제시하는 것은 오류를 발생시킬 수 있는데, 이는 대부분의 현장 기사들이 B_{od}나 R_{sd}를 지상 분리기의 상태로 보정해주는 작업 없이 저류층 평가에 직접 사용하려는 경향이 있기 때문이다.

〈표 4-23〉

압력 (psia)	석유용적계수 $B_{od}=v_o/c_{bd}$	용해가스석유비 $R_{sd}=R_{sid}-5.615F/c_{bd}$
4000	1.2734	540
3500	1.2798	540
3300	1.2830(B_{obd})	540(R_{sid})
3000	1.2534	479
2700	1.2329	428
2400	1.2123	378
2100	1.1930	328
1800	1.1742	281
1500	1.1576	236
1200	1.1399	188
900	1.1219	142
600	1.1038	97
300	1.0853	52
14.7(200°F)	1.0644	0
14.7(60°F)	1.0000	0

* 실험실에서 얻은 차등 PVT 변수들로서, 이때 B_o와 R_s는 60°F에서의 잔류 석유 부피에 상대적인 값으로 측정되었다(Dake, 1978).

보통 〈표 4-23〉의 자료들을 이용하여 생기는 오차는 무시할 만하지만, 중간 이상의 휘발성 원유에서 이 같은 오차는 상당히 크므로 〈표 4-23〉에 나와 있는 자료들을 이용할 때는 반드시 현장 분리기의 상태로 보정해주는 작업이 필요하다.

〈표 4-23〉의 B_{od}와 R_{sd}를 식 (4-62)와 식 (4-63)을 이용해 〈표 4-21〉의 v_o와 F로 전환한 후에 식 (4-59)와 식 (4-60)을 이용해 지상 분리기의 상태로 보정해준다. 이런 계산들을 통해 현장에서 요구되는 B_o와 R_s의 값이 결정된다. 또한 다음과 같은 2차적인 방법으로 현장 변수들을 직접 계산할 수 있다.

$$B_o = \frac{v_o}{C_{bf}} = \frac{v_o}{C_{bd}}\left[\frac{C_{bd}}{C_{bf}}\right] = B_{od}\left[\frac{B_{obf}}{B_{obd}}\right] \tag{4-65}$$

여기서, $v_o/C_{bd} = B_{od}$: 〈표 4-23〉에 나와 있는 대로 잔류 석유 부피의 상대적인 값으로 측정된 차등 석유용적계수.

$B_{obf} = 1/C_{bf}$: 석유를 적당한 지상 분리기들을 통해 균등 팽창시킴으로써 구해지는 기포점 석유의 용적계수. 저유탱크 상태의 석유 부피에 대해 상대적으로 측정된다(〈표 4-19〉와 〈4-20〉 참조).

$B_{obd} = 1/C_{bd}$: 차등 팽창 실험 동안에 결정되는 기포점 석유의 용적계수이며, 잔류 석유 부피에 대해 상대적으로 측정된다(〈표 4-23〉 참조).

같은 방법으로 현장 조건에 사용하기 위해 필요한 용해가스석유비는 식 (4-60)으로부터 다음과 같이 구한다.

$$R_s = R_{sif} - \frac{5.615F}{C_{bf}} = R_{sif} - \frac{5.615F}{C_{bd}}\left[\frac{C_{bd}}{C_{bf}}\right]$$

여기에 식 (4-63)을 사용하면 다음과 같이 된다.

$$R_s = R_{sif} - (R_{sid} - R_{sd})\left|\frac{B_{obf}}{B_{obd}}\right| \tag{4-66}$$

여기서, R_{sif} : 기포점 석유의 용해가스석유비로서 적당한 지상 분리기를 통해 석유를 균등 팽창시켜 결정되는 값이며, 60°F, 14.7psia의 석유 부피에 대해 상대적으로 측정된다. (〈표 4-22〉와 〈표 4-19〉 참조)(scf/stb)

R_{sid} : 차등 팽창 동안에 결정되는 기포점 석유의 용해가스석유비이며, 60°F, 14.7psia 상태에서 잔류 석유 부피에 상대적인 값으로 측정된다. (〈표 4-23〉과 식 (4-64) 참조)(scf/stb-잔류 석유)

위의 관계를 이용하여 〈표 4-23〉에 제시된 차등 팽창 자료는 직접 〈표 4-19〉의 자료와 같은 형태로 전환할 수 있다. 예를 들어, 〈표 4-23〉의 자료들을 이용하는 경우, 2,400psia에서 다음과 같은 결과를 확인할 수 있다.

B_{od}=1.2123(rb/bbl 잔류 석유, 60°F, 14.7Psia)

R_{sd}=378(scf/bbl 잔류 석유, 60°F, 14.7psia)

B_{obd}=1.2830(rb/bbl 잔류 석유, 60°F, 14.7psia)

R_{sid}=540(scf/bbl 잔류 석유, 60°F, 14.7psia)

위의 값들은 잔류 석유 부피에 대한 상대적인 값들이다. 〈표 4-22〉에 있는 분리기 균등 팽창 실험으로부터 나온 자료를 이용하면 150psia, 80°F의 최적 분리기 상태에서

$B_{obf} = (1/C_{bf}) = 1.2511$(rb/stb)

$R_{sif} = 510$(scf/stb)

가 되고, 식 (4-65)를 이용하면

$$B_o = 1.2123 \times \frac{1.2511}{1.2830} = 1.1822\text{rb/stb}$$

가 되며, 식 (4-66)을 쓰면 다음과 같이 된다.

$$R_s = 510 - (540 - 378) \times \frac{1.2511}{1.2830} = 352\text{scf/stb}$$

4.4.5. PVT 분석 과정의 요약

석유의 PVT 분석은 다음과 같은 실험과 계산으로 이루어진다.

① 분리기의 석유와 가스에 대한 조성 분석, 지상에서 채집된 시료의 물리적 재결합(4.4.2절의 (2) 참조), 또는 지하채집법에 의하여 수집된 저류층 유체에 대한 조성 분석 : 보통 이 실험에서는 헥산까지의 각 성분의 몰수를 제공해주며, 헵탄 이상의 무거운 조성들은 총괄하여 평균 분자량과 밀도를 계산한다.

② 4.4.3절에서 설명한 〈표 4-20〉 균등 팽창 실험은 저류층 온도에서 수행되며 다음 변수들을 결정한다.

- 기포점 압력
- 불포화 석유의 압축률

$$C_o = -\frac{1}{v_o}\frac{dv_o}{dP} = -\frac{1}{B_o}\frac{dB_o}{dP} \tag{4-67}$$

- 압력이 감소되는 각 단계에서 석유와 가스의 총부피 V_t

③ 4.4.3절에서 설명한 차등 팽창 실험은 다음의 사항들을 결정하기 위해 수행한다.

- E, Z, F, v_o(〈표 4-21〉)와 기포점 석유의 단위 체적에 대한 상대값으로 측정된 F, v_o.

• 대체 방법으로 차등 팽창의 마지막 단계 동안에 C_{bd}를 측정함으로써 위의 자료들은 다음과 같이 표시될 수 있다.

• E, Z, $R_{sid}-R_{sd}$(또는 R_{sd})와 B_{od}(〈표 4-23〉). 이때 R_{sd}와 B_{od}는 잔류 석유 부피에 대한 상대값으로 측정된 값이고, 압력이 감소되는 매 단계마다 가스 비중을 측정한다.

④ 구륜 점성계기로 저류층 온도와 기포점 압력에서 대기압까지의 전구간에 걸친 석유 점성도 측정. 가스의 점성도는 기준 관계식을 이용하여 보통 저류층 온도에서 계산되며, 가스비중에 대한 정보도 고려한다.

⑤ 다양한 분리기 상태(〈표 4-22〉 참조)를 통해 균등 팽창되었을 때의 기포점 석유의 단위 체적에 대한 수축지수 C_{bf}, 용해가스석유비 R_{sif}를 결정하기 위한 실험을 한다. 그러나 실제로 이 실험들을 하는 대신 상균형 계산 기법을 사용해서 결과를 구하고 있다.

⑥ 분리기 실험에서 나온 가스의 조성과 비중을 구한다.

4.5. 2상계의 물성

지금까지 탄화수소 혼합물의 정성적인 상변화와 기체 및 액체의 정량적인 성질에 관해서 알아보았다. 기포점과 이슬점으로 둘러싸인 영역에 존재하는 2상계에 대한 정량적인 분석은 주어진 상태에서 존재하는 가스와 액체의 몰비를 결정하고 혼합된 상들의 조성을 계산하는 작업을 포함한다. 2상 영역 내 가스와 액체 상태의 물리적 성질들은 앞에서 설명한 방법들을 이용함으로써 구할 수 있을 것이다.

기포점에 존재하는 유체에서는 온도가 일정한 상태에서 압력이 감소될 경우 두 개의 상이 발생한다. 액체 속에 용해되어 있는 휘발성 성분이 탈출하여 가스 상태로 변하기 때문에 압력이 감소되면서 가스의 부피는 증가한다. 또한 이미 생성된 가스도 압력이 감소함에 따라 팽창이 가속화되어 보다 큰 부피를 차지하게 된다. 이러한 과정 동안에 일어나는 이상적인 부피

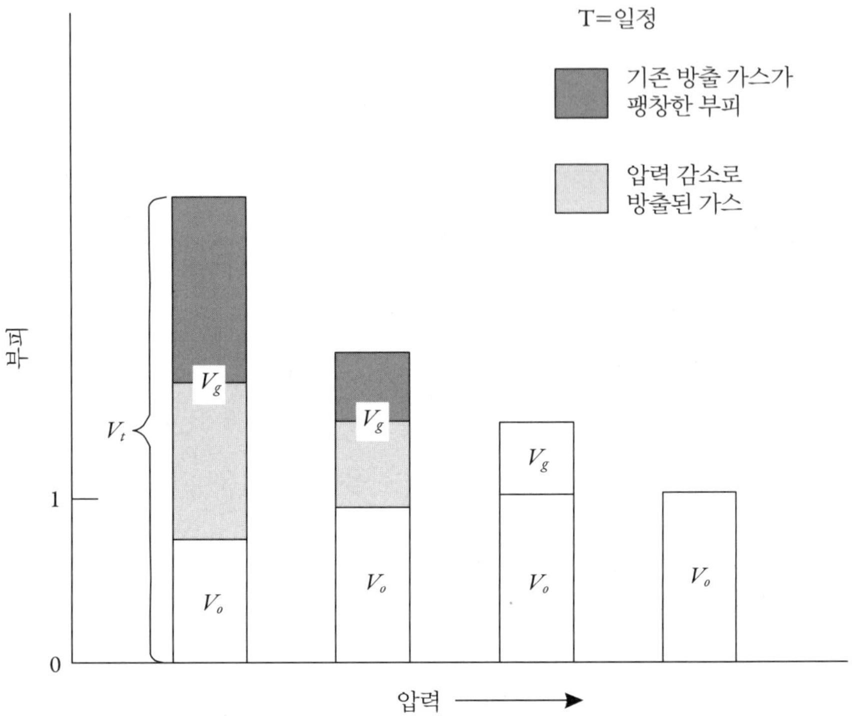

〈그림 4-65〉 2상 영역에서의 이상화된 부피 관계

관계가 〈그림 4-65〉에 도시되어 있다. 가스의 부피 V_g는 압력이 감소하는 동안 석유로부터 빠져나온 가스와 기존의 자유가스가 팽창한 부피의 합이다. 기체가 빠져나간 액체의 부피는 감소하게 되며, 가스는 동일한 액체 질량에 비해 월등히 큰 부피를 차지하므로 전체 시스템의 부피는 증가하게 된다. 〈그림 4-65〉에 나와 있는 부피-온도 관계는 저류층의 온도 조건에서 실험한 결과이다. 만약 기포점 유체의 시료가 분리기 상태로 놓이게 되면 저류층 조건의 온도보다는 훨씬 낮은 온도에서 유체는 2상 상태에 진입하게 된다. 기포점에서 분리기 상태까지의 유체 팽창 현상을 단순화시킨 부피 관계식을 생각해보면 〈그림 4-66〉과 같이 나타낼 수 있다. 많은 부피의 가스가 분리기 조건에서 형성되는데, 이때 가스의 밀도는 굉장히 낮다. 또 액체의 부피는 온도 감소와 액체의 기화 현상 때문에 많이 수축하게 된다. 대부분의 경우 무거운 탄화수소계는 여전히 액체 상태로 남아 있으며, 액체는

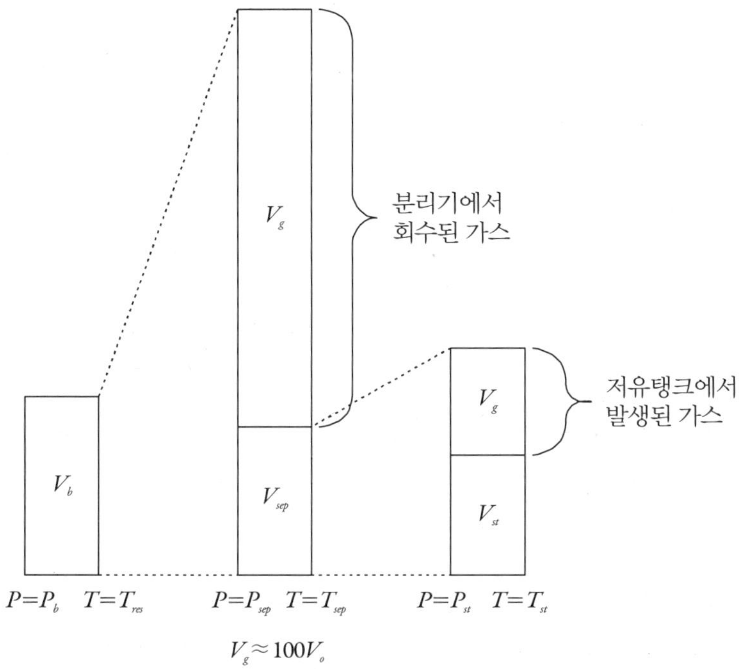

〈그림 4-66〉 저류층 조건과 분리기 조건에서 탄화수소 유체의 이상화된 부피 관계(Amyx, 1960)

밀도가 크기 때문에 가스보다 훨씬 작은 부피를 차지한다. 분리기를 통해 액체와 기체들은 각각 분리되어 액체는 저유탱크에 모이며, 이때 온도와 압력이 다시 떨어지게 된다. 저유탱크에서 가스가 방출되는 양은 전적으로 분리기 조건과 저장 상태에 따라 결정된다는 것은 이미 충분히 논의되었고 PVT 변수들이 구해지는 실험적 방법 및 절차 역시 앞 절에 설명했기 때문에, 여기서는 평형상태방정식을 이용한 이론적인 2상계의 물성 계산 방법을 소개하고자 한다.

4.5.1. 평형 관계식

유체가 가스와 액체상이 서로 공존하고 있는 2상 구역 내에 존재하면 각 상들 간에 평형상태가 유지된다. 다성분 2상계의 평형상태를 이해하는 첫번째 시도는 Dalton의 법칙과 Raoult의 법칙을 결합시킴으로써 확립되었다.

Dalton의 법칙 : 가스 혼합물의 전체 압력은 혼합물을 구성하는 성분들의 부분압의 합과 같다.

즉,

$$P = \sum_{i=1}^{n} P_i \tag{4-68}$$

그리고

$$y_i = \frac{P_i}{P} \tag{4-69}$$

Raoult의 법칙 : 액체상의 한 성분에 작용하는 부분압은 액체 상태의 해당 성분에 대한 몰수를 그 성분의 증기압에 곱한 것과 같다.

즉,

$$P_i = x_i P_{vi} \tag{4-70}$$

여기서, P_i : i번째 성분의 부분압

x_i : 액체 상태에서 i번째 성분의 몰수

P_{vi} : i번째 성분의 증기압

또한 가스와 액체가 평형상태에 있으면 가스상의 한 성분이 미치는 부분압은 액체 상태에서 같은 성분이 미치는 부분압과 같으므로 Dalton과 Raoult의 법칙을 동시에 적용하여 부분압을 계산할 수 있다.

즉,

$$y_i P = x_i P_{vi}$$

또는

$$\frac{y_i}{x_i} = \frac{P_{vi}}{P} = K_i \tag{4-71}$$

이때, K_i : 압력 P와 온도 T에서 i번째 성분의 평형비

위에서 언급한 Raoult의 법칙과 Dalton의 법칙에는 몇 가지 한계가 있음을 알아야 한다. 즉, 순수한 성분의 증기압 측정은 임계온도까지는 용이하나 임계온도 이상에서의 증기압은 단지 외삽법에 의해서만 가능하며 그 값도 정확한 것은 아니다. 또한 임계온도가 −117°F인 메탄을 포함한 탄화수소 혼합물의 평형비를 결정하려면 반드시 다른 방법을 이용해야만 한다. Lewis는 평형 계산에서의 외삽이나 증기압을 보정하는 방법으로 이탈도(fugacity)의 개념을 도입했다. 어떤 한 성분의 이탈 상태는 어떤 상태에서 다른 상태로 전이하는 데 필요한 자유에너지 변화의 척도로 간주되는 열역학적 양이라고 했다. Dodge와 Newton은 특정 상으로 존재하는 혼합물의 한 성분에 대한 이탈도는 동일 압력과 온도 조건에서 동일한 상으로 존재하는 순수한 성분의 이탈도와 혼합물 가운데 그 성분에 대한 몰수의 곱과 같다고 했다. 그러므로,

$$(f_{gi})_{mix} = y_i (f_{gi})_{pure} \tag{4-72}$$

$$(f_{Li})_{mix} = x_i (f_{Li})_{pure} \tag{4-73}$$

이때 첨자 mix는 혼합물을 뜻하며 pure는 순수한 상태에 있는 성분을 의미한다. f_{gi}는 가스상에 있는 한 성분의 이탈도이며, f_{Li}는 액체상 성분의 이탈도이다. 상들이 서로 평형을 이루고 있다면 가스상의 한 성분의 이탈도는 액체상의 그 성분의 이탈도와 같으므로,

$$y_i (f_{gi})_{pure} = x_i (f_{Li})_{pure}$$

가 되고, 첨자 pure를 빼면 다음과 같다.

$$\frac{y_i}{x_i} = \frac{f_{Li}}{f_{gi}} = K_i \tag{4-74}$$

위에서 정의한 이탈도는 많은 탄화수소의 임계온도에 의해 제한을 받지만 외삽을 이용하여 증기-압력 관계에서 얻는 범위보다 더 광범위한 지역까지 이탈도를 구할 수 있다. 또한 이탈도는 다양한 범위의 압력과 온도에서 탄화수소의 평형비를 구하는 데 정확하지는 않지만 유용하게 이용될 수 있다.

분자들 간의 인력은 증기-액체의 평형에 큰 영향을 미치므로 높은 압력과 온도에서는 혼합물의 조성이 평형비에 영향을 주게 되는 것이다. 그러나 Raoult와 Dalton의 법칙과 이탈도는 혼합물의 조성에 관계없이 평형비를 계산하기 때문에 혼합물의 조성을 고려하기 위해서는 다른 방법이 필요하다.

이 절에서는 석유 산업계에서 종종 사용되는, Katz와 Hachmuth의 수축률이 낮은 석유(〈그림 4-67〉), 그리고 Roland, Smith, Kaveler의 농축 유체(〈그림 4-68〉)에 대한 자료를 제시했다.

4.5.2. 평형 관계 계산식의 유도

평형상태에 있는 가스와 액체상의 조성과 혼합물의 분배율은 상평형의 개념과 평형비를 이용하여 계산할 수 있다. 상평형을 기술하는 여러 가지 식들을 도입하려면 먼저 다음과 같은 기호들과 용어들을 정의하는 것이 필요하다.

n : 어떤 온도, 압력에서 존재하는 가스와 액체의 총몰수

L : n의 조건에서 액체상 안의 물질의 총몰수

V : L과 같은 조건에서 가스 상태 안의 총몰수

z_i : 혼합물의 i번째 성분의 몰수

x_i : 액체상 안의 i번째 성분의 몰수

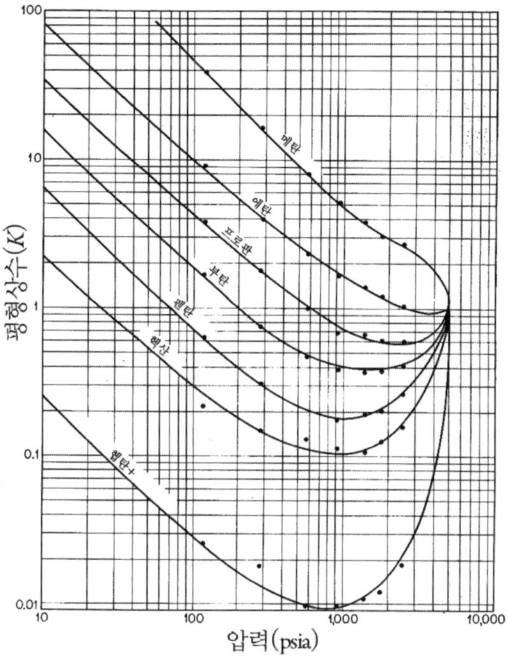

〈그림 4-67〉 200°F에서 수축률이 낮은 석유의 평형비 곡선(Katz와 Hachmuth, 1937)

y_i : 기체상 안의 i번째 성분의 몰수

그리고 이들 정의에 의하여

$$n = L + V \tag{4-75}$$

이다. 즉, 혼합물 안의 총몰수는 액체상의 각 몰수와 가스상의 각 몰수의 합과 같으므로 몰비는 다음과 같이 된다.

$$z_i(n) = x_i(L) + y_i(V) \tag{4-76}$$

이것은 전체 혼합물의 i번째 성분의 몰수가 기체상과 액체상에 있는 i번째 성분의 몰수를 각각 합한 것과 같음을 의미한다. 평형비의 정의에 의해

$$K_i = \frac{y_i}{x_i} \tag{4-77}$$

x_i, y_i, z_i가 몰비를 나타낸다고 하면, 다음과 같은 세 가지의 관계가 식으로 표현될 수 있다.

$$\sum_{i=1}^{m} x_i = \sum_{i=1}^{m} y_i = \sum_{i=1}^{m} z_i = 1 \tag{4-78}$$

혼합물 1몰의 경우, $n=1$이고

$$V + L = 1 \tag{4-79}$$

이 된다. 그러므로

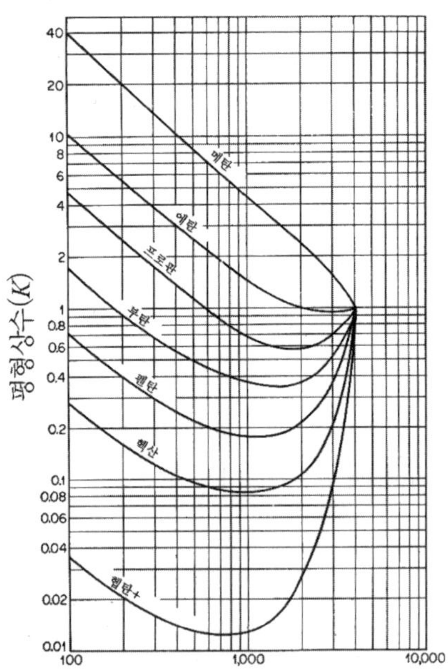

〈그림 4-68〉 200°F에서 농축 유체의 평형비 곡선 (Roland 외, 1941)

$$z_i = x_i L + y_i V \tag{4-80}$$

여기서 y_i를 같은 양 $K_i x_i$로 바꾸면

$$z_i = x_i (L + K_i V)$$

양 변을 $(L + K_i V)$로 나누면

$$x_i = \frac{z_i}{L + K_i V}$$

가 된다. 위 식에서 우변의 분자와 분모를 모두 V로 나누면

$$x_i = \frac{1}{V} \frac{z_i}{(L/V) + K_i} \tag{4-81}$$

x_i가 액체상 안의 i번째 성분의 몰비를 나타내므로 모든 성분의 몰비를 모두 더하면 1이 된다. 그러므로

$$\sum_{i=1}^{m} x_i = \frac{1}{V} \sum_{i=1}^{m} \frac{z_i}{(L/V) + K_i} = \sum_{i=1}^{m} \frac{z_i}{L + VK_i} = 1 \tag{4-82}$$

또는

$$\sum_{i=1}^{m} \frac{z_i}{(L/V) + K_i} = V \tag{4-83}$$

비슷한 방법으로 식 (4-80)의 x_i를 같은 값인 y_i/K_i로 대치시키고 y_i에 대해서 풀면,

$$y_i = \frac{z_i}{(L/K_i) + V}$$

y_i의 모든 합은 1이 되므로

$$\sum_{i=1}^{m} y_i = \sum_{i=1}^{m} \frac{z_i}{(L/K_i) + V} = 1 \qquad (4\text{–}84)$$

그리고

$$\sum_{i=1}^{m} \frac{z_i}{(L/K_i V) + 1} = V \qquad (4\text{–}85)$$

이 식들은 2상 영역에서 유용하며, 상평형 계산을 할 때 평형상태의 온도, 압력과 혼합물의 조성을 알고 있어야 한다. 각 성분에 대한 평형비는 혼합물의 조성과 온도, 압력의 조건에 따라 달라진다. 일반적으로 시스템이 m개의 성분으로 구성되어 있다고 하면 미지수의 개수는 $2m+2$가 되는데, x_i가 m개, y_i가 m개, 그리고 L과 V만큼의 미지수를 갖게 된다는 것이다. 즉, $y_i = K_i x_i$에 관한 m개의 등식과 $z_i = x_i L + y_i V$에 관한 m개의 등식이 있게 되는 것이다. 또한 $V + L = 1$이고 $\Sigma z_i = \Sigma x_i = \Sigma y_i = 1$임을 알 수 있다. 즉, $2m+2$만큼의 미지수를 풀기 위해서 $2m+2$개의 등식이 필요한 것이다. 식 (4–79)부터 식 (4–82)까지 미지수를 분석적인 방법으로 구한다는 것은 쉽지 않지만, 액체와 기체의 몰수인 L, V의 치환에 의해 미지수를 점차 줄여 갈 수 있다. 식 (4–82)에서부터 식 (4–85)까지의 어떤 식도 L, V를 구하기 위한 식 (4–79)와 함께 사용될 수 있으므로, 두 개의 미지수에 관한 두 개의 등식들은 시행착오 방법으로 풀 수 있다.

식 (4–82)에서부터 식 (4–85)까지는 계산 방법과 L의 크기에 따라 몇 가지 다른 형태의 식들로 유도된다. 즉, 기포점 압력에서는 단상액체이므로 $L=1$이고, $V \simeq 0$이다. 기포점에서는 식 (4–81)부터 식 (4–83)까지의 식들이 무의미하게 되는 반면, 이슬점에서는 $L \simeq 0$, $V=1$이 되어, 식 (4-84)와 식 (4-85)는 유용하게 된다. 그러나 기포점에서는

$$z_i \simeq x_i$$

$$z_i = \frac{y_i}{K_i} \text{ 또는 } y_i = z_i K_i$$

그리고

$$\sum_{i=1}^{m} y_i = \sum_{i=1}^{m} z_i K_i = 1 \tag{4-86}$$

이것은 식 (4-84)에서 나온 식이다. 그리고 기포점에서는 미세한 양의 가스와 나머지 혼합물이 평형을 이루고 있으므로

$$y_i = z_i K_i$$

이슬점에서는

$$z_i \simeq y_i$$

$$z_i = x_i K_i \text{ 또는 } x_i = z_i / K_i$$

그리고

$$\sum_{i=1}^{m} x_i = \sum_{i=1}^{m} \frac{z_i}{K_i} = 1 \tag{4-87}$$

이것은 식 (4-82)에서 변형된 형태이다. 한편, 이슬점에서 혼합물은 특정 성분의 미세한 양의 액체와 다음과 같은 식으로 서로 평형을 이루고 있다.

$$x_i = \frac{z_i}{K_i}$$

K_i는 온도, 압력, 탄화수소의 구성 성분의 함수이다. 200°F에서의 저휘발성 석유와 농축 석유에 대한 평형비가 〈그림 4-67〉과 〈그림 4-68〉에 압력의 함수로 그려져 있다. 두 가지 유체(기체, 액체) 안에 있는 모든 성분의 평형비(K)는 5,000psia에서 1의 값으로 수렴하고 있는데, 이 점이 바로 수렴압력이다. 평형비가 알려져 있는 점에서의 온도가 혼합물의 임계온도라면, 이때의 수렴압력은 임계압력이 되는 것이다. 임계온도 이외의 모든 온도에 대해서 K값이 수렴하는 것은 단지 겉보기 수렴일 뿐이다. 시스템은 수렴압력 이하에서 이슬점이나 기포점을 가지며, 겉보기 수렴점에서는 단상 유체로 있게

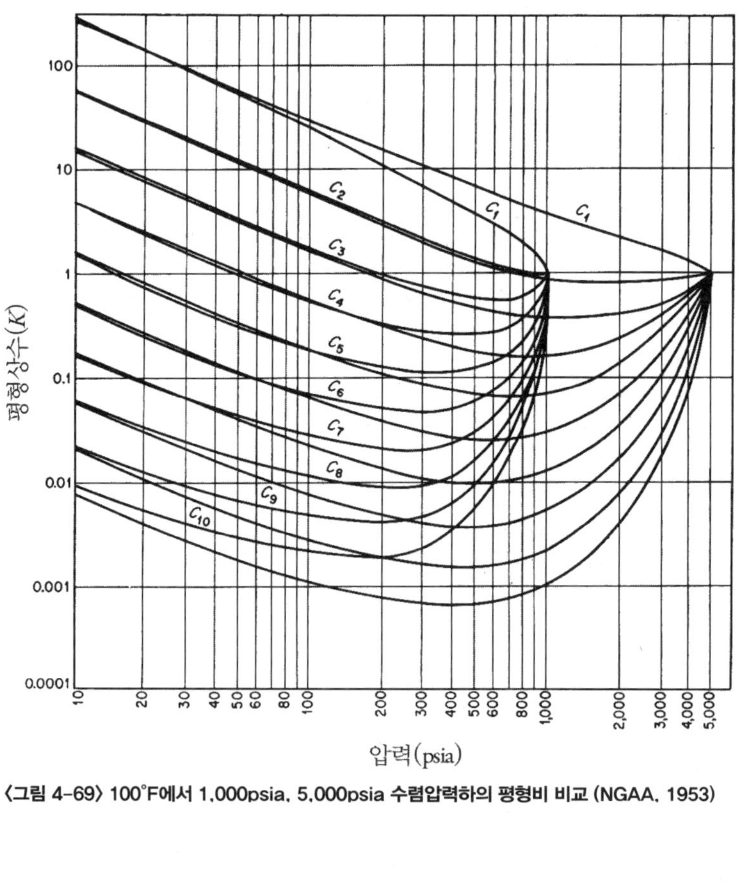

〈그림 4-69〉 100°F에서 1,000psia, 5,000psia 수렴압력하의 평형비 비교 (NGAA, 1953)

된다. 평형비가 단상 영역에서는 정의되지 않았으므로 실제 값들의 외삽은 1로 수렴하게 된다. 겉보기 수렴압력은 혼합물의 조성에 관한 함수이며, 이와 관련한 구체적인 영향은 많은 논문을 통해 정의되어 있다. NGAA(Natural Gasoline Associattion of America in 1957)의 평형비 자료집은 메탄부터 데칸까지 탄화수소와 질소에 대한 평형비를 밝혀놓았다. 대부분의 많은 탄화수소계에서는 보통 5,000psia 수렴압력을 일반적인 조건으로 사용한다.

*K*값이 조성에 미치는 영향은 〈그림 4-69〉에 도시되어 있는데, 이때의 상태는 온도 100°F, 수렴압력은 1,000psia~5,000psia이다.

100psia 이하의 압력에서 두 개의 수렴압력에 대해 얻은 *K*값들의 차이는 메탄부터 펜탄까지의 가벼운 탄화수소의 경우에는 별로 심각하지 않다. 수렴압력이 4,000psia이거나 그 이상일 때 유체의 평형비 값은 1,000psia일 때의 값과 똑같다. 그러므로, 낮은 온도와 압력에서는 평형비가 조성과는 아

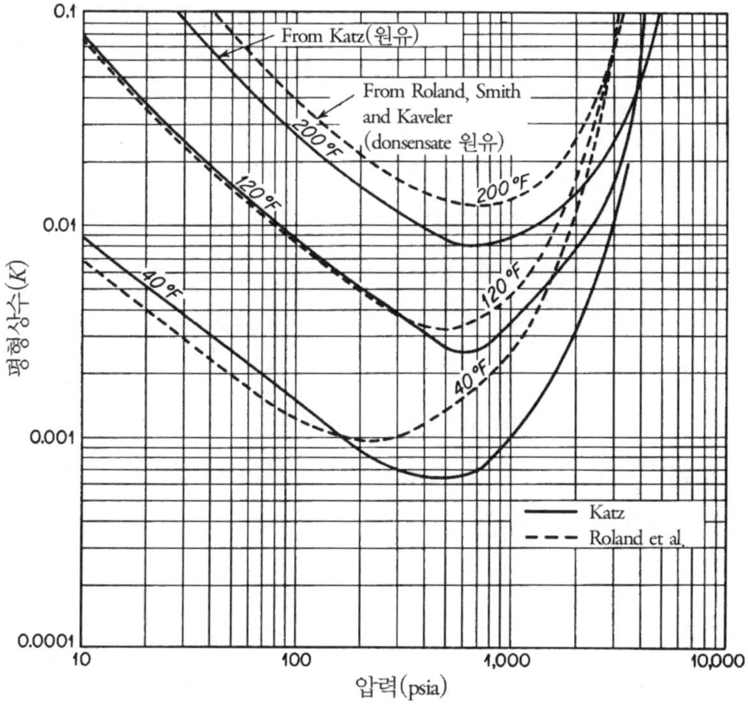

〈그림 4-70〉 C_7+의 평형비 곡선(Katz, Hachmuth, Roland 외)

무 관계도 없기 때문에, 고압 상태의 혼합물에 대한 *K*값을 정의하기 위하여 혼합물의 수렴압력을 정의하는 것이 필요하다.

일반적인 성분 분석에서 헵탄 이상의 성분을 총체적으로 C_{7+}로 분류하는데, 이 성분들은 다양한 휘발성을 갖고 또 증기압과 임계특성 등이 아주 근접하므로 *K*값의 평균화된 집합으로 특징짓는 것이 가능하다. C_{7+}의 성질들은 노난 또는 데칸과 같은 무거운 탄화수소들로부터 얻는데, 보다 만족스러운 방법은 분석되는 C_{7+}와 비슷한 성질의 유체군에 대한 실험 자료들을 이용하는 것이다. 이러한 목적으로 Katz, Hachmuth, Roland, Smith, Kaveler 등에 의해 작성된 C_{7+}의 평형비를 〈그림 4-70〉에 도표로 나타내었다. Katz의 자료는 원유계에 적당하며, Roland와 그 밖의 사람들의 것은 농축 유체에서 만족스러운 결과를 보인다.

4.5.3. 평형 문제를 푸는 계산 과정

식 (4-79)에서부터 식 (4-82)까지 나온 기본식들은 2상 영역 내의 온도, 압력에서 존재하는 탄화수소계에 적용할 수 있다. 식 (4-83)과 식 (4-84)는 기포점과 이슬점 압력의 특별한 상태에 적용할 수 있다.

이슬점과 기포점의 압력을 결정하는 데 필요한 식들을 풀기 위해서는 특정 온도에서의 적당한 평형비를 선택할 수 있어야 한다. 압력을 적당히 선택하고 구하고자 하는 점이 이슬점인가 또는 기포점인가에 따라 식 (4-86)과 식 (4-87)에서 *K*값이 결정된다. 계산된 값들을 모두 더해서 1이 되지 않으면 또 다른 압력을 선택하고 위와 같은 계산을 반복하며, 총합이 요구되는 정확도에 도달할 때까지 이 작업을 계속 반복한다.

이슬점이나 기포점 압력을 계산하는 주요 목적은 측정된 기포점이나 이슬점에 맞도록 평형비를 수정하는 데 이용하고자 하는 것이다. 2상 영역 내에서의 상평형 계산은 주어진 조건에 맞는 평형상수들을 선택하는 것과 식 (4-82)에서부터 식 (4-85)까지의 해를 구하는 것이다. 이와 같이 평형 문제를 계산하는 데는 본질적으로 저류층에서 상들 간의 평형상태와 분리기의 조건에서 상들 간의 평형상태에 관한 두 가지의 상태가 관심의 대상이 되고 있다. 이에 대한 계산 방법은 최종적인 액체 부피 계산을 제외하고는 동일하지만, 저류층 조건에서의 적당한 평형비를 선택하는 것은 좀더 어려운 문제이다.

500psi 또는 이보다 더 낮은 압력의 분리기 조건에 대해서 NGAA에서 나온 5,000psi 수렴압력 자료가 대부분 탄화수소 혼합물에서 많이 쓰인다. C_{7^+}의 평형비는 〈그림 4-70〉으로부터 얻을 수 있다. 또한 NGAA 자료 가운데 옥탄 또는 노난에 대한 자료를 사용하며 계산하는 과정은 다음과 같다.

① 대상계에 적용할 적당한 평형비 자료를 기존 자료집에서 선택한다.

② 선택된 평형비로부터 지정된 압력과 온도에서 각 성분의 K_i값을 결정한다.

③ V값을 가정하고 다음 식으로 L값을 취한다.

$$V + L = 1 \tag{4-79}$$

④ 다음 식의 해를 구한다.

$$\sum_{i=1}^{m} x_i = \sum_{i=1}^{m} \frac{z_i}{L + VK_i} = 1 \tag{4-82}$$

⑤ $\sum_{i=1}^{m} x_i = 1$이면 계산 과정은 완결되고 V나 L에 대해서 가정한 값은 실제 값이 된다. 그리고 x_i를 계산한 값은 액체의 분석에 적용할 수 있다. 그러나 $\sum_{i=1}^{m} x_i \neq 1$이면 V나 L의 예상한 값이 틀린 것이므로, V나 L을 새로 가정해서 단계 ④를 반복해야 한다.

이 특별한 계산법은 계산자 사용이 용이하며, 비록 다른 계산법에 비하여 느리게 보이지만 수렴점을 정확하게 찾을 수 있다는 장점이 있다. 그리고 소형 전자계산기를 이용하면 위의 계산 절차가 조금 바뀌게 된다.

④ a. 방정식 계산

$$\sum_{i=1}^{m}\frac{z_i}{(L/V_a)+K_i}=(V)_{calc} \tag{4-83}$$

⑤ a. 계산된 값 $(V)_{calc}$가 가정했던 값 V_a와 같다면 계산은 종결되며, 액체의 조성은 다음 식으로부터 결정할 수 있다.

$$x_i=\frac{1}{V}\frac{z_i}{(L/V)+K_i} \tag{4-81}$$

그리고 기체의 조성도 다음 식으로 구할 수 있다.

$$y_i=K_i x_i \text{ 또는 } y_i=\frac{z_i-x_i L}{V}$$

⑥ a. 계산된 값 $(V)_{calc}$가 예상했던 값 V_a와 같지 않으면, 새로 V를 예상해서 위의 계산을 반복해야 한다.

⑦ a. 몇 번 계산을 반복하면 정확도 0.0001까지의 V값을 얻을 수 있다.

위에서 설명한 계산 과정은 소형 전자계산기로도 쉽게 수행할 수 있는 편리한 방법이며, 반복 과정을 거치면서 정확한 값으로 수렴될 수 있다. 가정된 V값에 대해 계산된 V값을 서로 도표로 나타내보면 다음 계산에 유리하다. V를 계산하는 데 몇 번의 시도가 필요한가 하는 것은 가정치의 선택에 달려 있다. 앞에서 다룬 관계식들은 혼합물 가운데 액체가 다수를 점하고 있는 경우에 적용될 수 있다. 기체가 다수를 점하고 있어도 위의 관계식들을 쓸 수 있으나, 식 (4-84)나 식 (4-85)를 이용하는 것이 더 바람직하다. 균등 팽창 계산, 즉 저류층 평형 문제나 다단계 분리기 문제를 풀 때는 고성능 계산기를 사용하면 더욱 편리하므로 Rachford는 다음과 같은 평형 관계식을 제시했다.

$$z_i = Lx_i + VK_i x_i \tag{4-88}$$

그리고,

$$z_i = \frac{Ly_i}{K_i} + Vy_i$$

$L = 1 - V$이므로

$$x_i = \frac{z_i}{(K_i - 1)V + 1}$$

$$y_i = \frac{K_i z_i}{(K_i - 1)V + 1}$$

그리고,

$$\Sigma x_i = \Sigma y_i = 1$$

그러므로

$$\sum_{i=1}^{m}(y_i - x_i) = \sum_{i=1}^{m}\frac{(K_i - 1)z_i}{(K_i - 1)V + 1} = f(V, K_i, z_i) = 0 \tag{4-89}$$

V의 정확한 값은 $f(V, K_i, z_i) = 0$이 되게 만든다. 〈그림 4-71〉은 정확한 값 이외의 다른 값들로 함수를 만들어 도시한 것이다. 이 함수는 V값이 너무 크면 음의 값을 보이며, V값이 작을 때는 양의 값을 보인다. 계산을 시도할 때는 보통 첫번째 가정으로서 V=0.5라고 놓고 시작한다. 그리고 여러 번의 계산을 통해 값을 규칙적으로 조금씩 올리기도 하고 내리기도 하면 정확한 값에 빨리 접근할 수 있다.

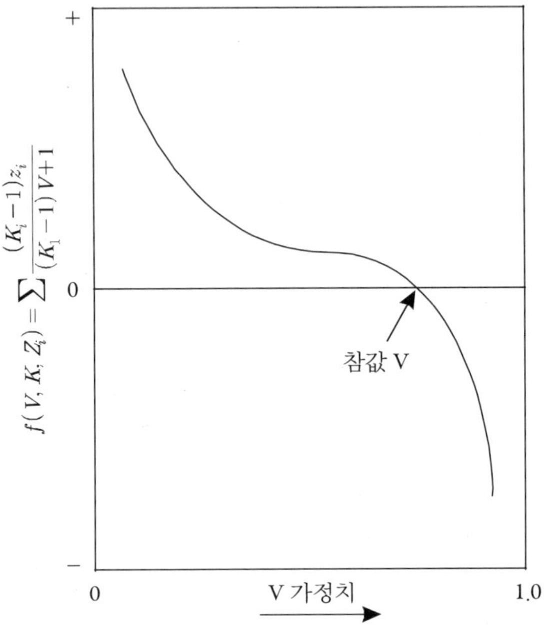

〈그림 4-71〉 Rachford 평형함수의 그래프

Holland와 Davison이 제시한 또 다른 방법은 다음의 평형 관계식을 이용하는 것이다.

$$g(L, K_i, z_i) = \sum_{i=1}^{m} \frac{z_i}{1 - L(1 - 1/K_i)} - 1 = 0 \tag{4-90}$$

이 관계식에서 L은 가정된 값이고, 이 값에 따라 함수는 계산된다. 이 함수가 바라는 정확도 내에서 0이 되지 않으면 새로 L을 가정하고 계산을 반복하면 된다. 이 함수의 그래프가 〈그림 4-72〉에 도시되어 있다. 만약 선택된 압력에서 선택된 온도가 혼합물의 이슬점 온도보다 크다면, L=0 이외에는 해가 존재하지 않는다. 점선으로 그은 곡선은 이런 방법으로 구한 해들을 표시한 것이다. 굵은 곡선은 압력과 온도가 완전히 2상 영역에 있을 때의 함수 관계를 나타내준다. 이 방법을 적용할 때는 우선 1에 아주 가까운 L을 가정한다. 그리고 이 함수를 평가해서 만약 함수의 값이 바라는 정확도 내에

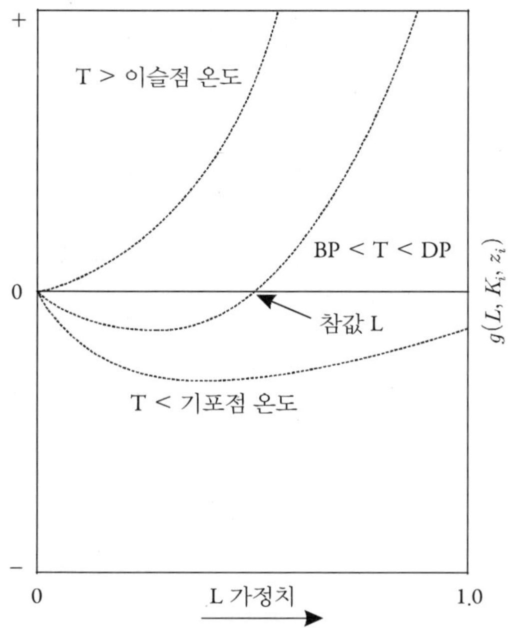

〈그림 4-72〉 Holland 평형함수의 그래프

서 0에 접근하지 않으면 새로운 L의 값을 다음 식에 따라 취한다.

$$L_j = L_{j-1} - \frac{g(L, K_i, z_i)_{j-1}}{g'(L, K_i, z_i)_{j-1}} \tag{4-91}$$

여기서 $g'(L, K_i, z_i)_{j-1}$은 $g(L, K_i, z_i)_{j-1}$의 제1계 도함수이며, 다음과 같다.

$$g'(L, K_i, z_i)_{j-1} = \sum_{i=1}^{m} \frac{\left(1 - \frac{1}{K_i}\right) z_i}{\left[1 - L\left\{1 - \left(\frac{1}{K_i}\right)\right\}\right]^2} \tag{4-92}$$

L_j는 새로 가정한 L의 값이며, L_{j-1}은 이전에 가정했던 L의 값이다.

제5장 | 물질평형방정식

저류층의 초기 석유 매장량과 최종 회수율의 결정은 유전 평가 가운데 가장 핵심을 이루는 부분이다. 초기 매장량 계산 방법은 일반적으로 체적 계산법과 물질 계산법으로 분류된다. 체적 계산법은 사용되는 변수의 불확실성과 계산의 단순성 때문에 신뢰도가 상당히 낮아 주로 개발 초기 단계에 이용되는 반면, 물질 계산법은 이용되는 변수가 주어진 저류층 및 생산 상태와 직접 연관된 것일 뿐만 아니라 계산 방법이 물질평형방정식에 근거를 둔 정량적인 방법이기 때문에 결과에 대한 신뢰도가 높다.

이 장에서는 유전 평가를 위한 물질 계산법에 처음으로 도입된 Schilthuis의 물질평형방정식을 소개하고, 이 개념을 확장하여 저류층의 자연적 에너지에 의한 석유 회수 기능을 설명하고자 한다.

최근 컴퓨터의 급속한 발달로 다차원(multi-dimensional), 다상(multi-phase), 동적 물질평형상태가 모두 고려된 수치해석적 방법이 고전적인 물질평형방정식을 대신하는 추세이다. 여기서는 탄화수소 저류층을 저류층의 회수 기능별로 분류하고, 저류층의 거동을 비교적 쉽게 이해할 수 있는 고전적 접근 방법인 Havlena와 Odeh의 해석적 방법을 설명하고자 한다.

5.1. 탄화수소 저류층의 물질평형방정식

1941년에 Schilthuis에 의해 처음으로 소개된 물질평형방정식은 압력 감소로 인해 팽창된 저류층 유체의 부피와 지상에서 측정된 총생산량 사이의 평형 관계로부터 유도되었다.

〈그림 5-1〉 (a)는 가스층을 가진 저류층의 초기 압력 P_i 상태에서 유체 부피의 분배 상태를 보여주고 있다. 여기서 총유체 부피는 저류층 내 탄화수소의 공극 점유 부피(HCPV)이다. 〈그림 5-1〉 (b)는 압력이 ΔP만큼 감소했을 때 저류층 유체가 팽창된 부피를 도식적으로 보여주고 있으며, 초기 HCPV는 실선으로 표시되어 있다. 〈그림 5-1〉 (b)에서 부피 A는 석유와 용해가스의 팽창에 의해 증가된 부피이고, B는 가스층의 가스가 팽창하여

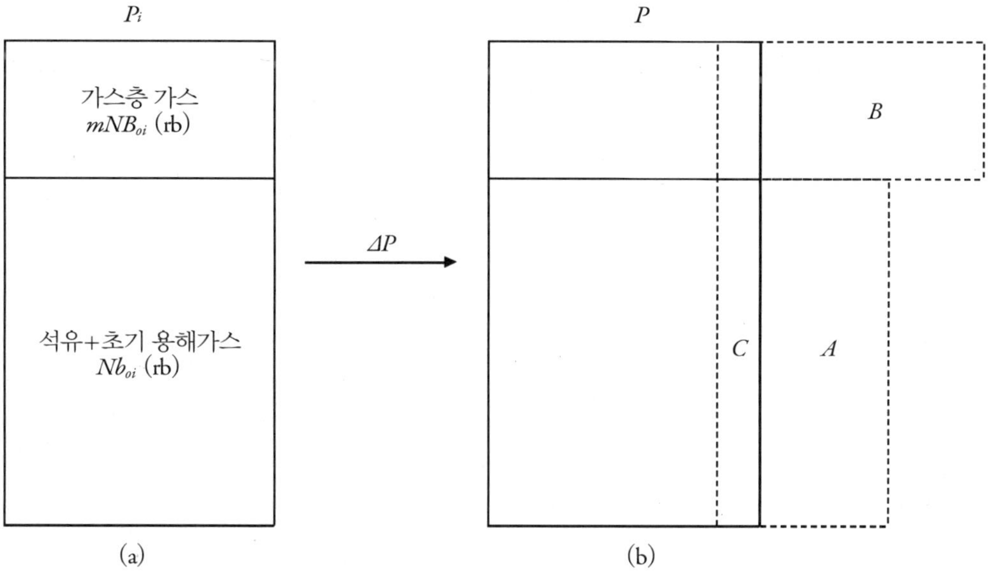

〈그림 5-1〉 압력 감소 ΔP에 의한 저류층의 부피 변화
(a) 초기 압력에서의 저류층 부피
(b) 감소된 압력에서의 저류층 부피

증가된 부피이며, C는 압력 감소로 인한 저류층 공극 부피의 감소와 원시 공극수 팽창의 복합적 효과에 의하여 감소된 탄화수소 공극의 부피이다.

만약 지상 상태에서 측정된 석유와 가스의 총생산량을 다시 생산 압력의 저류층 상태로 환원한다면 총생산량은 HCPV의 총부피 변화 $A+B+C$와 같게 될 것이다. 즉, 부피 변화량 $A+B+C$는 저류층으로부터 방출된 석유와 가스의 부피와 같으므로, 부피 평형 관계를 이용하여 다음과 같이 저류층 배럴(rb) 단위로 나타낼 수 있다.

방출된 탄화수소 부피 = 석유와 용해가스의 팽창(rb)
+자유가스의 팽창(rb)
+원시 공극수의 팽창과 저류층 공극 부피의
감소로 인한 HCPV의 감소(rb) (5-1)

위 식의 각 성분을 논하기 전에 다음 변수들을 정의하는 것이 필요하다.

N : 지표 배럴 단위(stb)에 의한 원시석유 매장량

$$= V\phi(1-S_{wc})/B_{oi}(\text{stb}) = 7758Ah\phi(1-S_{wc})/B_{oi}(\text{stb})$$

여기서 저류층 면적 A와 저류층 두께 h의 단위는 각각 acre와 ft이다.

$$m = \frac{\text{저류층 자유가스의 총부피}}{\text{저류층 석유의 총부피}}$$

변수 N, m은 저류층의 초기 조건에서 산출되는 상수값이다.

N_p : 지표 배럴 단위에 의한 누적 석유 생산량

R_p : 누적 가스석유비

$$= \frac{\text{누적 가스생산량(scf)}}{\text{누적 석유생산량(stb)}}$$

위의 변수들을 이용해 물질평형방정식의 팽창 성분을 구할 수 있다.

5.1.1. 석유와 용해가스의 팽창

(1) 석유의 팽창

원시석유 매장량 N stb를 저류층 초기 압력 상태의 부피로 전환하면 N B_{oi} rb가 되며, 임의의 압력 P에서 N stb에 해당되는 저류층 부피는 N B_o가 될 것이다. 이때 B_{oi}와 B_o는 각각 압력 P_i와 P에서 산출된 석유의 용적계수이므로, 저류층 압력이 P_i에서 P로 감소할 때 액체가 팽창한 양은 다음과 같은 두 값의 차이로 나타낼 수 있다.

$$N(B_o - B_{oi})\ (\text{rb}) \tag{5-2}$$

(2) 용해가스의 팽창

저류층의 초기 상태에서는 석유가 가스층과 평형상태에 놓여 있으므로 석유는 포화상태로 존재하며, 저류층 압력은 기포점 압력과 같거나 그 이상일 것이다. 그러나 압력이 감소함에 따라 석유로부터 가스가 유리되어 나오기 시작한다.

초기 압력에서 석유에 포함된 용해가스의 총량은 NR_{si} scf이며, 감소된 압력에서 N stb의 석유에 용해되어 있는 가스의 양은 NR_s scf이다. 그러므로 ΔP만큼 압력을 감소시켰을 때 석유로부터 유리된 가스의 부피를 저류층 배럴 단위로 표시하면 아래와 같다.

$$N(R_{si}-R_s)B_g\,(rb) \tag{5-3}$$

5.1.2. 자유가스의 팽창

원시가스 매장량은 실제기체 방정식인 (4-11)을 이용하여 구할 수 있다.

$$\frac{P_s V_s}{T_s}=\frac{P_r V_r}{ZT_r}$$

$$V_r=43560Ah\phi(1-S_w)$$

$$\frac{P_s V_s}{T_s}=\frac{P_r(43560)Ah\phi S_g}{ZT_r}$$

식 (4-53) $E=35.37\dfrac{P}{ZT}$를 이용하면 원시가스 매장량은 다음과 같다.

$$G=\frac{43560Ah\phi S_g P_r(520)}{14.7ZT_r}=1.54\frac{Ah\phi S_g P_r}{T_r Z}(MM\text{scf})$$

초기 압력에서 가스층의 총부피는 mNB_{oi} rb이며, scf 단위로 표시하면

$$G = \frac{mNB_{oi}}{B_{gi}} \text{ (scf)}$$

이다. 감소된 압력 P에서 저류층 내 가스층이 차지하는 부피는

$$mNB_{oi}\frac{B_g}{B_{gi}} \text{ (rb)}$$

이므로, 가스층의 팽창은 다음과 같다.

$$mNB_{oi}\left[\frac{B_g}{B_{gi}} - 1\right] \text{ (rb)} \tag{5-4}$$

5.1.3. 원시 공극수 팽창과 공극 부피 감소로 인한 탄화수소 공극 부피(HCPV)의 변화

이러한 두 가지 팽창의 복합적 영향으로 인한 저류층의 부피 변화는 다음과 같이 수학적으로 표시된다.

$$d(HCPV) = -dV_w + dV_f \tag{5-5}$$

여기서 V_w는 원시 공극수의 부피, V_f는 공극 부피, 그리고 (–)값은 원시 공극수 팽창 시 HCPV의 감소를 나타낸다. 이러한 부피 변화는 물의 압축률 및 공극 압축률로 표시될 수 있다.

$$C_f = -\frac{1}{V_f}\frac{dV_f}{d(GP)} \qquad C_w = -\frac{1}{V_w}\frac{dV_w}{d(FP)} \tag{5-6}$$

여기에서 GP는 저류층 암석의 입자 압력, FP는 유체 압력으로서 다음과 같은 관계가 있다.

상부압=유체압(FP)+입자압(GP)

이때 상부압은 일정하므로,

$$d(\mathrm{FP}) = -d(\mathrm{GP}) \tag{5-7}$$

이다. 따라서

$$C_f = \frac{1}{V_f}\frac{dV_f}{d(\mathrm{FP})} = \frac{1}{V_f}\frac{dV_f}{dP} \tag{5-8}$$

이제부터는 편의상 유체 압력을 P로 사용한다.

$$C_w = -\frac{1}{V_w}\frac{dV_w}{dP} \tag{5-9}$$

식 (5–5)는 다음과 같이 표시된다.

$$d(\mathrm{HCPV}) = C_w V_w dP + C_f V_f dP \tag{5-10}$$

또한 탄화수소 공극 부피의 감소는

$$d(\mathrm{HCPV}) = -(C_w V_w + C_f V_f)\Delta P \tag{5-11}$$

이다. 여기서 $\Delta P = P_i - P$, 즉 유체압의 감소이며, 저류층 내의 공극 부피와 원시 공극수 부피는 다음과 같다.

$$V_f = \text{공극부피} = \frac{\mathrm{HCPV}}{(1 - S_{wc})} \tag{5-12}$$

$$V_w = V_f \times S_{wc} = \frac{(\text{HCPV})S_{wc}}{1 - S_{wc}} \tag{5-13}$$

가스층을 포함한 총 HCPV는

$$(1+m)NB_{oi}\,(\text{rb}) \tag{5-14}$$

이며, 이때 HCPV 감소는 다음과 같이 표현된다.

$$-d(\text{HCPV}) = (1+m)NB_{oi}\left[\frac{C_w S_{wc} + C_f}{1 - S_{wc}}\right]\Delta P \tag{5-15}$$

ΔP만큼의 압력 감소로 인한 탄화수소가 차지하는 공극 부피의 감소도 저류층 유체의 방출 기능을 지원한다. 그러므로 지상에서 측정된 유체의 총 생산량은 저류층 내 각 유체의 팽창량과 탄화수소 공극 부피 감소량의 합으로 표시된다.

5.1.4. 지하 회수량

ΔP만큼의 압력 감소로 인해 지상으로 생산된 석유는 N_p stb이고 생산가스는 N_pR_p scf이다. 이러한 부피들이 저류층 상태로 환원되면 감소된 압력 P에서 석유와 용해가스의 부피는 N_pB_o rb가 되며, 감소된 압력에서 석유의 총생산량 N_p stb에 용해되어 있는 가스는 N_pR_s scf가 될 것이다. 그러므로 압력이 ΔP만큼 감소되는 동안 석유로부터 유리된 가스와 생산된 가스층 가스의 총합은 $N_p(R_p - R_s)$ scf이 되며, 이것을 저류층 부피로 환산하면 다음과 같다.

$$N_p(R_p - R_s)B_g\,(\text{rb})$$

따라서 총 지하 회수량은

$$N_p[B_o+(R_p-R_s)B_g]\ (\text{rb}) \tag{5-16}$$

식 (5–2), (5–3), (5–4), (5–15)를 식 (5–1)에 대입하여 정리하면 다음과 같은 물질평형방정식이 유도된다.

$$N_p[B_o+(R_p-R_s)B_g]=NB_{oi}\left\{\frac{(B_o-B_{oi})+(R_{si}-R_s)B_g}{B_{oi}}+m\left[\frac{B_g}{B_{gi}}-1\right]\right.$$
$$\left.+(1+m)\left[\frac{C_wS_{wc}+C_f}{1-S_{wc}}\right]\Delta P\right\} \tag{5-17}$$

그런데 지층수가 저류층으로 유입될 경우 저류층 공극은 일정하기 때문에 유입된 지층수만큼 지표에서 생산되는 석유 및 가스량은 증가할 것이다. 지층수 유입항을 식 (5–17)에 추가하기 전에 사용될 변수들을 다음과 같이 정의한다.

W_e : 대수층(aquifer)으로부터 저류층으로 유입된 누적 지층수 양(stb)

W_p : 지표에서 생산된 누적 지층수 양(stb)

B_w : 물의 용적계수(rb/stb)

가스는 물에 거의 용해되지 않기 때문에 B_w는 1에 가까우므로, 앞으로 $B_w=1$로 가정할 것이다. 따라서 지층수 유입항을 식 (5–17)에 대입하면 종합적인 물질평형방정식이 유도된다.

$$N_p[B_o+(R_p-R_s)B_g]$$
$$=NB_{oi}\left\{\frac{(B_o-B_{oi})+(R_{si}-R_s)B_g}{B_{oi}}+m\left[\frac{B_g}{B_{gi}}-1\right]\right.$$
$$\left.+(1+m)\left[\frac{C_wS_{wc}+C_f}{1-S_{wc}}\right]\Delta P\right\}+(W_e-W_p)B_w \tag{5-18}$$

유도된 물질평형방정식은 다음과 같은 가정을 전제로 하고 있다.

① 저류층 공간의 임의의 점에서 유도된 점방정식이다.

② 실제 저류층으로 유입되는 지층수는 시간의 함수이지만, 이 식에서는 시간에 대한 함수 관계가 고려되어 있지 않다.

③ 물과 공극의 압축률에는 압력에 대한 관계가 외견상 명확하게 표현되어 있지만, B_o, R_s, B_g와 같은 PVT 변수에는 암시적으로만 표현되어 있다.

④ 연속적인 미분식이 아니고 초기 압력 P_i에서 측정한 저류층의 초기 부피와 일정한 압력이 감소한 후의 부피를 비교하여 유도되었다.

물질평형방정식은 다소 복잡하게 보이지만, 압축률의 정의를 이용하여 다음과 같이 간단한 식으로 나타낼 수 있다.

$$dV = C \times V \times \Delta P$$

생산=저류층 유체의 팽창

물질평형방정식을 이용하는 데서 극복되어야 할 가장 큰 문제는 압력의 함수인 각 변수들을 계산할 수 있는 평균 압력을 산출하는 것이다. 또한 물질평형방정식이 점방정식이라는 것을 고려해볼 때 저류층 공간을 대표할 수 있는 점의 선정이 물질평형방정식의 유효성에 결정적인 역할을 한다. 가스 저류층에서는 점의 선정이 비교적 용이하지만 기포점 이하에서 2상 유체 및 중력에 의한 유체의 분리 현상이 나타나는 석유 저류층의 경우에는 문제가 심각해진다. 이에 대한 해결 방안으로 저류층 평균 압력을 매 시간 단위로 산출하는 방법이 고안되었으나, 이에 대한 구체적인 절차는 이 책의 수준 밖이므로 관심 있는 이들은 저류층 압력분석법을 참조하기 바란다.

5.2. 물질평형방정식의 선형화

저류층 전산수치해석 기법의 발달로 인해 많은 공학자들은 Schilthuis의 물질평형방정식을 역사적인 관심거리로만 여겨왔으나, 1963년과 1964년에 걸쳐 Havlena와 Odeh가 물질평형방정식을 응용한 두 편의 논문을 발표함으로써 물질평형방정식의 유용성을 입증했다. 그들은 물질평형방정식을 선형식으로 해석하는 기술을 설명했는데, 첫번째 논문에서는 그 기술적 방법을 설명했으며 두번째 논문에서는 현장 자료 생산 기록으로의 적용 가능성을 제시했다.

Havlena와 Odeh가 제시한 방법을 설명하기 위해서 식 (5–18)의 각 항을 다음과 같이 단순화한다.

지하 회수량(underground withdrawal) ;

$$F = N_p[B_o + (R_p - R_s)B_g] + W_pB_w \text{ (rb)} \tag{5–19}$$

석유와 용해가스의 팽창 ;

$$E_o = (B_o - B_{oi}) + (R_{si} - R_s)B_g \text{ (rb/stb)} \tag{5–20}$$

자유가스의 팽창 ;

$$E_g = B_{oi}\left[\frac{B_g}{B_{gi}} - 1\right] \text{ (rb/stb)} \tag{5–21}$$

원시 공극수의 팽창과 공극 부피의 축소 ;

$$E_{f,w} = (1+m)B_{oi}\left[\frac{C_wS_{wc} + C_f}{1 - S_{wc}}\right]\Delta P \text{ (rb/stb)} \tag{5–22}$$

위에서 정의한 각 항들을 사용하면 식 (5–18)은 다음과 같다.

$$F = N(E_o + mE_g + E_{f,w}) + W_eB_w \tag{5–23}$$

Havlena와 Odeh는 많은 경우에 식 (5–23)이 선형방정식으로 해석될 수 있다고 주장했다. 예를 들어, 초기 가스층이 없고 대수층으로부터 지층수의 유입이 없으며 원시 공극수와 저류암의 압축률항이 무시될 수 있는 저류층의 경우, 위의 방정식은 다음과 같이 선형화된다.

$$F = NE_o \tag{5–24}$$

지하 회수량은 저류층의 석유 및 용해가스의 팽창과 선형적인 관계를 가지게 되며 저류층 압력 상태에서 PVT 변수들의 값을 구할 수 있기 때문에 저류층 내의 석유와 용해가스 팽창량을 구할 수 있다.

식 (5–24)와 같이 간단한 선형 관계를 유지한다고 가정된 저류층에서 실제 현장 자료 대입 시 비선형 양상을 나타낸다면 선형 관계에서 벗어난 편차로서 저류층 내의 실제 생산기능을 진단할 수 있다. 한 가지 예로, 저류층 압력을 유지시키는 지층수의 유입이 있는 경우 식 (5–24)는 비선형방정식이 된다. 이런 경우에는 식 (5–23)을 도입하여 다음과 같은 선형 관계로 표시할 수 있다.

$$\frac{F}{E_o} = N + \frac{W_e}{E_o} \tag{5–25}$$

측정된 저류층 압력과 생산량을 이용하여 일단 직선이 얻어지면 저류층의 생산기능을 설명할 수 있는 수학적 모델이 확립된다. 다음 단계에서는 검증된 수학적 모델을 이용하여 다양한 생산 구조에 대해 저류층이 미래에 어떻게 거동할 것인가를 예측할 수 있다.

Havlena와 Odeh가 제시한 물질평형방정식의 간단한 선형 관계식을 사용함으로써 저류층의 거동을 예측하는 것은 매우 용이하며, 이러한 방법들은 다음 절에서 각 저류층의 생산기능별로 좀더 상세하게 설명할 것이다.

5.3. 저류층의 생산기능에 따른 물질평형방정식

식 (5–18)과 같은 물질평형방정식의 일반식은 앞 절에서 설명한 여러 종류의 생산기능이 모두 포함된 복합 생산기능을 나타내는 방정식이다. 그러나 대부분의 저류층에서는 한 가지 생산 메커니즘이 지배적으로 작용하므로 다른 생산기능의 효과는 무시될 수 있다. 그러므로 이번 절에서는 다음에 열거된 대표적인 저류층 생산기능의 물질평형방정식을 유도하여 저류층의 거동을 생산 가스석유비, 물 생산량, 평균 압력, 공극 회수율 등으로 분석할 것이다.

① 용해가스 생산기능

② 자유가스 생산기능

③ 지층수 생산기능

5.3.1. 용해가스 생산기능 저류층의 물질평형방정식

용해가스 생산기능은 저류층 내의 석유와 용해가스의 팽창에 의해 석유를 생산하는 메커니즘이다. 즉, 압력 감소에 따른 저류층 내 유체의 팽창 부피가 지상으로 회수되는 생산량이 된다. 〈그림 5–2〉는 저류층의 석유가 불포화된 상태(기포점 압력 이상)(a)와 저류층 압력이 기포점 이하로 떨어져서 저류층 내에 자유가스가 존재하는 상태(b)를 보여주고 있다.

(1) 기포점 압력 이상에서의 생산기능

용해가스 생산기능 저류층에서는 보통 저류층 내에 가스층이 존재하지 않는다고 가정되므로 $m=0$이고, 대수층의 크기가 매우 작아 지층수 유입도 무시된다. 그리고 저류층 압력이 기포점 압력보다 높으므로 지표에서 생산되는 모든 가스는 저류층 내에서 석유 속에 용해된 상태로 존재할 것이다. 따라서 $R_s = R_{si} = R_p$와 같은 관계가 성립한다. 이러한 가정 아래, 물질평형방정식 (5–18)은 다음과 같이 단순화될 수 있다.

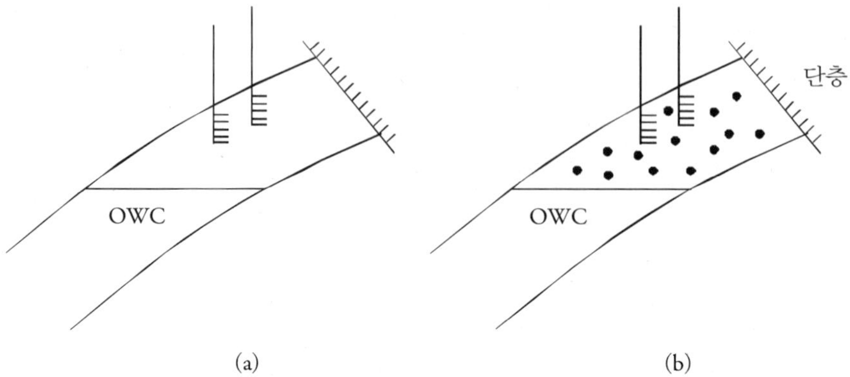

〈그림 5-2〉 용해가스 생산기능 저류층
(a) 기포점 압력 이상일 때 (액체 석유)
(b) 기포점 압력 이하일 때 (석유와 유리된 용해가스)
(OWC : 석유와 지층수의 경계)

$$N_pB_o = NB_{oi}\left[\frac{(B_o - B_{oi})}{B_{oi}} + \frac{(C_wS_{wc} + C_f)}{1 - S_{wc}}\Delta P\right] \tag{5-26}$$

불포화된 석유 저류층에서는 압축률 C_w, C_f의 값이 일반적으로 석유의 압축률과 같은 크기의 값을 가지기 때문에, 원시 공극수의 팽창과 공극 부피의 감소에 의해 탄화수소 공극 부피가 감소되는 것을 설명하는 항을 무시할 수 없다.

석유의 압축률 C_o는 앞의 4.4절에서 설명했듯이 다음과 같다.

$$C_o = -\frac{1}{V_o}\frac{dV_o}{dP} = -\frac{1}{B_o}\frac{dB_o}{dP} = \frac{(B_o - B_{oi})}{B_{oi}\Delta P}$$

위의 식을 식 (5–26)에 대입하면 다음과 같다.

$$N_pB_o = NB_{oi}\left[C_o + \frac{(C_wS_{wc} + C_f)}{1 - S_{wc}}\right]\Delta P \tag{5-27}$$

기포점 압력 이상의 저류층에는 석유와 원시 공극수의 2상 유체만이 존재

하므로, 함유율과 원시함수율의 합은

$$S_o + S_{wc} = 1$$

이며, 이 식을 식 (5–27)에 대입하면 다음과 같이 간단한 형태의 물질평형 방정식이 된다.

$$N_p B_o = NB_{oi}\left[\frac{C_o S_o + C_w S_{wc} + C_f}{1 - S_{wc}}\right]\Delta P \tag{5–28}$$

또는 $N_p B_o = NB_{oi} C_e \Delta P$ (5–29)

$$C_e = \frac{1}{1 - S_{wc}}(C_o S_o + C_w S_{wc} + C_f) \tag{5–30}$$

여기서 C_e는 유체 포화도로 가중된 저류층의 유효 압축률이다. 포화도는 통상적으로 공극 부피의 비로 표시되므로 위 식에서 $(1 - S_{wc})$로 나누는 이유는 포화도를 탄화수소 공극 부피의 비로 나타낼 수 있기 때문이다.

예제 5–1 용해가스 생산기능 ; 불포화 석유 저류층

저류층의 압력을 기포점 압력으로 감소시킬 때 석유 회수율을 구하라. 저류층의 PVT자료는 〈표 5–1〉과 같다.

$C_w = 3.0 \times 10^{-6}$/psi

$S_{wc} = 0.20$

$C_f = 8.6 \times 10^{-6}$/psi

풀이

〈표 5–1〉의 자료로부터

$P_i = 4000$psi　$B_{oi} = 1.2417$rb/stb

〈표 5-1〉 150psia, 80°F에서의 현장 PVT 변수 C_{bf}=0.7993

압력 (psia)	$B_o = \frac{v_o}{C_{bf}}$ (rb/stb)	$R_s = R_{sif} - \frac{5.615F}{C_{bf}}$ (scf/stb)	$B_g = \frac{1}{5.615E}$ (rb/scf)
4000(P_i)	1.2417(B_{oif})	510(R_{sif})	
3500	1.2480	510	
3300(P_b)	1.2511$\left(B_{obf} = \frac{1}{C_{bf}}\right)$	510	.00087
3000	1.2222	450	.00096
2700	1.2022	401	.00107
2400	1.1822	352	.00119
2100	1.1633	304	.00137
1800	1.1450	257	.00161
1500	1.1287	214	.00196
1200	1.1115	167	.00249
900	1.0940	122	.00339
600	1.0763	78	.00519
300	1.0583	35	.01066

$$P_b = 3330\text{psi} \quad B_{ob} = 1.2511\text{rb/stb}$$

저류층 압력을 초기 압력에서 기포점 압력까지 감소시킬 때 불포화 석유의 평균 압축률은

$$C_o = \frac{B_{ob} - B_{oi}}{B_{oi}\Delta P} = \frac{1.2511 - 1.2417}{1.2417(4000 - 3300)} = 11.3 \times 10^{-6}/\text{psi}$$

이며, 식 (5-29)를 이용하여 기포점 압력에서 석유 회수율을 구할 수 있다.

$$\left.\frac{N_p}{N}\right|_{P_b} = \frac{B_{oi}}{B_{ob}} C_e \Delta P$$

이때, $C_e = \frac{1}{0.8}(11.3 \times 0.8 + 3 \times 0.2 + 8.6) \times 10^{-6} = 22.8 \times 10^{-6}/\text{psi}$이므로

$$\text{회수율} = \frac{1.2417}{1.2511} \times 22.8 \times 10^{-6} \times (4000 - 3330) = 0.0152\text{유}$$

회수율은 원시석유 매장량의 1.52% 정도이다. 저류층 초기 압력의 17%인 670psi만큼 압력이 감소했으나 석유 회수율이 극히 저조한 이유는 석유와 물을 포함하고 있는 저류층의 유효 압축률이 매우 작기 때문이다. 그러나 저류층 압력이 기포점 압력 이하로 떨어질 때는 전혀 다른 상황이 발생한다.

(2) 기포점 압력 이하에서의 생산기능

저류층 압력이 기포점 압력보다 낮은 경우에는 석유 속에 포화된 가스가 석유에서 유리되어 저류층 내의 가스 포화도는 증가한다. 가스의 압축률은 대략 $C_g \approx 1/P$이므로 [예제 5-1]의 자료를 사용하면 자유가스 압축률은 기포점 압력에서 최소값을 가지며, 이때 최소값은 $1/P_b$=1/3330=300×10^{-6}/psi이다. 그리고 C_g는 물 압축률 C_w보다 100배, 공극 압축률 C_f보다는 35배가량 더 큰 값을 가지므로, 기포점 압력 이하에서 석유를 생산할 경우에는 물질평형방정식에서 C_w, C_f 항은 무시될 수 있다. 기포점 이하의 압력에서 저류층의 거동은 다음 예제에 설명되어 있다.

예제 5-2 기포점 압력 이하의 용해가스 생산기능

[예제 5-1]에서 기술한 저류층의 압력이 폐정 압력인 900psi까지 감소되었을 때,

① 폐정 시의 석유 회수율을 누적 가스석유비 R_p의 관계식으로 나타내고 이러한 관계로부터 어떤 결론을 내릴 수 있는가?

② 저류층 내의 자유가스 포화도를 폐정 압력으로 유도해보라.

모든 PVT 자료는 〈표 5-1〉와 같다.

풀이

① 기포점 압력 이하의 용해가스 저류층에서는 다음과 같은 가정이 필요하다.

- $m=0$; 초기 가스층이 없다.
- 지층수 유입을 무시한다.
- 저류층 내에서 자유가스 포화도가 증가하기 때문에 다음 항이 무시된다.

$$NB_{oi}\left[\frac{C_wS_{wc}+C_f}{1-S_{wc}}\right]\Delta P$$

위와 같은 조건 아래에서의 물질평형방정식은 다음과 같이 단순화될 수 있다.

$$N_p[B_o+(R_p-R_s)B_g]=N[(B_o-B_{oi})+(R_{si}-R_s)B_g]$$

지하 회수량=석유와 초기 용해가스 팽창 (5-31)

폐정 압력인 900psia에서 석유 회수율은

$$\text{회수율}|_{900}=\left.\frac{N_p}{N}\right|_{900}=\left.\frac{(B_o-B_{oi})+(R_{si}-R_s)B_g}{B_o+(R_p-R_s)B_g}\right|_{900}$$

이며 〈표 5-1〉의 자료를 이용하여 폐정 압력일 때의 모든 PVT 변수 B_o, R_s, B_g의 값을 대입하면 석유 회수율은 다음과 같다.

$$\left.\frac{N_p}{N}\right|_{900}=\frac{(1.0940-1.2417)+(510-122)\times 0.00339}{1.0940+(R_p-122)\times 0.00339}$$

$$\left.\frac{N_p}{N}\right|_{900}=\frac{344}{R_p+201}$$

위 식으로부터 석유 회수율과 누적 가스석유비 R_p는 반비례한다는 사실을 알 수 있으며, 이를 도시하면 〈그림 5-3〉과 같다. 그리고 이러한 관계로부터 얻을 수 있는 결론은, 누적 가스석유비가 작은 값을 가져야 석유의 1차 회수율을 높일 수 있으므로 가능한 한 가스를 생산하지 않고 저류층 내에 보존시켜야 한다는 것이다. 저류층에서 가스가 빠져나가지 않는다면 저류

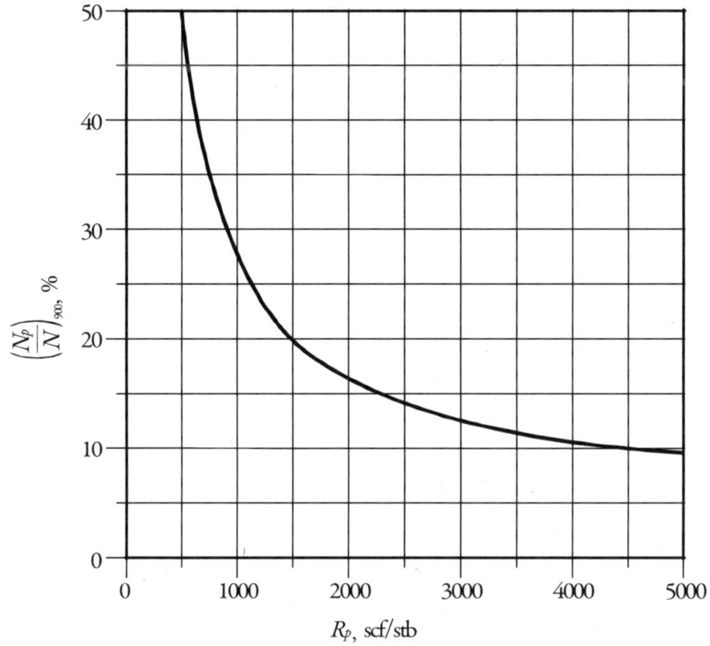

〈그림 5-3〉 폐정 압력 900psia에서 누적 GOR, R_p에 대한 석유 회수율([예제 5-2])

층 내 가스의 양에 따라 저류층의 총압축률은 증가하므로, 다음 식에서 볼 수 있듯이 일정한 압력 감소 ΔP에 대해 생산량 dV는 증가할 것이다.

$$dV = CV\Delta P$$

② 자유가스 포화도는 다음과 같은 두 가지 방법으로 유도될 수 있다.
첫째, 가스 평형 관계로부터

$$\begin{bmatrix}\text{저류층 내에}\\\text{존재하는 가스}\end{bmatrix} = \begin{bmatrix}\text{총가}\\\text{스량}\end{bmatrix} - \begin{bmatrix}\text{지표에서}\\\text{생산된 가스}\end{bmatrix} - \begin{bmatrix}\text{석유 속에 용해}\\\text{되어 있는 가스}\end{bmatrix}$$

이며, 이와 같은 관계로부터 임의의 저류층 압력에서

$$\text{저류층 내의 가스}(rb) = (NR_{si} - N_pR_p - (N - N_p)R_s)B_g$$

가스 포화도는 저류층 내의 가스 부피와 공극 부피의 비로 표현되므로

$$S_g = \frac{[N(R_{si} - R_s) - N_p(R_p - R_s)]B_g(1 - S_{wc})}{NB_{oi}} \tag{5-32}$$

이다. 여기서

$$\text{공극부피} = \frac{HCPV}{1 - S_{wc}} = \frac{NB_{oi}}{1 - S_{wc}}$$

둘째, 좀더 간단하고 직접적인 방법으로 저류층 내에 존재하는 가스량을 다음과 같이 구할 수 있다.

$$\begin{bmatrix}\text{저류층 내에}\\\text{존재하는 가스}\end{bmatrix} = \begin{bmatrix}\text{초기 상태에서 저류층 내에}\\\text{존재하는 석유의 총 부피}\end{bmatrix} - \begin{bmatrix}\text{현재 저류층 내에 존재}\\\text{하는 석유의 총 부피}\end{bmatrix}$$

$$\text{저류층 내의 가스}(rb) = NB_{oi} - (N - N_p)B_o$$

그러므로

$$S_g = \frac{[NB_{oi} - (N - N_p)B_o](1 - S_{wc})}{NB_{oi}}$$

또는

$$S_g = \left[1 - \frac{B_o}{B_{oi}}\left[1 - \frac{N_p}{N}\right]\right](1 - S_{wc}) \tag{5-38}$$

그런데 저류층의 폐정 압력에서 가스 포화도는

$$S_g = \left[1 - 0.88\left[1 - \frac{N_p}{N}\right]\right] \times 0.8$$

이므로 저류층 내에 가스가 보존되어 S_g가 큰 값을 가지면 석유 회수율 (N_p/N)은 증가할 것이다. 그리고 물질평형방정식인 식 (5-31)으로부터 식 (5-32)와 (5-33)은 같게 된다.

위의 예제에서는 석유 회수율을 증가시키는 방법이 단순하게 나타나 있지만, 실제로는 용해가스 생산기능 저류층에서 가스 생산을 억제시키며 석유만을 생산하는 것은 매우 어려운 일이다. 왜냐하면 저류층 내에서 자유가스 포화도가 가스 유동에 필요한 임계 포화도보다 커질 경우 석유에 비해 불균형적으로 많은 양의 가스가 생산되기 시작하며, 따라서 1차 생산 동안에 가스를 억제할 방법은 거의 없기 때문이다. 만약 저류층 내의 수직 유체 투과율이 매우 크고, 가스와 석유의 비중 차에 의해 분리되는 지층 구조에서라면 가스가 저류층 상부로 올라가게 되어 저류층 내의 가스 보존이 가능하다. 그러나 일반적인 저류층 상태에서는 저류층 암석의 비균질성 및 모세관압 등으로 인해 가스가 상부로 이동하지 못하기 때문에, 일시적으로 생산량을 줄이거나 생산정을 닫아 저류층 내에서 석유와 가스를 분리시키는 방법을 쓰더라도 생산 가스석유비는 거의 줄일 수 없다.

1차 생산 기간 동안에 용해가스 생산기능을 갖는 저류층의 전형적인 생산 형태가 〈그림 5-4〉에 나와 있다. 그림에서 볼 수 있듯이, 기포점 압력 이하에서 생산 가스석유비는 R_s에 비해 급격히 증가한다. 또한 기포점 압력 이상에서는 저류층의 압축률이 작기 때문에 저류층의 초기 압력 감소가 매우 크지만, 일단 자유가스가 저류층 내에서 축적되기 시작하면 압력이 감소되는 추세는 다소 둔화된다.

용해가스 생산기능에 의해 저류층으로부터 생산할 수 있는 1차 회수율은 매우 낮으며, 원시석유 매장량의 30%를 넘지 못한다. 〈그림 5-5〉에서는 저류층으로부터 석유 회수를 높이기 위해 사용되는 두 가지 종류의 2차 생산 방법을 보여주고 있다. 첫번째 물주입법은, 가스 포화도가 임계점에 도달할 때 저류층 내에서 많은 가스가 유동하기 시작하므로, 가스 포화도가 증가하는 것을 막기 위해 저류층 압력을 기포점 압력 이상으로 유지시킬 목적으로

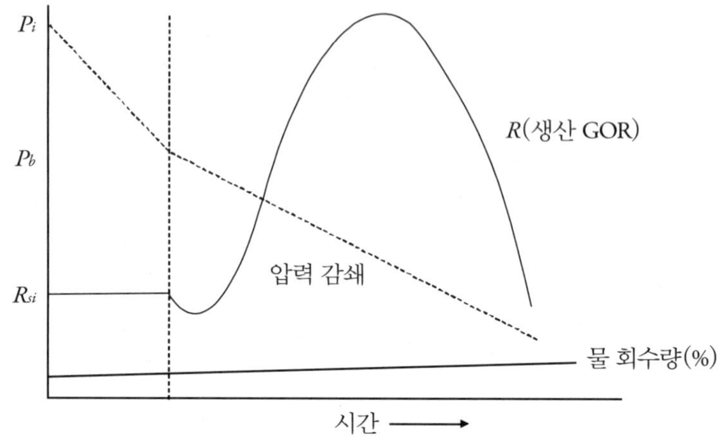

〈그림 5-4〉 용해가스 생산기능 저류층의 도식적 생산 추이 곡선

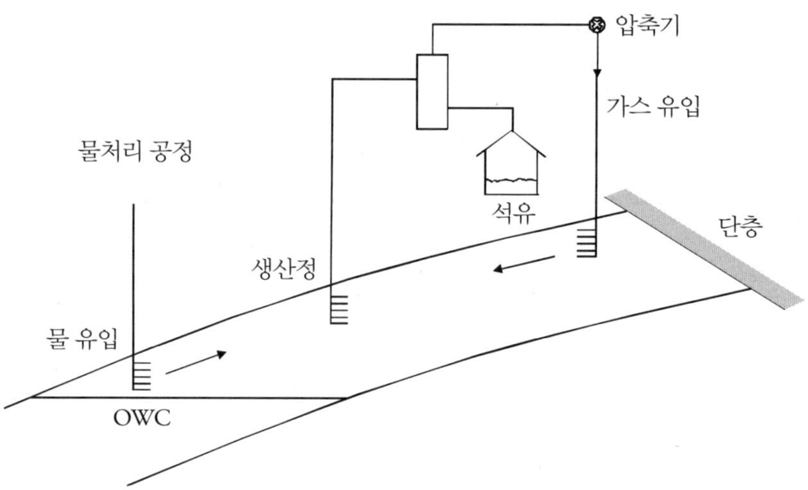

〈그림 5-5〉 1차 회수율을 증진시킬 수 있는 두 가지 방법(하부 물주입법과 상부 가스주입법)

사용하는 방법이다. [예제 5-3]은 기포점 압력 이하에서 물을 주입했을 때 발생하는 바람직하지 못한 결과를 잘 설명해주고 있다.

예제 5-3

PVT 자료가 〈표 5-1〉과 같은 저류층에 물주입법을 시행할 계획이 있다. 저류층 압력을 2,700psia(P_b=3300psia) 수준으로 유지시키고자 할 때 현재 생산 GOR(R)이 3,000scf/stb이면 10,000stb/day의 석유를 생산하기 위하여 저류층에 주입해야 할 물의 양은 얼마인가?

풀이

저류층 압력을 2,700psia로 유지시키기 위해서는 총 지하 회수량이 주입정에서 주입되는 물의 양과 같아야 한다. 석유 1stb에 대한 지하 회수량은

$$B_o + (R - R_s)B_g \text{ (rb)}$$

이며, 〈표 5-1〉의 PVT 자료로부터 저류층의 압력이 2,700psia일 때

$$1.2022 + (3000 - 401) \times 0.00107 = 4.0\text{rb}$$

그러므로 석유 10,000stb/day를 생산하기 위해 저류층에 주입시키는 물은 40,000rb/day이며, 물 양의 70%는 석유로부터 유리된 가스를 밀어주는 데 사용된다. 기포점 이상의 압력에서 물을 주입하는 경우는 10,000stb/day 석유를 생산하기 위해 최대 12,500bbl/day의 물을 주입해야 한다.

일반적으로 가스 판매 계약은 고정량의 공급 조건으로 체결되므로, GOR 양상이 〈그림 5-4〉와 같이 변하여 예측하지 못했던 많은 양의 가스가 생산될 경우 고정된 계약량을 초과하는 잉여 가스량에 대한 처리 문제가 발생한다. 1973년 에너지 파동 이전에는 많은 양의 초과 잉여 가스를 불태웠으며, 그 양은 전세계에서 하루 동안 생산된 가스의 11%에 달했다. 또 다른 석유 회수 증진법 가운데 하나인 가스주입법은 〈그림 5-5〉와 같이 초과 잉여 가스를 저류층으로 재주입시킴으로써 저류층 상부 구조에 주입된 가스가 인위적인 가스층을 형성하여 저류층 하부의 석유층에 압력을 가하고 석유를 생산정 쪽으로 밀어주어 생산압을 증진시키는 방법이다. 생산정은 주로 저류층의 하부에 위치하여 가스층의 팽창 기능을 극대화시킨다. 이러한 가스 주입 방법은 저류층 내 가스 포화도를 극대화시키는 것으로, 석유 회수를

증진시키기 위한 두번째 방법이다.

물주입법과 가스주입법에 의해 얼마나 많은 석유를 추가로 회수하느냐에 따라 이러한 방법들의 경제성 평가를 할 수 있으며, 저류층에 물이나 가스를 주입하기 위해 필요한 비용보다 추가로 얻을 수 있는 석유의 회수량이 훨씬 많아야 2차 생산 방법을 사용할 수 있다.

용해가스 생산기능의 저류층에 대한 특성을 정리하면 다음과 같다.

① 압력-온도 상도해도에서 저류층의 초기 압력과 온도는 〈그림 5-6〉에서의 점 1과 같이 상포락선 밖이나 또는 기포점 곡선 위에 위치한다.

② 석유가 생산된 후 저류층 내 빈 공간을 채우기 위해 외부로부터 어떠한 유체도 공급되지 않으며 자유가스층도 존재하지 않기 때문에 저류층의 압력 감소가 빠르다.

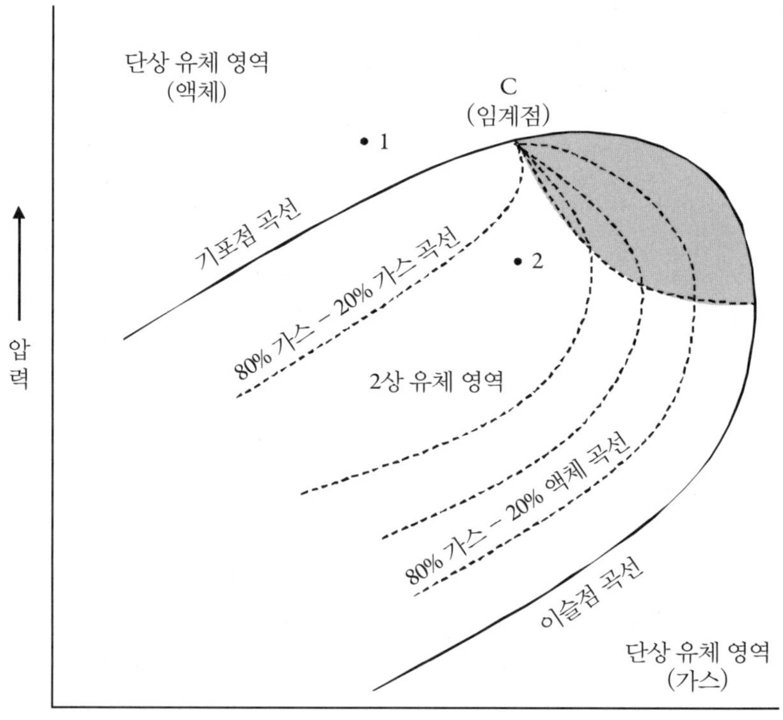

〈그림 5-6〉 압력-온도의 상도해도(일정 성분)

③ 대수층이 없을 뿐만 아니라 석유층에서의 간극수도 매우 적은 양만 포함되어 있기 때문에 저류층으로부터 석유를 생산하는 전기간 동안 물은 거의 생산되지 않는다.

④ 저류층의 지질학적 구조와 관계없이 가스석유비가 급격하게 증가한다. 저류층으로부터 석유를 생산하면서 저류층 압력이 감소하는데, 저류층 압력이 기포점 이하로 내려가면 석유 속에 용해되어 있던 가스가 석유로부터 빠져나오기 시작한다. 저류층 내에 가스가 차츰 증가하면서 가스가 자유롭게 유동할 수 있을 정도까지 가스 포화도가 증가하면 저류층 내에 존재하는 자유가스는 시추공 쪽으로 흐르기 시작하여 가스가 생산된다. 이러한 가스들은 비중 차에 의해 저류층 내에서 수직 유동을 시작하여 결과적으로 2차적인 가스층을 생성하는 경우도 있다. 이때 수직 유체 투과율은 2차 가스층을 형성하는 중요한 변수가 된다.

⑤ 용해가스 생산기능에 의한 석유 생산은 여러 가지 회수 방법 가운데 가장 효율이 낮다. 저류층 내에서 가스가 발생되면 가스는 석유보다 유동성이 상대적으로 커서 가스만 흐르기 때문에 저류층의 경제적 한계에 비교적 일찍 도달하게 된다. 이러한 문제는 석유를 밀어주는 2차적인 가스층이 형성되면 완화될 수 있으나, 저류층의 수직 유체 투과율이 크지 않은 곳에서는 불가능하다. 이 문제를 해결하는 한 가지 방법은 저류층에서 발생된 가스가 저류층 상부로, 저류층 상부에 있던 석유는 저류층 하부로 이동할 수 있도록 저류층의 유정을 2~3개월 동안 닫는 것이다. 이 결과 저류층 하부에서 가스 포화도가 감소함으로써 가스석유비도 감소한다.

〈그림 5-7〉에서는 용해가스 생산기능으로 석유를 생산하는 미국 서부 Edmond Hunton 석회암 저류층의 압력과 가스석유비의 관계를 보여주고 있다. 용해가스 생산 저류층으로부터 회수할 수 있는 석유는 원시석유 매장량의 약 5~25%이며, 상대 유체 투과율과 석유의 점성은 용해가스 저류층의 최대 회수율에 많은 영향을 미친다. 특히, 저류층 석유의 점성이 증가함에 따라 최종 석유 회수율은 감소하며, 석유와 가스가 중력에 의해 분리되는 양도 석유와 가스의 점성에 영향을 받는다.

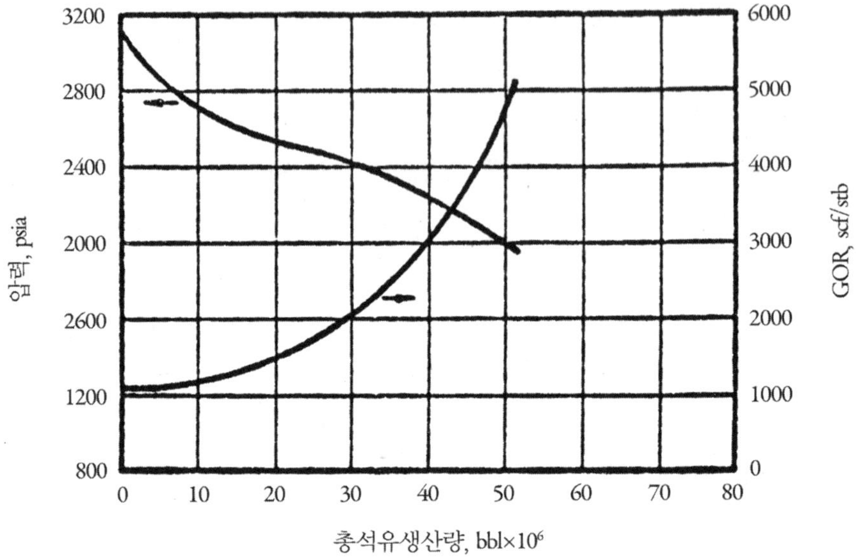

〈그림 5-7〉 저류층 압력과 가스석유비, 미국 Edmond Hunton 석회암 유층(Roebuck, 1979)

기포점 이상의 압력에서 석유를 회수하는 데 필요한 에너지는 석유의 팽창력과 저류층 공극의 압축률에 의해 얻어진다. 그리고 압력이 기포점 압력 이하로 떨어지기 전까지는 저류층 내에 가스도 존재하지 않고 석유와 암석의 팽창계수가 비교적 낮기 때문에 석유의 단위생산량당 저류층 압력은 급격히 감소될 것이다. 저류층 압력이 기포점 압력 이하로 내려가면 가스가 생성되고, 가스 포화도가 증가함에 따라 석유의 상대 유체 투과율은 감소하여 석유의 생산율은 계속 떨어지게 된다. 〈그림 5-8〉은 전형적인 가스석유의 상대 유체 투과율을 보여주고 있다. 용해가스 저류층의 석유 회수율과 자유가스 포화도는 저류층 압력에 영향을 받지만, 생산 과정에서 2차적으로 가스층이 빈번하게 형성되어 가스층이 석유의 최대 회수율을 증가시켜주기도 한다. 그러나 가스층이 2차적으로 생성되면 용해가스 저류층은 중력에 의한 생산기능으로 운영될 것이다. 2차 생산기능인 중력 생산기능에 대해서는 뒤에서 자세하게 다룰 것이다.

용해가스 저류층의 회수율에 영향을 미치는 중요한 세 가지 요소는 상대 유체 투과율비, 석유비중, 용해가스석유비이다.

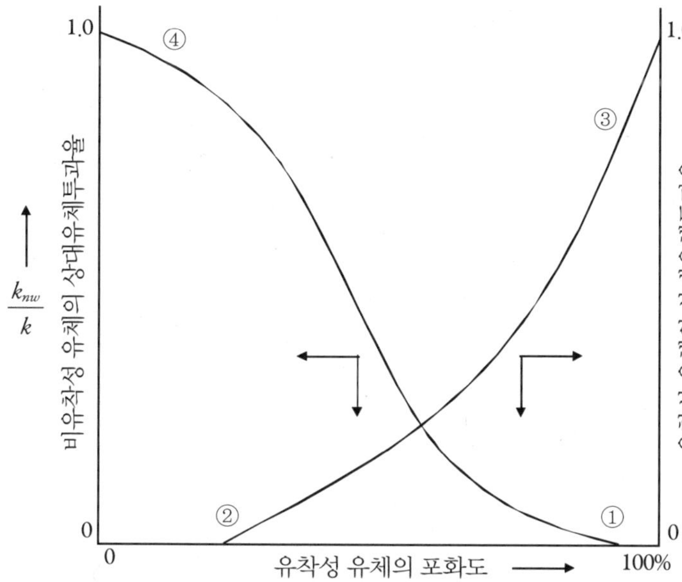

〈그림 5-8〉 상대 유체 투과율에 대한 유착도(wettability)의 영향(Roebuck, 1979)

〈표 5-2〉 용해가스 생산기능 저류층의 원시석유 매장량에 대한 1차 회수율(%)

용해가스석유비 (GOR) (ft^3/bbl)	°API 비중	사암(층)			석회암, 백운암, 처트		
		최대	평균	최소	최대	평균	최소
60	15	12.8	8.6	2.6	28.0	4.0	0.6
	30	21.3	15.2	8.7	32.8	9.9	2.9
	50	34.2	24.8	16.9	39.0	18.6	8.0
200	15	13.3	8.8	3.3	27.5	4.5	0.9
	30	22.2	15.2	8.4	32.3	9.8	2.6
	50	37.4	26.4	17.6	39.8	19.3	7.4
600	15	18.0	11.3	6.0	26.6	6.9	1.9
	30	24.3	15.1	8.4	30.0	9.6	(2.5)
	50	35.6	23.0	13.8	36.1	15.1	(4.3)
1,000	15	–	–	–	–	–	–
	30	34.4	21.2	12.6	32.6	13.2	(4.0)
	50	33.7	20.2	11.6	31.8	12.0	(3.1)
2,000	15	–	–	–	–	–	–
	30	–	–	–	–	–	–
	50	40.7	24.8	15.6	32.8	(14.5)	(5.0)

Arps와 Roberts는 위의 요소들이 석유 회수율에 미치는 영향을 밝혔으며 이러한 연구 결과의 일부가 〈표 5-2〉에 나타나 있다. 이 표는 자세한 세부 자료가 없을 때 용해가스 회수율을 추정하는 데 유용하게 이용되고 있다.

5.3.2. 자유가스 생산기능의 물질평형방정식

〈그림 5-9〉는 전형적인 자유가스 생산기능 저류층을 보여주고 있다. 초기 상태에서 가스와 석유층의 접촉 부분에 있는 석유는 포화상태 또는 기포점 압력 상태로 존재하며, 좀더 아래쪽에 있는 석유는 기포점 압력 이상의 압력이므로 불포화상태이다. 그러나 이러한 압력 변화는 상대적으로 매우 작으므로 저류층 내에서는 동일한 PVT 자료를 사용한다.

자유가스 생산기능에 의해 석유를 생산하는 유전에서는 저류층으로 유입되는 지층수를 보통 무시하며($W_e = 0$), 또한 가스의 압축률이 매우 크기 때문에 석유를 포함한 다른 액체의 효과도 무시한다. 이와 같은 가정하에서 유도된 물질평형방정식 (5-18)은 다음과 같다.

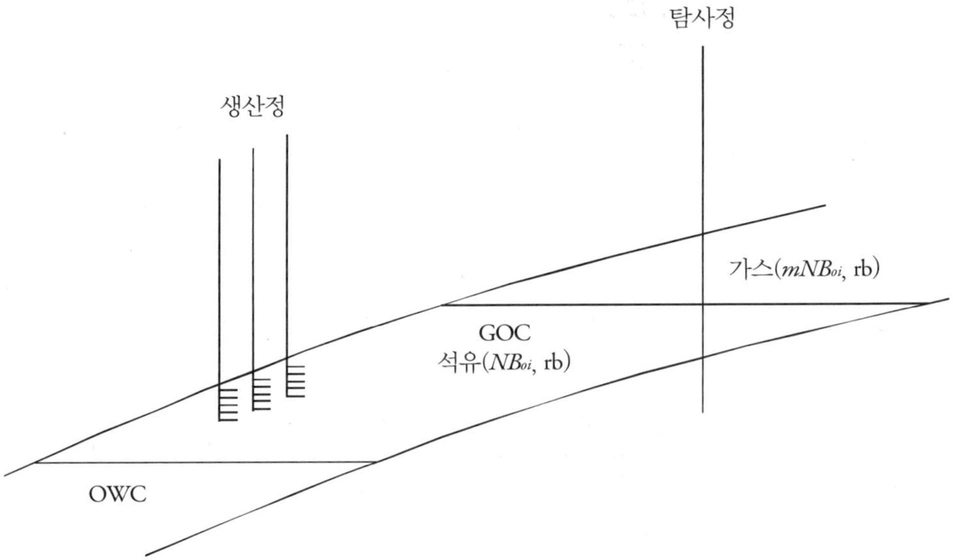

〈그림 5-9〉 전형적인 가스층 생산기능 저류층

$$N_p[B_o+(R_p-R_s)B_g]$$
$$=NB_{oi}\left[\frac{(B_o-B_{oi})+(R_{si}-R_s)B_g}{B_{oi}}+m\left[\frac{B_g}{B_{gi}}-1\right]\right] \quad (5-34)$$

위 식에서 오른쪽 항은 석유와 용해가스의 팽창뿐만 아니라 가스층 가스의 팽창도 설명해준다. 가스층 생산기능의 저류층에서는 용해가스의 팽창에 의해서도 석유를 회수하므로 이를 반드시 고려해야 한다. 식 (5–34)의 물질평형방정식은 외견상으로는 변수 간의 상관관계가 명확하지 않으므로, Havlena와 Odeh의 변수로 치환하면 다음과 같은 간단한 식이 된다.

$$F=N(E_o+mE_g) \quad (5-34)$$

이 식에 대한 분석 방법은 미지수에 따라 달라진다. 자유가스층을 갖는 저류층의 경우 식 (5–35)에서 가장 불확실한 값은 초기 상태의 저류층에서 석유가 차지하는 부피와 자유가스 부피비인 m이다. 예를 들어 〈그림 5–9〉에서 보는 것처럼, 저류층에서 탐사정이 자유가스층과 석유층의 접촉면을 관통해 시추했으나, 이후 석유 회수에 주 에너지원인 자유가스를 생산할 의도가 없으므로 더 이상 가스층을 통과하는 유정은 시추하지 않는다. 모든 생산정은 석유층의 하부 방향으로 시추되어 m값은 부정확하지만 B값은 비교적 정확한 값을 얻을 수 있다. 따라서 식 (5–35)를 해석하는 가장 좋은 방법은 부정확한 m값을 가정하여 F와 E_o+mE_g 사이의 관계를 도시하는 것이다. 가정한 m이 실제 m과 같다면 F와 E_o+mE_g를 도시한 결과는 기울기가 N이며 원점을 통과하는 직선이 되지만, 가정한 m이 실제 m보다 작거나 크다면 이 직선으로부터 각각 위 또는 아래로 벗어나게 될 것이다. 〈그림 5–10〉의 F는 N_p와 R_p 및 PVT 변수들을 이용하여 쉽게 구할 수 있으며, E_o, E_g 또한 PVT 변수들을 이용하여 구할 수 있다. 그러나 위에서 설정한 가정과는 반대로 m은 알 수 있으나 N을 정확히 알 수 없는 경우에는 먼저 F와 E_o+mE_g값을 도시한 후 여기서 나타난 직선의 기울기를 통하여 N을 구할 수 있다. 이 방법의 주된 장점은 도시된 직선이 원점을 지나야 한다는 단순성 때문에 직선으로부터 벗어나는 것을 쉽게 알 수 있다는 것이다.

예제 5-4 가스층 생산기구

〈그림 5-9〉와 같이 자유가스를 갖는 저류층에 대하여 체적 계산법으로 산출된 초기 석유 매장량 N이 115×10^{6}stb였다. 저류층 평균 압력에 따라 누적 석유 생산량 N_p와 누적 가스석유비 R_p가 〈표 5-3〉에 기록되어 있으나 가스층의 크기는 지질학적 정보를 기초로 추정했기 때문에 불확실하다. 만약 $m=0.4$라고 가정하면 저류층의 생산 및 압력 상태 기록으로 판단할 때 가정한 m이 정확한 것인가? 만약 정확하지 않다면 정확한 m은 얼마인가?

풀이

Havlena와 Odeh의 방법을 이용하여 가스층 생산기구 저류층에 대한 물질평형방정식을 나타내면 다음과 같다.

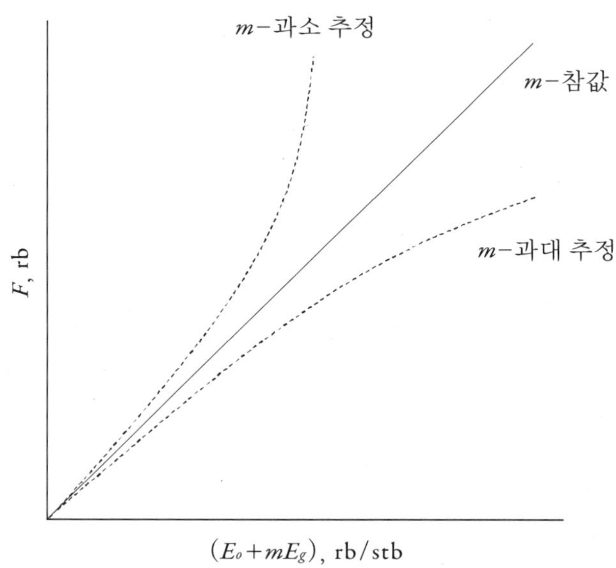

〈그림 5-10〉 가스층의 크기를 결정하기 위한 물질평형방정식의 도표해석 방법

〈표 5-3〉

압력 psia	N_p MMstb	R_p scf/stb	B_o rb/stb	R_s scf/stb	B_g rb/scf
3330($P_i=P_b$)			1.2511	510	0.00087
3150	3.295	1050	1.2353	477	0.00092
3000	5.903	1060	1.2222	450	0.00096
2850	8.852	1160	1.2122	425	0.00101
2700	11.503	1235	1.2022	401	0.00107
2550	14.513	1265	1.1922	375	0.00113
2400	17.730	1300	1.1822	352	0.00120

〈표 5-4〉

압력 psia	F MMrb	E_o rb/stb	E_g rb/stb	E_o+mE_g		
				m=0.4	m=0.5	m=0.6
3330(P_i)						
3150	5.807	0.01456	0.07190	0.0433	0.0505	0.0577
3000	10.671	0.02870	0.12942	0.0805	0.0934	0.1064
2850	17.302	0.04695	0.20133	0.1275	0.1476	0.1677
2700	24.094	0.06773	0.28761	0.1828	0.2115	0.2403
2550	31.898	0.09365	0.37389	0.2432	0.2806	0.3180
2400	41.130	0.12070	0.47456	0.3105	0.3580	0.4054

$$F=N(E_o+mE_g) \qquad (5-35)$$

여기서 F, E_o, E_g는 식 (5-19), (5-20), (5-21)에 정의되어 있다. 〈표 5-3〉의 압력, 석유 생산량, PVT 자료들로부터 이들의 값을 구하면 〈표 5-4〉와 같다.

이 문제의 이론적인 직선은 〈그림 5-11〉의 (a)에서 보는 것처럼 기울기가 115×10^{6}stb이고 원점을 통과할 것이다. m=0.4일 때 〈표 5-4〉의 자료를 도표로 나타내보면 이론적인 직선을 벗어나므로, 가정된 m이 계산된 m과 일치하지 않는다는 것을 알 수 있다. 따라서 m=0.5, m=0.6일 때 이 같은 절차를 반복하여 〈그림 5-11〉의 (a)와 같이 도시해보면 m=0.5일 때 도시

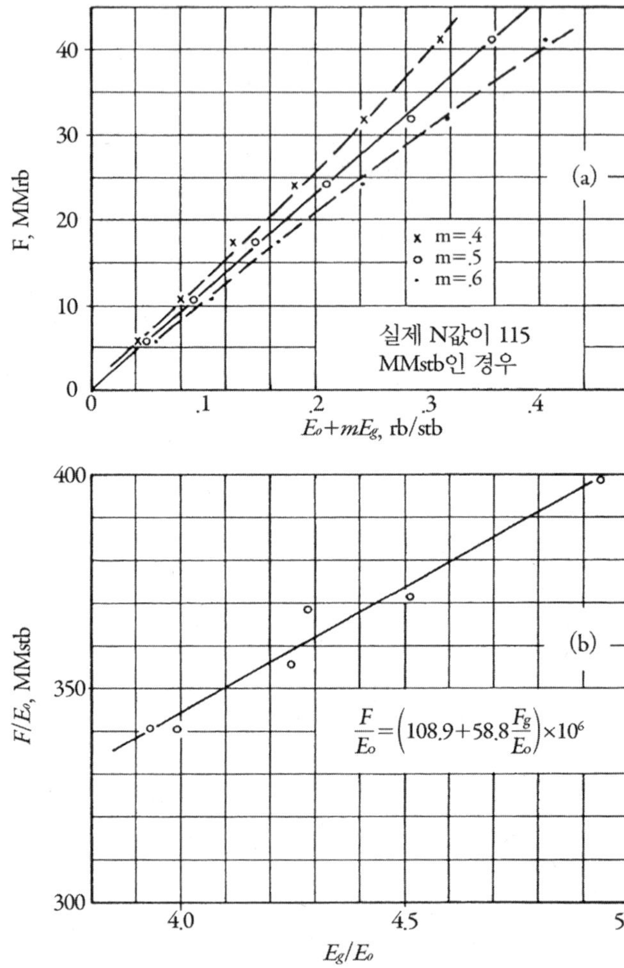

〈그림 5-11〉 m과 N을 결정하기 위한 도표적 방법

된 점들이 직선을 이루고 있음을 알 수 있다. 이와 같은 방법은 앞에서 설명한 것처럼 N을 정확히 알고 있을 때만 가능하다. 만약 N을 정확히 알 수 없다면 3개의 직선들은 다음과 같이 해석될 수 있다.

$m = 0.4 \qquad N = 132 \times 10^6$stb

$m = 0.5 \qquad N = 114 \times 10^6$stb

$m = 0.6 \qquad N = 101 \times 10^6$stb

〈표 5-5〉

압력 psia	F/E_o stb	E_g/E_o
3330(P_i)		
3150	398.8×10^6	4.938
3000	371.8	4.509
2850	368.5	4.288
2700	355.7	4.246
2550	340.6	3.992
2400	340.8	3.932

N과 m이 모두 부정확한 경우, 식 (5-35)는 다음과 같이 정리된다.

$$\frac{F}{E_o} = N + mN\frac{E_g}{E_o}$$

F/E_o와 E_g/E_o 사이의 도표는 기울기가 mN이고 F/E_o축의 절편이 N인 직선이 될 것이다. 그러므로 〈표 5-3〉과 〈표 5-4〉에서 주어진 자료로부터 F/E_o와 E_g/E_o를 〈표 5-5〉와 같이 구하고, 이를 도시했을 때 〈그림 5-11〉의 (b)와 같이 나타난다. 6개의 점을 최소자승법에 의해 직선으로 근사시킨 결과는 다음과 같다.

$$\frac{F}{E_o} = \left(108.9 + 58.8\frac{E_g}{E_o}\right) \times 10^6 (\text{stb})$$

이와 같은 과정으로부터 N과 m을 구할 수 있다.

$$N = 108.9 \times 10^6 \text{stb}$$
$$m = 0.54$$

〈그림 5-12〉에는 1차 생산 기간 중에 자유가스 생산기능 저류층에서 볼 수 있는 전형적인 압력과 생산 기록이 도시되어 있다. 자유가스의 팽창으로

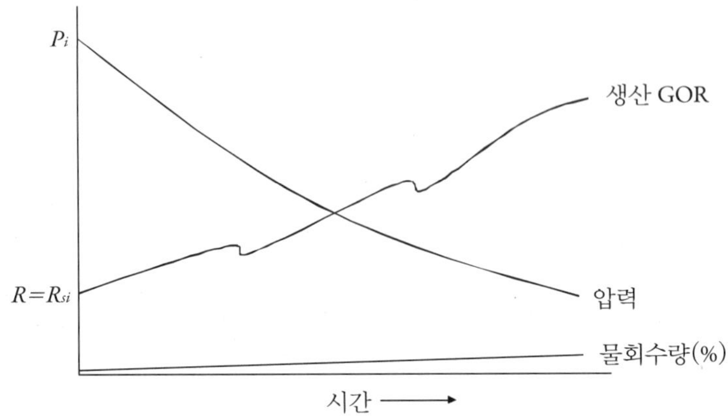

〈그림 5-12〉 전형적인 가스층 생산기능 저류층의 생산 추이 곡선

인해 저류층의 압력은 용해가스 생산기능 저류층에 비해 급격하게 감소되지 않으므로, 석유 회수율은 비교적 높은 25~35%이며 자유가스가 차지하는 부피의 크기에 따라 달라진다. 그림에서 나타난 GOR 곡선의 돌출된 부분은 자유가스가 하부로 팽창되면서 상부에 위치한 생산정으로 자유가스가 생산되는 것을 저지하기 위하여 상부 생산정을 폐쇄함으로써 야기된 것이다. 5.3절에서 설명한 것처럼 저류층으로부터 석유 회수율을 높이기 위해 경제성 한계 내에서 물주입법과 가스주입법을 이용할 수 있다.

자유가스 생산기능의 저류층에서 특기할 사항은 다음과 같다.

① 압력-온도의 상도해도에서 자유가스 생산기능 저류층 내의 압력과 온도는 〈그림 5-6〉의 점 2와 같이 상포락선 내부에 포함된 상태이다. 저류층의 초기 단계에서 저류층 석유는 포화 압력 상태에 놓여 있으므로 저류층 압력이 감소하면 석유 속에 용해된 가스가 방출된다.

② 석유를 밀어주는 가스는 상대 유체 투과율이 높고 점성도가 낮기 때문에 석유보다 가스가 빨리 생산정으로 이동해 석유 회수율을 저하시킨다.

③ 가스는 보통 저류층 암석에 대해 친유착 유체가 아니므로 작은 공극 속은 석유가, 큰 공극 속은 가스가 차지하게 된다. 이렇게 유동할 때 작은 공극 속에 남아 있는 대부분의 석유는 회수할 수 없다.

④ 자유가스 생산기능 저류층의 회수율은 자유가스층의 크기, 수직 유체

투과율, 저류층 석유의 점성 및 저류층 내 가스의 분포 상태 등에 따라 달라진다.

5.3.3. 지층수 생산기능의 물질평형방정식

지층수 생산기능 저류층에서 석유를 생산하는 기본적인 에너지는 〈그림 5-13〉에서 보는 바와 같이 저류층의 압력 감소로 인해 지층수가 가장자리에서부터 석유 지역으로 지층면에 평행하게 석유를 밀어주는 힘 또는 석유층 아래쪽에 있던 지층수가 위쪽의 석유를 미는 힘이다.

이 힘들은 저류층으로 유입되는 지층수의 양에 직접적으로 관련되어 있으므로, 압축률의 정의를 이용하여 저류층으로 유입되는 지층수의 양을 구하면 다음과 같다.

$$\begin{bmatrix}\text{지층수}\\\text{유입량}\end{bmatrix} = \begin{bmatrix}\text{대수층의}\\\text{압축률}\end{bmatrix} \times \begin{bmatrix}\text{대수층의}\\\text{초기부피}\end{bmatrix} \times \begin{bmatrix}\text{압력}\\\text{감소}\end{bmatrix}$$

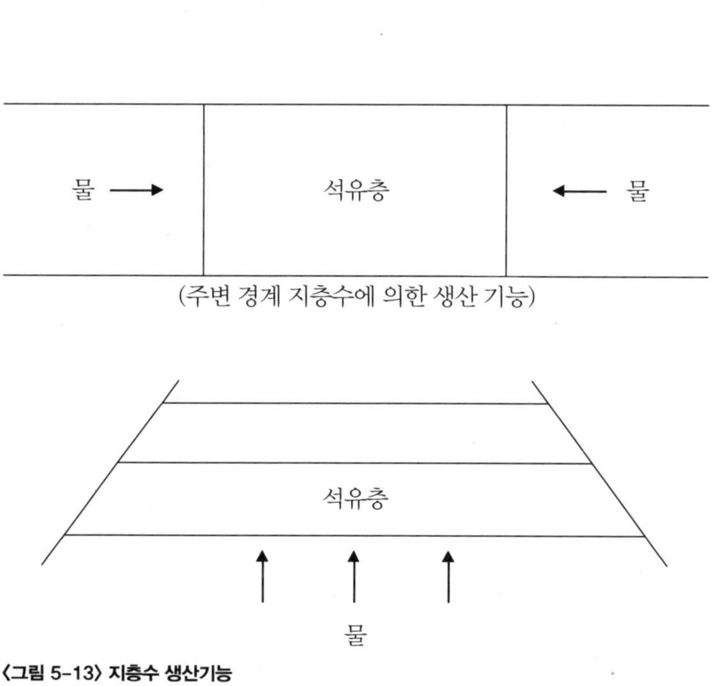

〈그림 5-13〉 지층수 생산기능

그리고 이것은 다음과 같은 식으로 쓸 수 있다.

$$W_e = (C_w + C_f) W_i \Delta P \tag{5-36}$$

대수층의 공극은 물로 가득 차 있기 때문에 대수층의 총압축률은 물의 압축률에 공극 압축률을 더한 것과 같다. C_w와 C_f의 합은 매우 작기 때문에(대략 10^{-5}/psi 정도의 크기를 갖는다) 대수층의 초기 부피 W_i가 작으면 저류층으로 유입되는 지층수의 양도 작아 생산기능에 미치는 지층수의 영향은 무시될 것이다.

대수층이 매우 큰 경우에 식 (5-36)은 지층수 유입을 정확히 설명하는데 부적합하다. 왜냐하면, 식 (5-36)은 시간에 관한 독립변수들로 표현되어 있으므로, 저류층 경계면에서 발생한 압력 감소가 아무런 시간 지연 없이 순간적으로 대수층에 전달되어야 하기 때문이다. 그러나 저류층의 크기에 비해 대수층이 너무 크면 저류층 압력 변화가 대수층으로부터 지층수의 유입을 유도하기까지 상당한 시간이 경과된다. 반면 저류층의 크기와 비슷한 크기를 갖는 대수층에서는 시간 지연이 거의 없이 순간적으로 영향을 주기 때문에 물질평형방정식에서 지층수 유입의 영향을 표현하기 위해 식 (5-36)을 이용할 수 있다.

이 기능에 대한 물질평형방정식을 Havlena와 Odeh의 변수를 이용하여 표현하면 다음과 같다.

$$F = N(E_o + mE_g + E_{f,w}) + W_e \tag{5-23}$$

위 식에서 $B_w = 1$로 가정했다.

지층수 생산기능 저류층에서는 물 압축률과 공극 압축률이 너무 작고 지층수 유입으로 저류층 압력이 거의 일정하게 유지되기 때문에 식 (5-22)의 $E_{f,w}$ 항은 무시될 수 있으며, 저류층 내에 자유가스층이 포함되어 있지 않으면 식 (5-23)은 다음과 같이 간단하게 정리된다.

$$F = NE_o + W_e \tag{5-37}$$

이 방정식에 현장 기록을 사용할 때 가장 불확실한 변수는 지층수 유입량 W_e이다. 즉, W_e를 계산하기 위해서는 대수층의 성질 및 특징 등을 자세히 파악한 후 수학적 모형을 개발해야 한다. 그러나 현장에서는 대수층에 관한 정보를 얻기 위해 고의로 대수층을 시추하는 일이 거의 없으므로 지층수 유입량에 대한 결과가 가장 부정확하게 된다. 식 (5–36)과 같이 간단한 모형을 사용하여 대수층으로부터의 지층수 유입량을 계산할 때, 대수층의 형상이 방사형인 경우라면 지층수 유입량은 다음과 같다.

$$W_e = (C_w + C_f)\pi(r_e^2 - r_o^2)fh\phi\Delta P \tag{5-38}$$

여기에서 r_e와 r_o는 각각 대수층과 저류층의 반지름이며, f는 $\theta/2\pi$ 또는 $\theta/360°$로 표시되는 지층수 유입각이다. 그러나 식 (5–38)로 지층수 유입량을 계산할 수 있다고 하더라도 대수층의 두께 h와 대수층의 공극률 ϕ 및 반지름 r_e 등을 알 수 없으므로, 이 값들은 저류층에서 얻은 정보로부터 추정할 수 밖에 없다. 이러한 이유 때문에 저류층의 압력 및 각종 생산 자료와 위의 대수층 모형에서 산출된 결과를 비교하면서 만족할 만한 수준이 될 때까지 계속 대수층 모형을 수정해나가야 한다. 그러므로 식 (5–37)로부터 가장 유용한 형태로 바꾸어 표현하면 다음과 같이 된다.

$$\frac{F}{E_o} = N + \frac{W_e}{E_o} \tag{5-39}$$

그리고 식 (5–38)과 같은 대수층 모형을 이용하여 W_e를 계산한 후 F/E_o와 W_e/E_o 사이에 도표를 작성한다. 〈그림 5–14〉에서 보는 것처럼 F/E_o와 W_e/E_o 사이에 도시된 점들은 N점을 통과하고 기울기가 1인 직선을 이루지만, 대수층 모형이 잘못되었다면 이론적인 직선식으로부터 벗어날 것이다.

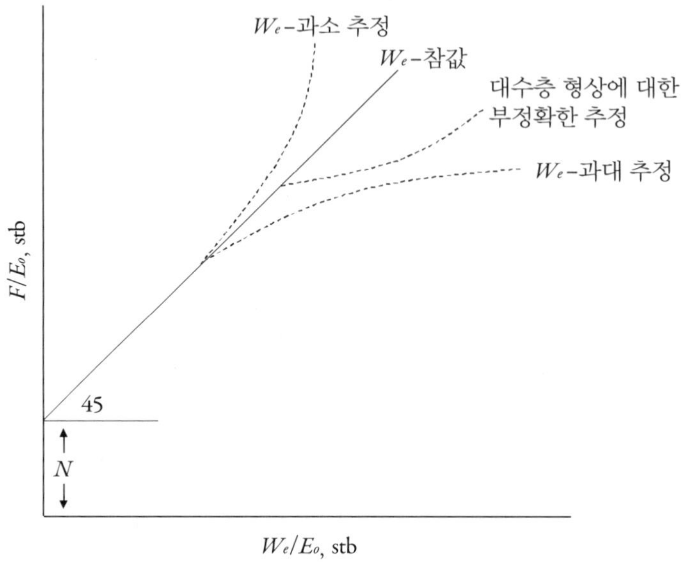

〈그림 5-14〉 정확한 대수층 모델을 찾기 위한 시행오차법

일단 생산 기록 자료에 의해 정확한 대수층 모형이 선정되면 미래의 저류층 거동을 예측하는 데 이 모형을 사용할 수 있으나, 앞에서 지적했듯이 대수층의 거동을 정확히 예측할 수 없는 불확실한 성질이 너무 많기 때문에 이전에 얻은 대수층 모형도 항상 유효한 것은 아니다. 그러므로 저류층의 새로운 생산 및 압력 자료 등으로부터 모형의 유용성을 계속해서 검증해나가야 한다.

〈그림 5-15〉는 지층수 유입이 활발한 불포화 저류층의 압력 및 생산 기록을 보여주고 있다. 대수층의 팽창으로 인해 저류층의 압력 감소는 매우 작으며, 생산 GOR 곡선으로부터 저류층의 압력은 계속해서 기포점 압력 이상으로 유지되고 있다는 것을 알 수 있다. 지층수 생산기능 저류층은 석유를 생산한 후에도 저류층 압력이 계속 높게 유지되기 때문에 여러 종류의 석유 생산기능 중에서 석유 회수율이 가장 높아 50%를 상회한다. 한편 지층수 생산기능 저류층이 자유가스층을 가질 경우 식 (5-23)은

$$F = N(E_o + mE_g) + W_e$$

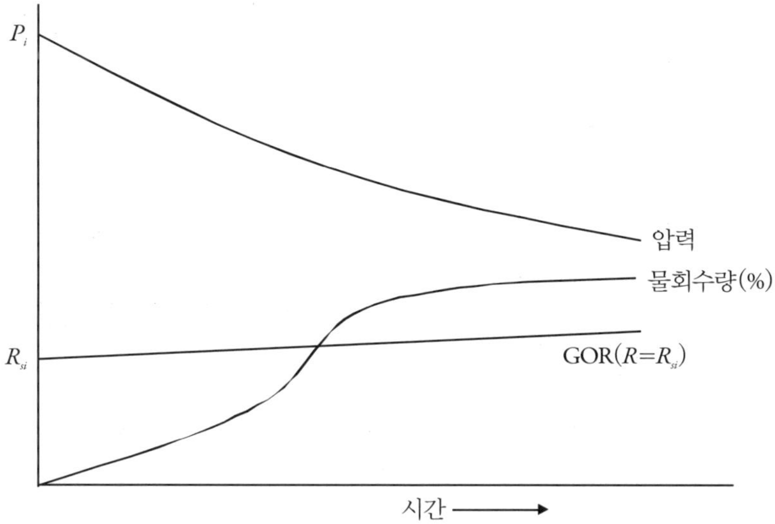

〈그림 5-15〉 지층수 생산기구 저류층의 도식적 생산 추이 곡선

이며, m과 N이 모두 알려져 있을 때 이 식은 다음과 같다.

$$\frac{F}{(E_o+mE_g)}=N+\frac{W_e}{(E_o+mE_g)} \tag{5-40}$$

$F/(E_o+mE_g)$와 $W_e/(E_o+mE_g)$를 도표에 도시할 때 이에 대한 해석은 〈그림 5-14〉와 비슷하다. 식 (5-40)은 세 가지 생산기능, 즉 용해가스 생산기능, 자유가스층 생산기능, 지층수 생산기능 등이 동시에 작용하는 복합 생산기능에 대해 Havlena와 Odeh의 해석 방법을 어떻게 적용하는지를 보여주고 있다.

지층수 생산기능 저류층이 다른 생산기능 저류층과 구별되는 몇 가지 특징을 서술하면 다음과 같다.

① 압력-온도 상도해도에서 압력과 온도의 초기 상태가 상포락선의 안쪽이나 또는 바깥쪽에 있을 수 있다.

② 저류층으로부터 석유와 가스를 생산해도 대수층으로부터 지층수가 계속적으로 유입되어 생산된 탄화수소 공극 부피를 채우기 때문에 저류층

의 압력 감소가 적으며, 압력 감소에 따라 지층수가 유입되기 때문에 저류층으로부터 물과 가스의 생산을 억제하는 것이 석유의 회수율을 높이는 방법이다. 그러므로 물과 가스의 생산량이 많은 유정은 잠시 폐쇄시킬 필요가 있고, 가능한 물석유비(WOR) 또는 가스석유비(GOR)가 낮은 다른 유정에서 생산하도록 해야한다.

③ 저류층으로부터 석유를 생산하는 전 생산 기간 동안 GOR은 거의 변하지 않으며, 저류층의 압력은 지층수의 유입으로 거의 일정하게 유지되므로 석유로부터 빠져나오는 가스의 양은 비교적 적다.

④ 지층수 생산기능 저류층에서의 최대 회수율은 석유를 밀어주는 지층수의 치환 작용의 효율성 및 지층수의 활동도에 달려 있다. 일반적으로 저류층의 이방성이 증가함에 따라 석유를 치환하는 지층수가 일정하게 진행되지 않기 때문에 저류층에서의 최대 석유 회수율은 감소하지만, 저류층이 균일한 곳에서는 지층수가 일정하게 진행하므로 좀더 많은 석유를 회수할 수 있다. 지층수 생산기능에 의한 저류층의 석유 회수율은 대략 30~50% 정도이다.

5.4. 중력배유 생산기능 저류층

중력배유 생산기능은 저류층의 성질 및 지질구조적 특성상 석유와 가스의 비중 차가 석유 생산에 중요하게 작용하는 저류층을 말한다. 중력의 효과는 다음과 같은 간단한 실험을 통해 쉽게 설명될 수 있다. 석유와 물을 병 안에 넣고 심하게 흔든 후에 가만히 놓아두면 상대적으로 밀도가 큰 물은 병의 밑바닥에 가라앉고 밀도가 작은 석유는 물 위에 뜨는 것을 볼 수 있는데, 이때 병 안의 유체들은 비중 차에 의해 분리된 것이다.

일반적으로 이러한 기능을 갖는 저류층은 2차적으로 형성되므로 Havlena와 Odeh의 해석 기법이 불가능하다. 그러므로 다음과 같은 정성적인 특징을 이용하여 중력배유 기구를 설명한다.

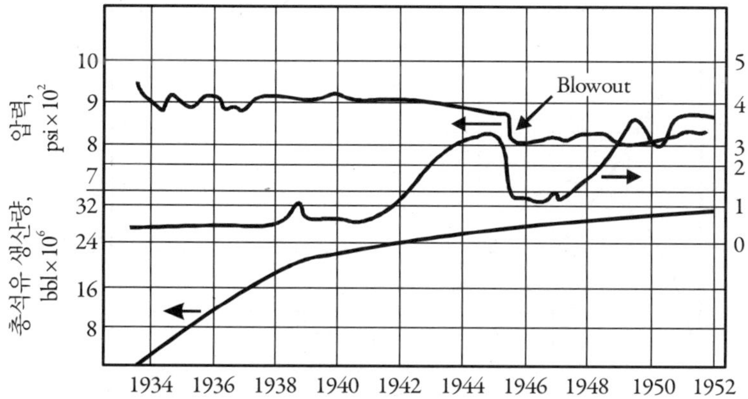

〈그림 5-16〉 페루의 Mile Six 저류층의 생산 추이 곡선(Anders, 1953)

① 유체의 중력에 따른 분리 작용에 의해 석유로부터 유리된 가스는 저류층 상부로 이동하기 때문에 저류층 하부에는 가스가 거의 존재하지 않는다. 그러므로 저류층의 하부 구조에 위치한 유정에서 생산 가스석유비는 매우 낮다.

② 초기에 자유가스층이 없는 저류층에서도 2차적인 자유가스층이 형성된다. 기포점 압력 이상에서는 저류층 내에 자유가스가 존재하지 않기 때문에 저류층 압력이 기포점 이하로 떨어질 때까지는 중력배유에 의한 생산 메커니즘이 일어나지 않는다. 그러나 저류층 압력이 기포점 이하로 내려가면 석유로부터 방출된 가스가 저류층 상부로 이동하여 2차 가스층을 형성한다.

③ 저류층으로부터 물은 거의 생산되지 않는다.

④ 저류층에 부존하는 가스의 양에 따라 압력이 감소되는 속도가 다르다. 엄밀하게 말하면 가스가 생산되지 않고 저류층 내에 보존되어 압력이 일정하게 유지되는 저류층은 자유가스 생산기능과 중력배유 생산기능의 복합적인 효과 때문이다. 그러므로 저류층이 중력배유 생산기능만으로 석유를 생산할 경우 가스층 생산기능 및 중력배유 생산기능의 복합 생산기능 저류층보다 저류층의 압력이 빨리 감소할 것이다.

〈그림 5-16〉과 〈그림 5-17〉은 중력배유 저류층의 두 가지 형태의 예를 보여주고 있다. 〈그림 5-16〉은 페루에 있는 Mile Six Pool 저류층의 압력과

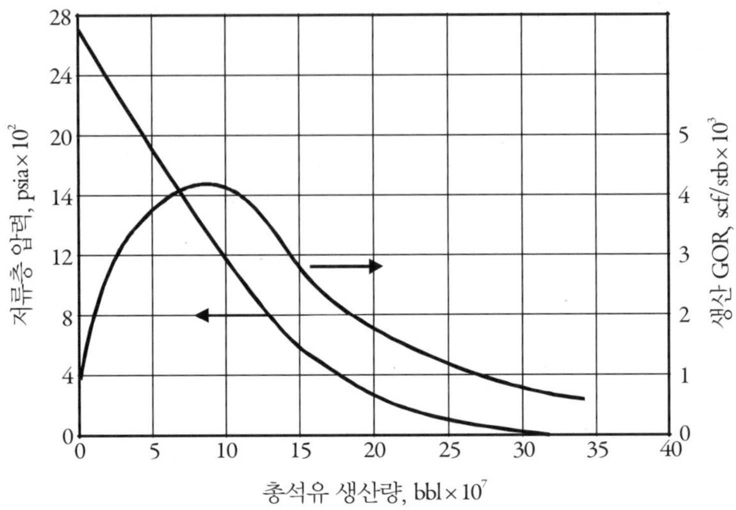

〈그림 5-17〉 오클라호마 Wilcox Sand 저류층의 생산 추이 곡선(Katz, 1942)

누적 생산량 그리고 생산 GOR의 변화를 보여준다. 이 저류층은 가스 주입으로 저류층 압력을 효과적으로 유지시키는 중력배유 생산기능 저류층의 좋은 예이다. 저류층 압력은 최초 압력에서 200psi도 감소되지 않았으나, 석유 회수율은 석유 매장량의 67%에 달할 것으로 예측되고 있다. 이 저류층의 경사는 대략 20°이며, 경사 방향으로 공기의 평균 투과율은 약 780md이다. 〈그림 5-17〉은 오클라호마 Wilcox 저류층의 거동을 보여준다. 저류층 압력은 몇 년 안에 대기압으로 떨어졌으나, 1941년 6월 석유 생산량은 466개의 유정으로부터 75,000bbl/day를 초과했다. 즉, 한 유정당 1일 평균 160배럴 이상의 석유를 생산한 것이다.

여러 가지 사실들을 종합해볼 때 이런 저류층에는 어떠한 지층수의 유입도 없었고, 또한 압력이 낮은 상태에서도 석유 회수율이 비교적 높다는 사실로 볼 때 중력배유 생산기능에 의해 석유를 생산했다고 결론지을 수 있다. Wilcox 저류층의 경사는 15°이며 평균 유체 투과율은 1,000md이다. 그러므로 Wilcox 저류층은 순수한 중력배유 저류층으로 분류될 수 있다.

중력배유 생산 저류층들로부터 석유를 회수하는 데 영향을 미치는 요인들은 경사 방향으로의 투과율, 저류층 경사, 저류층 생산 속도, 석유 점도 및 저류층의 상대 유체 투과율 등이다. 석유의 이동 방향으로 유체 투과율이 좋을 경우 중력배유 생산기능은 매우 효과적일 것이다. 대부분의 저류층에서 지층면에 평행한 방향의 유체 투과율은 수직 방향의 유체 투과율보다 크기 때문에 저류층의 경사가 증가할수록 중력에 의해 석유와 가스는 경사면을 따라 효과적으로 분리된다. 그리고 중력배유 속도는 한정되어 있기 때문에 저류층 생산 속도를 중력배유 속도에 알맞게 조정해야 최대 회수율을 얻을 수 있다. 만약 저류층 생산 속도가 중력배유 속도를 초과한다면 석유로부터 유리된 가스가 줄어들어 결과적으로 회수율은 감소할 것이다. 중력배유 속도는 가스와 석유의 상대이동도에 의존하므로 석유의 점도는 중력배유 생산기능의 석유 회수율에 영향을 미친다. 유체 유동 방정식에서 점도가 감소함에 따라 유량이 증가하므로 중력배유 속도는 저류층 유체 점도가 감소함에 따라 증가하게 된다. 중력배유 생산기능이 저류층 내에서 작용하려면 우선 가스는 상부로, 석유는 하부로 이동해야 하고, 기능의 효율성을 극대화하기 위해서는 생산정 주위의 석유포화도를 높게 유지함으로써 2차 자유가스층의 형성을 유도하는 것이 바람직하다.

5.5. 저류층 수축에 의한 생산기능

저류층으로부터의 유체의 생산은 공극 내 유체 압력을 감소시키는 반면 공극의 암석 입자 압력을 증가시켜 저류층 공극을 수축시킨다. 앞에서도 여러 번 언급했듯이, 이러한 현상은 생산기능에 많은 영향을 미친다. 뿐만 아니라 수직으로 작용하는 상부 지층의 압력과 공극 내부의 유체 압력에도 밀접하게 관련되어 있다는 것이 많은 연구에서 입증되었다. 수축 정도는 실험실에서 공극의 유체 압력을 일정하게 유지시킨 상태에서 암석 시료에 수직 압력을 증가시킴으로써 쉽게 측정할 수 있다. 두께가 h이고 부피가 V_b인 암석 입자의 단축수축도는 다음과 같다.

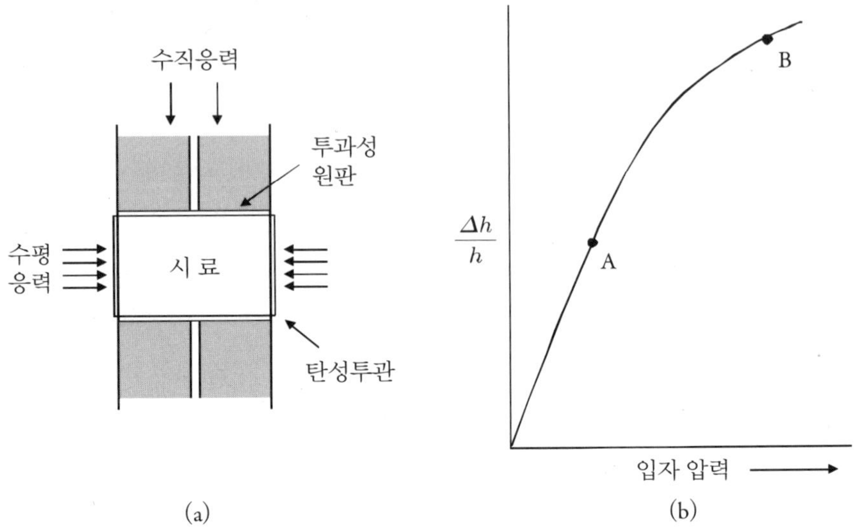

〈그림 5-18〉
(a) 3축 압축 실험, (b) 전형적인 곡선(Dake, 1978)

$$\frac{\Delta V_b}{V_b} = \frac{\Delta h}{h}$$

단축수축도를 암석의 입자 압력에 대해 도시하면 〈그림 5-18〉과 같다. 실험에서 특기할 사항은 시료의 수직 두께 변화 Δh가 직접적으로 시료의 공극에서 방출된 물의 양과 관련되도록 압력을 계속적으로 조정한다는 것이다. 그러므로 곡선 위의 임의의 점에서의 기울기는 다음 식으로 표현된다.

$$\frac{\Delta h}{h} / \Delta P \approx C_b \approx C_f \phi$$

이 실험의 결과는 예측된 바와 같다. 즉, 낮은 입자 압력에서는 비고결암석 시료의 수축률이 높고 입자 압력이 증가하면서 수축률이 감소되며, 저류층의 공극 압축률이 일정하지 않고 유체가 방출되면서 계속 변한다는 것이다. 정상 상태에서 상부 지층압과 정수압이 심도가 깊어짐에 따라 선형적으로 증가하므로, 〈그림 5-18〉의 점 A는 얕은 깊이에 있는 저류층을 나타내고 점 B는 보다 깊은 심도에 위치한 저류층을 대표한다. 저류층 수축에 의한 생산기능은 공극 부피 감소를 통해 저류층 유체를 생산하기 때문에 지층의 공극수축률이 크다면 매우 강력한 생산기능으로 발전될 수 있다. 비교적 얕은 심도에 위치한 베네수엘라의 Bachaquese 유전에서는 총생산량의 50%가 저류층 수축에 의해 생산되었다. 이 저류층의 압축률은 100×10^{-6}/psi 이상이고, 저류층 심도가 1,000ft에서 4,000ft까지 변하는 심한 경사를 나타내고 있다. 만약 저류층의 수축 기능이 위에서 설명한 것처럼 단순하다면, 다양한 유형의 저류층에 일정하게 적용될 단축압축률과 심도관계식을 유도하는 것이 용이하다. 그러나 수축 기능은 일반적으로 불가역 반응이므로 실제 압축률은 이렇게 간단한 방법으로는 측정될 수 없다.

저류층이 잘 결합된 암석 입자로 구성되어 견고한 구조를 갖고 있다면 제한된 압력 관계에서의 수축 반응은 탄성적이고 가역 반응일 것이다. 그러나 미고결사암층에서의 수축 반응은 암석 시료에 대한 하중 주기에 따라 암석 입자가 다양한 양상으로 압축되고, 더구나 일부 입자들은 파쇄에 의해 영구변형을 하기 때문에 비탄성 불가역 반응으로 추정된다. 저류층 수축에 의한 생산기능은 심도가 깊고 견고한 저류층에서보다는 심도가 얕은 미고결 저류층에서 더 효율적이며, 또한 저류층 수축으로 인해 지층이 붕락되는 경우도 있다. 그러므로 석유 회수를 극대화하면서 지층 붕락을 방지하는 최적의 수축률을 발견하기 위해서는 실험실에서 심도가 얕은 사암류의 저류층을 대상으로 압축률을 측정하는 것이 매우 중요하다.

제6장 | 유전 개발 사업의 경제성 분석 및 회계·계약 구조

해외 유전 개발 사업에서 수익성 있는 사업의 선택 및 사업에 대한 투자 평가는 사업 참여 결정 및 성공률 제고 측면에서 매우 중요하다. 사업의 정확한 투자 평가를 위해서는 유전 개발 사업의 각 단계별 위험도를 고려한 사업 특성 및 각 나라 고유의 석유 회계 시스템을 충분히 이해하는 것이 반드시 필요하다. 이 장에서는 이러한 석유 회계 시스템을 북미 중심의 광권 계약(concessionary system : Royalty-Tax System), 동남아 및 아프리카 지역의 생산 분배 계약(PSC, Production Sharing Contract), 그리고 서비스 계약(service contract)으로 분류하여 그 특징을 설명하고자 한다. 아울러 탐사, 개발 및 생산 단계별 석유 사업의 특징과 그 기술적 위험도에 따른 투자의 차이점, 그리고 이에 따른 평가 과정에서 고려되어야 할 요소, 사업 평가 기법 및 그 과정에 대하여 설명했다. 또한 각 석유 회계 시스템별로 현금 흐름표의 예를 들어 이해를 돕고자 했다.

6.1. 석유 회계 시스템에 따른 계약의 분류

유전 개발 사업의 전체 과정에서 가장 중요한 것이 계약이다. 오직 계약에 따라 필요한 작업이 수행되고, 또 필요한 경우 추가적인 작업이나 서비스 계약을 하며, 그 계약에 의해 비용 부담 및 이익 배당이 결정되기 때문이다. 이런 이유에서 유전 개발 사업을 '계약 산업의 꽃'이라고 평하기도 한다. 해외 유전 개발 사업 참여 과정에서 필연적으로 수반되는 계약에서는 대상 사업에 대한 충분한 이해뿐만 아니라 참여 대상 국가의 고유한 석유 회계 시스템(petroleum fiscal system)을 정확히 이해해야 협상 과정에서 참여사의 권리를 지킬 수 있다. 계약은 각 나라의 고유한 법률 및 세제 시스템에 따라 다양한 형태가 존재할 수 있으므로, 이를 정확히 이해하는 것은 매우 중요한 일이다.

석유 및 가스를 보유한 많은 나라들은 자원의 탐사, 개발 및 생산 과정에서 자기들만의 고유한 금융/회계 시스템(fiscal system)을 가지고 있으며, 자원

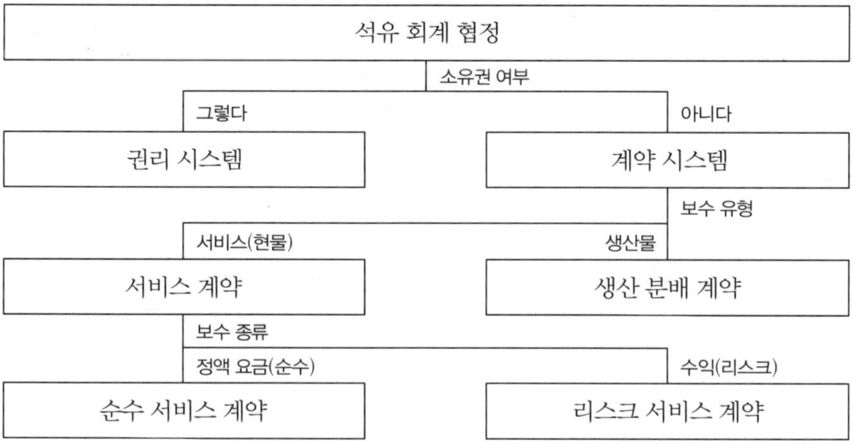

〈그림 6-1〉 유전 개발 사업 계약의 종류

을 소유한 국가의 형태(자본주의 또는 사회주의)와 석유 자원 개발의 역사에 따라 다양한 형태를 취하고 있다(Johnston and Bush, 1998). 유전 개발 사업의 계약도 여러 가지 형태를 지니고 있을 뿐만 아니라 각 나라마다 조금씩 다른 특징이 있지만, 광물에 대한 소유권 및 운영 방식에 따라 〈그림 6-1〉과 같이 크게 세 가지로 요약할 수 있다(Johnston, 1994).

6.1.1. 광권 계약

광권 계약은 국가가 지하 광물의 사유재산을 인정하는 북미 지역에서 주로 행해지는 계약 시스템으로, 석유 산업의 원천지인 미국, 캐나다, 호주(육상) 등이 이 계약을 채택하고 있다. 이 계약 체계는 산유국의 자원 국유화 이전인 1960년대 초반까지 전세계적으로 사용되기도 했다. 광권 계약은 개인(회사 포함) 대 개인(회사 포함)의 계약으로 이루어지는 특징이 있다. 즉, 지상의 땅 소유주(land owner)가 지하의 광물권 소유주가 되며, 사업자(계약 당사자)는 땅 주인과 땅에 대한 탐사 및 개발 사용권 계약을 하게 된다. 이 계약을 임대계약(lease agreement)이라고 하며 보통 3년 사용권에 탐사 유망성에 따라 계약금(보통 에이커당 100~250달러 정도)을 지불하게 된다. 관심 지역의 유망성이나 사업자의 기호에 따라 단순한 탄성파 탐사만을 위한 계약을 선택적(option agreement)으로 하기도 하며, 이러한 경우 다음에 이어지는 작업의 우선권 여부도 초기 계약에 명시되어 있는 경우가 대부분이다.

사업자가 확보한 땅의 사용권은 계약에서 명시한 기간이 지나면 다시 원래의 땅 주인에게 돌아가지만, 유전 개발 사업의 긴 역사와 하청 계약 방식으로 인해 유망 지역의 토지는 복잡한 계약 관계에 놓여 있는 경우가 많다. 따라서 이러한 관심 지역의 계약 관계를 파악하고 땅 사용권자와 사업자 사이의 계약만을 전문적으로 하는 사람들을 중개인(landman)이라고 한다. 이들 중개인들은 많은 경우 독립적으로 일하지만, 사업자에 소속되어 이런 종류의 일만 전담하는 경우도 있다.

광권 계약의 주된 내용은 임대 지역, 임대 기간, 최소 작업량, 계약 보너스, 로열티, 계약 수정 조건(revision of rights) 등이며, 땅 주인은 지하의 석유·가스가 생산될 경우 보통 10~25%의 소유권(royalty)을 가진다. 또한 시추·생산에 관계되는 비용 부담을 이 계약에서 정의하게 되는데, 이 비용 부담에 대한 지분을 비용 지분(Expense Interest or Working Interest, WI)이라고 한다. 유망한 지역은 중개인들이 땅 주인과 선계약을 하고 관련 지분을 타 사업자들에게 전이시키는 경우가 많다. 이때 선계약자들이 비용 지분은 모두 사업자에게 전가시키고 이익 지분의 일부를 남기는 경우가 있는데, 이와 같은 지분을 ORRI(Override Royalty Interest)라고 한다. ORRI는 생산이 시작되어 이윤이 창출되면 유효해지는 특징이 있는데, 지질학자와 변호사 그리고 서비스 공급자가 ORRI를 갖는 대상이 될 수 있다.

일반적으로 이 시스템에서의 운영권자는 개발 유망지를 도출시키고 많은 투자자들의 자금을 모아서 탐사 및 생산 활동을 하게 되며, 사업자들 간의 공동 운영 계약(JOA, Joint Operation Agreement)을 체결하게 되는데, 여기서 그 유망성에 따라 투자자의 비용 지분과 이익 지분을 가지고 협상하게 된다. 흔히들 말하는 'Rocky Mountain Deal'이라는 것은 '1/3 for 1/4'의 의미로, 자기 지분(WI)이 25%(1/4)일 경우 구조 도출 비용 및 첫번째 탐사 비용(casing point까지)에 대하여 33.33%(1/3)를 부담하는 것을 의미하며, 추가 부담분을

Carry라고 부른다. 물론 첫번째 탐사 비용 이후(casing point 이후)는 지분비대로 비용을 분담하게 된다. 또한 "Back in Interest"란 비용 회수 시점 등의 어떤 시점 이후 상대방이 참여 지분에 대하여 지분을 다시 가져가는 것을 의미한다. 만약 25% 작업 지분에 대하여 비용 회수 이후 25% Back in 계약이 되어 있는 경우에는 작업 지분이 18.75%(=25%×(1-25%))로 변하게 된다(Thompson and Wright, 1985).

임대계약이 만료되더라도 시추정에 생산물이 남아 있는 경우에는 임대계약이 유지되며, 이를 HBP(Held By Production)라고 한다. 이름난 회사들이 임대계약을 시작하면 계약 조건이 시간에 따라 사업자쪽에 나빠지기 때문에 유령 회사를 세워 임대계약을 하기도 한다.

〈그림 6-2〉는 사업자(contractor)와 정부 또는 지주 간의 매출액 배분을 설명하고 있다.

6.1.2. 생산 분배 계약

생산 분배 계약의 본질은 광물권의 소유가 그 광물이 속한 나라에 있다는 것이며, 이 계약을 PSA(Production Sharing Agreement) 또는 EPSA(Exploration and Production Sharing Agreement)라고도 한다. 이 계약은 1960년대 중반 인도네시아의 목재 산업에서 처음 사용된 것으로 알려져 있으며, 그후 많은 나라들이 자원을 국유화하면서 자국의 석유에 대해서도 이 제도를 채택했다. 사업자들은 광물의 탐사, 개발, 생산을 목적으로 그들이 투자한 모든 자본비용에 대한 비용 회수를 한 후, 잔여 잉여 분량에 대한 분배 조건을 정의하기 위해 그 나라의 정부 또는 정부를 대신하는 국영 석유 회사와 이 계약을 체결하게 된다. 계약의 주 내용은 계약 보너스, 탐사 시 의무 작업량, 유효기간, 비용 회수 조건, 그리고 이익 분배 조건 등이다. 유효기간은 탐사 기간과 개발 기간 및 생산 기간으로 정의되며, 석유 자원을 소유한 국가는 이 계약을 효율적으로 운영하여 자국의 석유 자원 개발을 가장 효과적으로 운영하고자 한다.

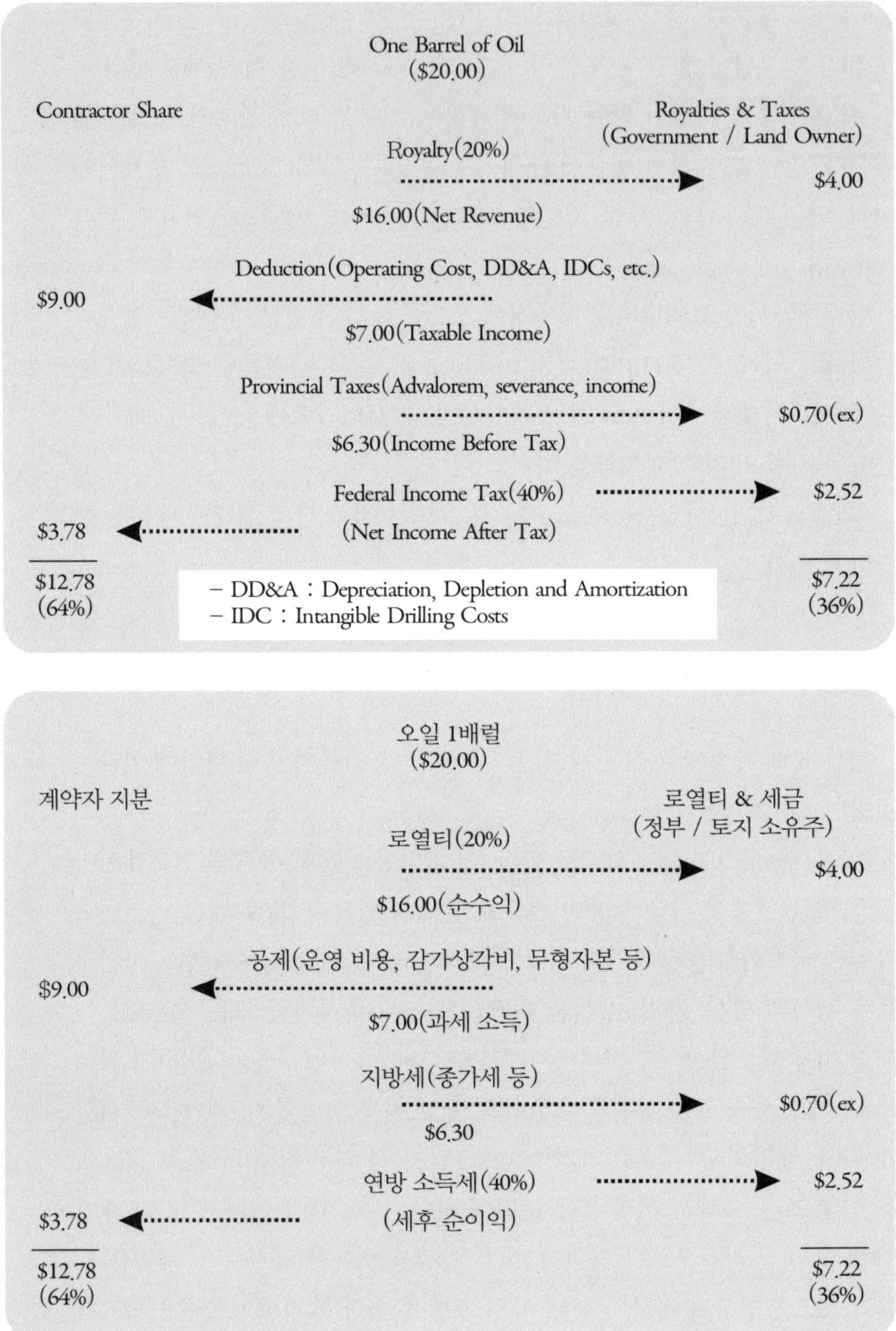

〈그림 6-2〉 광권 계약의 흐름도(Johnston, 1994)

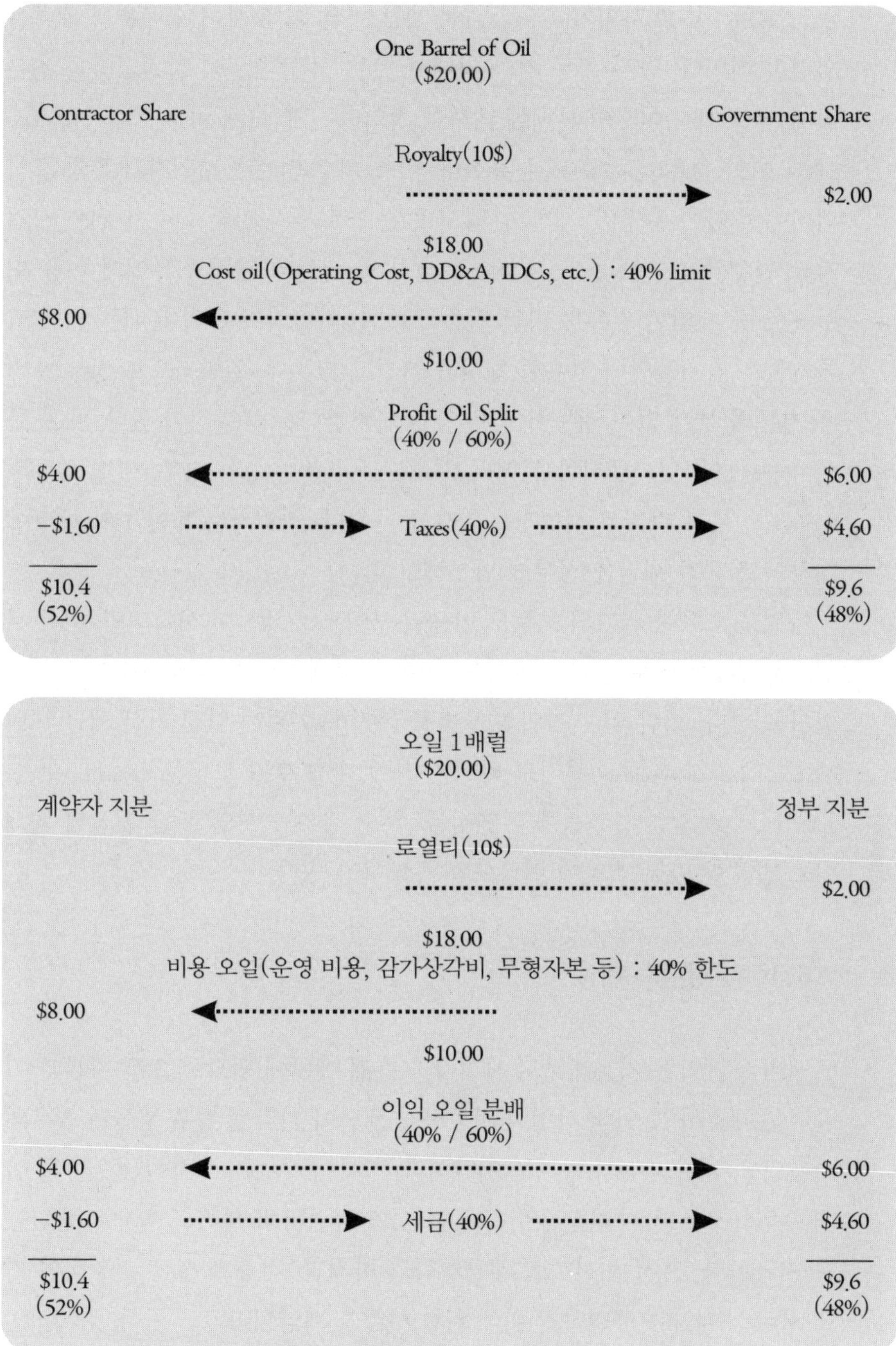

〈그림 6-3〉 생산 분배 계약의 흐름도(Johnston, 1994)

〈그림 6-3〉은 사업자(contractor)와 정부 또는 지주 사이의 매출액 배분을 설명한 것이다. 탐사 활동 결과 경제성 있는 석유 자원이 발견되었을 경우 실제 생산 개시 이후의 분배에 대하여 정의하는데, 크게 비용 회수 원유(cost oil)와 이익 원유(profit oil)로 분류한다. 비용 회수 원유란 사업자가 투자한 사업비에 대하여 운영비, 개발비, 탐사비 순으로 투자 자본 회수를 위한 사업 자분 원유(보통 총생산량의 30~60%)를 말하며, 생산된 전체 원유에서 비용 회수 원유를 제외한 원유를 이익 원유라고 한다. 이익 원유의 분배를 위해 각 국가들은 자기들만의 고유한 원칙을 가지고 있는데, 일반적으로 정부는 비용 지분의 분담 없이 월등히 많은 양을 가져간다는 공통점이 있다. 예를 들어, 85%/15% 인도네시아 분배(Indonesian 85%/15% split)의 경우, 이익 원유의 85%를 정부가 가지고 사업자는 15%를 가진다. 사업자는 또한 15% 배당에 대하여 정해진 세금을 정부에 납부해야 한다.

자원을 소유한 국가의 목적도 이윤 추구이므로 생산이 시작되면, 비록 사업자는 일반적으로 반기지 않아도, 비용 지분에 참가하여 추가적인 이익을 얻기도 한다. 또한 외국 기업의 투자를 촉진하기 위해 일정 기간 세금을 면제(tax and royalty holidays)하기도 하고 투자에 대해 추가 보상(investment credit or uplift)하거나 많은 조건들에 유연성을 주어, 정부와 사업자 간 협상에 의해 상호 만족할 만한 계약에 이르도록 유도하고 있다.

6.1.3. 서비스 계약

서비스 계약은 기본적으로 사업자가 유전 개발에 필요한 모든 자본과 기술력을 제공하고, 만약 사업이 성공하여 생산이 시작될 경우 생산된 원유의 소유권을 정부(국가)가 가지는 계약이다. 정부는 사업자로 하여금 원유의 판매 수익으로부터 비용을 회수하게 하고 또 사업자의 서비스 비용도 생산물로 지급한다. 흔히들 서비스 계약이라고 하지만, 검층과 같은 전통적인 기술 서비스 계약과 구별하기 위해 위험 서비스 계약이라고도 한다. 경제적인 관점에서는 생산 분배 계약과 유사하지만, 사업자가 생산물을 소유하거나 나누지 않고 서비스 제공의 대가로 생산물을 받는다는 점이 다르다.

보통 계약의 대상이 되는 생산물은 탐사·개발비에 비해 훨씬 많기 때문에 계약 체결 시에는 사업자의 자본 조달 능력, 기술 보증, 완공 보증 등이 요구된다. 서비스 계약을 채택하는 나라는 땅 밑이 거의 탄화수소로 되어 있는 이란, 베네수엘라 등이며, 사업의 수익성이 높을수록 정부가 더 많은 양을 가져가는 유동적인 제도로 대부분 운영된다.

6.2. 유전 개발 사업 경제성 평가

석유 산업의 일반적인 단계는 광권 확보, 탐사, 시추, 유전 평가, 유정 완결, 생산, 저장 및 운반으로 요약할 수 있으며, 석유 회사들은 각 사의 전략에 따라 선택적으로 각 단계에 진입할 수 있다. 석유 회사들의 전략은 일반적으로 자사의 사업 경험과 현금 흐름 및 기술적 특성에 따라 정해진다.

일반적으로 사업이 진행됨에 따라 기술적 위험도는 감소한다고 할 수 있으나, 탐사, 개발, 생산에 대한 각각의 단계는 서로 다른 특징과 위험(risk)을 가지고 있다. 이 장에서는 각 사업 단계에 따른 기술적·회계적 평가 요인과 국내 유전 개발 회사에서 해외 유전 개발 사업 참여 시 적용하고 있는 투자 분석 기법 및 절차에 대해 설명하고자 한다.

6.2.1. 사업 단계별 경제성 평가

탐사 사업은 과거 탐사 실적이 없어서 기술 자료가 전무한 경우와 과거 탐사 실적이 있어서 기술 자료가 확보되는 경우로 크게 나눌 수 있다. 이 단계에서는 많은 조사 및 해석 결과를 이용하여 석유지질학자들과 지구물리학자들의 공동 작업으로 탐사 개념(play concept)을 도출하게 된다.

과거 탐사 실적이 없는 경우에는 광역 지질 및 인근 유사 필드의 특성과 관련하여 예상 매장량 및 성공률을 유추할 수 있는데, 지질구조 변동 및 해수의 해침·해퇴와 관련된 분지 형성 등을 근거로 광역 지질 자료를 통해 근원암(source rock)의 존재, 탄화수소 이동 경로(migration pass) 및 퇴적암의 탄화수소 함유 가능성을 평가하게 된다. 이러한 지역은 일반적으로 메이저 회사들의 탐사 목표 지역이 되며, 사업의 성격상 많은 연구 인력과 기술자들이 필요하다.

과거 탐사 실적이 있는 경우의 주요 기술적 평가 요인으로는, 인근 유전의 유무에 따른 근원암의 존재 여부와 지구물리 자료에서 해석된 목표층으로의 탄화수소 이동 경로, 탄화수소가 존재할 수 있는 저류층의 존재, 그리고 탄화수소가 저류층 내에 포획될 수 있도록 하는 덮개암의 유무 등의 지층구조이다. 이러한 기술적 평가 요인을 토대로 탄화수소 발견 확률과 성공 가능성을 추론할 수 있다(Harbaugh et al., 1995). 〈표 6-1〉은 탐사 시추 시 성공 가능성을 평가하는 간단한 예이다.

탐사 사업의 참여 또는 지분 거래는 미래 석유 발견 및 생산에 대한 확률을 기본으로 가치 평가하는 것이 원칙이다. 탐사 초기 단계에서는 탐사권에 대한 기득권을 인정하여 할증금이 형성될 수 있는데, 이는 생산 분배 계약을 석유 사업의 근간으로 하는 나라와 미국, 캐나다 등 북미의 광권 계약을 채택한 나라에 따라 그 거래 형태에서 약간의 차이가 날 수 있다. 인근 지역의 발견 실적 또는 탐사 실적에 따른 유망성에 따라 사업권 또는 지분의 가치가 결정되며, 참여 사업자의 탐사 투자 전략에 따라 다양한 형태로 거래가 가능하다. 북미의 경우 투자비 대비 미래 생산 수익을 나타내는 RI(Return on Investment) 비율이 300% 이상일 경우에 참여 대상 탐사 사업으로 고려하는 예도 있다.

〈표 6-1〉 탐사 시추 시 성공 가능성 평가의 예

구분	확률	비고
공극을 가진 저류암의 존재	50%	a
덮개암의 존재	50%	b
근원암 존재 및 저류암으로의 탄화수소 이동	50%	c
성공 가능성	12.5%	=a×b×c

일반적으로 개발 사업은 매장량이 확정되어 생산을 위한 설비 구축 및 시추가 시행 중인 사업을 의미한다. 개발 사업은 단기간에 막대한 자금을 필요로 하지만, 생산 개시까지의 기간이 길지 않기 때문에 유전의 규모와 개발에 필요한 자금 등에 따라 사업 평가 및 할인율이 달라진다고 할 수 있다. 개발 사업의 경우에는 생산 즉시 사업자에게 현금 유입이 이루어지므로 거래는 활발하지 않으며, 은행에서의 차입 또는 사업 담보 자금 조달(project financing)에 많이 의존한다(Razavi, 1996).

생산 유전 매입 사업에서 가장 중요한 것은 향후 가채 매장량을 포함한 매장량 분석과 유전의 잔여 수명 평가이다. 〈표 6-2〉는 일반적인 생산 유전의 경우 매장량을 기술적으로 분류한 것이다. 평가 과정에서 각 매장량 등급별로 가중치를 둔다. 이 단계의 매장량 분석법은 감퇴곡선 분석법, 물질수지법 및 저류층 모사법 등 크게 세 가지로 요약할 수 있다(Cronquist, 2001).

감퇴곡선 분석법은 과거 생산 자료를 이용하여 감퇴곡선(decline curve)을 분석한 후 미래 생산량을 예측하는 방법으로, 현재 존재하는 각 생산정 자료를 이용, 감퇴곡선법을 적용하여 미래에 예상되는 생산량을 외삽하면 확

〈표 6-2〉 생산 유정과 가스전의 매장량 분류

구분	종류 및 일반적인 평가	평가 가중치
확인 매장량 (proved reserve)	• 개발되어 생산 중(Proved Developed Producing) : 각 생산정의 과거 생산량의 지수함수로 판단되는 미래 생산량 • 개발되었으나 생산 보류(Proved Developed Behind Pipe) : 필드 내 유사 지층의 생산실적으로 판단되는 미래 생산량 • 확인되었으나 개발되지 않음(Proved Undeveloped) : 필드 내 생산정 실적으로 판단되는 미래 생산량	90%
추정 매장량 (probable reserve)	• 각 생산정의 포물선함수로 판단되는 미래 생산량에서 지수함수로 판단되는 미래 생산량을 차감한 생산량 • 지구물리 자료상 구조 확인 및 한쪽 방향에 생산 필드가 있는 경우	50%
예상 매장량 (possible reserve)	• 각 생산정의 쌍곡선함수로 판단되는 미래 생산량에서 포물선 함수로 판단되는 미래 생산량을 차감한 생산량 • 지구물리 자료상 구조확인이 된 경우	10%

인 매장량(proved reserve)과 추정 매장량(probable reserve) 그리고 가능 매장량(possible reserve)을 도출할 수 있다. 미국과 캐나다 같은 북미의 많은 유/가스정 및 광구는 운영의 단순화 또는 비용 절감의 이유로 압력 자료가 없거나 얻기 어려운 경우가 많기 때문에, 대부분의 경우 감퇴곡선 분석법에 의한 향후 생산량의 합으로 계산되는 매장량을 토대로 유/가스정 및 광구의 가치를 평가한다.

물질수지법은 중급 규모 이상의 광구에 대해 적용되는 방법으로, 규모가 비교적 크고 단순한 구조의 광구일 때 유용하다. 저류층의 체적이 계산 가능하고 공극률 및 유체 포화도가 비교적 균일한 경우에 원시 매장량에서 생산된 양을 제하여 잔류 매장량을 계산하는 방법으로, 저류층의 평균 압력이 필수 자료로 요구된다. 이 방법으로는 'PDP, proved developed producing reserve'를 산출할 수 있다.

저류층 모사법은 광구 전체에 대하여 유/가스정 정보, 지질 구조 및 지구물리학적 정보, 유체 물성 정보 등 많은 자료가 확보 가능할 경우에 이용한다. 저류층구조를 격자로 세분화하여 각 격자에서의 유동을 통해 잔류 매장량을 계산하며, 향후 추가 시추 등에 의한 생산량 분석도 가능하다. 이 방법으로는 'proved developed reserve'의 모든 종류를 산출할 수 있다. 즉, 광구 또는 필드에 존재하는 현 생산정에서 궁극적으로 생산 가능한 'proved developed producing reserve' 외에 새로이 시추하거나 생산층의 이동 및 물 주입정에 의한 추가 생산량까지 분석 가능하다.

생산 유전 매입은 회사 입장에서 볼 때 초기에 막대한 자금이 투입되는 반면 거래가 성사될 경우에는 초기부터 안정적인 현금 유입을 가지게 되므로, 사업 초기에 회사를 안정화하기 위한 방법으로 많이 사용된다. 그러나 생산 유전 매입의 경우에도 추정 매장량에 대한 가치 평가와 이에 대한 추가 개발 비용이 고려되어야 하고, 향후 생산되는 오일 또는 가스에 대한 가격이 사업의 성공과 실패를 크게 좌우할 수 있으므로 신중을 기해야 한다.

상기와 같이 평가된 매장량에 대한 거래는 매장량에 대한 가치 평가에 따라 거래 금액이 큰 차이가 날 수 있으며, 일반적으로 사용되는 매장량 가치 평가 분석법은 두 가지로 나눌 수 있다. 첫번째 방법은 현가 방법으로, 기술적으로 평가된 확인 매장량, 추정 매장량, 예상 매장량 각각의 연도별 생산량에 유가 및 가스 가격을 곱하고, 그 금액에 상기 언급한 매장량별 가중치를 곱한 후 현재가를 산출하는 것이다. 이러한 현재가는 미래 위험 요소를 담고 있으므로 각 유전 개발 회사의 전략에 따라 할인율을 달리 적용하게 된다.

두번째 방법은 회계적 방법으로, 대규모 유전 또는 광구는 생산 개시부터 탐사 및 시추 자료와 함께 오일, 가스, 물에 대한 유량 자료와 압력 자료를 가지고 위에서 다루었던 공학적 분석에 의한 매장량 평가 및 향후 생산량 평가를 수시로 수행하나, 미국과 캐나다 등의 소규모 광구의 경우는 가장 기본적인 시추 자료와 과거 생산 자료만을 가지고 있을 뿐, 압력이나 기타 매장량 평가에 대한 자료가 없는 경우가 많다. 이러한 유정 또는 광구를 매매할 경우에는 한 달 동안의 순현금 흐름의 36배(3년 회수 기준)에서 48배(4년 회수 기준)를 기준으로 하여 거래된다. 즉, 오일 및 가스의 판매 수익에서 필드에 소요되는 운영비를 제외한 금액을 짧게는 3개월 길게는 1년 정도의 자료를 이용하여 그 유정 또는 광구에 대한 평균 월 현금 흐름을 구하게 된다. 다른 자료가 모두 갖추어져 있다 하더라도 이 값이 그 광구의 평가에 중요한 기준이 되기도 한다.

6.2.2. 투자 경제성 평가

해외 유전 개발 투자 사업에 대한 경제성 평가는 해외 현지법인을 통한 투자와 해외 직접투자의 경우가 다르므로, 사업에 대한 투자를 고려할 때 해외 현지법인 자체에 대한 경제성 평가와 모회사 관점에서의 경제성 평가를 모두 실시해야 한다. 투자에 대한 이러한 경제성 평가 방법은 기본적으로 현금 흐름 할인법(discounted cash flow analysis)을 사용하고, 회수 기간법, 회계적 이익률법 등을 보조적으로 활용한다.

현금 흐름 분석이란 투자 자금의 기회비용과 투자 자금의 생산성을 현금

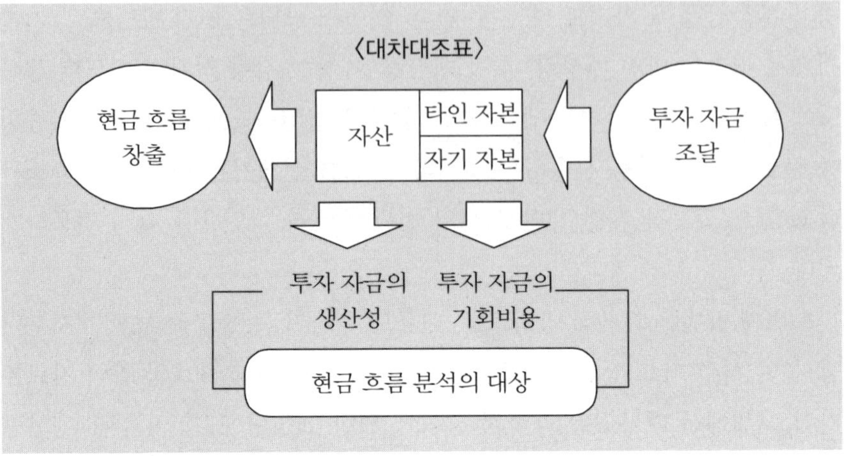

〈그림 6-4〉 대차대조표의 이해

흐름에 기초하여 분석하는 방법으로, 투자 자금의 생산성은 자산의 활용에 의한 현금 흐름의 창출 능력을, 투자 자금의 기회비용은 조달된 자금의 자본비용을 기준으로 평가한다. 이러한 현금 흐름 분석은 〈그림 6-4〉와 같은 대차대조표의 이해로 간략히 설명될 수 있다.

현금 흐름 분석은 〈그림 6-5〉에 나타나듯이, 먼저 현지법인의 현금 흐름 분석을 통해 현지법인 자체의 사업성을 평가한 후, 다음으로 현지법인의 설립으로 기대되는 모회사의 현금 흐름을 분석함으로써 모회사 입장에서의 사업성을 평가하는 것이 원칙이다. 즉, 첫번째로 모회사의 자본출자에 의한 해외 현지법인의 자산에 대한 자본금 및 타인 자본 비율을 계산하고, 현지법인 입장에서의 투자 자금에 대한 생산성 및 기회비용 분석을 통한 현지법인 자체의 경제성을 평가한 후, 두번째로 현지법인의 순현금 흐름 중 대여금에 대한 이자 및 배당금 분석을 근간으로 모회사에 귀속되는 현금 흐름을 분석한다. 세번째로 모회사 현금 흐름에서 해외 현지법인에 의한 증분 현금 흐름 유입을 다시 계산하고, 마지막으로 모회사 입장에서의 투자 사업 재평가 후 결정하는 것이 큰 골자이다. 〈그림 6-5〉의 현금 흐름 분석 절차에서 도시한 바와 같이, 분석 기법은 주 기법으로서 순현가법 및 내부 수익률법을 이용하고, 보조 기법으로는 회수 기간법 및 회계적 이익률법을 사용한다.

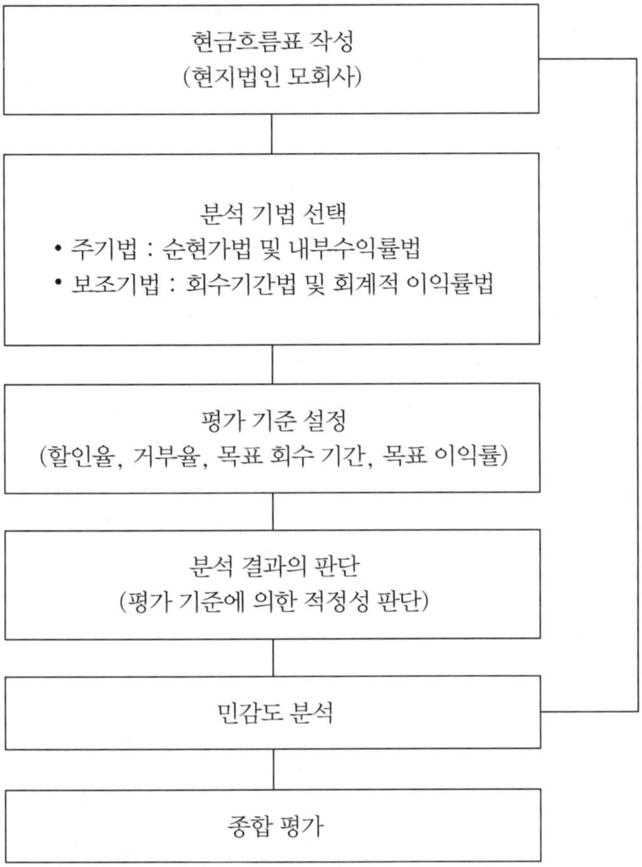

〈그림 6-5〉 현금 흐름 분석 절차

평가 기준은 투자를 계획하고 있는 회사의 성장 전략 및 투자 성향에 따라 상이하지만, 순현재가치에 적용되는 할인률과 내부 수익률의 거부율(가령, 12% 이하는 투자 부결) 그리고 회수 기간법의 목표 회수 기간 및 회계적 이익률법의 목표 이익률을 설정하는 것이 주가 된다. 종합적인 판단은 평가 기준에 따른 분석 결과를 판단하고 민감도 분석을 위한 현금 흐름표를 다시 작성한 후 내리게 된다.

투자 분석 기법을 유형별로 살펴보면, 순현가법(NPV, Net Present Value)은 할인율 추정이 선행되고 추정된 할인율을 이용하여 순현재가치를 추정하게 되며, 순현재가치는 연도별 순현금 흐름을 할인한 현재 가치의 합계가 된다.

이때 적용되는 할인율(r)은 현지법인의 총 투자자본(자기 자본+타인 자본)에 대한 기회비용, 즉 가중 평균 자본비용이다. 이를 식으로 나타내면 다음 식 (6–1)과 같다.

$$NPV = \sum_{t=1}^{n} \frac{(Cash_{in} - Cash_{out})_t}{(1+r)^t}, n = 1, 2, ..., 10 \tag{6–1}$$

내부 수익률법(IRR, Internal Rate of Return)은 내부 수익률 계산이 선행되고, 계산된 내부 수익률을 투자 거부율과 비교한다. 여기서 내부 수익률이란 연도별 순현금 흐름의 현재 가치를 0으로 만드는 할인률을 의미한다. 이를 식으로 나타내면 다음 식 (6–2)와 같다.

$$\sum_{t=1}^{n} \frac{(Cash-in)_t}{(1+r)^t} = \sum_{t=1}^{n} \frac{(Cash-out)_t}{(1+r)^t} \tag{6–2}$$

회수 기간법(Pay Back Period)에서 회수 기간은 투자에 소요된 모든 비용을 회수하는 데 걸리는 기간을 말하는 것으로, 보통 연 단위로 표시된다. 이는 현금 흐름표에서 연도별 순현금 흐름의 누적액이 (–)에서 (+)로 전환될 때까지의 기간을 말한다.

회계적 이익률법(Accounting Rate of Return)은 연도별 투자액에 대한 회계적 이익률을 의미하는 것으로, 투자로 인한 납세 후 연평균 순이익과 연평균 투자액의 비율로 계산하는 두 가지 방법이 식 (6–3)과 식 (6–4)에 나타나 있다. 해외 유전 개발의 경우는 투자가 초기에 집중되는 특징이 있어 후자의 방법이 많이 쓰인다.

회계적 이익률=(연평균 순이익)/(연평균 투자액) (6–3)

회계적 이익률=(연평균 순이익)/(전체 투자액) (6–4)

경제성 분석에서 분석 기법을 선택할 때는 순현가법 및 내부 수익률법을

〈표 6-3〉 투자 분석 기법 비교

구분		장점	단점
주지표	• 순현가법 • (NPV)	• 이론적으로 가장 정교한 기법 • 화폐의 시간 가치 고려	• 할인율 결정 어려움
	• 내부 수익률법 • (IRR)	• 이론적으로 우수한 기법 화폐의 시간 가치 고려	• 경영자가 이해하기 어려움 • 거부율 결정 어려움
보조지표	• 회수 기간법	• 경영자의 이해가 쉬움 • 투자 사업의 위험이 큰 경우 많이 사용	• 화폐의 시간 가치 고려않음 • 수익성지표 아님
	• 회계적 • 이익률법	• 성과평가기준인 재무회계지표와 부합 • 경영자가 이해하기 쉬움	• 현금 흐름 기준 아님

투자 분석의 주 지표로 사용하고 회수 기간 및 회계적 이익률을 보조 지표로 사용하는 것이 바람직하다. 이는 이론적으로 회수 기간법이나 회계적 이익률법이 현금 흐름의 시간적 가치를 고려하지 않기 때문이다. 그러나 회수 기간법은 투자 위험이나 경영 성과 판단 등을 위해 중요한 지표로 활용될 수 있다. 이러한 네 가지 분석 기법을 정확히 이해하고 〈표 6-3〉과 같이 장단점을 고려하여 이것들을 적용하면 사업성 평가에 큰 도움이 될 수 있을 것으로 판단된다.

6.3. 순현금 흐름표

이 장에서는 대표적인 석유 회계 시스템인 광권 계약과 생산 분배 계약의 순현금 흐름 계산을 위한 예를 통해 각 계약의 특징 및 수익 배분 절차를 설명하고자 한다.

6.3.1. 광권 계약의 순현금 흐름표

〈표 6-4〉는 광권 계약에서 순현금 흐름 계산을 위해 필요한 공식들이다. 총수입은 오일 또는 가스의 매장량에 유가를 곱해 계산하며, 순수입은 총수입에서 로열티를 제한 금액이다. 세금은 이 금액에서 유무형의 자본비용과

〈표 6-4〉 광권 계약에서 순현금 흐름 계산을 위해 필요한 공식들(Johnston, 1994)

총수입	=	총 오일, 가스 매장량
순수입	=	총수입
	–	로열티
과세소득	=	총수입
	–	로열티
	–	운영비용
	–	무형자본비용
	–	감가상각비(포기비용 포함)
	–	투자 공제(허용되는 경우)
	–	금융이자수익
	–	결손금이월 조세효과
	–	보너스
세금	=	과세소득(35~46%)
순현금 흐름	=	총수입
	–	로열티
	–	유형자본비용
	–	무형자본비용
	–	운영비용
	–	보너스
	–	세금

운영비용, 보너스 등을 제외한 과세소득에서 약 40% 수준의 세율을 적용하여 정부에 납부한다.

〈표 6-5〉는 광권 계약에서 사용되는 순현금 흐름표의 전형적인 예이다. 2001년도부터 개발을 시작해 2004년부터 2014년까지 생산할 경우, 유가에 따른 총수입과 로열티, 순수입, 유무형 자본비용, 운영비용, 감가상각비, 공제 합계액, 세금 등이 이 표에 나타나 있으며, 최종적인 연도별 순현금 흐름을 모두 합한 순현가 합계 또한 파악할 수 있다.

〈표 6-5〉 광권 계약에서 사용되는 순현금 흐름표의 예(Johnston, 1994)

연도	오일 생산량	유가	총수입	로열티 (12.5%)	순수입	무형 자본	유형 자본	운영 비용	감가 상각	공제 합계액	세금 공제	과세 소득	소득세	순현금 흐름
	(Mbbls)	($/bbl)	($M)	($M)	($M)	($M)	($M)	($M)	($M)	($M)	($M)	($M)	($M)	($M)
	(A)	(B)	(C)	(D)	(E)	(F)	(G)	(H)	(I)	(J)	(K)	(L)	(M)	(N)
2001	0	18.00	0	0	0	10,000	10,000	0	0	0	0	(10,000)	0	(20,000)
2002	0	18.00	0	0	0	5,000	8,000	0	0	0	10,000	(15,000)	0	(13,000)
2003	0	18.00	0	0	0	3,000	40,000	0	0	0	15,000	(18,000)	0	(43,000)
2004	4,500	18.00	81,000	10,125	70,875	0	25,000	11,500	16,600	46,100	18,000	24,775	8,671	25,704
2005	7,000	18.00	126,000	15,750	110,250	0	0	14,000	16,600	30,600	0	79,650	27,878	68,373
2006	5,600	18.00	100,800	12,600	88,200	0	0	12,600	16,600	29,200	0	59,000	20,650	54,950
2007	4,760	18.00	85,680	10,710	74,970	0	0	11,760	16,600	28,360	0	46,610	16,314	46,897
2008	4,046	18.00	72,828	9,104	63,725	0	0	11,046	16,600	27,646	0	36,079	12,627	40,051
2009	3,439	18.00	61,904	7,738	54,166	0	0	10,439	0	10,439	0	43,727	15,304	28,422
2010	2,923	18.00	52,618	6,577	46,041	0	0	9,923	0	9,923	0	36,118	12,641	23,477
2011	2,485	18.00	44,725	5,591	39,135	0	0	9,485	0	9,485	0	29,650	10,378	19,273
2012	2,087	18.00	37,569	4,696	32,873	0	0	9,087	0	9,087	0	23,786	8,325	15,461
2013	1,732	18.00	31,183	3,898	27,285	0	0	8,732	0	8,732	0	18,552	6,493	12,059
2014	1,427	18.00	25,570	3,196	22,374	0	0	8,421	0	8,421	0	13,953	4,884	9,069
2015	0	18.00	0	0	0	0	0	0	0	0	0	0	0	0
합계	40,000		719,877	89,985	629,893	18,000	83,000	116,993	83,000	217,993		368,899	144,165	267,735

(A) 생산 추이
(B) 원유 가격
(C) 총수입=(A)×(B)
(D) 로열티=(C)×0.125(12.5%)
(E) 순수입=(C)-(D)
(F) 무형자본비용
(G) 유형자본비용
(H) 운영비용
(I) (유형자본 감가상각)/5년
(J) 만약 (F+H+I+K)>(E)이면 (E), 그렇지 않으면 (F+H+I+K)
(K) 결손금 이월 : 전년도 과세소득이 음수일 때 순수입에서 그만큼 제외
(L) 과세소득=(E)-(F)-(H)-(I)-(K)
(M) 소득세=(L)×0.35(35%)
(N) 세금 공제 후 순현금 흐름=(C)-(D)-(F)-(G)-(H)-(M)

〈표 6-6〉 생산 분배 계약에서 순현금 흐름 계산을 위해 필요한 공식들(Johnston, 1994)

총수입	=	총 오일, 가스 매장량
순수입	=	총수입
	−	로열티
비용 회수(비용 오일)	=	운영비용
	+	무형자본비용
	+	감가상각비(포기비용 포함)
	+	투자 공제(허용되는 경우)
	+	금융이자수익
	+	미회수 비용 이월
이익 오일	=	순수입-비용 회수
계약자 이익 오일	=	이익 오일×계약자 참여 지분
정부 이익 오일	=	이익 오일×정부 참여 지분
순현금 흐름	=	총수입
(세금 공제 후)	−	로열티
	−	유형자본비용
	−	무형자본비용
	−	운영비용
	−	투자 공제
	−	보너스
	−	정부 이익 오일
	−	세금
과세소득	=	총수입
	−	로열티
	−	무형자본비용
	−	운영비용
	+	투자 공제
	−	정부 이익 오일
	−	감가상각비(포기비용 포함)
	−	보너스

〈표 6-7〉 생산 분배 계약에서 사용되는 순현금 흐름표의 예(Johnston, 1994)

연도	오일 생산량	유가	총수입	보너스	자본 비용	운영 비용	비용 합계	최저 비용 회수	최고 비용 회수	비용 오일	이익 합계	계약자 이익	소득세	순현금 흐름
	(Mbbls)	($/bbl)	($M)	($M)	($M)	($M)	($M)	($M)	($M)	($M)	($M)	($M)	($M)	($M)
	(A)	(B)	(C)	(D)	(E)	(F)	(G)	(H)	(I)	(J)	(K)	(L)	(M)	(N)
2001	0	20.00	0	2,000	10,000	0	10,000	10,000	0	0	0	0	0	(12,000)
2002	0	20.00	0	0	8,000	0	8,000	18,000	0	0	0	0	0	(8,000)
2003	0	20.00	0	0	15,000	0	15,000	33,000	0	0	0	0	0	(15,000)
2004	4,500	20.00	90,000	1,000	25,000	11,500	36,500	69,500	36,000	36,000	54,000	18,900	4,560	9,840
2005	7,000	20.00	140,000	0	2,000	14,000	16,000	49,500	56,000	49,500	90,500	31,675	12,670	52,505
2006	5,600	20.00	112,000	0	0	12,600	12,600	12,600	44,800	12,600	99,400	34,790	13,916	20,874
2007	4,760	20.00	95,200	0	0	11,760	11,760	11,760	38,080	11,760	83,440	29,204	11,682	17,522
2008	4,046	20.00	80,920	0	0	11,046	11,046	11,046	32,368	11,046	69,874	24,456	9,782	14,674
2009	3,439	20.00	68,782	0	0	10,439	10,439	10,439	27,513	10,439	58,343	20,420	8,168	12,252
2010	2,923	20.00	58,465	0	0	9,923	9,923	9,923	23,386	9,923	48,542	16,990	6,796	10,194
2011	2,485	20.00	49,695	0	0	9,485	9,485	9,485	19,876	9,485	40,210	14,074	5,629	8,444
2012	2,087	20.00	41,744	0	0	9,087	9,087	9,087	16,698	9,087	32,657	11,430	4,581	6,858
2013	1,732	20.00	34,647	0	0	8,732	8,732	8,732	13,859	8,732	25,915	9,070	3,628	5,442
2014	1,427	20.00	28,411	0	0	8,421	8,421	8,421	11,364	8,421	19,990	6,997	2,799	4,198
2015	0	20.00	0	0	0	0	0	0	0	0	0	0	0	0
합계	40,000		799,864	3,000	60,000	116,993	176,993		319,946	176,993	622,871	218,005	87,202	127,803

(A) 생산 추이
(B) 원유 가격
(C) 총수입=(A)×(B)
(D) 보너스=계약(2,000M$), 생산(1,000M$)
(E) 자본 비용 : 탐사 & 개발 비용
(F) 운영비용
(G) 연간 비용(보너스 제외)=(E)+(F)
(H) 최저 비용 회수 = 전년도 가치-전년도(J)+(G)
(I) 최고 비용 회수= (C)×0.4(40%)
(J) 비용 회수 : 만약 (I) > (H)이면 (H), 그렇지 않으면 (I)
(K) 이익 오일 합계=(K)×0.35(35%)
(L) 과세 소득=(E)-(F)-(H)-(I)-(K)
(M) 소득세=(L)×0.4(40%)
(N) 세금 공제 후 순현금 흐름=(C)-(D)-(G)-(J)+(L)-(M)

6.3.2. 생산 분배 계약의 순현금 흐름표

〈표 6-6〉은 생산 분배 계약에서 순현금 흐름 계산을 위해 필요한 공식들이다. 생산 분배 계약은 광권 계약과는 달리 총수입에서 로열티와 비용을 회수한 이익 오일을 계약자와 정부의 소유 지분에 따라 분배한다는 차이가 있다. 일반적으로 매장량, 유가, 비용 등이 동일한 경우 생산 분배 계약은 광권 계약에 비해 사업자의 이익이 감소하는 경향을 보인다. 〈표 6-7〉은 생산 분배 계약에서 사용되는 순현금 흐름표의 예이다.

부 록

1. 단위계 및 차원
2. 회귀선의 추정 : 최소자승법

부록 1

단위계 및 차원

석유공학에서 사용하는 단위계는 자연과학이나 응용과학에 이용되는 것과처럼 크게 'Metric' 단위계와 'English' 단위계로 분류할 수 있다. 이 두 단위계 간의 상호 전환은 측정 및 표현의 편이성 때문에 빈번히 행해진다. 특히 공학에서 주로 사용되는 힘 중심의 중력 단위계와 질량 중심의 절대 단위계가 혼합되어 사용될 때 적지 않은 혼돈과 착오가 발생한다.

따라서 단위계에 대한 올바른 숙지를 위하여 제반 물리량을 표시하는 기본단위 및 차원을 통해 자연계의 물리적 양들을 이해하고, 특히 1977년 SPE (Society of Petroleum Engineering)에서 채택한 SI(le système international d'unitès) 미터 단위계에 대해서도 간단히 소개하고자 한다.

A-1. 기본단위 및 차원

한 물리량을 표시하는 데는 다음 두 가지 요소를 반드시 포함하게 된다. 즉, 물리량의 본질과 측정 기저(basis)의 구성 상태를 나타내는 차원(dimension)과 그것의 양을 나타내는 단위이다.

따라서 자연계의 모든 물리적 양은 다음과 같은 간단한 식으로 표시할 수 있다.

$$Q = n[u] \tag{A1-1}$$

여기서, Q : 물리량

n : 단위의 수

$[u]$: 차원

간단한 예로서, 우리가 통상적으로 길이를 표시할 때 '3m'라고 하면 '3'은 'm'라는 단위의 수이고, 'm'는 기본단위이면서 동시에 길이의 차원을 의미하는 것이다.

일반적으로 '차원'은 물리적 변수를 정성적으로 표현하는 측정 표준이고, '단위'는 정성적인 차원의 양을 나타내는 정략적 방식이라 할 수 있다. 따라서 길이는 거리, 변위, 폭 및 높이 등과 같은 변수들과 관련이 있는 차원이고, 센티미터나 인치는 둘 다 길이를 표시하기 위한 수치 단위이다.

대부분의 물리량은 차원을 가지고 있으며, 이 차원은 가장 기본이 되는 기저 단위량의 차원으로 직접 표시될 수 있거나 또는 이러한 기본 차원의 결합으로 유도된 것들이다. 예를 들어, 위치의 시간적 변화량인 속도의 차원은 기본단위인 길이를 시간 간격으로 나눈 것이다. 따라서 속도의 단위는 길이의 단위와 시간 단위로서 고정된다.

대부분의 공학 분야에서 사용하기에 충분한 전통적인 기본단위로는 질량(m), 길이(L), 시간(t), 온도(T), 그리고 전위(q)가 있으며, 이 기본단위의 차원을 이용하여 모든 자연계의 물리량들을 표시할 수 있다.

물리량을 일반적인 차원식으로 나타내면,

$$Q = [L]^a [m]^b [T]^c [p]^d [t]^e \tag{A1-2}$$

와 같으며, 밀도의 경우 정의에 따라 $a=-3$, $b=1$, $c=d=d=0$이 되어 [m/L^3]의 차원이 되는 것이다.

〈표 A-1〉 기본차원 및 기호

기본단위	기호
길이	L
질량	m
시간	t
온도	T
전위	q

이와 같은 기본단위의 차원을 이용하여 각 물리량들의 차원을 표시하면

힘	mL/t^2
압력	m/Lt^2
면적	L^2
부피	L^3
에너지, 일, 열	mL^2/t^2
마력, 열량	mL^2/t^2
진동수	$1/t$
투과율	L^2
밀도	m/L^3
동점성 계수	m/Lt
정점성 계수	L^2/t

A-2. 질량, 힘과 중량의 단위

한 식에서 이른바 'pound force'나 'pound mass' 또는 'pound weight'가 혼용될 때 적지 않은 혼돈이 야기되며, 이러한 통상적인 기존 단위계의 모호함이 간혹 물리량을 표시하는 데 실수를 유발시킬 수 있으므로, 질량과 힘 그리고 중량은 특히 단위계의 바른 숙지가 요구되는 부분이다.

1. 힘

힘과 질량의 관계식은 뉴턴의 운동방정식으로 다음과 같이 쓸 수 있다.

$$(\text{힘}) = \frac{(\text{질량})(\text{가속도})}{(\text{변환계수})}$$

또는

$$F = \frac{ma}{g_c} \qquad \text{(A1-3)}$$

여기서 뉴턴 방정식의 비례상수가 되는 g_c는 [(질량)(가속도)/(힘)]의 변환계수로, 사용되는 단위계에 따라 상이한 값을 갖는다. 앞서 설정한 기본 단위를 도입할 때 힘의 차원은 식 (A1–3)으로부터 [mL/t^2]임을 알 수 있다.

공학 분야에서 가장 보편적으로 사용하는 다섯 가지 단위계는 〈표 A–2〉와 같다. 여기서 힘의 차원은 동일하나 그 단위명이 서로 상이한 것은 질량의 단위와 가속도 그리고 비례상수값(g_c)이 단위계에 따라 다르기 때문이다. 만약 SI 단위계(질량의 단위 kg, 힘의 단위 N)를 쓰거나 영국 중력(BG) 단위계(〈표 A–2〉에서 (5)번 ; 질량의 단위 slug, 힘의 단위 lbf)를 쓸 경우 식 (A1–3)에서 비례상수 g_c는 불필요하다.

한편, 각 단위계는 자체적으로 일관된 것이나 상호 간에는 서로 양립될 수 없는 단위계이다. 다섯 가지 단위계에서 도출된 힘의 단위는 〈표 A–2〉에 설명되어 있다.

각 단위계에서 변환계수 g_c의 단위 및 그 수치는 위 정의를 일반 뉴턴 방정식 (A1–3)에 도입함으로써 쉽게 산출할 수 있다. 한편, g_c는 가속도를 의미하는 물리량이 아니라, 힘의 단위와 그것과 연관된 기본 물리 단위 간의 단순한 변환계수임을 주의해야 한다.

예제 A1–1 절대 단위계의 미터 단위에서 g_c의 차원 및 값을 산출하라.

풀이

식 (A1–3)을 힘 1dyne의 정의대로 전개하면

〈표 A-2〉 일반 단위계

물리량	기호	절대단위계		중력단위계		
		(1) Metric	(2) English	(3) Engineering metric	(4) Engineering English	(5) Engineering English
질량	m	gram, gm	pound, lbm	gm	lbm	slug
길이	L	centimeter, cm	foot, ft	cm	ft	ft
시간	t	second, sec		sec	sec	sec
힘	F	dyne	poundal, pdl	gram, gf	pound, lbf	lbf
중력가속도	$g(\text{or } a)=L/t^2$	981cm/sec^2	1.0ft/sec^2	981cm/sec^2	32.17ft/sec^2	1.0ft/sec^2
변환상수	$g_c=\frac{mL}{Ft^2}$	$1\frac{\text{gm cm}}{\text{dyne sec}^2}$	$1\frac{\text{lbm ft}}{\text{pdl sec}^2}$	$981\frac{\text{gm cm}}{\text{gf sec}^2}$	$32.7\frac{\text{lbm ft}}{\text{lbf sec}^2}$	$1\frac{\text{slug ft}}{\text{lbf sec}^2}$
밀도	$\rho=\frac{m}{L^3}$	gm/cm^3	lbm/ft^3	gm/cm^3	lbm/ft^3	slug/ft^3
비중	$\rho'=\frac{F}{L^3}$			gf/cm^3	lbf/ft^3	lbf/ft^3
비체적	$v=\frac{L^3}{m}$	cm^3/gm	ft^3/lbm	cm^3/gm	ft^3/lbm	ft^3/slug
	$v'=\frac{L^3}{F}$			cm^3/gf	ft^3/lbf	
절대점성도	$\mu=\frac{m}{L^t}$	$\frac{\text{gm}}{\text{cm sec poise}}$		$\frac{\text{gm}}{\text{cm sec poise}}$	$\frac{\text{lbm}}{\text{ft sec}}$	$\frac{\text{slug}}{\text{ft sec}}$
에너지	$E=FL$	dyne cm(erg)	ft pdl	gf cm	ft lbf	ft lbf
일률	$P=\frac{FL}{t}$	erg/sec	ft pdl/sec	gf cm/sec	horsepower=550ft lbf/sec	horsepower=550ft lbf/sec

(1) 1dyne ; 질량 1g을 1cm/sec^2으로 가속시키는 데 필요한 힘
(2) 1pdl(poundal) ; 질량 1lbm을 1ft/sec^2로 가속시키는 데 필요한 힘
(3) 1gf(gram force) ; 질량 1g을 981cm/sec^2로 가속시키는 데 필요한 힘
(4) 1lbf(pound force) ; 질량 1lbm을 32.17ft/sec^2로 가속시키는 데 필요한 힘
(5) 1lbf ; 질량 1slug를 1ft/sec^2로 가속시키는 데 필요한 힘

$$F = \frac{1}{g_c} \times 1gm \times 1\frac{cm}{\sec^2} = 1dyne$$

따라서 g_c는 다음과 같다.

$$g_c = 1\frac{gm \times cm \times \sec^2}{dyne}$$

예제 A1-2 **1 lbf를 등가의 gf 로 전환할 때 그 변환계수를 산출하라.**

풀이

$$1lbf = 1lbf \times \frac{32.17lbm \cdot ft}{lbf \cdot \sec^2} \times \frac{453.6gm}{lbm} \times \frac{30.48cm}{ft} \times \frac{gf \cdot \sec^2}{981gm \cdot cm} = 453.6gf$$

여기서 1 bm을 gm으로 바꾸어주기 전에 g_c를 이용하여 1 lbf를 기본단위로 전환시키는 것이 필요하며, 이와 유사하게 기본 미터 단위계에서의 g_c 역시 변환 과정에서 사용되었음을 알 수 있다.

한편, English 단위계에서는 질량 1 lbm이 중력가속도 32.17ft/sec^2(6.81m/sec^2)를 받을 때의 힘을 1 lbf로 정의함에 따라 힘과 중량이 큰 차이 없이 사용되어왔다. 그런데 만약 비례상수(g_c)가 중력가속도와 같아지면 1 lbf(weight)는 질량 1 lbm과 수치적으로 같게 된다. 실제 기호상으로는 lbf와 lbm, gf와 gm으로 힘과 질량을 구분하고 있으나, 공학 단위계에서는 단위 힘과 단위 질량이 같은 명칭(pound 또는 gram)으로 쓰이고 있다. SI 미터 단위계에서는 이러한 단위계의 혼란을 배제하고자 힘과 질량의 단위를 다르게 사용하고 있다. 즉, 힘의 기본단위로는 뉴턴(N)을, 질량의 기본단위로는 킬로그램(kg)을 사용하는데, 32.17ft/sec^2 표준 중력가속도가 9.81m/sec^{2}이므로 질량 1kg에 의해 생기는 힘은 9.81N이며 1 lbf는 4.448N이 된다.

2. 중량

지구로부터 한 물체에 가해지는 인력이 그 물체의 중량이다. 중량은 힘의 물리량을 가지므로, 질량 m인 물체의 중량 W는 다음과 같이 뉴턴 방정식으로 계산될 수 있다.

$$W = \frac{1}{g_c} mg \tag{A1-4}$$

여기서, g : 중력가속도

중량은 힘의 특유한 형태로서 질량과는 반드시 구별되어야 한다. 중량은 중력가속도에 의해 변하는 값이지만, 질량은 물체의 고유값이다. 그러나 불행하게도 중력과 질량은 번번히 동의어처럼 쓰이고 있으며, 앞에서 언급한 바 있듯이 공학 단위계에서는 중량(힘)의 단위와 질량의 단위가 같이(같은 이름으로) 쓰이고 있어서 이들 간의 당연한 구분이 더욱 곤란해질 수 있는 것이다. 따라서 '중량은 힘의 차원을 갖는다'는 점과 아울러 중량과 질량 간의 관계는 식 (A1-4)에 의해서만 상호 전환됨을 인식해야한다.

3. 질량

질량은 기본 물리량 가운데 하나로서 각 단위계에 따라 'gm'이나 'lbm' 또는 'slug'를 사용하며, 이에 따른 각 물성의 단위는 〈표 A-2〉에서와 같다. 질량 단위들 간의 변환계수는 기타 물성의 단위 변환계수와 함께 〈표 A-4〉에 제시되어 있다.

예제 A1-3 어떤 물체의 무게가 표준 지구중력 g=32.17ft/s^2하에서 1,000lbf이다.

(a) 이 물체의 질량은 몇 kg인가?

(b) 이 물체가 달의 표준가속도 g_{moon}=1.62m/s^2을 받을 때 이 물체의 무

게는 몇 N인가?

(c) 만일 그 물체에 400lbf의 순수 힘이 달에서 또는 지구에서 작용된다면 그것은 얼마나 빨리 가속되겠는가?

풀이

비례상수 g_c를 고려하지 않기 위해 SI 단위 및 BG 단위를 사용하겠다.

(a) 식 (A1−3)은 F=무게, $a = g_{earth}$로서 성립된다.

$$F = W = \mathrm{mg} = 1000\mathrm{lbf} = (\mathrm{m\ slugs})(32.17\,\mathrm{ft/s^2})$$

$$m = \frac{1000}{32.17} = (32.08\mathrm{slugs})(14.5939\mathrm{kg/slug}) = 453.6\mathrm{kg}$$

여기서, (14.5939)는 kg과 slug 간의 환산계수이다.

(b) 물체의 질량은 위치에 상관없이 453.6kg이다. 식 (A1−3)이 a의 새로운 값으로 적용되며 따라서 새로운 힘은 다음과 같다.

$$F = W_{moon} = \mathrm{m}g_{moon} = (453.6\mathrm{kg})(1.62\mathrm{m/s^2}) = 734.8\mathrm{N}$$

(c) 이 문제는 무게나 중력 또는 위치에 관계없으며, 단순히 비균형 힘으로서 뉴턴법칙을 다음과 같이 직접 적용할 수 있다.

$$F = 400\mathrm{lbf} = \mathrm{ma} = (31.08\mathrm{slugs})(a\ \mathrm{ft/s^2})$$

$$a = \frac{400}{31.08} = 12.43\,\mathrm{ft/s^2} = 3.79\mathrm{m/s^2}$$

이 가속도는 달, 지구 또는 어느 곳에서나 같은 것이다.

A-3. 수두

석유공학에서 유체에 의해 가해지는 압력은 시추 단계나 생산 단계에서 매우 중요한 물리적 양이며, 이것을 수두라고 이름한다. 수두의 크기는 방향성이 없는 스칼라 양이며 다음과 같이 표현된다.

$$P = C(\rho h)(g/g_c) \tag{A1-5}$$

여기서, ρ : 유체의 평균 밀도, $gm/cm^3(lbm/ft^3)$

h : 유체 기둥의 높이, cm(ft)

g : 중력가속도, $981cm/sec^2(32.17ft/sec^2)$

g_c : 비례상수, $1gm \cdot cm/dyne \cdot sec^2(32.17lbm \cdot ft/lbf \cdot sec^2)$

P : 압력, $dyne/cm^2(psi)$

C : 변환상수 1(0.00694)

변환상수(0.00694)는 lbf/ft^2을 psi(lbf/in^2)로 전환시키는 수치이다. 미터 단위계에서는 식 (A1-5)가 통상적으로

$$P = \rho g h \tag{A1-6}$$

와 같이 쓰이지만, English system의 경우 중력가속도 g와 g_c가 수치상 같기 때문에 결국 다음과 같이 쓸 수 있다.

$$P = C(\rho h) \tag{A1-7}$$

여기서, C : 변환상수

English system에서도 질량의 단위를 lbm 대신 slug을 쓸 경우에는 식 (A1-6)과 동일하게 쓸 수 있다.

A-4. 점성도

고체역학의 탄성계수와 대비되는 유체역학에서의 물성은 점성도이다. 한 유체가 일정한 전단응력을 받을 때 유체는 점성계수 또는 '점성도' μ에 반비례하는 변형률만큼 움직이는데, 여기서 점성도는 유체 유동의 용이도를 의미하는 물성이라고 할 수 있다.

〈그림 A-1〉에서와 같이 단 하나의 전단응력, τ에 의하여 한 평면에서 전단되는 유체 요소에 대해 살펴보면, 응력 τ가 유지되는 한 위 표면은 아래 표면보다 δu만큼 큰 속력으로 움직이며 전단변형률 $\delta\theta$는 시간에 따라 계속 커질 것이다. 일반적인 유체는 작용된 전단과 그로 인해 발생하는 변형률 사이에 다음과 같은 선형 관계를 보인다.

$$\tau \propto \frac{\delta\theta}{\delta t} \tag{A1-8}$$

〈그림 A-1〉에서

$$\tan(\delta\theta) = \frac{\delta u \delta t}{\delta y} \tag{A1-9}$$

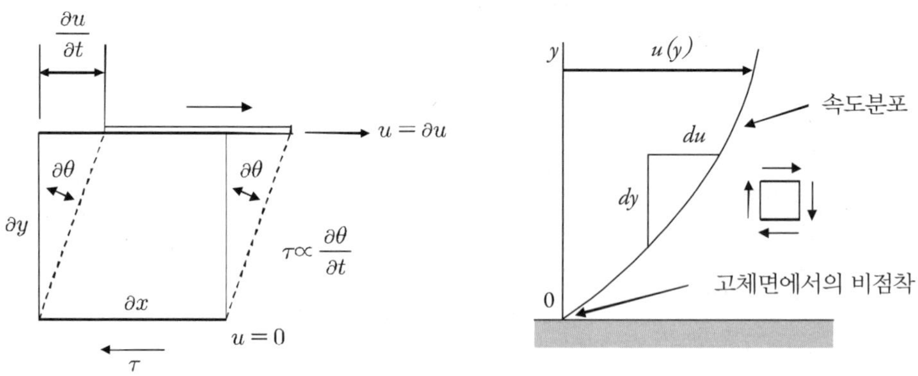

〈그림 A-1〉 전단응력은 유체 내의 연속적인 전단 변형의 원인이 된다.
(a) δθ/δt의 비율로 변형하는 유체 요소
(b) 벽 근처 전단층에서의 뉴턴전단응력 분포

이것은 무한소 변화의 극한에서 전단변형률과 속도 구배 사이의 관계가 된다. 즉,

$$\frac{d\theta}{dt}=\frac{du}{dy} \tag{A1-10}$$

따라서 식 (A1–8)로부터 작용된 전단응력은 일반적인 선형 유체에 대해 속도 구배와도 비례 관계가 있으며 그 비례상수가 점성도 μ이다.

$$\tau=\mu\frac{d\theta}{dt}=\mu\frac{du}{dy} \tag{A1-11}$$

그러므로 [(전단응력)/(전단변형률)]로 정의될 수 있는 점성도는 전단응력이 [힘/단위 면적]으로, 전단변형률은 [속도/단위 길이]로 정의될 때 결국 [(응력)·(시간)]의 차원을 가지므로 단위는 $\left[\frac{Ft}{L^2}\right]=\left[\frac{M}{Lt}\right]$이다. 즉, 점성도는 힘의 단위를 기준으로 하여 표시하거나 동등한 질량의 단위를 중심으로 나타낼 수도 있다. 통상적인 점성도의 단위는 'poise'로, 1poise는 1dyne·sec/cm^2이다. 석유공학에서는 유체의 특성상 1poise의 1/100인 'centipoise(cp)' 단위를 사용하고 있으며, SI 단위계로는 'Pa·s'로 표시된다.

식 (A1–11)로 정의되는 점성도를 절대점성도라고 하며, 동점성도는 절대점성도를 밀도로 나눈 것으로 그 단위는 'centistoke(cSt, cs)'이다. 점성도 단위 간의 변환계수는 〈표 A–4〉에 정리되어 있다.

A–5. SI 미터 단위계

SI 단위계는 1977년부터 SPE에서 채택되어 석유공학 분야에서도 점차 그 이용이 늘고 있으며, 대표적인 통용 단위계로 사용하려는 추세에 있다.

SI 단위계는 기존의 미터 단위계를 보다 확장하고 개선한 것으로, 7개의

기본단위와 2개의 보조단위를 설정하여 이것으로부터 제반 물리량들의 단위를 정의했다.

〈표 A-3〉은 SI 단위들 간의 이러한 관계를 도시한 것이다.

〈표 A-3〉 SI 미터 단위계

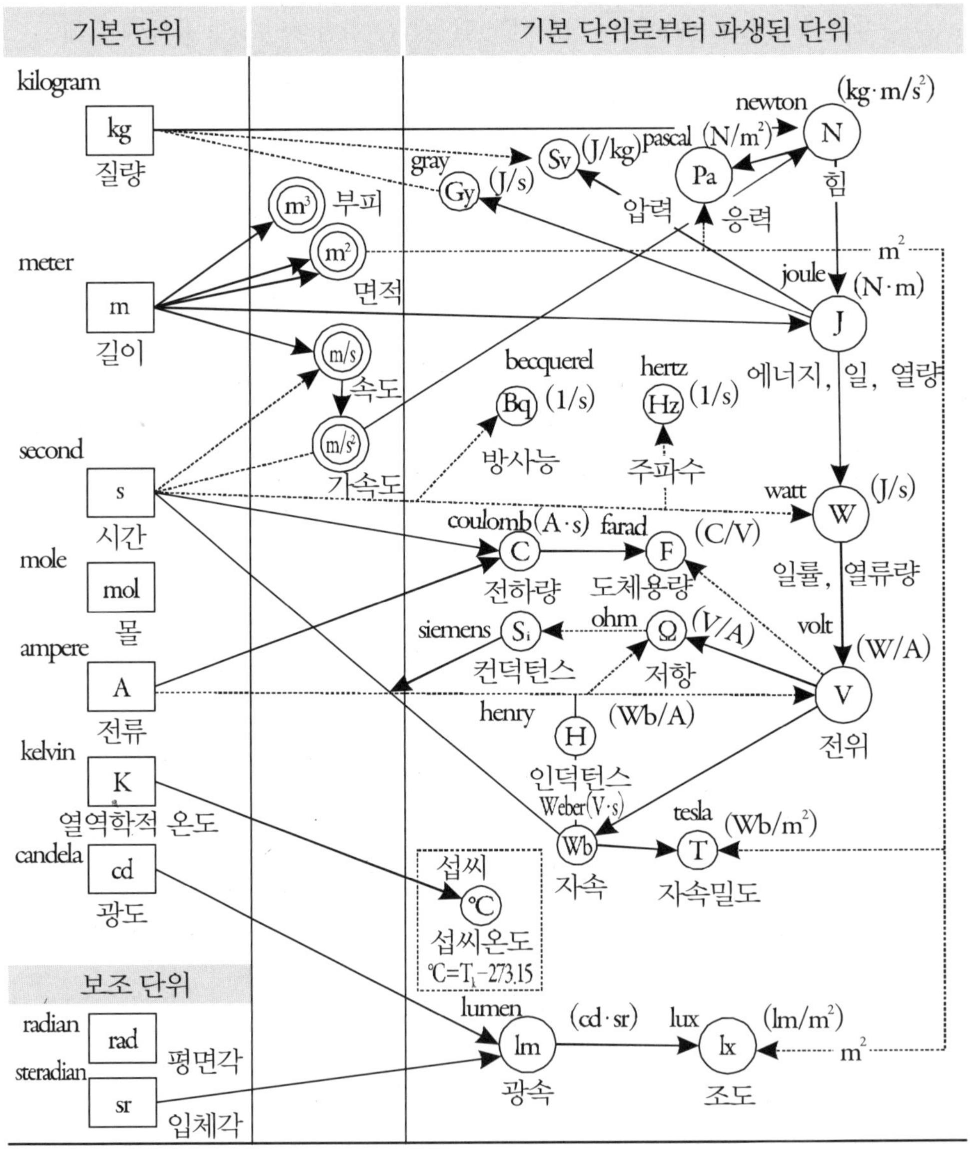

A-6. 변환계수 및 상수

미터 단위와 English단위 그리고 SI 단위들 사이의 변환계수와 상수들을 정리하면 〈표 A-4〉와 같다.

〈표 A-4〉 변환계수 및 상수

길이	면적
1ft=12in=0.3048m	$1m^2$=$10000cm^2$=$10.76ft^2$=$1549in^2$
1m=3.281ft=39.37in=100cm	1hectare=$10000m^2$=2.47acres
1mi=5280ft=1609.344m	1acre=$43560ft^2$=0.405hectares
1yard=3ft	$1mi^2$(section)=$2.59km^2$=259hectares
체적	**질량**
$1ft^3$=$0.028317m^3$=28.317l=7.48gal	1kg=2.205lbm=1000g
$1m^3$=$35.32ft^3$=6.29bbl=1000l	1lbm=0.454kg=454g
1l=$0.001m^3$=$1000cm^3$=$0.035ft^3$	1metric ton=1000kg=2205lbm=1Mg
1bbl=$0.159m^3$=$5.615ft^3$=42gal	1slug=32.174lbm=14.594kg
밀도	**속도**
$1kg/m^3$=$0.001g/cm^3$=$0.0624lbm/ft^3$	1ft/s=0.3048m/s
$1lbm/ft^3$=$16.02kg/m^3$=$0.01602g/cm^3$	1mi/h=1.147ft/s=0.45m/s
$1slug/ft^3$=$515.38kg/m^3$	
압력	**점성도**
1bar=14.5psi=0.987atm=$1.02kg/cm^2$	Dynamic
=$100000N/m^2$=100kPa	1cp=$0.01dyne\cdot sec/cm^2$
1psi=6.89kPa	=0.001pa·s=6.72×10^{-4}lb/mft·sec
$1lbf/ft^2$=47.88Pa	1slug/(ft·sec)=47.88kg/(m·sec)
1atm=$2116.2lbf/ft^2$	1poise(p)=1g/(cm·sec)=0.1kg/(m·sec)
=101325Pa	Kinematic
=$14.696lbf/in^2$(psi)	$1ft^2/h$=$0.000025806m^2/s$
=$1.0133\times10^6 dyne/cm^2$	1stoke(st)=$1cm^2/s$=$0.0001m^2/s$
힘	**에너지**
1N=0.225lbf=0.102kgf	1lbf·ft=1.35582J
1kgf=2.2046lbf=9.80665N	1Btu=252cal=1055.056J
1lbf=4.45N=0.454kgf	=778.17 lbf·ft
일률	**가속도**
1hp=550(ft·lbf)/s=745.7W	$1ft/s^2$=$0.3048m/s^2$
1(ft·lbf)/s=1.3558W	

온도			
T_F=9/5 T_C+32	T_C=5/9(T_F− 32)	T_R= T_F+460	T_K= T_C+237.16
T_F : Fahrenheit	T_C : Celcius	T_R : Rankine	T_K : Kelvindegree

부록 2

회귀선의 추정 : 최소자승법

실험을 통해 얻은 일련의 실험 자료나 현장에서 취득한 측정 자료들을 해석하는 것은 실험적 표본 자료로부터 주요 변수들 간의 상호 관계를 규명하는 매우 중요한 공학적 문제이다. 그러므로 상관관계식은 실험치와 회귀선을 통해 얻어진 추정치 간에 최소의 오차가 발생되도록 유도되어야만 신뢰성이 높다.

실험 자료를 가장 잘 대표할 수 있는 직선을 구하기 위해서는 적합도를 어떻게 비교할 것인가에 대한 표준을 정해야 하는데, 가장 일반적으로 적용되는 것이 최소자승의 방법이다. 즉, 오차제곱의 합을 최소화시키는 것이 '최소자승' 원리에서의 표준이다. 최소자승법은 일련의 자료치로부터 유일한 회귀선을 결정할 뿐만 아니라 통계학의 최우(最尤)원칙과도 일치한다. 만일 자료 오차가 정규분포이고 표준편차가 모든 자료에 대해 일정하다면, 그 제곱의 합을 최소화함으로써 결정된 직선은 최우조건을 띠는 기울기와 절편을 가졌다고 볼 수 있다.

그러면 실제 최소자승법에 의한 회귀직선의 추정에 대해 알아보기로 하자. Y_i는 i번째 실험치이고, y_i는 다음 식으로부터 산출되는 값이다.

$$y_i = ax_i + b \tag{A2-1}$$

여기서 x_i는 오차가 없다고 가정된 특정 변수값이다.

우리가 구하고자 하는 것은 최적의 a, b값으로서, 임의의 x값에 대응되는 y값(추정치)을 결정지을 수 있도록 하는 것이다.

오차 e_i를 $(Y_i - y_i)$라고 할 때 최소자승의 표준은, 오차제곱의 합 S가 다음과 같을 때

$$S = e_1^2 + e_2^2 + \cdots + e_n^2 = \sum_{i=1}^{n} e_i^2 = \sum_{i=1}^{n} (Y_i - ax_i - b)^2 \qquad \text{(A2-2)}$$

S를 최소화하는 것이다. 여기서 n은 실험치(x, Y)의 수이다.

S가 최소치를 가질 때 S에 대한 a, b의 편미분은 0이되고, x_i와 Y_i는 구하고자 하는 a, b의 값에 영향을 받지 않는 자료치이므로 다음과 같이 표현할 수 있다.

$$\frac{\partial S}{\partial a} = 0 = \sum_{i=1}^{n} 2(Y_i - ax_i - b)(-x_i) \qquad \text{(A2-3)}$$

$$\frac{\partial S}{\partial b} = 0 = \sum_{i=1}^{n} 2(Y_i - ax_i - b)(-1)$$

식 (A2–3)을 정리하면 다음과 같은 정규방정식을 얻을 수 있다.

$$a\sum x_i^2 + b\sum x_i = \sum x_i Y_i \qquad \text{(A2-4)}$$

$$a\sum x_i + nb = \sum Y_i$$

식 (A2–4)를 i=1부터 자료의 수 n까지 전개시켜 연립방정식을 풀면 1차 회귀선 (A2–1)의 기울기 a와 절편 b가 다음과 같이 유도된다.

$$a = \frac{n\sum x_i Y_i - (\sum x_i)(\sum Y_i)}{n\sum x_i^2 - (\sum x_i)^2} \qquad \text{(A2-5)}$$

$$b = \frac{1}{n}\left(\sum Y_i - a\sum x_i\right)$$

예제 A2-1 **전기저항에 대한 온도의 영향을 실험한 결과 다음과 같은 실험치를 얻었다. 최소자승법에 따라 회귀직선을 구하고 산포도 위에 이 직선을 그려라.**

T(°C)	R(ohms)
20.5	765
32.7	826
51.0	873
73.2	942
95.7	1032

풀이

$n=5$, $\sum T_i = 273.1$, $\sum T_i^2 = 18607.27$, $\sum R_i = 4438$, $\sum T_i R_i = 254932.5$이므로, 식 (A2-5)에 대입하면 다음과 같다.

$$a = \frac{5(254932.5) - (273.1)(4438)}{5(18607.27) - (273.1)^2} = 3.39$$

$$b = \frac{1}{5}[4438 - (3.39)(273.1)] = 702.17$$

따라서 회귀직선은 아래와 같이 구해진다.

$$R = 702.17 + 3.39\,T$$

〈그림 A-2〉는 이 회귀직선을 산포도 위에 표시한 것이다.

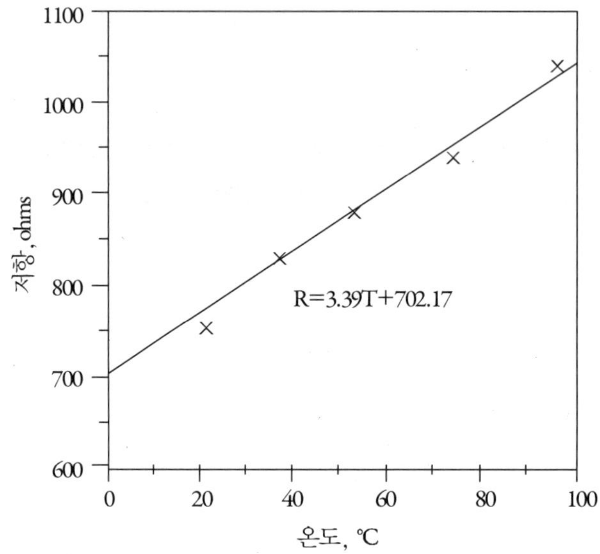

〈그림 A-2〉 적합한 회귀직선

참고문헌

1. Amyx, J. W., Daniel, M., and Robert, L., 1960, *Petroleum Reservoir Engineering*, McGraw–Hill Book Company, NY.
2. Clark, N. J., 1969, *Element of Petroleum Reservoirs*(2nd Ed.), Society of Petroleum Engineers of AIME.
3. Crichlow, H. B., 1974, *Advanced Reservoir Engineering*, University of Oklahoma.
4. Cronquist, C., 2001, *Estimation and Classification of Reserves of Crude Oil, Natural Gas, and Condensate*, Richardson, Texas.
5. Dake, L. P., 1978, *Fundamentals of Reservoir Engineering*, Elsevier Scientific Publishing Company, Amsterdam.
6. Greenkorn, R. A., 1983, *Flow Phenomena in Porous Media*, Marcel Dekker Inc.
7. Harbaugh, J. W., Davis, J. C., and Wendcburg, J., 1995, *Computing Risk for Oil Prospects : Principles and Programs*, Elsevier Science, NY.
8. Johnston, D., 1994, *International Petroleum Fiscal Systems and Production Sharing Contracts*, PennWell Books, Tulsa, Oklahoma.
9. Johnston, D. and Bush, J., 1998, *International Oil company Financial Management in Nontechnical Language*, PennWell Books, Tulsa, Oklahoma.
10. McCain, Jr. W. D., 1990, *The Properties of Petroleum Fluids*, PennWell Publishing Company.

11. Razavi, H., 1996, *Financing Energy Projects in Emerging Economics*, PennWell Books, Tulsa, Oklahoma.

12. Roebuck, Jr. I. F., 1979, *Applied Petroleum Reservoir Technology*, Institutes for Energy Development.

13. Smith, R. V., 1983, *Practical Natural Gas Engineering*, PennWell Publishing Company.

14. Society of Petroleum Engineers et al., 2007, *Petroleum Resources Management System*(http://www.spe.org/).

15. Standing, M. B., 1977, *Volumetric and Phase Behavior of Oil Field Hydrocarbon Systems*, Society of Petroleum Engineers of AIME.

16. Streeter, V. L. and Wylie, E. B., 1979, *Fluid Mechanics*(7th Ed.), McGraw–Hill Book Company.

17. Thompson, R. S. and Wright, J. D., 1985, *Oil Property Evaluation*(2nd Ed.), Thompson–Wright Associates, Colorado.

찾아보기

[ㅅ]

[ㅇ]

[ㅈ]

[ㅊ]

Abstract

Introduction to Petroleum Engineering(Revised Edition)

Joe M. Kang

Introduction to Petroleum Engineering explains various scientific and engineering laws and principles related with recovery mechanism of petroleum reservoirs, physical properties of reservoir rocks, and fluids. Chapter 1 gives an outline of petroleum development stages, and explains chemical compositions of petroleum as well as reserve classifications. Chapter 2 and 3 include fundamental knowledge and concepts about rock properties such as porosity, permeability, fluid saturation, electrical conductivity, and capillary pressure. Chapter 4 introduces phase behavior of petroleum fluids when pressure and temperature change from reservoir to surface conditions, and their governing laws. Chapter 5 derives driving equations for various recovery mechanisms from material balance concept, and Chapter 6 provides economic approaches for evaluation of petroleum development. Appendix illustrates physical values, charts, and unit conversions employing frequently in petroleum engineering.

강주명(姜周明)

서울대학교 공과대학 자원공학과 학사
서울대학교 대학원 자원공학과 공학석사
미국 University of Oklahoma 석유공학박사
미국 Schlumberger(Houston, Texas) 책임연구원
미국 University of Tulsa, Oklahoma 조교수
세계석유의회(World Petroleum Congress) 과학위원
Society of Petroleum Engineers 한국 지부 회장
국가에너지위원회 민간위원
한국에너지공학회 회장
BK21 에너지자원인력양성사업단 사업단장
서울대학교 공과대학 에너지시스템공학부 학부장

개정판

석유공학개론

초판 1쇄 발행 1990년 12월 30일
개정판 1쇄 발행 2009년 2월 25일
개정판 5쇄 발행 2018년 10월 15일

지은이 강주명
펴낸이 성낙인
펴낸곳 서울대학교출판문화원

출판등록 제15-3호

주소 08826 서울 관악구 관악로 1
대표전화 02-880-5252 | 팩스 02-888-4148
홍보마케팅팀(주문 상담) 02-889-4424, 02-880-7995
이메일 snubook@snu.ac.kr
홈페이지 www.snupress.com

ISBN 978-89-521-0960-6 93570